阿部龍蔵・川村 清 監修

裳華房テキストシリーズ－物理学

物 理 数 学

中央大学名誉教授

松下 貢 著

（増補修訂版）

裳 華 房

Physical Mathematics

by

Mitsugu MATSUSHITA

(Augmented and revised edition)

SHOKABO

TOKYO

編　集　趣　旨

「裳華房テキストシリーズ－物理学」の刊行にあたり，編集委員としてその編集趣旨について概観しておこう．ここ数年来，大学の設置基準の大綱化にともなって，教養部解体による基礎教育の見直しや大学教育全体の再構築が行われ，大学の授業も半期制をとるところが増えてきた．このような事態と直接関係はないかも知れないが，選択科目の自由化により，学生にとってむずかしい内容の物理学はとかく嫌われる傾向にある．特に，高等学校の物理ではこの傾向が強く，物理を十分履修しなかった学生が大学に入学した際の物理教育は各大学における重大な課題となっている．

裳華房では古くから，その時代にふさわしい物理学の教科書を企画・出版してきたが，従来の厚くてがっちりとした教科書は敬遠される傾向にあり，“半期用のコンパクトでやさしい教科書を”との声を多くの先生方から聞くようになった．

そこでこの時代の要請に応えるべく，ここに新しい教科書シリーズを刊行する運びとなった．本シリーズは18巻の教科書から構成されるが，それぞれその分野にふさわしい著者に執筆をお願いした．本シリーズでは原則的に大学理工系の学生を対象としたが，半期の授業で無理なく消化できることを第一に考え，各巻は理解しやすくコンパクトにまとめられている．ただ，量子力学と物性物理学の分野は例外で半期用のものと通年用のものとの両者を準備した．また，最近の傾向に合わせ，記述は極力平易を旨とし，図もなるべくヴィジュアルに表現されるよう努めた．

このシリーズは，半期という限られた授業時間においても学生が物理学の各分野の基礎を体系的に学べることを目指している．物理学の基礎ともいうべき力学，電磁気学，熱力学のいわば3つの根から出発し，物理数学，基礎量子力学などの幹を経て，物性物理学，素粒子物理学などの枝ともいうべき専門分野に到達しうるようシリーズの内容を工夫した．シリーズ中の各巻の関係については付図のようなチャートにまとめてみたが，ここで下の方ほどより基礎的な分野を表している．もっとも，何が基礎的であるかは読者個人の興味によるもので，そのような点でこのチャートは一つの例であるとご理解願えれば幸いである．系統的に物理学の勉学をする際，本シリーズの各巻が読者の一助となれば編集委員にとって望外の喜びである．

阿部龍蔵，川村 清

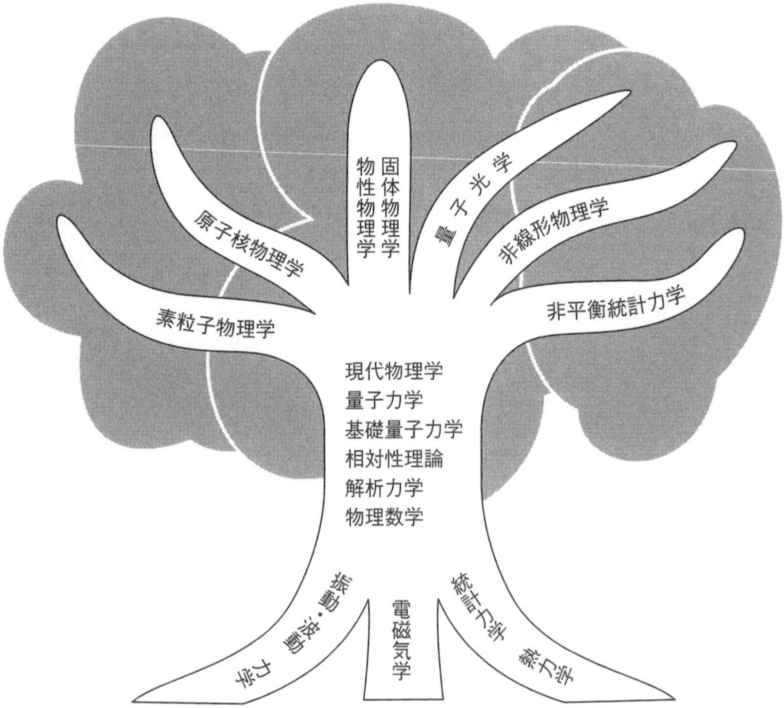

増補修訂版 はしがき

本書の初版を出して以来，23年が経過した．これも毎年尽きることのない多くの新規の読者があってこそのことであり，感慨無量である．この間，多くの読者から本文の式番号の誤りや問題解答の数値や式そのものの間違いなどのご指摘をいただき，そのたびに本書を改善できたことは感謝に堪えない．

また，本書の構成そのものに関しても，いろいろと建設的なご指摘をいただいた．例えば，物理学の学習の初めの段階で必須の微分・積分や量子力学の学習に必要な線形代数が含まれていないことである．それらまで入れると教科書としては分厚くなりすぎるということで割愛したのであるが，それを補う意味で，その後に拙著『力学・電磁気学・熱力学のための 基礎数学』（裳華房）を出したので，必要に応じてそれを参照していただきたい．

本書のフーリエ解析の記述が物足りないというご指摘については，筆者も常々気にしていたことであり，今回の増補修訂に際して特に力を入れたところである．さらに重要なご指摘は，本書に偏微分方程式の章がないという点であった．大学に入学して物理学を学び始めると最初の力学で常微分方程式に出会い，それを解くことによって，公式を覚えるのが中心であった高等学校時代とは違った物理学の面白さを味わう．しかし，半年か1年もすると電磁気学の授業が始まって，次から次へと偏微分方程式に出会うことになる．筆者自身の学生時代を思い出すと，偏微分方程式との出会いでは大いに戸惑い，なかなか難しくて理解できず，格闘したことが思い出される．その上に，その後の長年の授業経験で学生たちが偏微分方程式を理解するのに苦労している様子もたっぷり眺めてきた．

そこで本書の増補修訂にあたっては，新しく偏微分方程式の章を最後尾に入れることにした．この新しい章では，多くの教科書が採用するように予め与えられたものとしてその取扱いを説明するのではなく，なぜそれが物理学で問題になるのかを知るべく，具体的な物理現象を例にとって偏微分方程式そのものを導くことから始めた．その方がその必要性と重要性がよくわかると思うからであり，それから解法などの取り扱い方に進む方が偏微分方程式への一層の興味がわき，理解しやすいと思うからである．また，偏微分方程式の解法にはフーリエ解析が重要な役割を果たすのであって，この新しい章が常微分方程式の章のずっと後のフーリエ解析の次に入れられたこともわかるはずである．

本書の増補修訂にあたって新しく追加した偏微分方程式の章について，その初稿の段階で原稿を詳しく読み，貴重なコメントをいただいた山崎義弘氏に深く感謝する．もちろん，まだ残っているかもしれない誤りなどはすべて筆者の責任であり，読者諸賢のご指摘により随時修正していきたいと思う．遅筆な筆者を暖かく督促し，激励していただいた裳華房編集部の小野達也氏に心からのお礼を申し上げる．本書の初版以来，小野氏には筆者が裳華房から出したすべての著書にお世話になっており，氏の教科書の改善に対する熱意には常日頃から感服している．さらに，この度の増補修訂に際して本書を初めからすっかり読み直し，数多くの修正箇所を指摘していただいた裳華房編集部の團 優菜氏に深謝したい．

2023 年 2 月

松　下　　貢

はしがき

自然という書物が数学の文字で書かれているといったのは，あのガリレオ・ガリレイである．当時の自然科学はほとんど力学に限られていたが，この言葉は現在でも正しい．したがって，理工学部で学び始めたものにとって，特にこれから物理学を勉強したいと思っているものにとって，数学はそれを読み取り理解するための基本的な道具の役割を果たす．このようにいわれると，高校時代の数学と大学に入った直後に習った数学との大きなギャップに驚いたことを思い出し，大学1年の数学を終えてほっとしているのにこれからさらに数学を勉強しなければならないのかと怖気つくものも多いかと思う．しかしちょっと待ってほしい．

道具そのものを改善したいと考えている開発研究者は，そのくわしいからくりやそれを支える材料などを知らなければならないであろう．しかし，利用者にとっては，大抵の場合，その基本的なからくりや用途，使い方がわかっていればよい．たとえば鉛筆1つをとっても，より使いやすく折れにくい鉛筆を目指して研究しているものにとっては，鉛筆の芯の材質やミクロな構造などが重大関心事であろう．しかし，それを利用したいだけのものにとってはさしあたって何かを書いたり計算したりするときに便利に使えればよい．それにしても，太くて濃い字を書きたいのに，そこにある2Bの鉛筆を使わずに，2Hを使って苦労するような馬鹿はしないに越したことはない．

これと同じように，数学そのものを専門的に学ぼうとしていない読者にとっては，上にも記したように数学は「物理数学」という名の道具なのであり，その基本的な構成や使い方がわかっていればよい．したがって，道具としての数学に数学的厳密さはそれほど重要なことではない．そして非常に重要なことは，数学的厳密さにこだわらないと，一見難しそうに見える多くの定理や表現も直観的には容易に理解できることが多いことである．本書でも定理の証明などには数学的厳密さに一切こだわらず，もっぱら直観的に説明していく．もしそれに飽き足らず不満が残るなら，ぜひともより厳密に議論している他の教科書に進んでほしい．

筆者が 1987 年に中央大学理工学部に赴任してきたとき，最初に担当した授業科目が物理学科，管理工学科，応用化学科の学生のための通年の解析概論（現在は半期ずつの解析 1，解析 2）であった．たまたまその年に，畏友大高一雄氏共著の田辺行人·大高著『解析学』（裳華房）が出版されたので，早速それを教科書に採用した．しかし，すぐにわかったことは，教科書の内容をかなり取捨選択し，なおかつ噛み砕いて説明しないと学生諸君によく理解してもらえないということであった．こうして学生諸君から受けた数多くの質問などを考慮しつつ，少しずつ改良してきた講義ノートを基礎にして書き上げたのが本書である．ともかく，数学的な厳密性にはこだわらず，直観的にかつわかりやすく説明することをモットーにして書くよう，努力したつもりである．そういうわけなので，本書を読んでかえって物足りないと思った諸君は是非とも上に記した田辺·大高共著『解析学』を読んでほしい．

本シリーズの多くの教科書が半期用として書かれている．しかし，物理学科だけでなく，理工学部の多くの学科では物理数学，あるいはそれに類似の解析学などは通年もしくは解析 1，2 のように半期が 2 つ続く形で講義がなされていると思われる．したがって，本書も通年用として書いたが，授業の範囲によって半期用にも使うことができる．あるいは，ベクトル解析は力学や電磁気学でやっているので，わざわざ重複してやらずに物理数学を半期で終えるというケースもあるかもしれない．そのような場合でも，本書程度のベクトル解析はぜひとも自習してほしいと思う．本文中の問題はすべて，その直前の例題に密接に関連しているので，それに沿って自分で考えてみればよい．また，章末の演習問題にはくわしい解答を与えておいたので，ぜひとも各自で解いてみてほしい．

それでも偏微分方程式を入れることができなかった．これに不満な諸君はたとえば薩摩順吉著『物理の数学』（岩波書店）などに進んでほしい．また，物理学をより深く学び，理解したいと思っている諸君には本書はあまりにも淡白であり，不十分である．そのような諸君にはぜひとも物理数学のより専門的な教科書，たとえば小野寺嘉孝著『物理のための応用数学』（裳華房）を読むことを薦める．

ともかく，大学での勉学の目的は高校時代の窮屈な詰め込み式の受験勉強とは本質的に違い，諸君ら自身の生涯の血となり肉となる素地を作ることである．あせらずゆったりした気分で学んでほしいと思う．

最後に，本書の執筆を勧めて下さっただけでなく，原稿を丁寧に読んでいろいろなコメントをして下さった川村 清氏に深く感謝したい．本シリーズの編集者の一人である氏は筆者にとって尊敬する物理学の大先輩でもある．また，遅筆な筆者を暖かく督促され，原稿中のミスをいろいろと指摘して下さった裳華房編集部の真喜屋実孜氏，小野達也氏に心からのお礼を申し上げる．また，乱筆の原稿を LaTeX 原稿にする面倒な作業をしてくれた妻 淑子に感謝する．

1999 年 9 月

松　下　　貢

目　　次

I. 常微分方程式

1. 1階常微分方程式

2. 定係数2階線形微分方程式

3. 連立微分方程式

II. ベクトル解析

4. ベクトルの内積，外積，三重積

5. ベクトルの微分

6. ベクトル場

III. 複素関数論

7. 複素関数

8. 正則関数

9. 複素積分

IV. フーリエ解析

10. フーリエ解析

V. 偏微分方程式

11. 偏微分方程式

コ　ラ　ム

I. 常微分方程式

物理学の多くの分野，特に力学，電磁気学では物理量は連続的に変化することが前提となっている．このため，物理現象は微分方程式で記述できることが多い．エネルギーの値が不連続になり得る量子力学の世界でも，シュレーディンガー方程式に代表されるように，微分方程式が必須である．

電子計算機がこれほど発展した現在では，適当な近似の範囲内では微分方程式など力ずくで，すなわち，計算機を使って数値的に解くこともちろん可能である．簡単な微分方程式だったら，数式処理を得意とするソフトがあればパソコンでも解くことができる．しかし，どんな計算機やソフトがあっても，微分方程式とはどんなものか，どのように解くかという最低限の基本的知識がなければ，それらは宝の持ち腐れになりかねない．また，ある程度微分方程式の解き方に慣れていると，解がたちどころにわかることもある．たとえ計算機を使うにしても，結果のチェックのためだけでなく，より誤差の少ない，より効率の良い計算プログラムを作るためにも，微分方程式の最低限の知識は必要なのである．

しかし，物理を学ぶものにとってもっと重要なことは，上にも述べたように，多くの現象が微分方程式によって表現されることであろう．あとで見るように，ほとんどの振動現象は比較的簡単な2階微分方程式で表される．もし微分方程式の解を機械的にパソコン処理して求めたりしていたのでは，その背後にある現実の現象の世界が見えなくなりかねない．われわれはここでは物理を学ぶための基礎として数学を学んでいることを思い出そう．このような立場からIでは微分方程式の基礎を学ぶ．

1 1階常微分方程式

本章では微分方程式の中でも最も単純な1階常微分方程式の解き方を学ぶ．単純とはいっても解がすぐに見つかるとは限らない．比較的容易に解が得られる微分方程式にはいくつかのタイプがあるので，それをみてみよう．これらの解法は2階以上の，より複雑な微分方程式の解法の基礎でもある．

§1.1 微分方程式の階数

x を変数とする未知関数を $y(x)$ として

$$x, \quad y(x), \quad y'(x) \equiv \frac{dy}{dx}, \quad y''(x) \equiv \frac{d^2y}{dx^2}, \qquad \cdots$$

から成る方程式：

$$F(x, y, y', y'', \cdots) = 0 \tag{1.1}$$

を**常微分方程式**という．また，導関数の微分回数を**階数**といい，n 階導関数 $y^{(n)} \equiv d^ny/dx^n$ が (1.1) の最高階数の導関数のとき，(1.1) を $\boldsymbol{n}$ **階常微分方程式**という．

たとえば，x 軸上で力 $f(x)$ を受けて運動する質量 m の質点の時刻 t での座標 $x(t)$ は，よく知られているように，ニュートンの運動方程式

$$m\frac{d^2x}{dt^2} = f(x) \tag{1.2}$$

に従う．これは変数が t，未知関数が $x(t)$ の2階常微分方程式の例である．他方，同じ問題を質点がポテンシャル $V(x)$ の中を力学的エネルギー E で運動しているとしてエネルギー保存則の立場で見ると，

$$\frac{1}{2}m\left(\frac{dx}{dt}\right)^2 + V(x) = E \tag{1.3}$$

と表される．この式に含まれる導関数は dx/dt だけなので，これは1階常微分方程式である．

［**問題1**］ $f(x) = -dV(x)/dx$ として，上の2式が等価であることを示せ．（ヒント：エネルギー保存則により E は一定であることに注意し，(1.3) の両辺を t で微分してみよ．）

本章では，最も階数の低い1階常微分方程式について学ぶ．

§1.2　解の存在と一意性

微分方程式の解の存在やその一意性などというと大変難しそうに聞こえるが，これから見るように直観的にはそれほど難しいことではない．1階常微分方程式のもっとも一般的な形は (1.1) より

$$F(x, y, y') = 0 \tag{1.4}$$

と表される．これを y' の方程式と見なして，それについて解けるときには

$$y' \equiv \frac{dy}{dx} = f(x, y) \tag{1.5}$$

と表される．この微分方程式は，図1.1に示したように，その解 $y(x)$ があったとして解曲線 $y = y(x)$ を xy 平面上に描くと，任意の点 (x, y) でのこの曲線の接線の傾きが $f(x, y)$ であることを意味する．したがって，(1.5) を解いて $y(x)$ を求めるというのは，曲線 $y = y(x)$ 上の点 (x, y) でその接線の傾きがちょうど $f(x, y)$ に等しいものを見出すことに相当する．

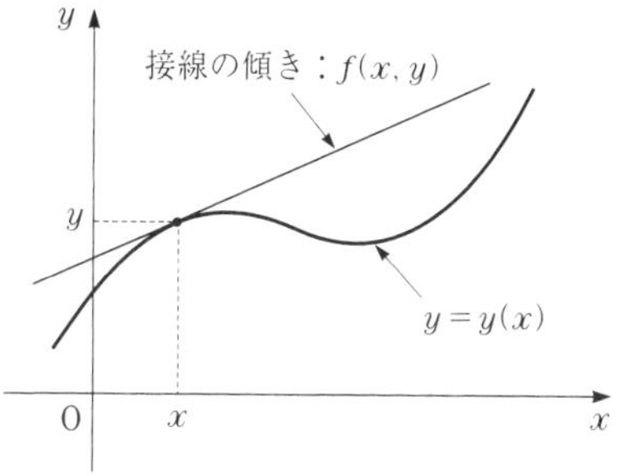

図 1.1

このことからまた，(1.5) を幾何学的に解く方法も考えられる．xy 平面上の任意の点 (x, y) で $f(x, y)$ を計算し，その値を傾きとしてもつ

単位ベクトルをこの点 (x, y) から描く．これを xy 平面上の多くの点で行うと，図 1.2 に示されたようなベクトルの流れ図が得られる．このベクトルの流れに沿って滑らかな曲線を描くと，この曲線上のどの点でも (1.5) が満たされている．したがって，こうして得られた曲線は微分方程式 (1.5) の解曲線を与えるのである．ここで関数 $f(x, y)$ が値をもたなかったり，2 個以上の値をもったりするような異常な振舞をしない素直な関数である限り，上の解曲線を見出す操作は常に可能であることがわかる．これは解が存在することを意味する．

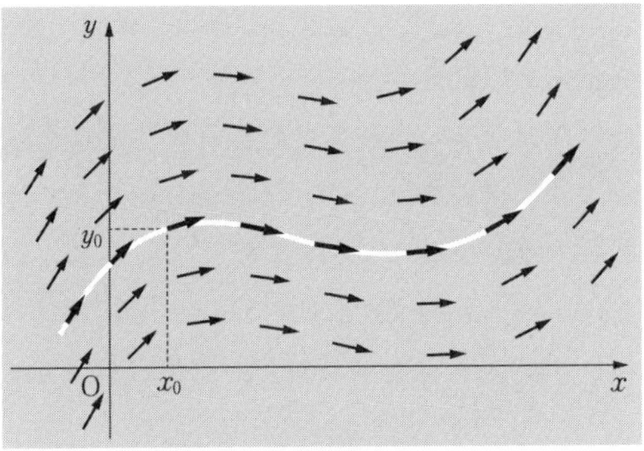

図 1.2

図 1.2 からわかるように，ベクトルの流れに沿って滑らかにつないでできる曲線はいくらでもある．これらのたくさんある解の集合を**一般解**という．図で示した点 (x_0, y_0) のように，解曲線がどこを通るか指定する条件を**初期条件**という．初期条件 $y(x_0) = y_0$ を課すと，図から明らかなように，無数にある一般解の中から 1 個だけが選ばれることになる．これを，その初期条件を満たす**特解**とよぶ．もし初期条件を満たす特解が 2 個以上あるとすると，それらの解曲線が点 (x_0, y_0) で交わることになるが，それはいまの場合あり得ない．なぜならもし交わったとすると，その交点では関数 $f(x, y)$ が値を 2 個以上もつことになって，$f(x, y)$ が素直な関数であるという仮定と矛盾するからである．これは初期条件を満たす特解がただ 1 つ存在するという，解の一意性を保証する．

例題 1.1

初期条件 $y(0) = 0$ を満たす $y' = \cos x$ の解を求めよ．

［**解**］　両辺を積分して

$$y(x) = \sin x + c$$

これが一般解である．ここで c は任意の定数で，**積分定数**とよばれる．（以後，本書では，不定積分を行った際の積分定数については本文中ではいちいち断わらないものとする．）これを図示すると図 1.3 のようになる．初期条件より，上式に $x = 0$ を代入すると $y(0) = c = 0$ となる．よって，この場合の特解は

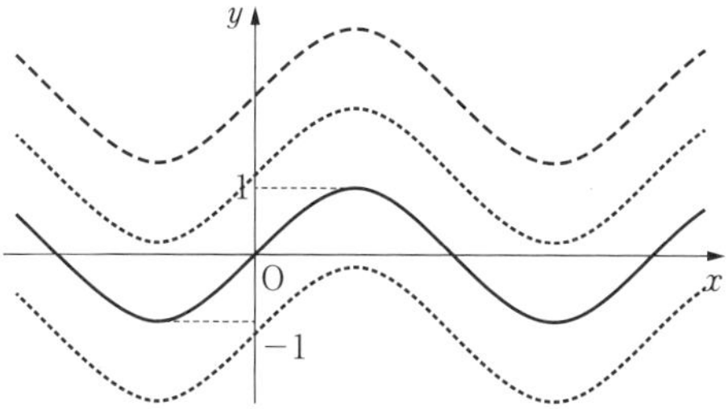

図 1.3

$$y(x) = \sin x$$

であって，無数にある一般解から，実線で示された解曲線が 1 つだけ選ばれる．¶

［**問題 2**］　初期条件 $y(0) = 1$ を満たす $y' = -\sin x$ の解を求めよ．

§1.3　微分方程式の解法

変数分離型微分方程式

(1.5) の関数 $f(x, y)$ が x だけの関数 $X(x)$ と y だけの関数 $Y(y)$ の積で表されるとき，微分方程式

$$\frac{dy}{dx} = X(x)\, Y(y) \tag{1.6}$$

を**変数分離型**とよぶ．この場合には上式を

$$\frac{dy}{Y(y)} = X(x)\, dx$$

とおくと，左辺は y だけを，右辺は x だけを含む．そこで両辺をそれぞれについて積分すると

$$\int \frac{dy}{Y(y)} = \int X(x)\, dx + c \tag{1.7}$$

となる．これから変数分離型方程式の解 $y = y(x)$ が得られる．

例題 1.2

$y' = -xy$ の一般解を求めよ．

［**解**］ 上式を変形して

$$\frac{dy}{y} = -x\, dx$$

両辺を積分して

$$\ln y = -\frac{1}{2}x^2 + c'$$

ただし，ln は自然対数 $\log_e$ を表す．したがって，一般解は

$$y = ce^{-x^2/2} \qquad (c = e^{c'})$$

¶

［**問題 3**］ 次の微分方程式の一般解を求めよ．

（1） $y' = -3y$　　（2） $y' = 2xy^2$　　（3） $y' = (x+1)(y+2)$

同次型微分方程式

(1.5) の $f(x, y)$ が y/x の関数のとき，微分方程式

$$\frac{dy}{dx} = f\left(\frac{y}{x}\right) \tag{1.8}$$

を**同次型**とよぶ．ここで，変数変換を行って $y/x = z$ とおけば $y(x) = x\, z(x)$ であり，これを (1.8) に代入すると

$$y' = z + xz' = f(z), \qquad \therefore \quad z' = \frac{f(z) - z}{x}$$

となる．これは変数分離型なので，その場合の方法に従って $z(x)$ を解き，$y = xz$ を求めればよい．

例題 1.3

$y' = \left(\dfrac{y}{x}\right)^2 + \dfrac{y}{x}$ の一般解を求めよ．

［**解**］ 変数変換 $y/x = z$ とおくと，$y' = z + xz' = z^2 + z$．これより $xz' = z^2$ となり

$$\frac{dz}{z^2} = \frac{dx}{x}, \qquad \therefore \quad -\frac{1}{z} = \ln|x| + c$$

したがって

$$z = \frac{y}{x} = -\frac{1}{\ln|x| + c}, \qquad \therefore \quad y = -\frac{x}{\ln|x| + c} \qquad ¶$$

例題 1.4

$y' = \dfrac{x+y+3}{x+1}$ の一般解を求めよ.

［**解**］ $y' = 1 + \dfrac{y+2}{x+1}$ と変形し, $Y = y+2$, $X = x+1$ とおくと $y' = Y'$ なので上式は

$$Y' = 1 + \frac{Y}{X}$$

となる. これは同次型であり, $Y/X = Z$ とおくと $Y' = Z + XZ' = 1 + Z$. これより $XZ' = 1$ となり

$$dZ = \frac{dX}{X}, \qquad \therefore \quad Z = \ln|X| + c$$

よって $Y = XZ = X(\ln|X| + c)$ となり, この式に $Y = y+2$, $X = x+1$ を代入して

$$y = (x+1)\ln|x+1| + c(x+1) - 2 \qquad ¶$$

［**問題 4**］ 次の微分方程式の一般解を求めよ.

（1） $xy' = 2x + y$　（2） $x^2y' = y^2 - xy$　（3） $y' = \dfrac{2x+y+2}{x+1}$

線形微分方程式

(1.5) の $f(x, y)$ が y について 1 次（線形）関数のとき, (1.5) は一般に

$$y' + P(x)y = R(x) \tag{1.9}$$

と表される. 右辺の $R(x)$ は**非同次項**とよばれ, $R(x) \neq 0$ のとき上の微分方程式を**非同次方程式**, $R(x) = 0$ のとき**同次方程式**という.

（i） 同次型（$R(x) = 0$）のとき：

(1.9) は

$$\frac{dy}{dx} = -P(x)\,y$$

となり，これは変数分離型である．したがって，

$$\frac{dy}{y} = -P(x)\,dx$$

これを積分して

$$\ln y = -\int^x P(x')\,dx' + c'$$

$$\therefore \quad y = ce^{-\int^x P(x')\,dx'} \qquad (c = e^{c'}) \tag{1.10}$$

これが同次方程式の一般解である．

（ii）非同次型（$R(x) \neq 0$）のとき：

(1.9) の特解 $y_{\mathrm{p}}(x)$ が1つわかっているとする．すなわち，この $y_{\mathrm{p}}(x)$ は

$$y_{\mathrm{p}}' + P(x)\,y_{\mathrm{p}} = R(x) \tag{1}$$

を満たす．ここで (1.9) の一般解を $y = y_{\mathrm{p}}(x) + y_{\mathrm{g}}(x)$ とおき，これを (1.9) に代入すると

$$y_{\mathrm{p}}' + y_{\mathrm{g}}' + P(x)\,(y_{\mathrm{p}} + y_{\mathrm{g}}) = R(x) \tag{2}$$

となる．2式の差（2）－（1）より，$y_{\mathrm{g}}(x)$ は (1.9) の同次方程式

$$y_{\mathrm{g}}' + P(x)\,y_{\mathrm{g}} = 0$$

を満たすことがわかる．したがって $y_{\mathrm{g}}(x)$ は (1.10) で与えられる．以上により (1.9) の一般解は

$$y = y_{\mathrm{p}}(x) + ce^{-\int^x P(x')\,dx'} \tag{1.11}$$

と表される．ここで，右辺第1項は非同次方程式 (1.9) の任意の特解であり，第2項はそれに対する同次方程式の一般解である．こうして，“非同次線形微分方程式の一般解は，1つの特解とそれに対する同次型の線形微分方程式の一般解との和で与えられる”ことがわかる．ちなみに，下付きの p，g はそれぞれ particular（特別の），general（一般の）の頭文字をとってある．

例題 1.5

$y' + y = 2$ の一般解を求めよ．

［**解**］（i）同次方程式 $y' + y = 0$ の一般解は容易に求められて，

$$y = ce^{-x} \qquad (c：定数)$$

（ii）特解は

$$y_{\mathrm{p}} = 2$$

であることが容易にわかる．

（ｉ），（ⅱ）より，与えられた非同次方程式の一般解は

$$y = 2 + ce^{-x} \qquad (c\text{：定数})$$

しかし，いつもこのように簡単に特解が見つかるとは限らない．むしろ特解を見つけることがむずかしいことが多い．次の２つの例題で，比較的簡単な特解の求め方を見てみよう．¶

例題 1.6

$y' - 2y = \sin x$ の一般解を求めよ．

［**解**］（ｉ）　同次方程式 $y' - 2y = 0$ の一般解は容易に求められて，

$$y = ce^{2x} \qquad (c\text{：定数})$$

（ⅱ）　非同次項が三角関数なので，特解を

$$y_{\mathrm{p}} = a\cos x + b\sin x \qquad (a, b\text{：定数})$$

と予想して，与えられた非同次方程式に代入してみよう．

$$\begin{aligned} y_{\mathrm{p}}' - 2y_{\mathrm{p}} &= (-a\sin x + b\cos x) - 2(a\cos x + b\sin x) \\ &= (b - 2a)\cos x - (a + 2b)\sin x \end{aligned}$$

これが x の値によらず $\sin x$ に等しくなるためには，その等式の両辺の係数が等しくなければならない．よって

$$b - 2a = 0, \qquad a + 2b = -1$$

これより $a = -1/5$，$b = -2/5$ となり，特解が

$$y_{\mathrm{p}} = -\frac{1}{5}\cos x - \frac{2}{5}\sin x$$

と求められた．（実際にもとの微分方程式に代入して，これが特解であることを確かめてみよ．）

（ｉ），（ⅱ）より，与えられた同次方程式の一般解は

$$y = -\frac{1}{5}\cos x - \frac{2}{5}\sin x + ce^{2x}$$ ¶

例題 1.6 の解の（ⅱ）で行ったように，非同次項の形から特解の形を予想して，それに含まれる係数を決める方法を**未定係数法**という．この例題のように，非同次項が三角関数なら特解の形は未定係数を含む三角関数で，非同次項が指数関数なら特解の形は未定係数を含む同じ形の指数関数で，非同次

項が n 次（$n = 1, 2, \cdots$）の多項式なら n 次の最も一般的な多項式（$a_n x^n + a_{n-1}x^{n-1} + \cdots + a_1 x + a_0$；係数 a_i $(i = 0, 1, \cdots, n)$ が未定係数）で表せばよい．この未定係数法は2階微分方程式でも使えるので，次章でくわしく議論する．

［問題 5］　次の微分方程式の一般解を未定係数法で求めよ．

（1）　$y' - y = e^{-x}$　　（2）　$y' + 3y = 2\cos 2x$　　（3）　$y' + 2y = 2x^2$

例題 1.7

$y' - \dfrac{y}{x} = x^2$ の一般解を求めよ．

［解］（i）　同次方程式 $y' - \dfrac{y}{x} = 0$ の解は

$$\frac{dy}{y} = \frac{dx}{x}, \qquad \therefore \quad \ln y = \ln x + c_1$$

$$\therefore \quad y = cx \qquad (c = e^{c_1}：一定)$$

（ii）　上の同次方程式の解にある定数 c を x の関数と見なして $c(x)$ とおき，

$$y = c(x)\, x \qquad (1)$$

を与えられた非同次方程式に代入すると

$$c'(x)\, x + c(x) - \frac{c(x)\, x}{x} = x^2$$

$$\therefore \quad c'(x) = x$$

これを解くと

$$c(x) = \frac{1}{2}x^2 + c_0 \qquad (c_0：定数)$$

が得られる．これを（1）に代入して

$$y = \frac{1}{2}x^3 + c_0 x$$

これが解であることは，与えられた非同次方程式に代入してみれば確かめられる．¶

上の例題のように，対応する同次方程式の解に含まれる係数 c を独立変数 x の関数 $c(x)$ と見なしてもとの非同次方程式に代入し，$c(x)$ の微分方程式を導きそれを解く方法を**係数変化法**という．ポイントは $c(x)$ が比較的簡単な同次微分方程式に従うことにある．これも強力な非同次方程式の解法であり，次章でもう一度議論する．

［**問題 6**］ 次の微分方程式の一般解を係数変化法で求めよ．

（1） $y' - y = e^{2x}$　　（2） $y' - 2xy = -2x$

演習問題

［**1**］ 線形微分方程式 (1.9) において，y の係数 $P(x)$ が定数の場合を考えよう：

$$y' + ay = R(x) \qquad (a：定数)$$

これを**定係数 1 階線形微分方程式**という．同次方程式 $y' + ay = 0$ の一般解を

$$y = e^{\lambda x}$$

とおいて，λ の満たすべき関数を導き一般解を求めよ．この λ の関係式を同次微分方程式の**特性方程式**という．特性方程式から一般解を求めるこの方法は，定係数 2 階線形微分方程式など高階微分方程式に容易に拡張できる（次章参照）．

［**2**］ 次の微分方程式の一般解を求めよ．

（1） $y' = 4y$　　（2） $y' = e^{x-y}$　　（3） $y' = xy$

［**3**］ 次の微分方程式の一般解を求めよ．

（1） $xy' = x + y$　　（2） $x^2y' + y^2 = 0$

（3） $(x + 1)y' = x + 2y + 3$

［**4**］ 次の微分方程式の一般解を未定係数法で求めよ．

（1） $y' + \dfrac{2y}{x} = x^2$　　（2） $y' + y = e^{2x}$

（3） $y' - 2y = -4\sin 2x$

［**5**］ 次の微分方程式の一般解を係数変化法で求めよ．

（1） $xy' - y = x^2$　　（2） $y' + \dfrac{y}{x} = e^x$

［**6**］ 単位断面積の垂直な空気の円柱が地上に立っていると考えてみよう．図のように，高さ x のところにある厚さ $\varDelta x$ の薄い円柱を考えると，この円柱の底面での力のつり合いは

$$p(x + \varDelta x) + \rho(x)\, g\, \varDelta x = p(x)$$

となる．ここで $p(x)$，$\rho(x)$ はそれぞれ高さ x での気圧，密度である．また，重力加速度 g は一定であると仮定し，円柱が薄いのでその中での空気の密度は一様で $\rho(x)$ とした．いま，空気が分子量 M の一種類の分子でできていると仮定し，1 モルの体積を V

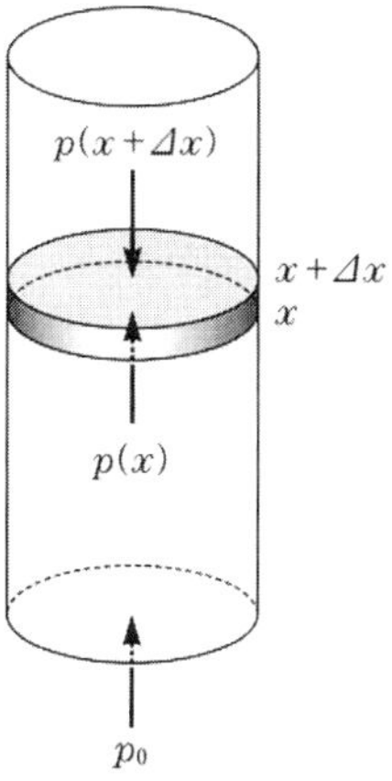

とすると $\rho = M/V$ である．薄い円柱内では気圧はほぼ一様で，$p(x)$ とおくことができる．空気を理想気体と見なすと $p(x)V = RT$ より，結局 $\rho(x) = (M/RT)p(x)$ となる．

$p(x + \Delta x)$ をテイラー展開し，Δx の1次項までの近似を使って $p(x)$ についての微分方程式を導け．温度 T は高さ x によらないと仮定し，地上（$x = 0$）での気圧を p_0 としてこの微分方程式の解を求めよ．空気の分子量を $M = 29$ と仮定し，$R = 8.3\,\mathrm{J/mol \cdot K}$，$g = 9.8\,\mathrm{m/s^2}$，$\log 2 = 0.69$ を使い，$T = 290\,\mathrm{K}$ として，気圧が地上の値の半分になる高さを求めよ（常温で 6 km 上がると圧力がほぼ半減することが知られている）．

［**7**］ ある領域内でのある生物種の個体数 $N(t)$ の時間変化を考えてみよう．この生物種は培養液中の大腸菌などのバクテリアでもいいし，ある地域内のウサギなどの動物でもよい．食物に恵まれ，生存場所もゆったりしていれば，個体数の増殖率は個体数そのものに比例するであろう：

$$\frac{dN(t)}{dt} = \varepsilon N(t) \qquad (\varepsilon > 0) \tag{1}$$

ここで ε は内的自然増殖率である．個体数の初期値を $N(t = 0) = N_0$ として上式の解を求めよ．これはマルサスが人口論で議論した人口増加と同じであり，マルサス的成長という．しかし，現実には食物資源は有限であるし，環境条件の制約などもあり，個体数が増すにつれて個体間の競争が生じ，増殖率は低下する．そこで（1）の増殖率 ε の代りに $\varepsilon - \lambda N(t)$ におきかえ，

$$\frac{dN(t)}{dt} = [\varepsilon - \lambda N(t)]\, N(t) \qquad (\varepsilon, \lambda > 0) \tag{2}$$

とおいてみよう．λ は種内競争係数である．（2）は**ロジスティック方程式**とよばれる．個体数の初期値を N_0 として，このロジスティック方程式の解を求めよ．$t \to \infty$ で $N(t)$ はどうなるか．また，いくつかの初期値に対して，解の大まかな様子を図示せよ．

2 定係数 2 階線形微分方程式

自然科学，工学のほとんどの分野で振動現象が見られ，議論される．この普遍的な現象は少なくとも近似的には 2 階微分方程式で表されることが多い．本章では，この重要な 2 階微分方程式の中でも最も基礎的な定係数常微分方程式をとり上げる．これには系統的な解法があり，それを学んでいろいろな応用を考えてみよう．

§2.1　定係数 2 階常微分方程式

一般の常微分方程式は (1.1) であった．したがって，2 階常微分方程式は一般には

$$F(x, y, y', y'') = 0 \tag{2.1}$$

と表される．これが y'' について解けたとすると

$$y'' = f(x, y, y') \tag{2.2}$$

という形に書くことができる．特に関数 $f(x, y, y')$ が y と y' について線形のとき，上式は 2 階線形微分方程式

$$y'' + P(x)y' + Q(x)y = R(x) \tag{2.3}$$

となる．さらにこの式の左辺にある係数 $P(x)$ と $Q(x)$ が独立変数 x によらない定数のときには

$$y'' + ay' + by = R(x) \tag{2.4}$$

が得られる．ここで，a, b は定数である．これを**定係数 2 階線形微分方程式**という．前章の (1.9) の場合と同じく，右辺の $R(x)$ は非同次項である．

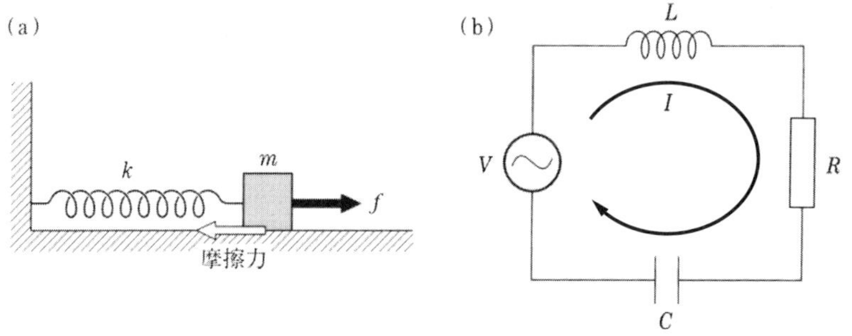

図 2.1

$R(x)$ がゼロのときには上式を同次方程式，ゼロでないときには非同次方程式というのも前章と同様である．

この定係数2階線形微分方程式は，物理学の世界では非常にしばしば現れる．単純な例を二つ挙げてみよう．いま，図2.1(a) に示したように，水平な床の上の x 方向に質量 m の物体がバネ定数 k のバネにつながれているとしよう．床が滑らかで物体との摩擦がなければ，物体にはバネによる復元力 $-kx$ がはたらくだけだから，この物体の運動方程式は

$$m\frac{d^2x}{dt^2} = -kx$$

あるいは

$$m\frac{d^2x}{dt^2} + kx = 0$$

となる．これは (2.4) で y の代りに x，x の代りに t とおくとわかるように $a = 0$，$b = k/m$，$R(x) = 0$，すなわち，同次型の定係数2階線形微分方程式の例である．この物体に外力 $f(t)$，床からは摩擦力 $-m\gamma\,(dx/dt)$ がはたらくとすると，上式は

$$m\frac{d^2x}{dt^2} + m\gamma\frac{dx}{dt} + kx = f(t) \tag{2.5}$$

となり，これは非同次型である．

図2.1(b) に示してあるのは交流電圧電源 $V(t)$ に直列につながれた自己インダクタンス L のコイル，抵抗 R，容量 C のコンデンサーの LRC 回路

である．この回路を流れる電流を $I(t)$ とすると，コイルにはファラデーの誘導起電力に相当する電圧降下 $L(dI/dt)$，抵抗にはオームの法則による電圧降下 RI，コンデンサーには電荷 $Q(t)$ の蓄積による電圧降下 Q/C がある．したがって，閉回路の電圧に関するキルヒホッフの第 2 法則から

$$L\frac{dI(t)}{dt} + RI(t) + \frac{Q(t)}{C} = V(t)$$

が成り立つ．これをもう一度時間 t で微分すると，電荷 $Q(t)$ の時間変化は電流にほかならない（$dQ/dt = I$）ので

$$L\frac{d^2I}{dt^2} + R\frac{dI}{dt} + \frac{I}{C} = \frac{dV}{dt} \tag{2.6}$$

という，電流 $I(t)$ についての非同次型の定係数 2 階線形微分方程式が得られる．

物理学に限らず科学，工学のあらゆるところでいろいろな振動現象が見られる．振動というのは，現象論的には上のような 2 階線形微分方程式で記述されることが多い．

§2.2　解の存在と一意性

(2.4) で $y' = z$ とおくと，それは $z' + az + by = R$ となる．こうして，(2.4) は結局

$$y' = z, \qquad z' = -az - by + R(x) \tag{2.7}$$

という，y と z についての連立 1 階微分方程式と等価であることがわかる．連立微分方程式については次の章でくわしく議論する．ここで重要なことは，この場合にも 3 次元空間の各点 (x, y, z) で y と z の変化の方向を表す単位ベクトルを描くことができるということである．ただし，前章の場合には 2 次元 xy 平面だったのに対して，ここでは 3 次元空間なので，このベクトルをそれぞれ xy, xz 平面に投影したときの傾きが上式の右辺で与えられるとするのである．非同次項 $R(x)$ が素直な関数であれば，空間の各点で描いた単位ベクトルも滑らかに変化していくであろう．すなわち，空間に 1 点 (x_0, y_0, z_0) を決めれば，図 2.2 に示したように，そこから滑らかにたどれる 1 本の曲線を描くことができる．これは上の連立 1 階微分方程式，ある

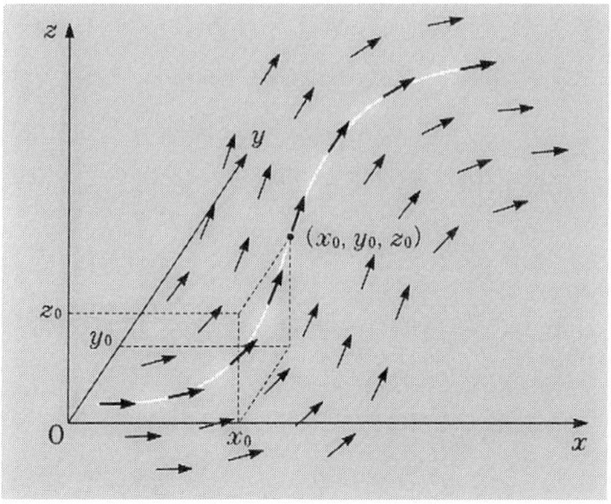

図 2.2

いはそれと等価な 2 階微分方程式 (2.4) に対する解の存在とその一意性を意味する．

ここで注意しなければならないことが 1 つある．図 2.2 にもどって，空間に 1 点を決めるとは $y_0 = y(x_0)$ と $z_0 = z(x_0)$ を指定することである．したがって，(2.7) の解を具体的に求めるためには初期条件が 2 つ必要だということになる．こうして，(2.4) の

$$y'' + ay' + by = R(x)$$

にもどって考えると，$y(x_0)$ と $y'(x_0)$ という 2 つの初期条件が与えられて初めて，それを満たす (2.4) の解はただ 1 つ存在することになる．これに対する一般解は 2 つの定数 c_1 と c_2 を含めて

$$y = y(x, c_1, c_2)$$

と表される．2 つの初期条件で c_1 と c_2 を指定すると特解が得られることも前章と同様である．ただ，上式に定数が 2 つ含まれているので，それぞれに付随して独立な解が 2 つあることに注意しなければならない．これを次に見てみよう．

§2.3　同次方程式の一般解

同次型の定係数 2 階線形微分方程式

$$y'' + ay' + by = 0 \tag{2.8}$$

において，$y = y_1(x)$ と $y = y_2(x)$ がともにその解ならば，その線形結合

$$y = c_1\,y_1(x) + c_2\,y_2(x) \qquad (c_1, c_2 \text{ は定数})$$

もその解である．これは，上式を (2.8) の左辺に代入し，まとめると

$$c_1({y_1}'' + a{y_1}' + by_1) + c_2({y_2}'' + a{y_2}' + by_2)$$

となり，c_1 と c_2 のそれぞれに掛かる括弧の中がゼロであることから容易にわかる．これを**解の重ね合せ**といい，2 階微分方程式に限らず，2 階以上の線形方程式一般に成り立つ重要な性質である．

上のように，2 つの関数 y_1 と y_2 があって，一方が他方の定数倍のとき，y_1 と y_2 は互いに **1 次従属**であるという．これに対して，一方が他方の定数倍ではないとき，y_1 と y_2 は互いに **1 次独立**であるという．$y_1 = x$ と $y_2 = 3x$ は 1 次従属だが，$y_1 = \sin x$ と $y_2 = \cos x$ の場合には一方を他方の定数倍で表すことはできない．すなわち，これらは互いに 1 次独立である．こうして，同次方程式 (2.8) の 1 次独立な 2 つの解 $y_1(x)$ と $y_2(x)$ の線形結合

$$y = c_1\,y_1(x) + c_2\,y_2(x) \tag{2.9}$$

が，この同次方程式の一般解を表すことになる．したがって，同次方程式 (2.8) が与えられたとき，互いに 1 次独立な 2 つの解を求めることが課題となる．

例題 2.1

$y'' + y = 0$ の一般解と，初期条件 $y(0) = 1$，$y'(0) = 0$ を満たす特解を求めよ．

［**解**］ $y_1 = \sin x$ と $y_2 = \cos x$ がともに上の微分方程式を満たすことは容易に確かめられる．しかも両者は互いに 1 次独立である．したがって，一般解は

$$y = c_1 \sin x + c_2 \cos x$$

である．ここで，さらに初期条件 $y(0) = 1$，$y'(0) = 0$ を課すと

$$y(0) = c_2 = 1\,; \qquad y'(0) = c_1 = 0$$

となり，この場合の特解は

$$y = \cos x$$

である．　¶

［問題1］　$y'' - y = 0$ の一般解と，初期条件 $y(0) = y'(0) = 1$ を満たす特解を求めよ．

§2.4　同次方程式の解法

同次型の定係数2階微分方程式 (2.8)：

$$y'' + ay' + by = 0 \tag{2.8}$$

の解き方を考えてみよう．まず，この式の解として

$$y = e^{\lambda x} \tag{2.10}$$

を仮定する．これを上式に代入すると

$$(\lambda^2 + a\lambda + b)e^{\lambda x} = 0$$

が得られる．$e^{\lambda x} \neq 0$ だから，λ は2次方程式

$$\lambda^2 + a\lambda + b = 0 \tag{2.11}$$

を満たす．λ についてのこの方程式を同次型の定係数2階微分方程式 (2.8) の**特性方程式**という．

特性方程式 (2.11) そのものは，関数 (2.10) が微分方程式 (2.8) を満たすという条件で導かれた方程式である．したがって，(2.11) の解を求めてそれを (2.10) に代入すれば，それが微分方程式 (2.8) の解ということになる．(2.11) の解は

$$\lambda = \frac{1}{2}(-a \pm \sqrt{a^2 - 4b})$$

である．これを λ_1, λ_2 とおこう．(2.8) の一般解は根号 ($\sqrt{\quad}$) 内の正負によって以下の3つの場合に分けられる．

（i）　$a^2 - 4b > 0$ のとき：

このとき，もちろん，$\lambda_1 \neq \lambda_2$ だから，λ_1 と λ_2 をそれぞれ (2.10) に代入して得られる関数 $y_1 = e^{\lambda_1 x}$ と $y_2 = e^{\lambda_2 x}$ とは互いに1次独立である．したがって，(2.9) より，この場合の一般解は

$$y = c_1 e^{\lambda_1 x} + c_2 e^{\lambda_2 x} \tag{2.12}$$

で与えられる．

（ii）　$a^2 - 4b = 0$ のとき：

特性方程式 (2.11) は重解

$$\lambda_1 = \lambda_2 = -\frac{a}{2} \equiv \lambda_0$$

をもつ．したがって，この場合には特性方程式から解が $y_1 = e^{\lambda_0 x}$ の 1 つだけしか決まらない．この y_1 に 1 次独立なもう 1 つの解は何だろうか．実は特性方程式が重解をもつ場合には，y_1 に x を掛けた

$$y_2 = xe^{\lambda_0 x}$$

ももとの微分方程式 (2.8) の解なのである．実際，上式を (2.8) の左辺に代入すると

$$\begin{aligned} y_2'' + ay_2' + by_2 &= \{(2\lambda_0 + \lambda_0{}^2 x) + a(1 + \lambda_0 x) + bx\}e^{\lambda_0 x} \\ &= \{(2\lambda_0 + a) + (\lambda_0{}^2 + a\lambda_0 + b)x\}e^{\lambda_0 x} = 0 \end{aligned}$$

となり，確かに $y_2 = xe^{\lambda_0 x}$ は (2.8) の解である．ここで λ_0 が特性方程式の解（$\lambda_0{}^2 + a\lambda_0 + b = 0$）であり，かつ $\lambda_0 = -a/2$ であることを使った．しかもこれは明らかに上の y_1 とは 1 次独立である．こうして，特性方程式が重解をもつ場合の (2.8) の一般解は

$$y = (c_1 + c_2 x)e^{\lambda_0 x} \tag{2.13}$$

と表される．

（iii）$a^2 - 4b < 0$ のとき：

この場合には λ_1, λ_2 は複素数で互いに複素共役である：

$$\begin{aligned} \lambda_{1,2} &= -\frac{a}{2} \pm \frac{i}{2}\sqrt{4b - a^2} \qquad (i：\text{虚数単位}) \\ &= \alpha \pm i\beta \qquad \left(\alpha = -\frac{a}{2},\ \beta = \frac{1}{2}\sqrt{4b - a^2}\right) \end{aligned}$$

したがって，(2.8) の一般解は

$$\begin{aligned} y &= c_1 e^{\lambda_1 x} + c_2 e^{\lambda_2 x} = c_1 e^{(\alpha + i\beta)x} + c_2 e^{(\alpha - i\beta)x} \\ &= e^{\alpha x}(c_1 e^{i\beta x} + c_2 e^{-i\beta x}) \end{aligned}$$

と書けるが，これは**オイラーの公式**

$$e^{i\theta} = \cos\theta + i\sin\theta \tag{2.14}$$

を使ってさらに変形することができる：

$$\begin{aligned} y &= e^{\alpha x}\{c_1(\cos\beta x + i\sin\beta x) + c_2(\cos\beta x - i\sin\beta x)\} \\ &= e^{\alpha x}\{(c_1 + c_2)\cos\beta x + i(c_1 - c_2)\sin\beta x\} \end{aligned}$$

ここで新しい定数

$$C_1 = c_1 + c_2, \qquad C_2 = i(c_1 - c_2)$$

を定義すると，結局，この場合の (2.8) の一般解は

$$y = e^{\alpha x}(C_1 \cos \beta x + C_2 \sin \beta x) \tag{2.15}$$

と表される．あるいは，さらに

$$C_1 = A \cos \delta, \qquad C_2 = -A \sin \delta$$

で定義される定数 A, δ を導入すると，三角公式

$$\cos \beta x \cos \delta - \sin \beta x \sin \delta = \cos(\beta x + \delta)$$

より，(2.8) の一般解は

$$y = Ae^{\alpha x} \cos(\beta x + \delta) \tag{2.16}$$

とも表される．ここで，A, δ は C_1, C_2 と同様に初期条件によって決められる定数である．

以上でわかるように，同次型の定係数2階線形微分方程式 (2.8) の解法は，それに対応する特性方程式 (2.11) を解くという単純な問題に帰着される．ポイントは特性方程式の解に従ってどのようなすっきりした形で解を表現するかである．

例題 2.2

（1）　$y'' + y' - 6y = 0$　　（2）　$y'' - 6y' + 9y = 0$

（3）　$y'' - 2y' + 3y = 0$

の一般解を求めよ．

［**解**］（1）　特性方程式は $\lambda^2 + \lambda - 6 = 0$ であり，その解は $\lambda = 2,\ -3$ だから，一般解は

$$y = c_1 e^{2x} + c_2 e^{-3x}$$

である．

（2）　特性方程式は $\lambda^2 - 6\lambda + 9 = 0$ であり，これは $\lambda = 3$（重解）をもつ．したがって，一般解は

$$y = (c_1 + c_2 x)e^{3x}$$

と表される．

（3）　特性方程式は $\lambda^2 - 2\lambda + 3 = 0$ であり，その解は $\lambda = 1 \pm i\sqrt{2}$ なので，一般解は

$$y = e^x(c_1 \cos\sqrt{2}x + c_2 \sin\sqrt{2}x)$$

である．これは

$$y = Ae^x \cos(\sqrt{2}x + \delta)$$

と表してもよい．¶

［問題 2］　次の微分方程式の一般解を求めよ．

（1）　$y'' + 5y' + 4y = 0$　　（2）　$y'' - 4y' + 4y = 0$

（3）　$y'' + 3y' + 4y = 0$

例題 2.3

微分方程式 $y'' - y' - 6y = 0$，初期条件 $y(0) = 2$，$y'(0) = 6$ の解を求めよ．

［解］　与えられた微分方程式の特性方程式は $\lambda^2 - \lambda - 6 = 0$ であり，その解は $\lambda = 3,\ -2$ だから，微分方程式の一般解は

$$y = c_1 e^{3x} + c_2 e^{-2x}$$

である．初期条件より

$$y(0) = c_1 + c_2 = 2, \qquad y'(0) = 3c_1 - 2c_2 = 6$$

これを解いて $c_1 = 2$，$c_2 = 0$．したがって，解は

$$y = 2e^{3x}$$

である．¶

［問題 3］　次の微分方程式の解を求めよ．

（1）　$y'' - 3y' + 2y = 0$；　$y(0) = 1$，　$y'(0) = 0$

（2）　$y'' - 10y' + 25y = 0$；　$y(0) = 0$，　$y'(0) = 1$

（3）　$y'' + y' + y = 0$；　$y(0) = y'(0) = 1$

例題 2.4

微分方程式 $\ddot{y} + 2\gamma\dot{y} + y = 0$（$\dot{y} \equiv dy/dt$，$\ddot{y} \equiv d^2y/dt^2$；$t$ は時間を表す）において，初期条件が $y(0) = 1$，$\dot{y}(0) = 0$ の場合の $t \geqq 0$ での解の振舞を調べよ．

［**解**］ 与えられた微分方程式の特性方程式は

$$\lambda^2 + 2\gamma\lambda + 1 = 0$$

この方程式の解は

$$\lambda = -\gamma \pm \sqrt{\gamma^2 - 1}$$

解の様子を γ の値について場合に分けて調べてみよう．

（i） $\gamma > 1$ のとき：

λ は 2 つとも実数で負である．したがって，微分方程式の一般解は

$$y = c_1 e^{-(\gamma - \sqrt{\gamma^2 - 1})t} + c_2 e^{-(\gamma + \sqrt{\gamma^2 - 1})t}$$

と表される．初期条件より

$$y(0) = c_1 + c_2 = 1, \qquad \dot{y}(0) = -(\gamma - \sqrt{\gamma^2 - 1})c_1 - (\gamma + \sqrt{\gamma^2 - 1})c_2 = 0$$

これから c_1 と c_2 を求めて上式に代入すると

$$y = \frac{1}{2}\left(1 + \frac{\gamma}{\sqrt{\gamma^2 - 1}}\right)e^{-(\gamma - \sqrt{\gamma^2 - 1})t} + \frac{1}{2}\left(1 - \frac{\gamma}{\sqrt{\gamma^2 - 1}}\right)e^{-(\gamma + \sqrt{\gamma^2 - 1})t}$$

となる．これは指数関数的な減衰を表す．

（ii） $\gamma = 1$ のとき：

特性方程式は重解 $\lambda = -1$ をもつので，微分方程式の一般解は

$$y = (c_1 + c_2 t)e^{-t}$$

と表される．初期条件より

$$y(0) = c_1 = 1, \qquad \dot{y}(0) = [c_2 e^{-t} - (c_1 + c_2 t)e^{-t}]_{t=0} = c_2 - c_1 = 0$$

これより解は

$$y = (1 + t)e^{-t}$$

となる．これも指数関数的に減衰する．

（iii） $0 < \gamma < 1$ のとき：

特性方程式の解 λ が複素数なので，微分方程式の一般解は

$$y = e^{-\gamma t}\{c_1 \cos(\sqrt{1 - \gamma^2}\,t) + c_2 \sin(\sqrt{1 - \gamma^2}\,t)\}$$

と表される．初期条件より

$$y(0) - c_1 = 1, \qquad \dot{y}(0) = -\gamma c_1 + \sqrt{1 - \gamma^2}\,c_2 = 0$$

これを解いて上式に代入すると

$$y = e^{-\gamma t}\left\{\cos(\sqrt{1 - \gamma^2}\,t) + \frac{\gamma}{\sqrt{1 - \gamma^2}}\sin(\sqrt{1 - \gamma^2}\,t)\right\}$$

が得られる．γ の値が正なので，これは振幅が指数関数的に減衰する振動を表す．

（iv）　$\gamma = 0$ のとき：

このときの解は（iii）の場合の解に $\gamma = 0$ を代入して

$$y = \cos t$$

であり，減衰のない単純な振動を表す．

（v）　$-1 < \gamma < 0$ のとき：

解を表す式は（iii）と同じである．しかし，γ の値が負なので，この場合は振幅が指数関数的に増大する振動を表す．

（vi）　$\gamma = -1$ のとき：

この場合は重解 $\lambda = 1$ をもつので，（ii）と同様にして，

$$y = (1 - t)e^t$$

が得られる．ただし，（ii）の場合と違って，時間が経つと y の値は負となり，その絶対値は指数関数的に増大する．

（vii）　$\gamma < -1$ のとき：

この場合には特性方程式の 2 解が実数なので，解の形は（i）のそれとまったく同じである．ただし，特性方程式の 2 解がともに正なので，解の絶対値は指数関数的に増大する．

以上をまとめて図示すると，概ね図 2.3 のようになる．特に，（i）～（iii）の場合は摩擦があるときの振り子などの振動の様子を表している．

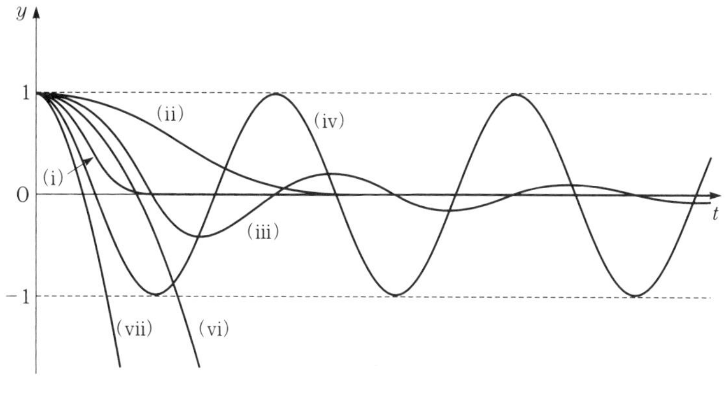

図 2.3

本節ではこれまで定係数の 2 階微分方程式の解き方を議論してきた．その解き方から容易にわかるように，3 階以上の定係数微分方程式であっても，

同様にして解くことができる．たとえば，3階微分方程式

$$y''' + ay'' + by' + cy = 0$$

が与えられたとしよう．特解を $y = e^{\lambda x}$ とおくと，特性方程式

$$\lambda^3 + a\lambda^2 + b\lambda + c = 0$$

が得られる．この方程式の解を $\lambda_1, \lambda_2, \lambda_3$ とすると，もとの微分方程式の一般解は次の3つの場合に分けられる：

（i） 3解が異なるとき：

$$y = c_1 e^{\lambda_1 x} + c_2 e^{\lambda_2 x} + c_3 e^{\lambda_3 x}$$

（ii） 重解 $\lambda_1 = \lambda_2 = \lambda_0 \neq \lambda_3$ をもつとき：

$$y = (c_1 + c_2 x)e^{\lambda_0 x} + c_3 e^{\lambda_3}$$

（iii） 3重解 $\lambda_1 = \lambda_2 = \lambda_3 = \lambda_0$ をもつとき：

$$y = (c_1 + c_2 x + c_3 x^2)e^{\lambda_0 x}$$

§2.5　非同次方程式の解法

本章の始めに記した非同次型の定係数2階線形微分方程式：

$$y'' + ay' + by = R(x) \tag{2.4}$$

の一般解はその特解 $y_{\mathrm{p}}(x)$ と同次方程式 $y'' + ay' + by = 0$ の一般解 $y_{\mathrm{g}}(x)$ との和 $y_{\mathrm{p}}(x) + y_{\mathrm{g}}(x)$ で与えられる．その理由は1階線形微分方程式の場合とまったく同様である．同次方程式の一般解 $y_{\mathrm{g}}(x)$ は前節で議論した．したがって，問題は非同次方程式 (2.4) の特解 $y_{\mathrm{p}}(x)$ をどのようにして求めるかである．この節で議論する特解の求め方はもちろん，1階線形微分方程式の場合にも使うことができることは前章で見たとおりである．

[**問題 4**]　(2.4) の解がその特解 y_{p} と同次方程式の一般解 y_{g} の和 $y = y_{\mathrm{p}} + y_{\mathrm{g}}$ で与えられることを示せ．

未定係数法

物理学の問題では (2.4) の非同次項 $R(x)$ が多項式，指数関数，三角関数，あるいはそれらの積であることが多い．未定係数法はこのような場合に有効であり，容易に特解を求めることができる．y が多項式，指数関数，三角関数，あるいはそれらの積であるときには，y を何度微分してもこれらの関数

で表されるという特徴がある．したがって，非同次項がこれらの関数のとき，特解 $y_{\mathrm{p}}(x)$ もこれらの関数で表されることが予想される．

たとえば，非同次微分方程式

$$y'' + y = xe^x$$

が与えられたとしよう．すると特解は x の多項式と指数関数 e^x との積で表されるはずである．指数関数の部分は e^x を何度微分しても変らないから，この形しかありえない．多項式の部分はそれを微分するたびに次数が下がるから，いまの場合 x の 2 次以上の項を考える必要はない．結局，特解 $y_{\mathrm{p}}(x)$ として

$$y_{\mathrm{p}}(x) = (Ax + B)e^x$$

をとればよい．このとき

$$y_{\mathrm{p}}{}' = Ae^x + (Ax + B)e^x = \{Ax + (A + B)\}e^x$$
$$y_{\mathrm{p}}{}'' = Ae^x + \{Ax + (A + B)\}e^x = \{Ax + (2A + B)\}e^x$$

なので，これらをもとの微分方程式に代入すると

$$\{2Ax + 2(A + B)\}e^x = xe^x$$

となる．この式が x の値によらず常に成り立つためには，両辺の係数を比較して

$$2A = 1, \qquad 2(A + B) = 0$$

でなければならない．よって

$$A = \frac{1}{2}, \qquad B = -\frac{1}{2}$$

こうして特解として

$$y_{\mathrm{p}}(x) = \frac{1}{2}(x - 1)e^x$$

が求められたことになる．これが特解であることは，もとの微分方程式に代入してみれば容易に確かめられる．また，与えられた微分方程式に対する同次方程式の一般解 $y_{\mathrm{g}}(x)$ は

$$y_{\mathrm{g}}(x) = c_1 \cos x + c_2 \sin x$$

なので，もとの非同次型の微分方程式の一般解は両者の和として

$$y = \frac{1}{2}(x - 1)e^x + c_1 \cos x + c_2 \sin x$$

で与えられる．この式の中の係数 c_1 と c_2 は初期条件から決められる．

［**問題 5**］ $y'' - 3y' + 2y = x^2$ の一般解を求めよ．

例題 2.5

次の微分方程式の一般解を求めよ．

$$\frac{d^2y}{dt^2} + {\omega_0}^2 y = F\cos\omega t \tag{2.17}$$

（これは固有角周波数が ω_0 の振動子に外力 $F\cos\omega t$ を加えたときの振動子の振舞を記述する．）

［**解**］ ω が ω_0 に等しいときとそうでないときで解の様子が大きく異なるので，それぞれの場合に分けて解を求めよう．

（i） $\omega \neq \omega_0$ のとき：

三角関数は2回微分するともとにもどる性質があるから，与えられた微分方程式の特解として

$$y_{\mathrm{p}}(t) = A\cos\omega t$$

の形が予想される．これをもとの微分方程式に代入すると

$$(-\omega^2 + {\omega_0}^2)A\cos\omega t = F\cos\omega t$$

$$A = \frac{F}{{\omega_0}^2 - \omega^2}$$

したがって，特解は

$$y_{\mathrm{p}}(t) = \frac{F}{{\omega_0}^2 - \omega^2}\cos\omega t$$

である．他方，同次型の微分方程式の一般解は $c_1\cos\omega_0 t + c_2\sin\omega_0 t$ だから，与えられた微分方程式の一般解は

$$y = \frac{F}{{\omega_0}^2 - \omega^2}\cos\omega t + c_1\cos\omega_0 t + c_2\sin\omega_0 t$$

となる．

上の解においては ω が ω_0 の値に近づくにつれて，特解の部分の絶対値が限りなく大きくなっていく．すなわち，$\omega \to \omega_0$ で解が発散してしまって，$\omega = \omega_0$ のときには上で求めた解は意味をなさない．したがって，この場合の解は別に調べなければならない．これは実は共鳴という興味深い物理現象に該当する．

（ii）　$\omega = \omega_0$ のとき：

この場合のように，右辺の非同次項が同次方程式の解と一致するときには多項式の次数を1つ上げるという規則を適用する．具体的には特解を

$$y_{\mathrm{p}}(t) = At\cos\omega_0 t + Bt\sin\omega_0 t$$

とおくと

$$\dot{y}_{\mathrm{p}} = A\cos\omega_0 t - A\omega_0 t\sin\omega_0 t + B\sin\omega_0 t + B\omega_0 t\cos\omega_0 t$$

$$\ddot{y}_{\mathrm{p}} = -2A\omega_0\sin\omega_0 t - A\omega_0^2 t\cos\omega_0 t + 2B\omega_0\cos\omega_0 t - B\omega_0^2 t\sin\omega_0 t$$

これらを使うと，もとの方程式の左辺は

$$\ddot{y}_{\mathrm{p}} + \omega_0^2 y_{\mathrm{p}} = -2A\omega_0\sin\omega_0 t + 2B\omega_0\cos\omega_0 t$$

となる．これが非同次項の $F\cos\omega_0 t$ と一致するためには，係数を比較して

$$A = 0, \qquad B = \frac{F}{2\omega_0}$$

でなければならない．これより特解は

$$y_{\mathrm{p}}(t) = \frac{F}{2\omega_0}t\sin\omega_0 t$$

となり，同次方程式の一般解を加えると，もとの非同次方程式の一般解として

$$y(t) = \frac{F}{2\omega_0}t\sin\omega_0 t + c_1\cos\omega_0 t + c_2\sin\omega_0 t$$

が得られる．ここで重要なことは，特解の部分の三角関数の前に時間 t が掛かっていることで，$\omega = \omega_0$（共鳴）のときには図 2.4 のように振動の振幅が時間とともに増大することを表している．

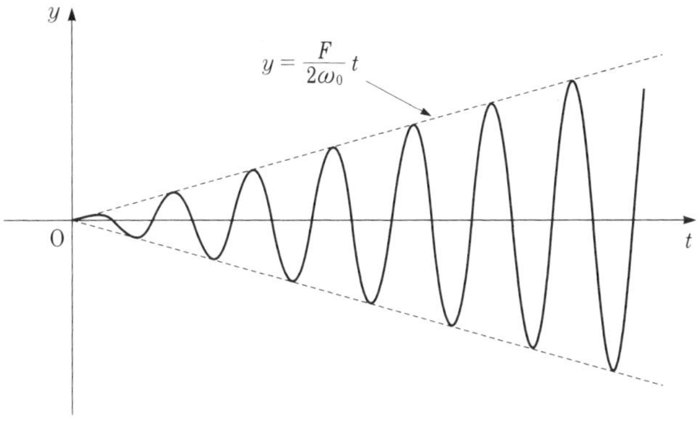

図 2.4 ¶

共鳴いろいろ

子供の頃，まだブランコを自分で楽しむことができず，お父さんやお母さんにお尻を押してもらったことを思い出してみよう．押される回数が増すにつれてブランコの振れが大きくなり，不安になってきて顔では笑いながら必死になって声をあげたり吊り縄にしがみついたりしたのではないだろうか．お父さん（またはお母さん）はちょうどブランコの振れの周期に合わせて押しているわけだから，これはまさに共鳴である．これで思い出されるのは，いつの頃か遠い昔に知った一休さんのとんち話の一つである．お寺の釣鐘を人差し指でぶらぶらさせることができるかと言われて，力自慢の大男は単純に前に押すだけなのでギブアップ．それに対して一休さんは根気よく押しては放し，押しては放し，をくり返してついにぶらぶらさせたという筋であった．これなども図 2.4 に示したように初めは振幅がどんなに小さくても共鳴させて押し続ければいずれは大きくなるという，共鳴を使ったとんち話である．

ブランコの話にもどって，そのうちに大抵の子供は一人でも楽しめるようになる．それは身体をゆすったり，上下に立ったりしゃがんだりをくり返すとブランコの振れが大きくなることを経験的に知るためである．特に，ブランコが最も振れの大きい（高い位置の）ときに立ち，最も下にきたときにしゃがむと効率良く振幅を大きくすることができることもわかってくる．これはしかし，(2.17) で表される共鳴とは違う．身体の上下はブランコの周期の半分（周波数は 2 倍）であり，パラメトリック共鳴とよばれている共鳴の一種である．

共鳴という現象で思い出されるのは，第 2 次大戦後まもなく起こったアメリカ，ワシントン州のタコマ橋（大きな吊橋）の崩壊である．橋の開通式当日，強い風にあおられてゆらゆらし始め，その振れがどんどん大きくなってものの見ごとに壊れた映像を見たときのことがまだ忘れられない．風の流れの変化と吊橋の振れとがちょうど共鳴したためであろう．また，筆者がニューヨークに滞在中の 1981 年だったと思うが，アトランタのホテルで大々的なダンスパーティが行われていた最中に中 2 階の渡り廊下が崩壊して 10 数人の死者が出るという惨事があった．これもその渡り廊下で踊っていた人々の歩調が運悪く渡り廊下の振れと共鳴したためであろう（とそのときの新聞が分析していた）．西洋では古くから多数の兵士が橋にくると，それまで合わせていた歩調をバラバラにして渡るという言い伝えがあるという．これも危険な共鳴を避けるための知恵である．

［**問題 6**］ 次の微分方程式の特解を未定係数法で求めよ．

（1） $y'' - 6y' + 8y = x^2$ （2） $y'' + y = xe^x$

（3） $y'' - 2y' + y = \sin x$

係数変化法

この方法は，形式的には非同次微分方程式の一般解を求める強力な方法ということができる．実際には，多くの場合は前項の未定係数法で容易に解くことができる．しかし，物理学の理論上の問題ではしばしば微分方程式の解を具体的に求めることができなくても，形式的な解を求めて議論を進めなければならないことがある．そのような場合に，この係数変化法は有効である．以下に，この方法を順序立てて説明してみよう．

（i） まず非同次微分方程式 (2.4) の同次方程式 (2.8)

$$y'' + ay' + by = 0$$

の一般解を求める．これの独立な 2 つの解を $y_1(x), y_2(x)$ とすると，一般解 y_{g} は

$$y_{\mathrm{g}}(x) = c_1\, y_1(x) + c_2\, y_2(x)$$

と表される．

（ii） 次に，同次方程式の一般解に現れた定係数 c_1, c_2 を形式的に x の関数 $c_1(x), c_2(x)$ と見なし，非同次方程式 (2.4) の解として

$$y = c_1(x)\, y_1(x) + c_2(x)\, y_2(x) \tag{2.18}$$

を仮定する．この後の方針は (2.18) が (2.4) の解だとしたときに満たさなければならない関数 $c_1(x)$ と $c_2(x)$ の条件を微分方程式の形で求め，それを解こうというのである．

(2.18) を微分すると

$$y' = c_1{}'(x)\, y_1(x) + c_1(x)\, y_1{}'(x) + c_2{}'(x)\, y_2(x) + c_2(x)\, y_2{}'(x)$$

$$\begin{aligned} y'' = c_1{}''(x)\, y_1(x) + 2c_1{}'(x)\, y_1{}'(x) + c_1(x)\, y_1{}''(x) + c_2{}''(x)\, y_2(x) \\ + 2c_2{}'(x)\, y_2{}'(x) + c_2(x)\, y_2{}''(x) \end{aligned}$$

だから，これらを (2.4) に代入すると

$$c_1(x)(y_1'' + ay_1' + by_1) + c_2(x)(y_2'' + ay_2' + by_2) + c_1''(x)y_1 + c_2''(x)y_2 + 2\{c_1'(x)y_1' + c_2'(x)y_2'\} + a\{c_1'(x)y_1 + c_2'(x)y_2\} = R(x)$$

となる．ここで y_1，y_2 が同次方程式 (2.8) の解なので $y_1'' + ay_1' + by_1 = 0$，$y_2'' + ay_2' + by_2 = 0$ である．これを考慮して上式をまとめなおすと，

$$\frac{d}{dx}\{c_1'(x)y_1 + c_2'(x)y_2\} + \{c_1'(x)y_1' + c_2'(x)y_2'\} + a\{c_1'(x)y_1 + c_2'(x)y_2\} = R(x) \tag{2.19}$$

と表される．

ところで，特解はもとの微分方程式 (2.4) を満たせば何でもよいのだから，上式 (2.19) で

$$c_1'(x)y_1 + c_2'(x)y_2 = 0, \qquad c_1'(x)y_1' + c_2'(x)y_2' = R(x) \tag{2.20}$$

を満たすように決めよう．この式で，y_1，y_2 はすでに（ⅰ）で求められている．したがって，(2.20) は $c_1'(x)$ と $c_2'(x)$ の連立方程式にすぎない．そこでこれを $c_1'(x)$ と $c_2'(x)$ について解いて

$$c_1'(x) = f(x), \qquad c_2'(x) = g(x) \tag{2.21}$$

と求められたとしよう．これは $c_1(x)$，$c_2(x)$ の１階微分方程式なので，前章のいろいろな方法によって解けば，解として

$$c_1(x) = c_{1\mathrm{s}}(x) + c_{10}, \qquad c_2(x) = c_{2\mathrm{s}}(x) + c_{20} \tag{2.22}$$

が得られる．ここで c_{10}，c_{20} は定数である．

（ⅲ）　もとの非同次方程式 (2.4) の一般解は，(2.22) を (2.18) に代入して

$$y = c_{1\mathrm{s}}(x)\, y_1(x) + c_{2\mathrm{s}}(x)\, y_2(x) + c_{10}\, y_1(x) + c_{20}\, y_2(x) \tag{2.23}$$

と求められる．右辺の始めの２項がもとの非同次方程式 (2.4) の特解であり，後の２項が同次方程式 (2.8) の一般解である．

(2.19) を満たす $c_1(x)$，$c_2(x)$ は必ずしも一義的に決まらず，(2.20) は可能な場合の１つにすぎないことが気になるかもしれない．しかし，ともかく (2.20) から決定される $c_1(x)$ と $c_2(x)$ は (2.19) を満たす．したがって，

それによって作られた解 (2.23) は確実にもとの微分方程式 (2.4) の解である．しかも解の一意性によってこれで十分なのである．要は，特解はどれでもよいから1つ見つければよいということである．

例題 2.6

$y'' + y = 2e^x$ の一般解を係数変化法で求めよ．

［**解**］（i）同次方程式 $y'' + y = 0$ の一般解は

$$y_{\mathrm{g}} = c_1 \sin x + c_2 \cos x$$

（ii）同次方程式の一般解の係数 c_1，c_2 を x の関数と見なして

$$y = c_1(x) \sin x + c_2(x) \cos x \qquad (1)$$

とおく．これを微分して

$$y' = \{c_1{}'(x) - c_2(x)\} \sin x + \{c_1(x) + c_2{}'(x)\} \cos x$$

$$y'' = \{c_1{}''(x) - 2c_2{}'(x) - c_1(x)\} \sin x + \{c_2{}''(x) + 2c_1(x) - c_2(x)\} \cos x$$

これらをもとの微分方程式に代入すると

$$\begin{aligned} y'' + y &= \{c_1{}''(x) - 2c_2{}'(x)\} \sin x + \{c_2{}''(x) + 2c_1{}'(x)\} \cos x \\ &= \frac{d}{dx}\{c_1{}'(x) \sin x + c_2{}'(x) \cos x\} + \{c_1{}'(x) \cos x - c_2{}'(x) \sin x\} \\ &= 2e^x \end{aligned}$$

となる．そこで

$$c_1{}'(x) \sin x + c_2{}'(x) \cos x = 0, \qquad c_1{}'(x) \cos x - c_2{}'(x) \sin x = 2e^x$$

となるように $c_1(x)$ と $c_2(x)$ を決定する．この $c_1{}'(x)$ と $c_2{}'(x)$ に関する連立方程式を解くと

$$c_1{}'(x) = 2e^x \cos x, \qquad c_2{}'(x) = -2e^x \sin x$$

が得られる．それぞれの微分方程式は1階であり，それらを解くと

$$c_1(x) = e^x(\sin x + \cos x) + c_{10}, \qquad c_2(x) = e^x(\cos x - \sin x) + c_{20} \qquad (2)$$

となる．ここで c_{10}，c_{20} は定数である（実際に代入して確かめよ）．

（2）を（1）に代入すると，与えられた微分方程式の一般解は

$$y = e^x + c_{10} \sin x + c_{20} \cos x$$

と求められる．右辺第1項の e^x が，与えられた微分方程式の特解であることは容易にわかるであろう．

ただし，前節の未定係数法を使えば，この問題の特解は容易に得られることに注意すべきである． ¶

［**問題 7**］　$y'' - 4y' + 3y = e^{-x}$ の一般解を係数変化法で求めよ．

演習問題

［**1**］ 次の微分方程式の一般解を求めよ．

（1） $y'' - 5y' + 4y = 0$　　（2） $y'' + 4y' + 4y = 0$

（3） $y'' - 3y' + 4y = 0$

［**2**］ 次の微分方程式の解を求めよ．

（1） $y'' + 3y' + 2y = 0, \quad y(0) = 1, \quad y'(0) = 0$

（2） $y'' + 10y' + 25y = 0, \quad y(0) = 0, \quad y'(0) = 1$

（3） $y'' - y' + y = 0, \quad y(0) = 1, \quad y'(0) = -1$

［**3**］ 微分方程式

$$x^2y'' + axy' + by = 0 \qquad (a, b \text{ は定数})$$

を**オイラー型微分方程式**という．

（1） 独立変数を $x = e^t$ $(t = \ln x)$ によって x から t に変換すると

$$y' \equiv \frac{dy}{dx} = \frac{1}{x}\frac{dy}{dt}, \qquad y'' \equiv \frac{d^2y}{dx^2} = \frac{1}{x^2}\left(\frac{d^2y}{dt^2} - \frac{dy}{dt}\right)$$

となることを示せ．これを使うと，上の微分方程式は独立変数を t としてどのように表されるか．

（2） べき乗型の関数 $y = x^\lambda$ （λ：定数）では xy'，x^2y'' は y と同じべき関数で表されることを示せ．このことからオイラー型微分方程式は $y = x^\lambda$ という形の解をもつことが予想される．これをもとのオイラー型微分方程式に代入し，λ が満たすべき方程式（特性方程式）を導け．

（3） 微分方程式 $x^2y'' - xy' - 3y = 0$ の一般解を求めよ．

［**4**］ 次の微分方程式の一般解を求めよ．

（1） $y'' + 4y = x$　　（2） $y'' - 5y' + 6y = e^{-x}$

（3） $y'' - 3y' + 2y = \cos x$

［**5**］ 微分方程式

$$y'' + 3y' + 2y = xe^x$$

の一般解を未定係数法と係数変化法で求め，両者の解が一致することを確かめよ．

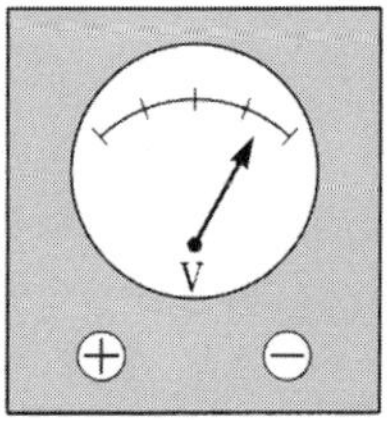

［**6**］ 体重計やアナログ式電圧計などの測定計器では，図のように，針の振れの大きさで測定値が得られる．この針の動きを考えてみよう．この針は質量 m で，バネ定

数 k のバネにつながれていると見なすことができる．したがって，負荷がない(何も測定していない) ときの針の運動方程式は，針の振れを x として

$$m\ddot{x} = -kx$$

と表される．しかし，これでは一旦針が動き出すと固有振動数 $\omega_0 = \sqrt{k/m}$ で振動し続け，針は止まらない．そこでこの針には振れの速さに比例した摩擦力 $-\Gamma\dot{x}$ がはたらくとすると針の運動方程式は

$$m\ddot{x} = -kx - \Gamma\dot{x} \qquad (\Gamma > 0)$$

となる ($\dot{x} \equiv dx/dt$, $\ddot{x} \equiv d^2x/dt^2$; t は時間)．この計器に一定の負荷 (体重や電圧など) E_0 をかけたとすると，針にとってはこれは外力と見なされる．こうして，針の運動方程式は

$$m\ddot{x} = -kx - \Gamma\dot{x} + E_0$$

あるいは $\Gamma = 2m\gamma$, $E_0 = me_0$ とおいて

$$\ddot{x} + 2\gamma\dot{x} + {\omega_0}^2 x = e_0$$

となる．簡単のため，$\omega_0 = e_0 = 1$ として

$$\ddot{x} + 2\gamma\dot{x} + x = 1$$

を初期条件 $x(0) = \dot{x}(0) = 0$ (針は始め 0 の位置を指しており，ゆっくりと動き出す) で求めよ．γ (> 0) の値によって場合に分けて調べ，針の動き x を縦軸に，時間 t を横軸にしておおよその x の変化を図示せよ．

（ヒント：例題 2.4 を参照せよ．$\gamma \to 0$ だと針はいつまでも振動していて測定値に落ち着かないし，γ が大きいとゆっくりと変化しすぎて針はなかなか測定値に到達しないはずである．すなわち，計器の針には最適の摩擦力がかかるように設計しなければならないことがわかる．）

3 連立微分方程式

物理学の問題には従属変数がいくつかあって，それらが1つの独立変数の微分方程式で表される場合がしばしばある．たとえば，質量 m の質点の自由落下を考えてみよう．鉛直上向きに z 軸をとって，質点の運動量の x, y, z 成分を p_x，p_y，p_z とすると，ニュートンの運動方程式は

$$\frac{dp_x}{dt} = 0, \qquad \frac{dp_y}{dt} = 0, \qquad \frac{dp_z}{dt} = -mg$$

という，誰でも知っている3元連立微分方程式で表される．ここで3元とは従属変数が p_x，p_y，p_z の3個あることを表す．この場合，自由落下なので質点にはたらく重力が単純な形をしており，連立方程式といっても従属変数が互いに独立であって連立の意味がない．しかし，一般には質点にはたらく力はこのように単純とは限らない．また，従属変数が3個しかない3元連立微分方程式でも，右辺の関数形が非線形になると複雑なカオス解が現れることがある．

本章では連立微分方程式の基本的な解き方を学び，物理学のいろいろな問題やカオスなどの理解の基礎作りをする．

§3.1　一般解，特解，初期条件

2つの未知関数 $y(x)$，$z(x)$ に関する2元1階連立微分方程式：

$$\frac{dy}{dx} = f(x, y, z), \qquad \frac{dz}{dx} = g(x, y, z) \tag{3.1}$$

をこれから議論する．ところで，前章で議論したように，高階の常微分方程式は1階の連立微分方程式に変形できる．これをもう一度具体的な例で見てみよう．前章の2階線形微分方程式 (2.3)：

$$y'' + P(x)\,y' + Q(x)\,y = R(x)$$

において

$$y' \equiv \frac{dy}{dx} = z$$

とおくと，$y'' = dz/dx$ だから上式は

$$\frac{dz}{dx} + P(x)\,z + Q(x)\,y = R(x)$$

となる．これらを形式的に (3.1) と同じ形にまとめると

$$\frac{dy}{dx} = z$$

$$\frac{dz}{dx} = R(x) - Q(x)\,y - P(x)\,z$$

が得られる．すなわち，もとの2階線形微分方程式 (2.3) が2元1階連立微分方程式に変形できたわけである．この意味で，連立微分方程式だからといって本質的に新しいことが出てくるわけではない．

第1章で見た1階微分方程式の解の存在と一意性の議論を思い出し，いまの場合に拡張しよう．これはまた，前章の始めの部分の復習でもある．前章の図2.2と全く同様に，3次元空間の各点 (x, y, z) で (3.1) から決まる勾配ベクトルを描くことができる．(3.1) の関数 $f(x, y, z)$，$g(x, y, z)$ が素直な振舞をする限り，空間内のどの点からでも勾配ベクトルをスムーズに結ぶ曲線を1本描くことができる．これがいまの場合の解の存在と一意性を表し，“(3.1) で**初期条件**

$$y(x_0) = y_0, \qquad z(x_0) = z_0 \tag{3.2}$$

を指定すると，(3.1) の解 $y = y(x)$，$z = z(x)$ がただ1つ決まる” とまとめることができる．

このことから解は初期値 y_0，z_0 をパラメータとして含むことになり，(3.1) の**一般解**は

$$y = y(x\,;c_1, c_2), \qquad z = z(x\,;c_1, c_2) \qquad (c_1, c_2：定数) \tag{3.3}$$

と表される．c_1, c_2 は初期値 (x_0, y_0, z_0) を上式に代入し，連立方程式を解くことによって求めることができる．c_1 と c_2 を指定すると解は**特解**となる．

§3.2　定係数線形連立微分方程式

(3.1) において，関数 f, g が y, z について 1 次関数で，かつその係数が定数のとき，この式は一般に

$$\frac{dy}{dx} = a_{11}y + a_{12}z + R_1(x), \qquad \frac{dz}{dx} = a_{21}y + a_{22}z + R_2(x) \qquad (a_{11} \sim a_{22} \text{ は定数}) \tag{3.4}$$

となる．$R_1(x)$，$R_2(x)$ は非同次項である．

同次方程式

特に $R_1(x) = R_2(x) = 0$ のとき，(3.4) は同次型の連立方程式

$$\frac{dy}{dx} = a_{11}y + a_{12}z, \qquad \frac{dz}{dx} = a_{21}y + a_{22}z \tag{3.5}$$

となる．いま，

$$\begin{cases} y = y_1(x) \\ z = z_1(x), \end{cases} \qquad \begin{cases} y = y_2(x) \\ z = z_2(x) \end{cases}$$

が (3.5) の特解だとしよう．すなわち，2 つの関数の組 $\{y_1(x), z_1(x)\}$ と $\{y_2(x), z_2(x)\}$ がそれぞれ別々に (3.5) を満たすとする．このとき，(3.5) は線形で同次型なので，上の特解の線形結合

$$y = c_1\,y_1(x) + c_2\,y_2(x), \qquad z = c_1\,z_1(x) + c_2\,z_2(x) \qquad (c_1, c_2 : \text{定数}) \tag{3.6}$$

も解である．なぜなら，(3.6) を (3.5) の左辺に代入すると

$$\frac{dy}{dx} = c_1\frac{dy_1}{dx} + c_2\frac{dy_2}{dx} = c_1(a_{11}y_1 + a_{12}z_1) + c_2(a_{11}y_2 + a_{12}z_2)$$

$$= a_{11}(c_1y_1 + c_2y_2) + a_{12}(c_1z_1 + c_2z_2) = a_{11}y + a_{12}z$$

$$\frac{dz}{dx} = c_1\frac{dz_1}{dx} + c_2\frac{dz_2}{dx} = a_{21}y + a_{22}z$$

となり，(3.5) の右辺と一致するからである．

ここで，上の証明からわかるように，(3.6) で y_1 と z_1 の係数，y_2 と z_2 の係数が共通であることに注意しよう．このことから (3.6) は 2 次元の列ベク

トルを用いて

$$\begin{pmatrix} y \\ z \end{pmatrix} = c_1 \begin{pmatrix} y_1 \\ z_1 \end{pmatrix} + c_2 \begin{pmatrix} y_2 \\ z_2 \end{pmatrix} \tag{3.7}$$

と表すことができる．2つのベクトル $\begin{pmatrix} y_1 \\ z_1 \end{pmatrix}$ と $\begin{pmatrix} y_2 \\ z_2 \end{pmatrix}$ において，一方が他方の定数倍でないとき，両者は互いに1次独立であることはこれまでと同様である．したがって，以上のことをまとめると，“(3.5) の一般解は1次独立な2つの特解の線形結合 (3.7) で与えられる”ということができる．

非同次方程式

非同次型の連立微分方程式 (3.4) に対して，その特解

$$\begin{pmatrix} y \\ z \end{pmatrix} = \begin{pmatrix} y_{\mathrm{p}}(x) \\ z_{\mathrm{p}}(x) \end{pmatrix}$$

が何らかの方法で求められたとしよう．すると (3.4) の一般解は

$$\begin{pmatrix} y \\ z \end{pmatrix} = \begin{pmatrix} y_{\mathrm{p}} \\ z_{\mathrm{p}} \end{pmatrix} + c_1 \begin{pmatrix} y_1 \\ z_1 \end{pmatrix} + c_2 \begin{pmatrix} y_2 \\ z_2 \end{pmatrix} \tag{3.8}$$

で与えられる．なぜなら，第2項と第3項が同次方程式 (3.5) の一般解を与え，第1項が非同次方程式 (3.4) の特解だから，(3.8) そのものは (3.4) を満たすことが保証されているからである．2定数 c_1 と c_2 は初期条件から決定される．

［**問題1**］ (3.8) が非同次方程式 (3.4) の一般解であることを証明せよ．

解　法

連立微分方程式といっても，同次型の場合の一般解も非同次型の場合の特解も，これまでの方法で求めることができる．その理由は，本章の始めのところで述べたように，(3.4) が結局，非同次型の2階微分方程式に変形できるからである．

表記を簡略にするために $D \equiv d/dx$ を使うと，(3.4) は

$$\begin{cases} (D - a_{11})\, y - a_{12} z = R_1 & (3.9) \\ -a_{21} y + (D - a_{22})\, z = R_2 & (3.10) \end{cases}$$

という，見通しの良い形に表される．D はその右にある関数を微分する

$(Dy = dy/dx)$ はたらきをもつ**微分演算子**である．このように，右にある関数に何らかの作用をするものを**演算子**という．積分記号も積分演算子とみることができる．

この両式で (3.9) $\times a_{22}$ − (3.10) $\times a_{12}$ より z を消去すると

$$\{a_{22}(D - a_{11}) + a_{12}a_{21}\}y - a_{12}Dz = a_{22}R_1 - a_{12}R_2 \qquad (3.11)$$

が得られる．また，(3.9) を微分する（(3.9) の両辺に左から D を作用させる）と

$$D(D - a_{11})y - a_{12}Dz = DR_1 \qquad (3.12)$$

となる．(3.12) − (3.11) より Dz を消去すると

$$\{D^2 - (a_{11} + a_{22})D + (a_{11}a_{22} - a_{12}a_{21})\}y = (D - a_{22})R_1 + a_{12}R_2 \qquad (3.13)$$

が得られる．これは y に関する非同次型の定係数 2 階線形微分方程式である $(D^2y = (d/dx)(d/dx)y = d^2y/dx^2)$．

(3.13) の y の係数をよく見るとおもしろいことがわかる．そこでこれを $\phi(D)$ とおいてみよう．すると

$$\begin{aligned}\phi(D) &\equiv D^2 - (a_{11} + a_{22})D + a_{11}a_{22} - a_{12}a_{21} \\ &= \begin{vmatrix} D - a_{11} & -a_{12} \\ -a_{21} & D - a_{22} \end{vmatrix}\end{aligned} \qquad (3.14)$$

と表される．これはもとの連立方程式 (3.4)（あるいは上に記した (3.9) と (3.10) の両式）の係数行列式である．

以上により (3.4) の特解，一般解を求める方法がわかる．すなわち，

（i）　まず定係数 2 階線形微分方程式 (3.13)：

$$\phi(D)y = (D - a_{22})R_1 + a_{12}R_2 \qquad (3.15)$$

をこれまでの方法で求める．

（ii）　ついで (3.9) より

$$z = {a_{12}}^{-1}(D - a_{11})y - {a_{12}}^{-1}R_1 \qquad (3.16)$$

に（i）で求めた y を代入して z を求めればよい．

特に，(3.16) で微分演算子 D の代りに数 λ を代入して $\phi(\lambda) = 0$ とおくと，λ についての 2 次方程式が得られる．これは前章で $y = e^{\lambda x}$ と仮定して得られた特性方程式にほかならない．すなわち，$\phi(\lambda) = 0$ は非同次型の

(3.13) に対する同次微分方程式 $\phi(D)\,y = 0$ の一般解を求める際の特性方程式である．また，これまでは (3.9)，(3.10) からまず z を消去した．もちろん，y を消去して z だけの微分方程式にして解き，ついで y を求めてもよい．これはもとの連立微分方程式の形からどちらがより簡単に解けるかの問題である．

例題 3.1

次の同次型の微分方程式の一般解を求めよ．

$$\frac{dy}{dx} = y - 2z, \qquad \frac{dz}{dx} = -y$$

［解］　上式を微分演算子 $D\,(= d/dx)$ を使って書きかえると

$$\begin{cases} (D-1)\,y + 2z = 0 & (1) \\ y + Dz = 0 & (2) \end{cases}$$

となる．(1) に左から D を掛けて

$$D(D-1)y + 2Dz = 0 \qquad (3)$$

(3) $-\ 2 \times$ (2) より z を消去して

$$(D^2 - D - 2)y = 0 \qquad (4)$$

この定係数 2 階線形微分方程式の特性方程式は

$$\lambda^2 - \lambda - 2 = 0, \qquad (\lambda+1)(\lambda-2) = 0$$

$$\therefore \quad \lambda = -1, 2$$

したがって，(4) の一般解は

$$y = c_1 e^{-x} + c_2 e^{2x} \qquad (5)$$

また，z は (1) と (5) より

$$2z = y - Dy = (c_1 e^{-x} + c_2 e^{2x}) - (-c_1 e^{-x} + 2c_2 e^{2x}) = 2c_1 e^{-x} - c_2 e^{2x}$$

$$\therefore \quad z = c_1 e^{-x} - \frac{1}{2} c_2 e^{2x} \qquad (6)$$

(5) と (6) をまとめて，求める一般解は

$$\begin{pmatrix} y \\ z \end{pmatrix} = c_1 \begin{pmatrix} 1 \\ 1 \end{pmatrix} e^{-x} + c_2 \begin{pmatrix} 1 \\ -\frac{1}{2} \end{pmatrix} e^{2x}$$

この解が正しいことは，(5) と (6) をもとの微分方程式 (1)，(2) に代入することで確かめることができる．　¶

［問題 2］　次の同次型の連立微分方程式の一般解を求めよ．

（1）　$\begin{cases} \dfrac{dy}{dx} = y + 4z \\ \dfrac{dz}{dx} = y + z \end{cases}$　　　（2）　$\begin{cases} \dfrac{dy}{dx} = -3y - 2z \\ \dfrac{dz}{dx} = 2y + z \end{cases}$

例題 3.2

次の非同次型の連立微分方程式の一般解を求めよ．

$$\frac{dy}{dx} = y - 2z - e^x, \qquad \frac{dz}{dx} = -3y + 2z - x$$

［解］　上式を書きかえると

$$\begin{cases} (D-1)y + 2z = -e^x & (1) \\ 3y + (D-2)z = -x & (2) \end{cases}$$

となる．

（i）　まず，（1）＋（2）より z を消去して

$$(D+2)y + Dz = -e^x - x \qquad (3)$$

（1）に左から D を掛けて（（1）の両辺を x で微分して）

$$D(D-1)y + 2Dz = -e^x \qquad (4)$$

（4）－ 2 ×（3）より Dz も消去して

$$(D^2 - 3D - 4)y = e^x + 2x \qquad (5)$$

（ii）　（5）は y についての非同次型の 2 階線形微分方程式だから，これを前章の方法で解く．

a)　（5）の特解 y_{p} は

$$y_{\mathrm{p}} = Ae^x + Bx + C$$

とおいて未定係数法で求められる．

$$Dy_{\mathrm{p}} = Ae^x + B$$
$$D^2y_{\mathrm{p}} = Ae^x$$

これらを（5）の左辺に代入すると，（5）は

$$-6Ae^x - 4Bx - (3B + 4C) = e^x + 2x$$

となる．両辺の係数の比較から

$$A = -\frac{1}{6}, \qquad B = -\frac{1}{2}, \qquad C = \frac{3}{8}$$

これより特解は

$$y_{\mathrm{p}} = -\frac{1}{6}e^x - \frac{1}{2}x + \frac{3}{8} \tag{6}$$

と求められる．これが特解であることは（6）を（5）に代入することで確かめられる．

b)（5）の同次微分方程式の一般解 y_{g} はその特性方程式とその解が

$$\lambda^2 - 3\lambda - 4 = 0\;;\quad \lambda = 4, -1$$

だから

$$y_{\mathrm{g}} = c_1 e^{4x} + c_2 e^{-x} \tag{7}$$

c)（6）と（7）より（5）の一般解は

$$\begin{aligned} y &= y_{\mathrm{p}} + y_{\mathrm{g}} \\ &= -\frac{1}{6}e^x - \frac{1}{2}x + \frac{3}{8} + c_1 e^{4x} + c_2 e^{-x} \end{aligned} \tag{8}$$

（iii）z は（1）と（8）から

$$z = \frac{1}{2}\{-e^x - (D-1)y\} = -\frac{1}{2}e^x - \frac{1}{4}x + \frac{7}{16} - \frac{3}{2}c_1 e^{4x} + c_2 e^{-x} \tag{9}$$

（8）と（9）をまとめて，一般解は

$$\begin{pmatrix} y \\ z \end{pmatrix} = \begin{pmatrix} -\frac{1}{6} \\ -\frac{1}{2} \end{pmatrix} e^x + \begin{pmatrix} -\frac{1}{2}x + \frac{3}{8} \\ -\frac{1}{4}x + \frac{7}{16} \end{pmatrix} + c_1 \begin{pmatrix} 1 \\ -\frac{3}{2} \end{pmatrix} e^{4x} + c_2 \begin{pmatrix} 1 \\ 1 \end{pmatrix} e^{-x}$$

と表される．これが解であることは，もとの連立微分方程式（1）と（2）に代入することで確かめることができる．¶

［**問題 3**］　非同次型の連立微分方程式

$$\frac{dy}{dx} + \frac{dz}{dx} = y + e^x, \qquad \frac{dz}{dx} = -2y - 2z + x$$

の一般解を求めよ．（ヒント：まず両辺から Dz を消去せよ．）

演習問題

［**1**］　次の連立微分方程式の一般解を求めよ．

（1）$\begin{cases} \dfrac{dy}{dx} = z \\ \dfrac{dz}{dx} = -25y + 10z \end{cases}$　　（2）$\begin{cases} \dfrac{dy}{dx} = y + z \\ \dfrac{dz}{dx} = -2y - z \end{cases}$

［**2**］　次の連立微分方程式の一般解を求めよ．

$$\frac{dy}{dx} = 4y + z + 4\sin x, \qquad \frac{dz}{dx} = -3y + 6\cos x$$

［**3**］　連立微分方程式

$$\frac{dy}{dx} = y - 2z + e^x, \qquad \frac{dz}{dx} = -3y + 2z$$

で，初期条件 $y(0) = 1/6$，$z(0) = -2$ となる解を求めよ．

［**4**］　図のように，質量 m の2つの質点がバネ定数 k のバネでつながれて滑らかな床の上で x 方向に運動している．それぞれの質点の平衡位置からの距離を符号を含めて x_1, x_2 とする．バネの伸びは $x_2 - x_1$ なので，質点1には力 $k(x_2 - x_1)$ が，質点2には力 $-k(x_2 - x_1)$ がはたらく．したがって，それぞれの質点の運動方程式は

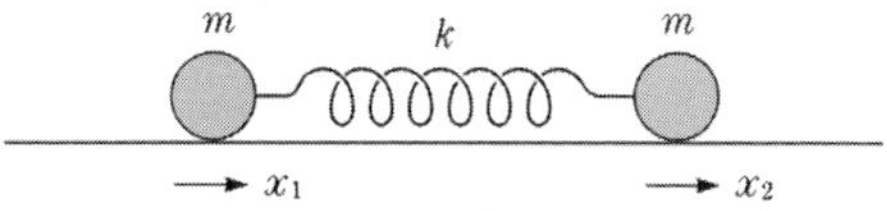

$$m\ddot{x}_1 = k(x_2 - x_1), \quad m\ddot{x}_2 = -k(x_2 - x_1)$$

となる（ただし，$\dot{x} = dx/dt$，$\ddot{x} = d^2x/dt^2$）．ここで新しい変数 $X = x_1 + x_2$，$Y = x_1 - x_2$ を導入すると，これらはどのような微分方程式に従うか．また，どのような運動に対応するか．

［**5**］　前問の質点1，2にさらにバネ定数 k のバネを結び，図のように固定する．

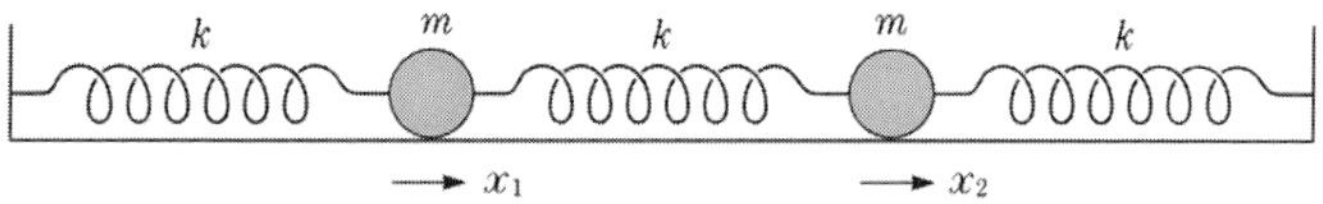

このとき

（1）　質点1，2の運動方程式は

$$\begin{cases} m\ddot{x}_1 = -kx_1 + k(x_2 - x_1) \\ m\ddot{x}_2 = -kx_2 - k(x_2 - x_1) \end{cases}$$

となることを証明せよ．

（2）　$X = x_1 + x_2$，$Y = x_1 - x_2$ はどのような微分方程式に従うか．また，

それぞれはどのような運動に対応するか．

［**6**］（1） 図のような RC 回路で始めにスイッチ S は開いており，コンデンサー（容量 C）は電荷 Q_0 をもっているとする．時刻 $t=0$ でスイッチ S を閉じると，この回路には電流が流れる．時刻 t でのコンデンサーの電荷を Q，回路を流れる電流を I とすると，キルヒホッフの第 2 法則から（この回路に起電力がないことに注意して）

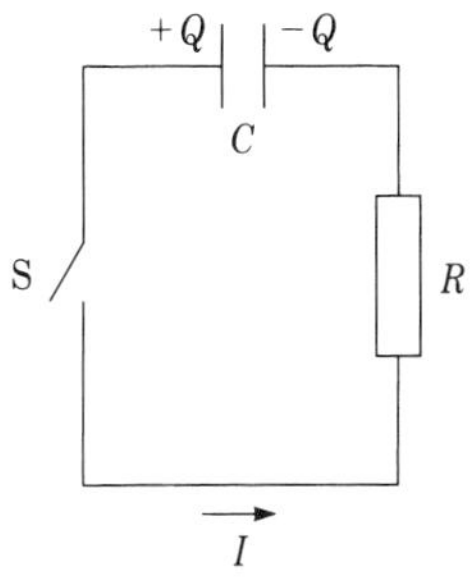

$$\frac{Q}{C}+RI=0$$

が成り立つ．これより Q の時間変化を求めよ．（ヒント：電流とは電荷の時間変化である．すなわち，$I=dQ/dt$ であることに注意．$\alpha=1/RC$ とおくこと．）

（2） 図のような回路で，始めスイッチ S は開いており，左のコンデンサー 1（容量 C）にだけ電荷 Q_0 があるとして，時刻 $t=0$ でスイッチ S を閉じる．時刻 t でのコンデンサー 1，2 の電荷をそれぞれ Q_1，Q_2 とすると，キルヒホッフの第 2 法則から（中央の抵抗 R を流れる電流 $I=I_1-I_2$ に注意して）

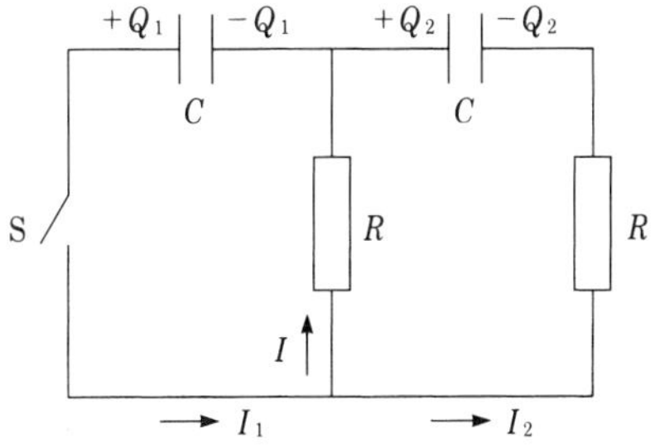

$$\begin{cases}\dfrac{Q_1}{C}+R(I_1-I_2)=0\\[2ex]\dfrac{Q_2}{C}-R(I_1-I_2)+RI_2=0\end{cases}$$

である．これより Q_1，Q_2 についての連立微分方程式を導き，その解を求めよ．（ヒント：（1）と同様に $I_1=dQ_1/dt$，$I_2=dQ_2/dt$ である．また，$t=0$ でコンデンサー 1 には電荷 Q_0 があり，コンデンサー 2 には電荷がない．$\alpha=1/RC$ とおくこと．）

カオス

腕の長さ l の摩擦のない振り子の運動方程式は，よく知られているように

$$\frac{d^2\theta}{dt^2} + \omega_0^2 \sin\theta = 0 \qquad (1)$$

と表される．ここで $\omega_0^2 = g/l$ (g：重力加速度) である．この振り子は図のように支点を中心にぐるぐる回ることができる．特に振り子の振れの角度が小さい ($|\theta| \ll 1$) ときには $\sin\theta \cong \theta$ と近似できて，(1) はよく知られた単振動を表す線形方程式となる．(1) は簡単な形をしているが，$\sin\theta$ があるために θ について非線形の微分方程式である．それでも摩擦がないので，系のエネルギーは保存され，初期条件によって振動もしくは回転運動を示し，いずれにしろ周期的な運動を続ける．

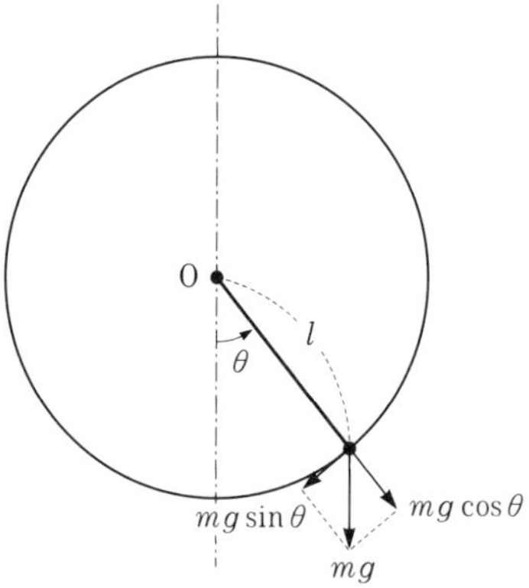

現実には振り子が振れるときの支点の摩擦や空気の抵抗は避けられない．これら振り子への摩擦の影響を考慮して (1) の左辺に $\gamma(d\theta/dt)$ を加える：

$$\frac{d^2\theta}{dt^2} + \gamma\frac{d\theta}{dt} + \omega_0^2 \sin\theta = 0 \qquad (2)$$

係数 γ は摩擦の大きさを与える正の定数 ($\gamma > 0$) である．この場合には，始めにどんなに激しく回転していても，摩擦によってエネルギーが失われて (力学エネルギーの熱エネルギーへの散逸)，回転運動から振動運動に移り，いずれはその振幅も小さくなって $\theta = 0$ の静止状態になる．この意味で (2) は非線形 ($\sin\theta$ があるから) だが，長い時間の振舞は単純だということができる．

この振り子にさらに角周波数 ω (一般に ω_0 と異なる) の外力を加えるとどうなるだろうか．このとき (2) は形式的に

$$\frac{d^2\theta}{dt^2} + \gamma\frac{d\theta}{dt} + \omega_0^2 \sin\theta = A\sin\omega t \qquad (3)$$

と表すことができる．ここで A は外力の大きさを表す正の定数 ($A > 0$) である．

本文で議論したように，θ の時間微分を $d\theta/dt = p$ とおくと，(1) も (2) も 2 元 1 階連立微分方程式で表される．もちろん，(3) も同じように表されるのだが，(1) や (2) と違って非同次項 $A\sin\omega t$ が含まれる．ところがこれはもう 1 変数

$\phi = \omega t$ を導入して避けることができる．この定義より $d\phi/dt = \omega$ だから，結局（3）は

$$\frac{d\theta}{dt} = p, \qquad \frac{dp}{dt} = -{\omega_0}^2 \sin\theta - \gamma p + A\sin\phi, \qquad \frac{d\phi}{dt} = \omega \tag{4}$$

と変形できて，3元1階連立微分方程式で表すことができる．

上に述べたように，（1）や（2）は厳密な解が求められなくても大よその解の振舞が予想できた．ところが（3）（あるいはそれと等価な（4））はパラメータ ω_0, γ, A の値によっては非常に不規則な振舞を示す**カオス**解をもつことがある．それでも（3）あるいは（4）は微分方程式なので，解がどんなに不規則に見えても与えられた初期条件に対しては同じ解を与える．こういった解の振舞を**決定論的**であるという．それなら何も不思議なことは起こらないかというとそうではない．初期条件をほんの少し変えると，その解はしばらくはもとの解と同じような振舞を示す．しかし，2つの解の差が指数関数的に増大するので，いずれは大きく違ってきて両者は似ても似つかない振舞を示すようになる．これをカオスの**初期条件敏感性**という．現実には初期条件を限りなく厳密に決めることができないので，カオスを示すような系は決定論的な方程式で書かれているにもかかわらず，その解の振舞を予言することができない．ブランコはそれの固有な周期で押すと共鳴するし，別の周期で力まかせに押していると何が起こるかわからない．どうも小さな振幅でがまんしておとなしく楽しんでいるのがよさそうだ．

カオスを示す方程式系は（4）だけでなく，いくつか知られている．ここで重要なことは方程式が非線形でなければいけないことと，従属変数の数が，（4）のような，右辺に独立変数 t を含まない形（自律系という）に表したときの (θ, p, ϕ) のように，3個以上必要であることである．歴史的に重要でかつ興味深いのは大気の変動をモデル化したローレンツ方程式（1963年）で，これがカオス研究の発端となった．どうも天気予報が当らないのは予報官の所為というより，カオスが原因だったようだ．

II. ベクトル解析

ベクトルは力学，電磁気学，流体力学など物理学のほとんど全分野で議論を展開するに当って非常に有用である．実際，ベクトルなしでも議論を進めることができないわけではないが，多くの場合，それは全くの時間のむだである．物理学を学ぶためにはぜひともベクトル解析をマスターしなければならない．これからの3章でベクトル解析の基礎を学ぶ．

4 ベクトルの内積, 外積, 三重積

物理学の世界では速度ベクトルや電場ベクトルなど，いろいろな種類のベクトルが現れる．本章ではこれらのベクトルの個別性を超えてベクトル解析に固有な量として，ベクトルの内積，外積，三重積を導入する．これらの量はそれぞれ単純な幾何学的意味をもち，ベクトル解析において基礎的な役割を果たす．その意味で，本章はベクトル解析の基礎を学ぶことになる．

§4.1 ベクトル

ベクトルとは，質点の速度や電場のように大きさと向きをもった量である．普通，ベクトルを $\boldsymbol{v}$ や $\boldsymbol{E}$ のように太字で表す．ベクトルは向きをもつので，それを指定するための自由度の数だけの成分をもつことになる．たとえば，3 次元空間を動き回る質点の位置 P は，図 4.1(a) のように空間中に座標系を決めると座標 (x, y, z) で指定される．これは原点から点 P に引いた矢印 $\boldsymbol{r} \equiv \overrightarrow{\mathrm{OP}}$ で指定することもできる．このとき，$\boldsymbol{r}$ の 3 成分は x, y, z と考えるのである．このような $\boldsymbol{r}$ を点 P の**位置ベクトル**といい，$\boldsymbol{r} = (x, y, z)$ と表す．また，点 P にある質点は x, y, z 軸方向に v_x, v_y, v_z の速度で運動しているとしよう．するとこの質点の**速度ベクトル**は $\boldsymbol{v} = (v_x, v_y, v_z)$ と表される．これは図 4.1(a) で点 P から始まる矢印でも表されるが，速度ベクトル $\boldsymbol{v}$ だけを問題にする場合には図 4.1(b) のように別の座標系を導入する方が便利である．ただし，このとき，図 4.1(b) の原点 O は実際の 3 次元空間の座標系の原点（図 4.1(a) の点 O）とは関係がないことに注意しよう．

また質点が 3 次元空間にあっても，それが水平方向にしか動かないために

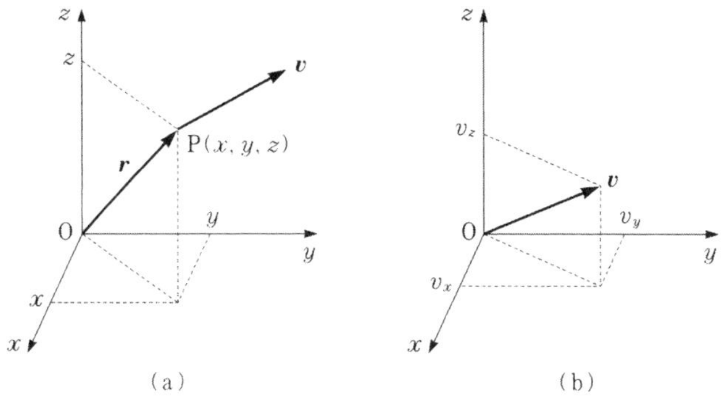

図 4.1

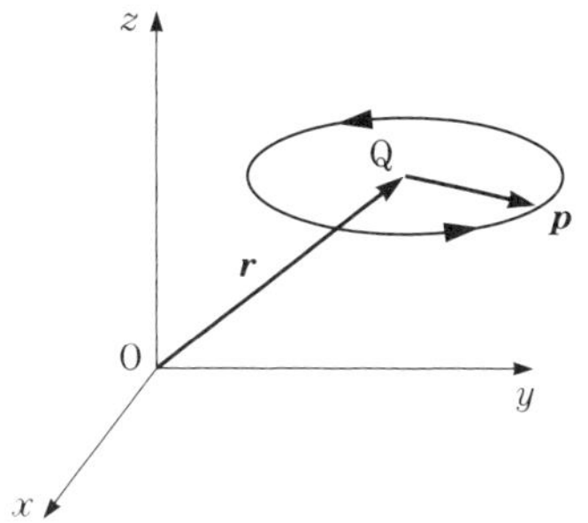

図 4.2

その速度ベクトル $\boldsymbol{v}$ が 2 成分しかない場合も考えられる．一例として主プロペラが水平方向にだけ回転するヘリコプター Q を考えてみよう．その位置 Q は 3 成分ベクトル $\boldsymbol{r} = (x, y, z)$ で表されるが，Q を中心にして回転する 1 本のプロペラの向き $\boldsymbol{p}$ は水平方向に限られるので，2 成分ベクトル $\boldsymbol{p} = (p_x, p_y)$ と表されることになる (図 4.2)．ここでの注意は，向きのある (あるいは多成分の) 物理量をベクトルで表すことはとても便利であり，物理学の多くの分野で行われるが，その成分の数と問題が設定されている実際の空間の自由度とは必ずしも一致しないということである．

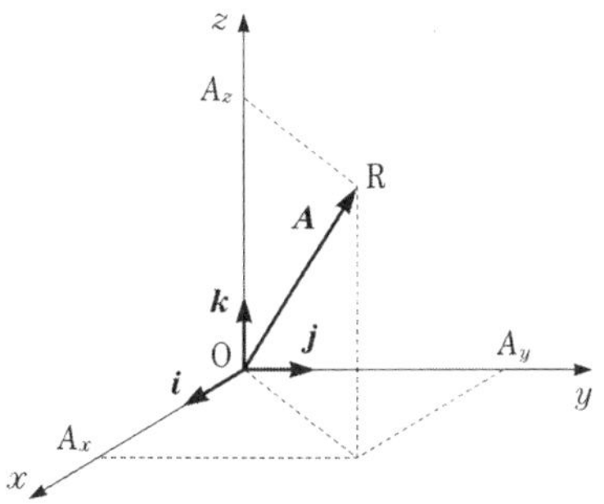

図 4.3

以上の注意を念頭においた上で，以降は断らない限り，3 次元空間で 3 成分をもつベクトルを考えることにしよう．いま，図 4.3 に示したように，$\overrightarrow{\mathrm{OR}}$

で表されるベクトル $\boldsymbol{A}$ を考えると，これは

$$\begin{aligned}\boldsymbol{A} &= (A_x, A_y, A_z)\\ &= A_x\boldsymbol{i} + A_y\boldsymbol{j} + A_z\boldsymbol{k}\end{aligned} \tag{4.1}$$

と表される．ここで $\boldsymbol{i}, \boldsymbol{j}, \boldsymbol{k}$ は**基本ベクトル**とよばれ，大きさが 1 で 3 つの座標軸を向く；

$$\boldsymbol{i} = (1, 0, 0), \quad \boldsymbol{j} = (0, 1, 0), \quad \boldsymbol{k} = (0, 0, 1) \tag{4.2}$$

ただし，基本ベクトルは $\boldsymbol{i}, \boldsymbol{j}, \boldsymbol{k}$ だけでなく，$\boldsymbol{e}_x, \boldsymbol{e}_y, \boldsymbol{e}_z$ や $\boldsymbol{e}_1, \boldsymbol{e}_2, \boldsymbol{e}_3$ などと表記される場合もあることを注意しておく．

また，ベクトルの大きさ A が

$$A = |\boldsymbol{A}| = \sqrt{A_x{}^2 + A_y{}^2 + A_z{}^2} \tag{4.3}$$

と表されることは図 4.3 で $A = \overline{\mathrm{OR}}$（OR の上の — は線分 OR であることを表す）であることから明らかであろう．(4.1) は任意のベクトルが基本ベクトルによって分解できることを表す．したがって，図 4.1(a) にある位置ベクトル $\boldsymbol{r}$ は

$$\boldsymbol{r} \equiv \overrightarrow{\mathrm{OP}} = x\boldsymbol{i} + y\boldsymbol{j} + z\boldsymbol{k} \tag{4.4}$$

と表される．

§4.2　ベクトルの内積

2 つのベクトル $\boldsymbol{A}, \boldsymbol{B}$ の**内積**（**スカラー積**ともいう）を次のように定義する．

$$\boldsymbol{A}\cdot\boldsymbol{B} \equiv AB\cos\theta = \boldsymbol{B}\cdot\boldsymbol{A} \tag{4.5}$$

ここで θ は $\boldsymbol{A}$ と $\boldsymbol{B}$ の間の角度である．図 4.4 に示したように $\overrightarrow{\mathrm{OP}} = \boldsymbol{A}$，$\overrightarrow{\mathrm{OQ}} = \boldsymbol{B}$ とし，点 Q から直線 OP に下ろした垂線の足を H とすると $\overline{\mathrm{OP}} = A$，$\overline{\mathrm{OH}} = B\cos\theta$ である．したがって，内積 $\boldsymbol{A}\cdot\boldsymbol{B}$ とはベクトル $\boldsymbol{A}$ の大きさ A に，ベクトル $\boldsymbol{B}$ の $\boldsymbol{A}$ の向きの成分（$B\cos\theta$）を掛けたものということができる．

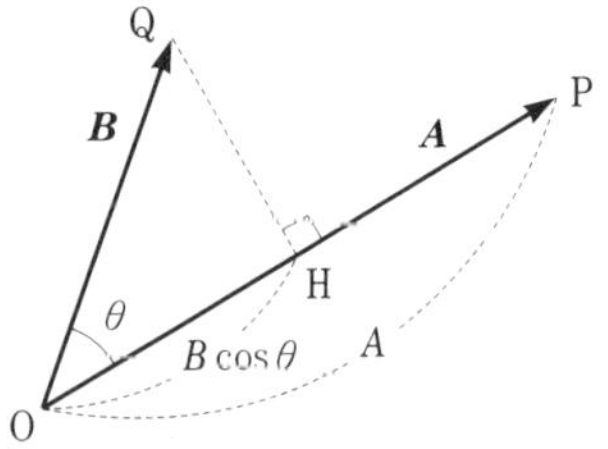

図 4.4

内積の定義 (4.5) より次のような内積の特

徴を列挙することができる．

（1） $\boldsymbol{A}$ と $\boldsymbol{B}$ が直交するとき，内積はゼロである：

$$\boldsymbol{A}\cdot\boldsymbol{B} = 0 \qquad (\boldsymbol{A} \perp \boldsymbol{B}) \tag{4.6}$$

（2） 自分自身との内積は大きさの 2 乗になる：

$$\boldsymbol{A}\cdot\boldsymbol{A} \equiv \boldsymbol{A}^2 = A^2 \tag{4.7}$$

（3） 別名“スカラー積”からもわかるように，内積そのものはスカラー量（ただの数）である．したがって，(4.5) に記したように**交換律** $\boldsymbol{A}\cdot\boldsymbol{B} = \boldsymbol{B}\cdot\boldsymbol{A}$ が成り立つ．

（4） 図 4.5 からわかるように，**分配律**

$$\boldsymbol{A}\cdot(\boldsymbol{B} + \boldsymbol{C}) = \boldsymbol{A}\cdot\boldsymbol{B} + \boldsymbol{A}\cdot\boldsymbol{C} \tag{4.8}$$

が成り立つ．

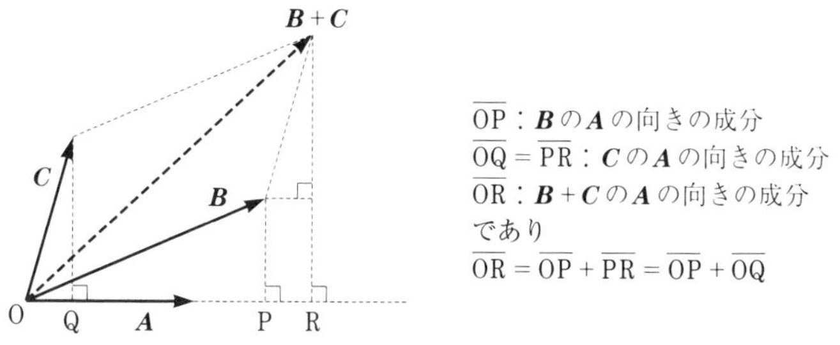

図 4.5

特に，基本ベクトル $\boldsymbol{i}, \boldsymbol{j}, \boldsymbol{k}$ については，それらの大きさが 1 であり，互いに直交するので，(4.6) と (4.7) から

$$\boldsymbol{i}^2 = \boldsymbol{j}^2 = \boldsymbol{k}^2 = 1, \qquad \boldsymbol{j}\cdot\boldsymbol{k} = \boldsymbol{k}\cdot\boldsymbol{i} = \boldsymbol{i}\cdot\boldsymbol{j} = 0 \tag{4.9}$$

が成り立つことが容易にわかる．これと (4.7) から，たとえば

$$\boldsymbol{A}\cdot\boldsymbol{i} = (A_x\boldsymbol{i} + A_y\boldsymbol{j} + A_z\boldsymbol{k})\cdot\boldsymbol{i} = A_x$$

だから

$$A_x = \boldsymbol{A}\cdot\boldsymbol{i}, \quad A_y = \boldsymbol{A}\cdot\boldsymbol{j}, \quad A_z = \boldsymbol{A}\cdot\boldsymbol{k} \tag{4.10}$$

と表すことができる．また $\boldsymbol{A}$ と $\boldsymbol{B}$ の内積は，

$$\boldsymbol{A}\cdot\boldsymbol{B} = (A_x\boldsymbol{i} + A_y\boldsymbol{j} + A_z\boldsymbol{k})\cdot(B_x\boldsymbol{i} + B_y\boldsymbol{j} + B_z\boldsymbol{k})$$

を (4.9) を使って計算することにより，

$$\boldsymbol{A}\cdot\boldsymbol{B} = A_x B_x + A_y B_y + A_z B_z \tag{4.11}$$

と表されることがわかる．

［**問題 1**］ $\boldsymbol{A} = \boldsymbol{i} - 2\boldsymbol{j} + 3\boldsymbol{k}$，$\boldsymbol{B} = 4\boldsymbol{i} + \boldsymbol{j} + 2\boldsymbol{k}$ として $\boldsymbol{A}\cdot\boldsymbol{B}$ を求めよ．

図 4.6 に示した任意のベクトル $\boldsymbol{A}$（大きさ A）は，その方向の単位ベクトル $\boldsymbol{n}_A$（大きさ 1）を用いて，

$$\boldsymbol{A} = A\boldsymbol{n}_A \tag{4.12}$$

と表すことができる．このとき，単位ベクトル $\boldsymbol{n}_A = \boldsymbol{A}/A$ の 3 成分を (λ, μ, ν) とおくと，

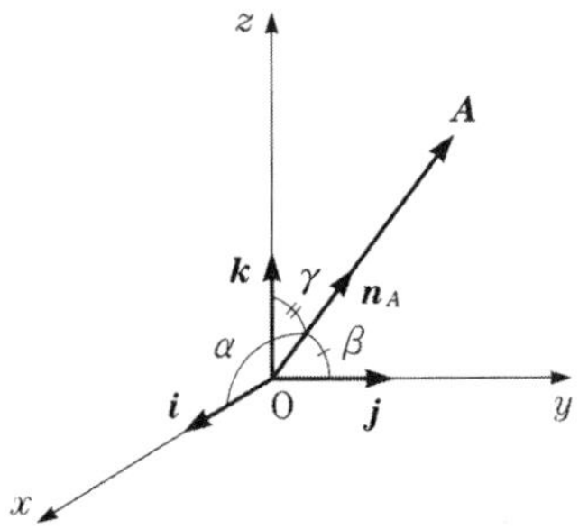

図 4.6

$$\lambda = \boldsymbol{n}_A\cdot\boldsymbol{i} = \cos\alpha = \frac{A_x}{A},$$

$$\mu = \boldsymbol{n}_A\cdot\boldsymbol{j} = \cos\beta = \frac{A_y}{A}, \qquad \nu = \boldsymbol{n}_A\cdot\boldsymbol{k} = \cos\gamma = \frac{A_z}{A} \tag{4.13}$$

である．ここで α, β, γ は，図 4.6 に示したように，ベクトル $\boldsymbol{A}$ と x, y, z 軸とのなす角であり，$\lambda = \cos\alpha$，$\mu = \cos\beta$，$\nu = \cos\gamma$ を $\boldsymbol{A}$ の**方向余弦**という．

ベクトルの内積を使うと，三角公式（$a^2 = b^2 + c^2 - 2bc\cos\alpha$）は容易に導かれる．いま，図 4.7 に示した △ABC で $\overrightarrow{\mathrm{BC}} = \boldsymbol{a}$，$\overrightarrow{\mathrm{CA}} = \boldsymbol{b}$，$\overrightarrow{\mathrm{AB}} = \boldsymbol{c}$ とし，$\angle\mathrm{BAC} = \alpha$ とおくと，

$$\boldsymbol{b} + \boldsymbol{c} = \overrightarrow{\mathrm{CA}} + \overrightarrow{\mathrm{AB}} = \overrightarrow{\mathrm{CB}} = -\overrightarrow{\mathrm{BC}} = -\boldsymbol{a}$$

だから

$$a^2 = |\boldsymbol{a}|^2 = |\boldsymbol{b} + \boldsymbol{c}|^2 = b^2 + c^2 + 2\boldsymbol{b}\cdot\boldsymbol{c}$$

2 つのベクトル $\boldsymbol{b}$ と $\boldsymbol{c}$ のなす角は図 4.7 より $\pi - \alpha$ だから

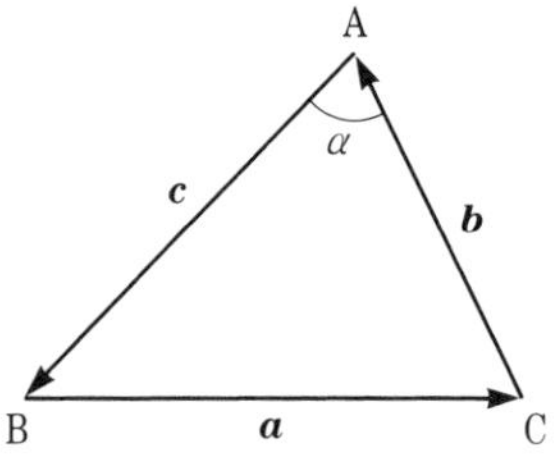

図 4.7

$$\boldsymbol{b}\cdot\boldsymbol{c} = bc\cos(\pi - \alpha) = -bc\cos\alpha$$

これを上式に代入して

$$a^2 = b^2 + c^2 - 2bc\cos\alpha \tag{4.14}$$

となる．

例題 4.1

図 4.8 のように，中心 O，半径 r の円周上を円運動する点 P がある．この点がわずかに移動した点を P′ とし，$\overrightarrow{\mathrm{OP}} = \boldsymbol{r}$，$\overrightarrow{\mathrm{PP'}} = \varDelta\boldsymbol{r}$ $(|\varDelta\boldsymbol{r}| \ll r)$ とおくと $\boldsymbol{r}$ と $\varDelta\boldsymbol{r}$ は直交 $(\boldsymbol{r} \perp \varDelta\boldsymbol{r})$ することを示せ．

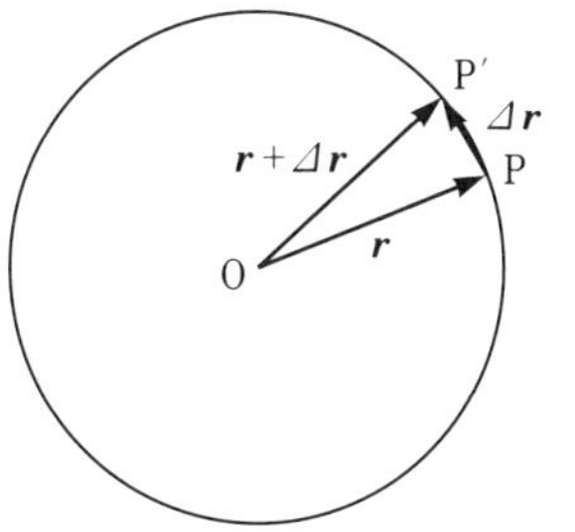

図 4.8

［**解**］
$$\overrightarrow{\mathrm{OP'}} = \overrightarrow{\mathrm{OP}} + \overrightarrow{\mathrm{PP'}} = \boldsymbol{r} + \varDelta\boldsymbol{r}$$
だから
$$|\overrightarrow{\mathrm{OP'}}|^2 = |\boldsymbol{r} + \varDelta\boldsymbol{r}|^2 = \boldsymbol{r}^2 + 2\boldsymbol{r}\cdot\varDelta\boldsymbol{r} + |\varDelta\boldsymbol{r}|^2$$
しかし $|\overrightarrow{\mathrm{OP'}}| = r$ だから上式は r^2 に等しい．よって
$$2\boldsymbol{r}\cdot\varDelta\boldsymbol{r} + |\varDelta\boldsymbol{r}|^2 = 0$$
ところが，$|\varDelta\boldsymbol{r}|$ が十分小さいので $|\varDelta\boldsymbol{r}|^2$ は無視できるから
$$\boldsymbol{r}\cdot\varDelta\boldsymbol{r} = 0$$
これは $\boldsymbol{r}$ と $\varDelta\boldsymbol{r}$ が直交していることを表す． ¶

［**問題 2**］ 2 つのベクトルの内積をそれぞれの成分で表す (4.11) を使って，分配律 (4.8) を示せ．

§4.3 ベクトルの外積

2 つのベクトル $\boldsymbol{A}, \boldsymbol{B}$ によって作られる積には，前節で見た内積のほかに，次式で定義される**外積**（**ベクトル積**ともいう）$\boldsymbol{D}$ がある：

$$\boldsymbol{D} \equiv \boldsymbol{A} \times \boldsymbol{B} = D\boldsymbol{n}, \qquad D = AB\sin\theta \tag{4.15}$$

ここで θ は 2 つのベクトル $\boldsymbol{A}$ と $\boldsymbol{B}$ のなす角である．また，単位ベクトル $\boldsymbol{n}$（大きさ 1）は $\boldsymbol{A}, \boldsymbol{B}$ 両ベクトルに垂直であり，$\boldsymbol{A}$ を $\boldsymbol{B}$ の方に回転したときの右ネジの進む向きにとる約束をしておく．このようなベクトル $\boldsymbol{n}$ のことを 2 つのベクトル $\boldsymbol{A}$ と $\boldsymbol{B}$ が作る平面の**法線ベクトル**という．したがって，図 4.9 に示したように，$\boldsymbol{A}$ を x 軸にとり，$\boldsymbol{B}$ を xy 面内にとると，$\boldsymbol{D} =$

$\boldsymbol{A}\times\boldsymbol{B}$ と $\boldsymbol{n}$ は z 軸上にある．また，定義式 (4.15) から，外積 $\boldsymbol{A}\times\boldsymbol{B}$ の大きさ $D=|\boldsymbol{A}\times\boldsymbol{B}|$ は $\boldsymbol{A},\boldsymbol{B}$ を 2 辺とする平行四辺形 (図の灰色の部分) の面積であることがわかる．

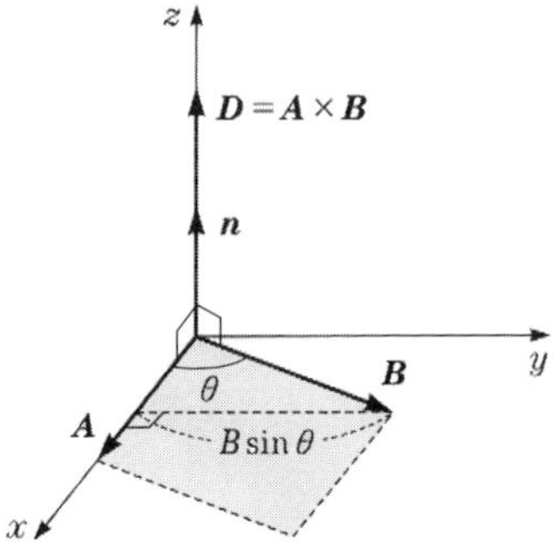

図 4.9

外積の特徴を列挙してみよう．

（1） 別名“ベクトル積”からわかるように，外積はベクトルである．しかもベクトル $\boldsymbol{A}$，$\boldsymbol{B}$ そのものは変えずに外積の中の $\boldsymbol{A}$ と $\boldsymbol{B}$ の順序だけを入れかえて $\boldsymbol{B}\times\boldsymbol{A}$ を作ると，$\boldsymbol{B}$ から $\boldsymbol{A}$ に向けて回転した右ネジは上の場合と反対向きに進むので，

$$\boldsymbol{B}\times\boldsymbol{A}=-\boldsymbol{A}\times\boldsymbol{B} \tag{4.16}$$

となる．特に $\boldsymbol{B}=\boldsymbol{A}$ のとき

$$\boldsymbol{A}\times\boldsymbol{A}=\boldsymbol{0} \tag{4.17}$$

である．すなわち，内積の場合と異なって，外積では交換律が成り立たない．ここで，$\boldsymbol{0}=(0,0,0)$ はゼロ・ベクトルである．

（2） ベクトル $\boldsymbol{A}$ と $\boldsymbol{B}$ が平行のとき $\sin\theta=0$ だから

$$\boldsymbol{A}\times\boldsymbol{B}=\boldsymbol{0} \qquad (\boldsymbol{A}\,/\!/\,\boldsymbol{B}) \tag{4.18}$$

（3） 分配律

$$\boldsymbol{A}\times(\boldsymbol{B}+\boldsymbol{C})=\boldsymbol{A}\times\boldsymbol{B}+\boldsymbol{A}\times\boldsymbol{C} \tag{4.19}$$

が成り立つ．

これらの結果を使うと，基本ベクトル $\boldsymbol{i},\boldsymbol{j},\boldsymbol{k}$ に対して

$$\left.\begin{array}{c}\boldsymbol{i}\times\boldsymbol{i}=\boldsymbol{j}\times\boldsymbol{j}=\boldsymbol{k}\times\boldsymbol{k}=\boldsymbol{0}\\ \boldsymbol{j}\times\boldsymbol{k}=-\boldsymbol{k}\times\boldsymbol{j}=\boldsymbol{i},\quad \boldsymbol{k}\times\boldsymbol{i}=-\boldsymbol{i}\times\boldsymbol{k}=\boldsymbol{j},\quad \boldsymbol{i}\times\boldsymbol{j}=-\boldsymbol{j}\times\boldsymbol{i}=\boldsymbol{k}\end{array}\right\} \tag{4.20}$$

であることが容易にわかる．特に，後の 3 式は $\boldsymbol{i}\to\boldsymbol{j}\to\boldsymbol{k}\to\boldsymbol{i}$ というサイクリックな交換で次々に導かれる形になっていることに注意しよう．

また，外積 $\boldsymbol{A}\times\boldsymbol{B}$ を $\boldsymbol{A},\boldsymbol{B}$ それぞれの x,y,z 成分で表すためには

$$\boldsymbol{A}\times\boldsymbol{B}=(A_x\boldsymbol{i}+A_y\boldsymbol{j}+A_z\boldsymbol{k})\times(B_x\boldsymbol{i}+B_y\boldsymbol{j}+B_z\boldsymbol{k})$$

を (4.20) を使って計算すればよい．結果は

$$
\begin{aligned}
\boldsymbol{A}\times\boldsymbol{B} &= (A_yB_z - A_zB_y, A_zB_x - A_xB_z, A_xB_y - A_yB_x)\\
&= (A_yB_z - A_zB_y)\boldsymbol{i} + (A_zB_x - A_xB_z)\boldsymbol{j} + (A_xB_y - A_yB_x)\boldsymbol{k}\\
&= \begin{vmatrix} \boldsymbol{i} & \boldsymbol{j} & \boldsymbol{k}\\ A_x & A_y & A_z\\ B_x & B_y & B_z \end{vmatrix}
\end{aligned}
\tag{4.21}
$$

である．ここでも下付の x, y, z を $x \to y \to z \to x$ とサイクリックに変えていくと，外積の x, y, z 成分が次々に得られることに注意しよう．

［**問題 3**］ $\boldsymbol{A} = 2\boldsymbol{i} - 3\boldsymbol{j} + \boldsymbol{k}$, $\boldsymbol{B} = \boldsymbol{i} + 2\boldsymbol{j} - 4\boldsymbol{k}$ として $\boldsymbol{A}\times\boldsymbol{B}$, $(\boldsymbol{A}+\boldsymbol{B})\times(\boldsymbol{A}-\boldsymbol{B})$ を求めよ．

［**問題 4**］ (4.21) を使って分配律 (4.19) を示せ．

例題 4.2

2 つのベクトル $\boldsymbol{A}, \boldsymbol{B}$ が作る平行四辺形の面積 $S = |\boldsymbol{A}\times\boldsymbol{B}|$ と，$\boldsymbol{A}, \boldsymbol{B}$ を xy 平面に投影した 2 つのベクトル $\boldsymbol{A}', \boldsymbol{B}'$ が作る平行四辺形の面積 $S' = |\boldsymbol{A}'\times\boldsymbol{B}'|$ とは

$$S' = S\,|\cos\gamma| \tag{4.22}$$

という関係にあることを示せ．ただし，$\cos\gamma$ は外積 $\boldsymbol{A}\times\boldsymbol{B}$ の z 方向の方向余弦である．

［**解**］ 外積 $\boldsymbol{A}\times\boldsymbol{B}$ の z 成分は (4.21) より

$$(\boldsymbol{A}\times\boldsymbol{B})_z = A_xB_y - A_yB_x$$

である．また，図 4.10 からもわかるとおり，これは方向余弦を使って $|\boldsymbol{A}\times\boldsymbol{B}|\cos\gamma = S\cos\gamma$ とも表される．よって

$$A_xB_y - A_yB_x = S\cos\gamma \tag{1}$$

他方，$\boldsymbol{A}, \boldsymbol{B}$ を xy 平面に投影した $\boldsymbol{A}', \boldsymbol{B}'$ の z 成分はもちろんゼロであり，x, y 成分は $\boldsymbol{A}, \boldsymbol{B}$ と変わらないので

$$\boldsymbol{A}' = (A_x, A_y, 0), \qquad \boldsymbol{B}' = (B_x, B_y, 0)$$

$$\therefore\quad \boldsymbol{A}'\times\boldsymbol{B}' = (0, 0, A_xB_y - A_yB_x)$$

よって，2 つのベクトル $\boldsymbol{A}', \boldsymbol{B}'$ の作る平行四辺形の面積は

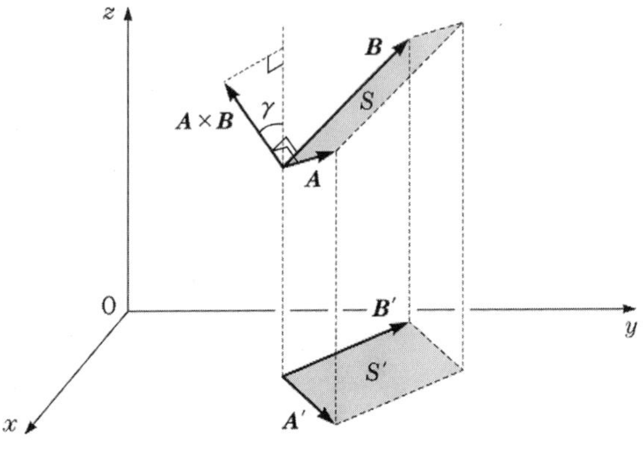

図 4.10

$$S' = |\boldsymbol{A}' \times \boldsymbol{B}'| = |A_x B_y - A_y B_x| \qquad (2)$$

と表される．（1），（2）より

$$S' = S|\cos\gamma|$$

が導かれる．この関係は今後しばしば使うことになる．¶

［**問題 5**］　3 点 A, B, C の座標をそれぞれ $(1, 0, 0)$，$(0, 1, 0)$，$(0, 0, 1)$ とする．このとき △ABC の面積とその法線を求めよ．（ヒント：2 点 $\mathrm{P}_1, \mathrm{P}_2$ の座標をそれぞれ (x_1, y_1, z_1)，(x_2, y_2, z_2) とすると $\overrightarrow{\mathrm{P}_1\mathrm{P}_2} = (x_2 - x_1, y_2 - y_1, z_2 - z_1)$ である．$\boldsymbol{b} = \overrightarrow{\mathrm{AB}}$，$\boldsymbol{c} = \overrightarrow{\mathrm{AC}}$ とおいてみよ．）

交　換　律

2 つの普通の数 a, b の和 $a + b$ や積 ab に交換律が成り立つことは，交換律という言葉を知らない小学生でも知っている当り前のことである．あまりに当り前すぎて，この交換律が成り立たない量があることをつい忘れがちである．本章で出てきたベクトルの外積が交換律の成り立たない例であるが，このほかにも線形代数で学んだ行列などもその典型例であろう．諸君もよく知っているように，2 つの行列 $\boldsymbol{A}$ と $\boldsymbol{B}$ の積 $\boldsymbol{AB}$ は一般に $\boldsymbol{BA}$ と等しくない．

筆者が量子力学を学び始めたとき，量子力学の世界では電子などの粒子の位置 x とその運動量 p_x の積に交換律が成り立たないと教わり，ひどく混乱したことを覚えている．その理由は，第一に積について交換律が成り立たないような量がこの世の中に存在するのかという疑問で，第二にはこんなことがなぜ物理的に可能なのだろうかという疑問であった．第一の疑問は上のベクトル積や行列の例などで何とか納得したが，第二の疑問はその後ずっと尾を引くことになった．いつの頃からか忘れたが，いまでは物理的世界がそのようにできているのだということで自分を納得させている．量子力学を学び始めると，上の x と p_x のように，積の交換律が成り立たないが，その代りに $xp_x - p_x x = i\hbar$ ($\hbar = h/2\pi, h$：プランク定数) などの交換関係が成り立っている物理量に数多く出会う．驚かないように．

§4.4　ベクトルの三重積

3つのベクトル $\boldsymbol{A}, \boldsymbol{B}, \boldsymbol{C}$ を使って内積と外積を組み合わせた**三重積**

$$[\boldsymbol{A}, \boldsymbol{B}, \boldsymbol{C}] \equiv \boldsymbol{A}\cdot(\boldsymbol{B}\times\boldsymbol{C}) \tag{4.23}$$

を定義しておくと便利である．この三重積は2つのベクトル $\boldsymbol{A}$ と $\boldsymbol{B}\times\boldsymbol{C}$ の内積だから，それ自体はスカラーである．また，(4.23) を成分に分けて計算すると

$$\begin{aligned}\boldsymbol{A}\cdot(\boldsymbol{B}\times\boldsymbol{C}) &= (A_x\boldsymbol{i} + A_y\boldsymbol{j} + A_z\boldsymbol{k})\cdot\{(B_yC_z - B_zC_y)\boldsymbol{i} \\ &\qquad + (B_zC_x - B_xC_z)\boldsymbol{j} + (B_xC_y - B_yC_x)\boldsymbol{k}\} \\ &= A_xB_yC_z + A_yB_zC_x + A_zB_xC_y - A_xB_zC_y \\ &\qquad - A_yB_xC_z - A_zB_yC_x\end{aligned}$$

となる．ところが，この結果は3つのベクトル $\boldsymbol{A}, \boldsymbol{B}, \boldsymbol{C}$ のそれぞれの成分を各行とする行列の行列式にほかならない．すなわち，三重積 $[\boldsymbol{A}, \boldsymbol{B}, \boldsymbol{C}]$ は

$$[\boldsymbol{A}, \boldsymbol{B}, \boldsymbol{C}] = \boldsymbol{A}\cdot(\boldsymbol{B}\times\boldsymbol{C}) = \begin{vmatrix} A_x & A_y & A_z \\ B_x & B_y & B_z \\ C_x & C_y & C_z \end{vmatrix} \tag{4.24}$$

と表される．

[問題6]　$\boldsymbol{A} = \boldsymbol{i} - 3\boldsymbol{j} + 2\boldsymbol{k}$,　$\boldsymbol{B} = 2\boldsymbol{i} + \boldsymbol{j} + \boldsymbol{k}$,　$\boldsymbol{C} = 3\boldsymbol{i} - \boldsymbol{j} + 4\boldsymbol{k}$　として $[\boldsymbol{A}, \boldsymbol{B}, \boldsymbol{C}]$ を求めよ．

次に，三重積 $[\boldsymbol{A}, \boldsymbol{B}, \boldsymbol{C}]$ の幾何学的意味を考えてみよう．図4.11に示すように，3つのベクトル $\boldsymbol{A}, \boldsymbol{B}, \boldsymbol{C}$ を辺とする平行六面体を作ると，2つのベク

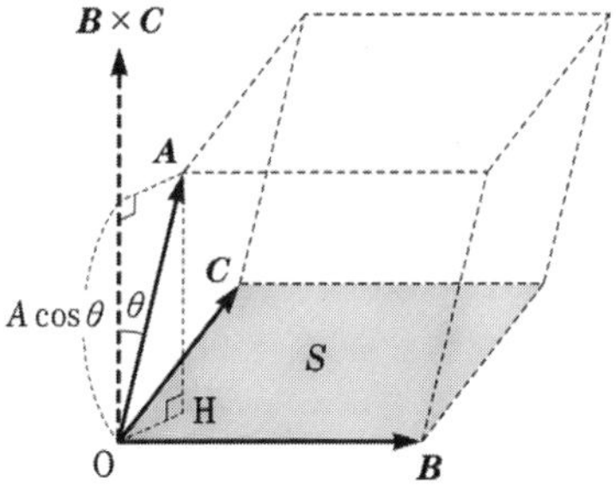

図 4.11

トル $\boldsymbol{B}$ と $\boldsymbol{C}$ が作る底面の面積 S は前節の結果から $S = |\boldsymbol{B} \times \boldsymbol{C}|$ である．2つのベクトル $\boldsymbol{A}$ と $\boldsymbol{B} \times \boldsymbol{C}$ とのなす角を θ とすると，(4.5) より

$$\boldsymbol{A} \cdot (\boldsymbol{B} \times \boldsymbol{C}) = A\,|\boldsymbol{B} \times \boldsymbol{C}| \cos\theta = AS\cos\theta$$

となる．ここで $A\cos\theta$ はこの平行六面体の底面 S に対する高さ AH を与えるので，$AS\cos\theta$ はその体積にほかならない．こうして，三重積 $[\boldsymbol{A}, \boldsymbol{B}, \boldsymbol{C}] \equiv \boldsymbol{A} \cdot (\boldsymbol{B} \times \boldsymbol{C})$ の絶対値は3つのベクトル $\boldsymbol{A}, \boldsymbol{B}, \boldsymbol{C}$ が作る平行六面体の体積であることがわかる．

以上の結果から導かれる三重積の性質を列挙してみよう．

（1） $\boldsymbol{0}$ でない3つのベクトル $\boldsymbol{A}, \boldsymbol{B}, \boldsymbol{C}$ で $[\boldsymbol{A}, \boldsymbol{B}, \boldsymbol{C}] = 0$ となるのは $\boldsymbol{A}, \boldsymbol{B}, \boldsymbol{C}$ が同一平面上にある場合に限る．

（2） $[\boldsymbol{A}, \boldsymbol{B}, \boldsymbol{C}]$ の行列式表示 (4.24) より

a. $\boldsymbol{A}, \boldsymbol{B}, \boldsymbol{C}$ の任意の2つの交換で符号を変える：

$$[\boldsymbol{A}, \boldsymbol{B}, \boldsymbol{C}] = -[\boldsymbol{B}, \boldsymbol{A}, \boldsymbol{C}], \text{ など} \tag{4.25}$$

b. $\boldsymbol{A}, \boldsymbol{B}, \boldsymbol{C}$ をサイクリックに変えても $[\boldsymbol{A}, \boldsymbol{B}, \boldsymbol{C}]$ の値は変らない：

$$[\boldsymbol{A}, \boldsymbol{B}, \boldsymbol{C}] = [\boldsymbol{B}, \boldsymbol{C}, \boldsymbol{A}] = [\boldsymbol{C}, \boldsymbol{A}, \boldsymbol{B}] \tag{4.26}$$

c. 3つのベクトルのうち2つが等しいとき，たとえば $\boldsymbol{A} = \boldsymbol{B}$ のとき

$$[\boldsymbol{A}, \boldsymbol{A}, \boldsymbol{C}] = 0 \tag{4.27}$$

［問題 7］ (4.27) を証明せよ．

例題 4.3

3つのベクトル $\boldsymbol{a}_1, \boldsymbol{a}_2, \boldsymbol{a}_3$ に対して，その三重積 $\Delta \equiv [\boldsymbol{a}_1, \boldsymbol{a}_2, \boldsymbol{a}_3]$ がゼロでないとき，

$$\boldsymbol{a}_i \cdot \boldsymbol{b}_j = \delta_{ij} \qquad (i, j = 1, 2, 3) \tag{4.28}$$

となる $\boldsymbol{b}_j$ は

$$\boldsymbol{b}_1 = \frac{\boldsymbol{a}_2 \times \boldsymbol{a}_3}{\varDelta}, \qquad \boldsymbol{b}_2 = \frac{\boldsymbol{a}_3 \times \boldsymbol{a}_1}{\varDelta}, \qquad \boldsymbol{b}_3 = \frac{\boldsymbol{a}_1 \times \boldsymbol{a}_2}{\varDelta} \tag{4.29}$$

であることを示せ．ただし δ_{ij} は**クロネッカー**（Kronecker）**のデルタ**とよばれ

$$\delta_{ij} = \begin{cases} 1 & (i = j) \\ 0 & (i \neq j) \end{cases} \tag{4.30}$$

を満たす．

［解］ $\boldsymbol{b}_1$ と $\boldsymbol{a}_i$ $(i = 1, 2, 3)$ との内積をとると

$$\boldsymbol{a}_1 \cdot \boldsymbol{b}_1 = \frac{\boldsymbol{a}_1 \cdot (\boldsymbol{a}_2 \times \boldsymbol{a}_3)}{\varDelta} = \frac{\varDelta}{\varDelta} = 1$$

$$\boldsymbol{a}_2 \cdot \boldsymbol{b}_1 = \frac{\boldsymbol{a}_2 \cdot (\boldsymbol{a}_2 \times \boldsymbol{a}_3)}{\varDelta} = \frac{[\boldsymbol{a}_2, \boldsymbol{a}_2, \boldsymbol{a}_3]}{\varDelta} = 0 \qquad ((4.27)\text{ より})$$

$$\boldsymbol{a}_3 \cdot \boldsymbol{b}_1 = \frac{\boldsymbol{a}_3 \cdot (\boldsymbol{a}_2 \times \boldsymbol{a}_3)}{\varDelta} = \frac{[\boldsymbol{a}_3, \boldsymbol{a}_2, \boldsymbol{a}_3]}{\varDelta} = 0 \qquad ((4.27)\text{ より})$$

となり，$j = 1$ のときに確かに (4.28) が成り立つ．同様にして $j = 2, 3$ のときも (4.28) が成り立つことを示すことができる．¶

（注） 原子や分子が空間的に整然と並んだものが結晶である．結晶は 3 つのベクトル $\boldsymbol{a}_1, \boldsymbol{a}_2, \boldsymbol{a}_3$ の作る，単位格子とよばれる平行六面体の 3 次元的な整列で特徴づけられる．結晶による X 線のブラッグ反射や結晶内の電子の振舞を議論する場合に逆格子空間の導入が必要となる．この逆格子空間の単位となるベクトルが (4.29) で表される $\boldsymbol{b}_1, \boldsymbol{b}_2, \boldsymbol{b}_3$ である．

演習問題

［1］ $\boldsymbol{A} = 2\boldsymbol{i} + 3\boldsymbol{j} - \boldsymbol{k}$, $\boldsymbol{B} = \boldsymbol{i} - 4\boldsymbol{j} + 2\boldsymbol{k}$ とする．次の量を求めよ．

（1） $\boldsymbol{A} \times \boldsymbol{B}$　（2） $(2\boldsymbol{A} + \boldsymbol{B}) \times (\boldsymbol{A} - 2\boldsymbol{B})$

［2］ $\boldsymbol{A} = 2\boldsymbol{i} + \boldsymbol{j} - 3\boldsymbol{k}$, $\boldsymbol{B} = \boldsymbol{i} + 3\boldsymbol{j} + 4\boldsymbol{k}$, $\boldsymbol{C} = -3\boldsymbol{i} + 2\boldsymbol{j} + \boldsymbol{k}$ として，次のそれぞれの量を計算せよ．

（1） $\boldsymbol{B} \cdot \boldsymbol{C}$, $\boldsymbol{C} \cdot \boldsymbol{A}$, $\boldsymbol{A} \cdot \boldsymbol{B}$

（2） $\boldsymbol{B} \times \boldsymbol{C}$, $\boldsymbol{C} \times \boldsymbol{A}$, $\boldsymbol{A} \times \boldsymbol{B}$

（3） $[\boldsymbol{A}, \boldsymbol{B}, \boldsymbol{C}] = \boldsymbol{A} \cdot (\boldsymbol{B} \times \boldsymbol{C})$

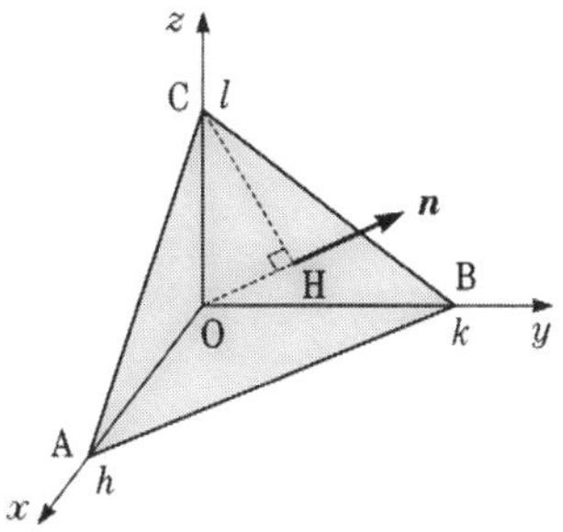

［3］ 図のように，3 点 A$(h, 0, 0)$, B$(0, k, 0)$, C$(0, 0, l)$ がそれぞれ x, y, z 軸上にあるとする．

（1） $\overrightarrow{AB}$, $\overrightarrow{AC}$, $\overrightarrow{AB}\times\overrightarrow{AC}$ を h, k, l で表せ．

（2） △ABC の面積を求めよ．（ヒント：$\overrightarrow{AB}$, $\overrightarrow{AC}$ が作る平行四辺形の面積は？）

（3） 3点 A, B, C が作る平面の法線 $\boldsymbol{n}$ を h, k, l で表せ．（ヒント：外積 $\overrightarrow{AB}\times\overrightarrow{AC}$ はどの向きにあるか？）

（4） 原点 O から △ABC に下ろした垂線の足を H とするとき，垂線の長さ $\overline{OH}$ を h, k, l で表せ．（ヒント：$\overline{OH}$ は，たとえばベクトル $\overrightarrow{OC}$ の $\boldsymbol{n}$ 方向の成分である．）

［**4**］ お酒を飲んで酔った人がふらふら歩いている状況を想像しよう．一歩一歩の歩幅は一定で a とするが，あまりに飲み過ぎたために一歩歩いた次の一歩の向きがいつも全くデタラメだとしよう．この酔払いが点 O からスタートして N 歩歩いた後には，どの方向にだいたいどれくらい進むだろうか．これを酔歩の問題という．

（1） 点 O からスタートして i 歩目の歩みを，図のように，ベクトル $\boldsymbol{a}_i$ ($|\boldsymbol{a}_i| = a$：一定，$i = 1 \sim N$) とし，N 歩目の到達点を P_N とする．この酔払いが N 歩で進んだ位置ベクトル $\overrightarrow{\mathrm{OP}_N} = \boldsymbol{R}_N$ は $\boldsymbol{a}_i$ を使うとどのように表されるか．

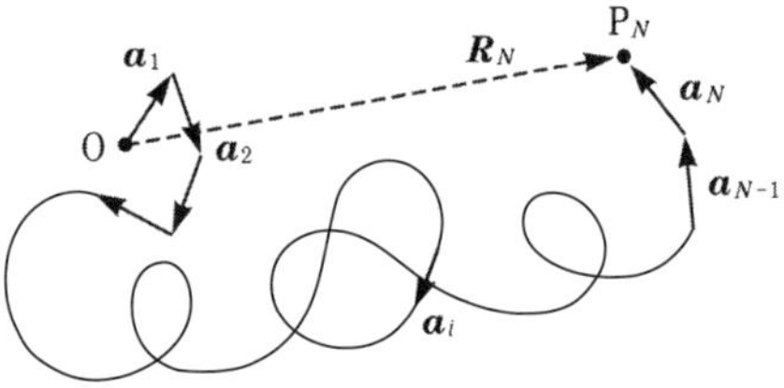

（2） 酔払いを点 O からスタートさせて N 歩だけ歩かせる実験を何度も何度も行ったとき，平均としてどの方向にどの程度進むか考えてみよう．i 番目の歩み $\boldsymbol{a}_i$ は実験の度にデタラメの向きをとるので，その平均 $\langle \boldsymbol{a}_i \rangle$ は $\boldsymbol{0}$ である．このことから $\boldsymbol{R}_N$ の平均は $\langle \boldsymbol{R}_N \rangle = \boldsymbol{0}$ となることを確かめよ．これは酔払いが結局どの方向に行くかわからないことを表す．

（3） 歩幅が一定なので $\boldsymbol{a}_i{}^2 = a^2$ だが，$\boldsymbol{a}_i$ と $\boldsymbol{a}_j$ とは $i \neq j$ のときにはお互いに全くデタラメの方向をとるので，その内積 $\boldsymbol{a}_i\cdot\boldsymbol{a}_j$ の平均 $\langle \boldsymbol{a}_i\cdot\boldsymbol{a}_j \rangle$ も $i \neq j$ のときにはゼロとなる．すなわち，クロネッカーのデルタ (4.30) を使って $\langle \boldsymbol{a}_i\cdot\boldsymbol{a}_j \rangle = a^2\delta_{ij}$ と表される．このことから $\boldsymbol{R}_N{}^2$ の平均 $\langle \boldsymbol{R}_N{}^2 \rangle$ は

$$\langle \boldsymbol{R}_N{}^2 \rangle = Na^2$$

となることを導け．（これは，この酔払いが歩幅 a で N 歩だけ歩いても，平均として $\sqrt{\langle \boldsymbol{R}_N{}^2 \rangle} = \sqrt{N}a$ だけしか進めないことを意味する．（もちろん，もしまっすぐに歩けたら Na だけ進める．）すなわち，たとえ 10000 歩も歩いたとしても，すっかり酔払っているときの進む距離は直線距離

にしてたったの 100 歩分の歩みにしか相当しない．これはもちろん現実の酔払いには適用できない（どんなに酔払ってふらふらしていても，どういうわけか家にはもどる！）が，水に浮かぶ微粒子などのブラウン運動に対する良いモデルであり，静かに水にたらしたインクの拡散が非常に遅いことや，1905 年のアインシュタインのブラウン運動の理論（原子の存在の証明の基礎となった）の本質を明らかにしている．また，上ではあたかも 2 次元平面上での酔歩を考えているように見えるかもしれないが，上の議論と結果は 1 次元線上であれ，3 次元空間中であれ，空間の次元にはよらないことにも注意しておく．）

ブラウン運動

本章の演習問題［4］はイギリスの統計数学者 K. ピアソンが 1905 年に提出した酔歩（ランダムウォークともいう）の問題である．ちょうど同じ年にアインシュタインは，この酔歩の問題に関連の深いブラウン運動の理論を発表している．

花粉を水の中に入れると，水を吸って膨らみ，破裂して微粒子が飛び出す．これら微粒子は水中でまるで生きているかのように，しかし不規則にぴょこぴょこ動き回る（図を参照）．この現象は 1827 年頃イギリスの植物学者 R. ブラウンが発見したのにちなんでブラウン運動とよばれている．彼は初め，これが生命の本質ではないかと考えた．しかし，枯れた草花の花粉だけでなく，細かく砕いた化石や鉱物の微粒子までが同じ振舞をするのを観察するにおよんで，初めの考えを捨て，この微粒子の運動は水分子の熱運動によるのであろうと正しく予想している．すなわち，もし水がつぶつぶの分子でできていれば，その熱運動によって微粒子にごちごちぶつかるはずである．この微粒子が十分小さければ（しかし水分子より大きい），微粒子への水分子の衝突は必ずしも前後左右上下でバランスしなくて，微粒子はあっちこっちと不規則に跳ね飛ばされることになるであろう．その現れが図に示されているような微粒子の不規則な運動だというわけである．もし水がどこまでも連続体であるとすると，

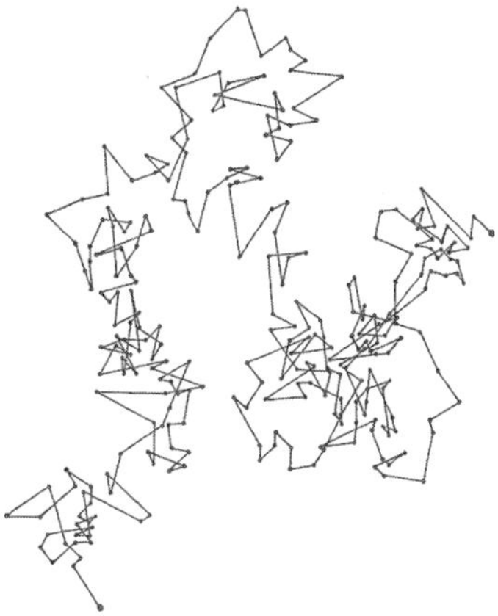

このような微粒子の振舞は説明できない．

ブラウン運動の研究はその後長らく進展が見られなかったが，1905年，特殊相対性理論と光量子仮説を発表したあの奇跡の年に，アインシュタインはブラウン運動の理論も発表している．微粒子のブラウン運動が水分子の熱運動によるものとして理論を作り，その理論が実験結果をよく説明することができれば，それは取りも直さず分子が実際に存在する証明になる．アインシュタインの理論の目的ももちろん，そこにあった．当時まだ原子・分子の存在に懐疑的な科学者がいた状況で，その存在を実証し得る，しかも当時でも可能な実験を提案したという意味で，彼のブラウン運動の理論は誰もが知っている上述の2つの理論に劣らない重要性をもっている．実際，まもなく（1908～1911年）フランスのJ.ペランはブラウン運動の実験を徹底的に行い，アインシュタインの理論の正しさをほぼ完全に示した．それまで原子・分子の実在に強い疑念を表明していた当時の大化学者W.オストワルトは，この理論と実験の見事な一致を見てから原子・分子の存在を堅く信じるようになったという．アインシュタインのブラウン運動の理論は大学初年級の物理の力で理解できる．しかし，その内容のオリジナルさは絶大で（その点では上述の他の2つの理論でも同じであるが），その後の非平衡統計力学の発展，数学の重要な分野である確率過程論の発展の先駆をなしている．

図はペランが1個の微粒子のブラウン運動を顕微鏡で観察し，30秒ごとにその位置を記したものの一例をもとに描いたものである．このブラウン運動の軌跡が実は自然界で見られる自己相似フラクタルの典型例である．自己相似フラクタルとは，与えられたパターンの一部を取り出してもとのと同じくらいに拡大しても同じように見えるようなパターンのことをいい，フラクタルの中で最も単純なものである．入道雲の表面などは大小さまざまなもこもこからできていて，自己相似フラクタルだといわれている．自己相似フラクタルのパターンは1.56次元とか2.48次元などという，半端な数も含めた次元で特徴づけられることがわかっている．おもしろいことに，アインシュタインは彼のブラウン運動の理論の中で，いまから見るとそれとは知らずに，ブラウン運動の軌跡が自己相似フラクタルであって，そのフラクタル次元が空間の次元に関係なく2であることを証明しているのである．彼はフラクタルの分野でもその先駆けをしていたということであろうか．図に示したパターンが自己相似フラクタルであるとは，ある観察点と次の観察点の線分をさらに倍率の高い顕微鏡でくわしく観察する（つまり，その部分を拡大する）と，もとの図と同じようなぴょこぴょこと動き回るパターンが得られるということである．微粒子の不規則な運動の原因が微粒子への水分子の衝突のアンバランスであることを考えれば，それも納得できるであろう．

5 ベクトルの微分

本章では，まずベクトルの微分を定義した上で，空間中にある曲線を接線ベクトルや法線ベクトル，曲率などで特徴づける．そして空間中の曲面はその上で交わる曲線群で特徴づけられることを学ぶ．これらは電磁気学，流体力学，相対論，量子論などで基本的に重要なベクトル場（次章）の議論を理解するための基礎をなす．

§5.1 ベクトルの運動

質点が空間中を動くとき，時刻 t での質点の位置ベクトルは $\boldsymbol{r}(t)$ と書くことができる．t の変化とともに $\boldsymbol{r}(t)$ の位置を追うと，これは空間中でのその質点の軌道を与える．この例のように，ベクトル $\boldsymbol{A}$ が独立変数 t の値に応じて決まるとき，$\boldsymbol{A}$ を t の**ベクトル関数**といい，

$$\boldsymbol{A}(t) = (A_x(t), A_y(t), A_z(t)) \tag{5.1}$$

と記す．

もちろん，電場 $\boldsymbol{E}$ や磁場 $\boldsymbol{B}$ が時間 t だけによる場合なども物理学に現れるその典型例である．また，$\boldsymbol{E}$ や $\boldsymbol{B}$ が t にはよらないが，空間の位置 $\boldsymbol{r}$ による場合，これらは $\boldsymbol{E}(\boldsymbol{r})$，$\boldsymbol{B}(\boldsymbol{r})$ と表される．これらはベクトルの空間変化を表現し，特に**ベクトル場**とよばれる．このベクトル場については次章で議論する．より一般的には，ベクトルで表される物理量 $\boldsymbol{A}$ は空間 $\boldsymbol{r}$，時間 t に依存して変化するであろう．その場合には $\boldsymbol{A}(\boldsymbol{r}, t)$ と記せばよい．この章ではベクトルの時間依存性のように，1つの独立変数だけによる (5.1) の場合を考える．

$\boldsymbol{A}(t)$ の t についての微分を**導ベクトル**といい，次式で定義される：

$$\frac{d\boldsymbol{A}(t)}{dt} = \lim_{\Delta t \to 0} \frac{\boldsymbol{A}(t+\Delta t) - \boldsymbol{A}(t)}{\Delta t} \tag{5.2}$$

これはまた $\dfrac{d\boldsymbol{A}}{dt}$，$\dfrac{d}{dt}\boldsymbol{A}$，$\dot{\boldsymbol{A}}$ などと書かれ，成分で表すと

$$\frac{d\boldsymbol{A}}{dt} = \left(\frac{dA_x}{dt}, \frac{dA_y}{dt}, \frac{dA_z}{dt}\right) = \frac{dA_x}{dt}\boldsymbol{i} + \frac{dA_y}{dt}\boldsymbol{j} + \frac{dA_z}{dt}\boldsymbol{k} \tag{5.3}$$

となる．

特に，時刻 t での質点の位置ベクトル $\boldsymbol{r}(t)$ の導ベクトルは質点の速度ベクトル

$$\boldsymbol{v}(t) \equiv \frac{d\boldsymbol{r}}{dt} \tag{5.4}$$

である．図 5.1 のように，質点の軌道上の点 $\mathrm{P}(\overrightarrow{\mathrm{OP}} = \boldsymbol{r}(t))$ から軌道の接線を引き，質点の進む向きに単位ベクトル $\boldsymbol{t}$ をとろう．この単位ベクトル $\boldsymbol{t}$ を**接線ベクトル**という．質点の運動の向きは接線方向にあるので，$\boldsymbol{v}$ は $\boldsymbol{t}$ に平行 $(\boldsymbol{v} /\!/ \boldsymbol{t})$ である．時間 Δt 内に質点の進んだ距離を Δs とすると

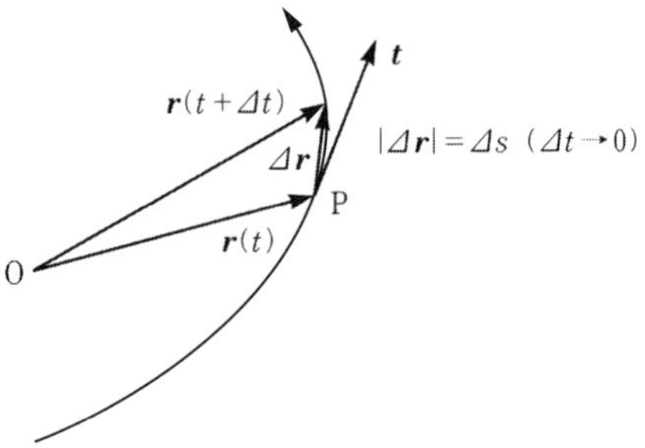

図 5.1

$$\Delta s = |\Delta \boldsymbol{r}| \qquad (\Delta t \to 0)$$

である．したがって，速度ベクトルの大きさ $v(t)$ は

$$v(t) \equiv |\boldsymbol{v}(t)| = \left|\frac{d\boldsymbol{r}}{dt}\right| = \lim_{\Delta t \to 0} \frac{\Delta s}{\Delta t} = \frac{ds}{dt} \tag{5.5}$$

となる．以上により速度ベクトルは

$$\boldsymbol{v}(t) \equiv \frac{d\boldsymbol{r}}{dt} = \frac{ds}{dt}\boldsymbol{t} \tag{5.6}$$

と表される．

ベクトルの種々の積の微分は，形式的には関数の積の微分と同じようになされる：

$$\frac{d}{dt}(\boldsymbol{A}\cdot\boldsymbol{B}) = \frac{d\boldsymbol{A}}{dt}\cdot\boldsymbol{B} + \boldsymbol{A}\cdot\frac{d\boldsymbol{B}}{dt} \tag{5.7}$$

$$\frac{d}{dt}(\boldsymbol{A}\times\boldsymbol{B}) = \frac{d\boldsymbol{A}}{dt}\times\boldsymbol{B} + \boldsymbol{A}\times\frac{d\boldsymbol{B}}{dt} \tag{5.8}$$

$$\frac{d}{dt}[\boldsymbol{A},\boldsymbol{B},\boldsymbol{C}] = \left[\frac{d\boldsymbol{A}}{dt},\boldsymbol{B},\boldsymbol{C}\right] + \left[\boldsymbol{A},\frac{d\boldsymbol{B}}{dt},\boldsymbol{C}\right] + \left[\boldsymbol{A},\boldsymbol{B},\frac{d\boldsymbol{C}}{dt}\right] \tag{5.9}$$

ただし，(5.8)，(5.9) ではベクトルの積の順序を変えてはならないことに注意すべきである．これまでは理解しやすいように独立変数 t を時間と見なしてきたが，一般にはその必要はない．実際，次節では独立変数として時間 t ではなくて，ある曲線に沿って測った距離 s が使われる．

例題 5.1

質点の位置ベクトルを $\boldsymbol{r}(t)$ とする．質点は xy 平面内のみにあるとし，$\boldsymbol{r}(t)$ が

$$\frac{d\boldsymbol{r}}{dt} = \boldsymbol{\omega}\times\boldsymbol{r}, \quad \boldsymbol{\omega} = \omega\boldsymbol{k} \qquad (\omega\text{ は一定})$$

$$\boldsymbol{r}(0) = a\boldsymbol{i} \qquad (\text{初期条件})$$

に従うとする．このとき，質点の運動は原点を中心とする半径 a の等速円運動であることを示せ．

［**解**］ $\boldsymbol{r}$ と $d\boldsymbol{r}/dt$ との内積をとってみると，三重積の性質 (4.27) より

$$\boldsymbol{r}\cdot\frac{d\boldsymbol{r}}{dt} = \boldsymbol{r}\cdot(\boldsymbol{\omega}\times\boldsymbol{r}) = 0$$

ところが (5.7) より左辺は $(1/2)(d/dt)|\boldsymbol{r}|^2$ なので，上式は $\boldsymbol{r}(t)$ の長さ $|\boldsymbol{r}(t)|$ が時刻 t によらず一定であることを意味する．初期条件から，これは a である．

$$|\boldsymbol{r}(t)| = a$$

すなわち，$\boldsymbol{r}(t)$ は原点を中心とする半径 a の円運動である．いま，これを

$$x = a\cos\varphi(t), \qquad y = a\sin\varphi(t)$$

とおくと，$\boldsymbol{r} = x\boldsymbol{i} + y\boldsymbol{j} = a\cos\varphi\,\boldsymbol{i} + a\sin\varphi\,\boldsymbol{j}$ だから，$\dot{\varphi} \equiv d\varphi/dt$ とすると

$$\begin{aligned}\frac{d\boldsymbol{r}}{dt} &= -(a\sin\varphi)\dot{\varphi}\boldsymbol{i} + (a\cos\varphi)\dot{\varphi}\boldsymbol{j} \\ &= \dot{\varphi}(-y\boldsymbol{i} + x\boldsymbol{j}) = \dot{\varphi}\{y(\boldsymbol{k}\times\boldsymbol{j}) + x(\boldsymbol{k}\times\boldsymbol{i})\} \\ &= \dot{\varphi}\boldsymbol{k}\times(x\boldsymbol{i} + y\boldsymbol{j}) \qquad ((4.20)\text{ と図 5.2 より}) \\ &= \dot{\varphi}\boldsymbol{k}\times\boldsymbol{r}\end{aligned}$$

これと与えられた式とを比較すると

$$\dot{\varphi}(t) \equiv \frac{d\varphi}{dt} = \omega \qquad (\text{一定})$$

$$\therefore \quad \varphi(t) = \omega t + \alpha \qquad (\alpha：\text{積分定数})$$

これより $\boldsymbol{r}(t) = a\cos(\omega t + \alpha)\boldsymbol{i} + a\sin(\omega t + \alpha)\boldsymbol{j}$ となるが，初期条件より $\alpha = 0$ でなければならない．以上より，質点の運動は

$$\boldsymbol{r}(t) = (a\cos\omega t, a\sin\omega t)$$

で表される等速円運動であり，ω は角速度（$\boldsymbol{\omega}$ は角速度ベクトル）である．　¶

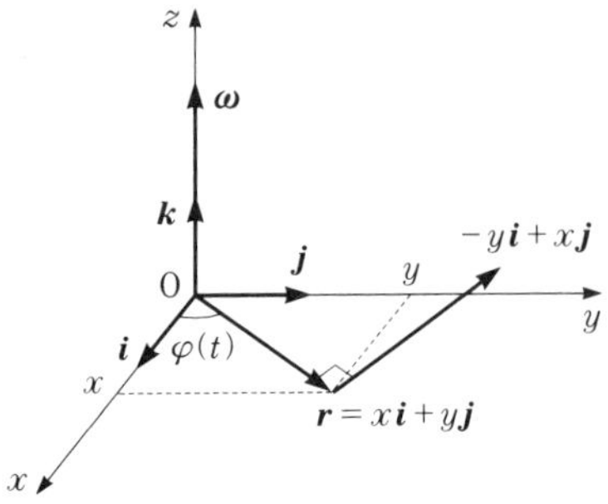

図 5.2

［**問題 1**］　次の独立変数 u のベクトル関数 $\boldsymbol{A}(u)$ の導ベクトルを求めよ．

（1）　$\boldsymbol{A} = 3u\boldsymbol{i} + (1 + 5u)\boldsymbol{j} + 4u^2\boldsymbol{k}$　　（2）　$\boldsymbol{A} = \cos 2u\,\boldsymbol{i} + \sin 2u\,\boldsymbol{j} + 3u\,\boldsymbol{k}$

§5.2　曲　線

いま，図 5.3 のように 3 次元空間に曲線があるとする．曲線の例としては，前節で議論した質点の軌跡などを想像すればよい．この曲線上に 1 点 A をとり，点 A からこの曲線に沿って距離 s のところに点 P があるとしよう．図からわかるように，1 本の曲線上では基準の点（図では点 A）を決めると，曲線上のすべての点はそこからの距離 s（図で点 A から逆向きには s は負の値をとるとする）によって指定することができる．すなわち，この曲線をあたかも点 A を原点とする x 軸が曲がったものと見なして，その x 座標を s で指定すると考えるのである．そのようなわけで，曲線上だけを問題にするときには，位置の指定は 1 つのパラメータ s だけですみ，この s を前節での時間 t と同じ役割を果たす独立変数と見なすことができる．もちろん，曲線上の点の位置を空間のデカルト座標 (x, y, z) で指定することはできるが，曲線の一般的な性質を議論するときにはデカルト座標を使うとはるかに煩雑になる．

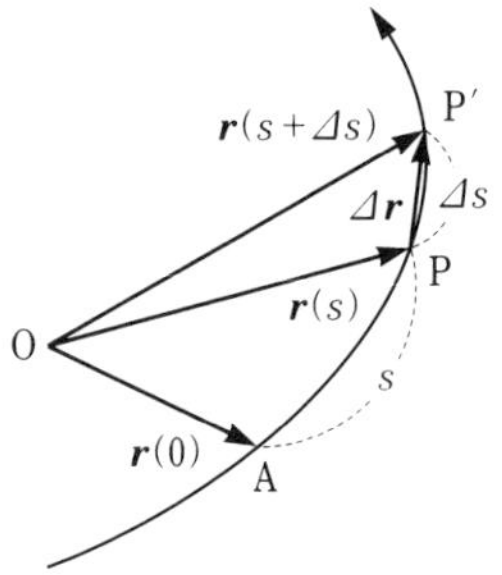

図 5.3

こうして点 A, P の位置ベクトルを s を使って $\boldsymbol{r}(0)$，$\boldsymbol{r}(s)$ と表すことができる．P は曲線上の任意の点なので，$\boldsymbol{r}(s)$ は曲線そのものを表すと考えることができる．すなわち，

$$\boldsymbol{r} = \boldsymbol{r}(s) \tag{5.10}$$

は曲線を表す方程式なのである．

図 5.3 で点 P のごく近くの曲線上の点を P′ とし，曲線に沿っての P と P′ の距離を Δs としよう．すると $\overrightarrow{\mathrm{OP'}} = \boldsymbol{r}(s + \Delta s)$ と表される．$\overrightarrow{\mathrm{PP'}} = \Delta\boldsymbol{r}$ とおくと，P′ を P に近づけた極限で $|\Delta\boldsymbol{r}|$ は Δs に限りなく近づく．すなわち，$\lim_{\Delta s \to 0} |\Delta\boldsymbol{r}|/\Delta s = 1$ である．しかも $\Delta\boldsymbol{r}$ の向きは点 P での接線の方向に限りなく近づく．こうして

$$\frac{d\boldsymbol{r}}{ds} = \boldsymbol{t} \tag{5.11}$$

とおくと，$\boldsymbol{t}$ は単位ベクトル（$|\boldsymbol{t}| = 1$）であり，接線の方向をもつことがわかる．この $\boldsymbol{t}$ は前節で導入した接線ベクトルにほかならない．

接線の方向は一般に曲線上で変化するから，$\boldsymbol{t}$ は s の関数である．そこで $\boldsymbol{t}$ の s による微分を

$$\frac{d\boldsymbol{t}}{ds} = \kappa\boldsymbol{n} \tag{5.12}$$

と表し，$\boldsymbol{n}$ も単位ベクトル（$|\boldsymbol{n}| = 1$）としよう．すると接線ベクトル $\boldsymbol{t}$ の長さは一定なので

$$\boldsymbol{t}\cdot\frac{d\boldsymbol{t}}{ds} = \frac{1}{2}\frac{d}{ds}|\boldsymbol{t}|^2 = 0 \qquad (|\boldsymbol{t}|^2 = 1)$$

となり，$\boldsymbol{t}$ と $d\boldsymbol{t}/ds$ とは直交，したがって

$$\boldsymbol{t} \perp \boldsymbol{n}$$

となる．こうして図 5.4 のように，単位ベクトル $\boldsymbol{n}$ は曲線 $\boldsymbol{r}(s)$ がカーブする向きに向くことがわかる．この $\boldsymbol{n}$ を曲線の点 P での**主法線ベクトル**という．また，(5.12) の係数 κ は曲線のカーブの強さを指定する

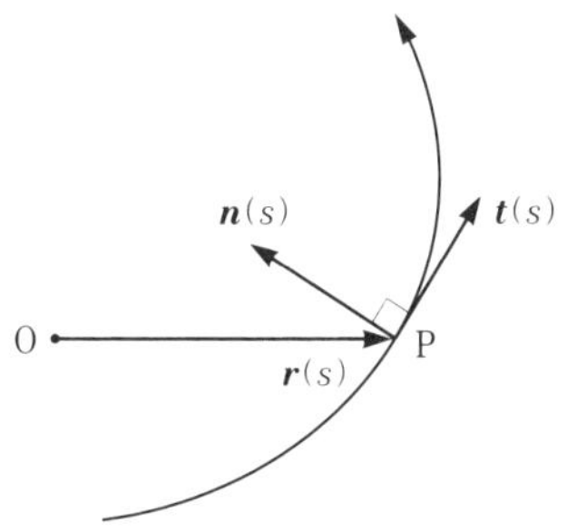

図 5.4

量で，点 P での曲線の**曲率**という．

いま，図 5.5 のように 2 点 P, P′ が O を中心とする半径 R の円周上にあり，P′ が P のごく近くにあるとしよう．点 P での接線と $\overline{\mathrm{OP'}}$ の延長線との交点を Q とすると，P から P′ に進んだときの $\boldsymbol{t}$ の変化 $\Delta\boldsymbol{t}$ の大きさ $|\Delta\boldsymbol{t}|$ は進行方向に垂直な方向へのカーブの割合なので，$\overline{\mathrm{P'Q}}/\overline{\mathrm{PP'}}$ に近似的に等しい（△PQP′ と円外に示した 3 ベクトル $\boldsymbol{t}, \boldsymbol{t}', \Delta\boldsymbol{t}$ が作る三角形は近似的に相似）：

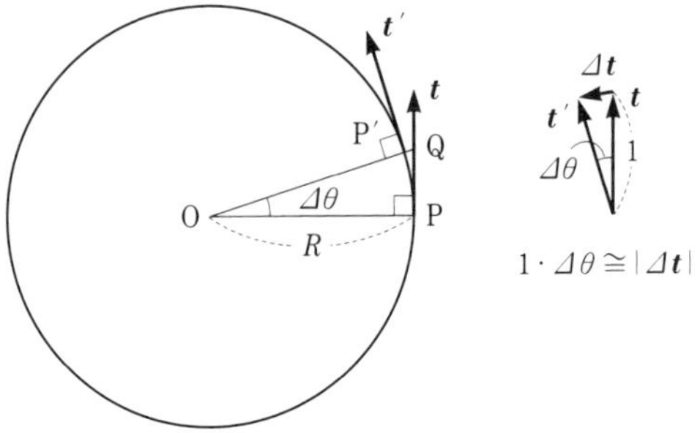

図 5.5

$$|\Delta\boldsymbol{t}| \cong \frac{\overline{\mathrm{P'Q}}}{\overline{\mathrm{PP'}}}$$

他方，P′ は P のごく近くにあるので $\overline{\mathrm{PP'}}$ は $\overline{\mathrm{OQ}}$ と直交していると見なしてよい．すなわち，△OP′P と △PP′Q とは相似と見なされる．したがって，

$$\frac{\overline{\mathrm{P'Q}}}{\overline{\mathrm{PP'}}} \cong \frac{\overline{\mathrm{PP'}}}{\overline{\mathrm{OP'}}}$$

$\overline{\mathrm{PP'}} \cong \Delta s$，$\overline{\mathrm{OP'}} = R$ だから，結局，$|\Delta\boldsymbol{t}|$ は

$$|\Delta\boldsymbol{t}| \cong \frac{\Delta s}{R}, \qquad \therefore \quad \lim_{\Delta s\to 0}\frac{|\Delta\boldsymbol{t}|}{\Delta s} = \left|\frac{d\boldsymbol{t}}{ds}\right| = \frac{1}{R}$$

となる．ところが，(5.12) から $|\boldsymbol{n}| = 1$ だから，$|d\boldsymbol{t}/ds| = \kappa$ である．こうして曲線が半径 R の円のときには曲率は $\kappa = 1/R$ となる．したがって，一般の曲線について，図 5.6 のように，その上の点 P に滑らかに円を接するように描いた場合のその円の半径が κ^{-1} で与えられることになり，κ^{-1} を**曲率半径**という．高速道路などをドライブすると時々目につく $R = 500\,\mathrm{m}$ などの表示は，

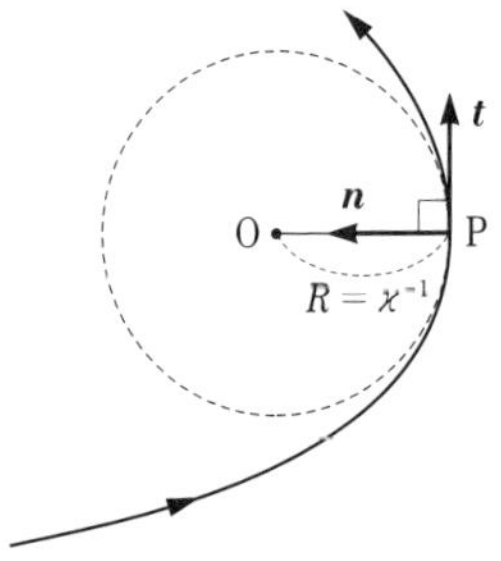

図 5.6

そこでの道路のカーブの強さを表す曲率半径が示されているのである．もちろん，直線では $\kappa = 0$ （$\kappa^{-1} = \infty$）である．

3次元空間では独立な方向が3つ（たとえば x, y, z 方向）あるので，接線ベクトルに垂直な方向は2つ指定できる．そのうち，すでに主法線ベクトル $\boldsymbol{n}$ を1つ決めたので，もう1つを図5.7のように

$$\boldsymbol{b} \equiv \boldsymbol{t} \times \boldsymbol{n} \qquad (5.13)$$

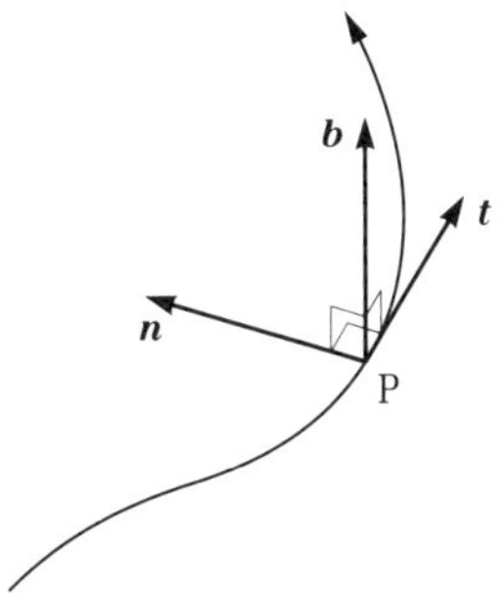

図 5.7

と決めることができる．この $\boldsymbol{b}$ も単位ベクトル（$|\boldsymbol{b}| = 1$）であり，**陪法線ベクトル**という．$\boldsymbol{n}, \boldsymbol{b}, \boldsymbol{t}$ は互いに直交した単位ベクトルだから，$\boldsymbol{n} = \boldsymbol{b} \times \boldsymbol{t}$ とも表される．これを s で微分すれば

$$\frac{d\boldsymbol{n}}{ds} = \frac{d\boldsymbol{b}}{ds} \times \boldsymbol{t} + \boldsymbol{b} \times \frac{d\boldsymbol{t}}{ds} \qquad (1)$$

となる．右辺の $d\boldsymbol{b}/ds$ と $\boldsymbol{b}$ との内積をとると

$$\boldsymbol{b} \cdot \frac{d\boldsymbol{b}}{ds} = \frac{1}{2}\frac{d}{ds}|\boldsymbol{b}|^2 = 0 \qquad (|\boldsymbol{b}|^2 = 1)$$

だから，$d\boldsymbol{b}/ds$ と $\boldsymbol{b}$ は直交する．したがって，$d\boldsymbol{b}/ds$ は $\boldsymbol{b}$ を除いた $\boldsymbol{n}$ と $\boldsymbol{t}$ だけで表されるはずだから

$$\frac{d\boldsymbol{b}}{ds} = -\tau\boldsymbol{n} + \eta\boldsymbol{t}$$

とおいてみよう．これと (5.12) を（1）に代入すると

$$\begin{aligned}\frac{d\boldsymbol{n}}{ds} &= (-\tau\boldsymbol{n} + \eta\boldsymbol{t}) \times \boldsymbol{t} + \boldsymbol{b} \times (\kappa\boldsymbol{n}) \\ &= -\tau\boldsymbol{n} \times \boldsymbol{t} + \kappa\boldsymbol{b} \times \boldsymbol{n}\end{aligned}$$

ここで $\boldsymbol{t} \times \boldsymbol{t} = \boldsymbol{0}$ を使った．また $\boldsymbol{n} \times \boldsymbol{t} = -\boldsymbol{b}$，$\boldsymbol{b} \times \boldsymbol{n} = -\boldsymbol{t}$ に注意すると，結局，上式は

$$\frac{d\boldsymbol{n}}{ds} = \tau\boldsymbol{b} - \kappa\boldsymbol{t} \qquad (5.14)$$

と表される．また，(5.13) より (5.12), (5.14) を使って

$$\frac{d\boldsymbol{b}}{ds} = -\tau\boldsymbol{n} \qquad (5.15)$$

が導かれる．(5.15) によれば，図 5.7 の点 P が曲線に沿って $\boldsymbol{t}$ の向きに進むにつれて $\boldsymbol{b}$ は $\boldsymbol{n}$ の方向に回転する．すなわち，接線ベクトル $\boldsymbol{t}$ と主法線ベクトル $\boldsymbol{n}$ によって曲線上の点 $\boldsymbol{r}(s)$ で作られる**接触平面**（その法線ベクトルが $\boldsymbol{b}$）が s の増加とともに $\boldsymbol{t}$ を軸として回転する（ねじれる）ことになる．したがって，(5.15) に現れる τ はそのねじれる度合を与えることになり，**ねじれ率**とよばれる．スプリングのようならせん曲線の場合には，この接触平面がねじれていく様子が想像できるであろう．

［**問題 2**］ (5.15) を導け．すなわち，上で補助的に導入された η は必要がない．

空間内に 1 つの曲線が与えられると，この曲線に沿っての接線ベクトル $\boldsymbol{t}$，主法線ベクトル $\boldsymbol{n}$，陪法線ベクトル $\boldsymbol{b}$ の変化の仕方が一義的に決まるはずである．そしてそれらの変化の仕方はそれぞれ (5.12), (5.14), (5.15) に従っていなければならない．このことから，与えられた曲線の曲率 κ，ねじれ率 τ が求められる．ただし，κ, τ そのものも曲線に沿って変化することができるので，一般には s の関数 $\kappa(s), \tau(s)$ であることを注意しておく．

例題 5.2

点 P の座標 (x, y, z) が 1 つのパラメータ u によって $x = a\cos u$，$y = a\sin u$，$z = bu$（a, b は定数）と表されるとしよう．u が 0 から 2π まで変化すると，x と y はもとの値にもどり，z は単純に増すので，点 P の描く曲線は図のようならせんである．

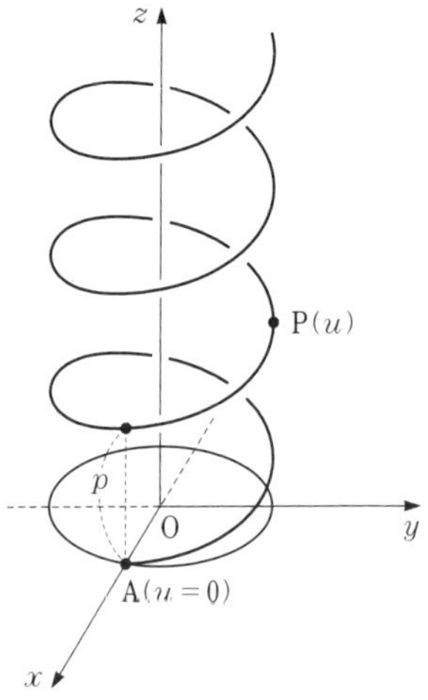

（1） このらせんのピッチ p（x と y がもとの値にもどる間の z の値の増分）はいくらか．

（2） $u = 0$ のときの点の位置を A とする．点 A から P までのこのらせんに沿った弧の長さ s はもちろん u だけの関数（$s = s(u)$）である．このことと (5.11) を使って $s = \sqrt{a^2 + b^2}\,u$ であることを示せ．

（3） 接線ベクトル $\boldsymbol{t}$ を u で表せ.

（4） 曲率 κ と主法線ベクトル $\boldsymbol{n}$ を求めよ.

（5） 陪法線ベクトル $\boldsymbol{b}$ とねじれ率 τ を求めよ.

［解］（1） u が 0 から 2π まで変化するときの z の増分は $2\pi b$ なので $p = 2\pi b$.

（2） s は u だけの関数なので，$\boldsymbol{r} = \boldsymbol{r}(s(u))$．したがって，(5.11) は

$$\frac{d\boldsymbol{r}}{ds} = \frac{d\boldsymbol{r}}{du}\frac{du}{ds} = \frac{d\boldsymbol{r}}{du} \Big/ \frac{ds}{du} = \boldsymbol{t} \tag{1}$$

と表される．$|\boldsymbol{t}| = 1$ だから上式は

$$\frac{ds}{du} = \left|\frac{d\boldsymbol{r}}{du}\right| \tag{2}$$

となる．ところで，点 P の位置ベクトルは $\boldsymbol{r} = a\cos u\,\boldsymbol{i} + a\sin u\,\boldsymbol{j} + bu\boldsymbol{k}$ だから

$$\frac{d\boldsymbol{r}}{du} = -a\sin u\,\boldsymbol{i} + a\cos u\,\boldsymbol{j} + b\boldsymbol{k} \tag{3}$$

$$\therefore\quad \left|\frac{d\boldsymbol{r}}{du}\right| = \sqrt{a^2\sin^2 u + a^2\cos^2 u + b^2} = \sqrt{a^2 + b^2}$$

これを (2) に代入して

$$\frac{ds}{du} = \sqrt{a^2 + b^2} \qquad (一定) \tag{4}$$

これより

$$s = \int_0^u \sqrt{a^2 + b^2}\,du = \sqrt{a^2 + b^2}\,u$$

（3） (1), (3), (4) より

$$\boldsymbol{t} = -\frac{a}{\sqrt{a^2 + b^2}}\sin u\,\boldsymbol{i} + \frac{a}{\sqrt{a^2 + b^2}}\cos u\,\boldsymbol{j} + \frac{b}{\sqrt{a^2 + b^2}}\boldsymbol{k} \tag{5}$$

（4） 接線ベクトル $\boldsymbol{t}$ も $\boldsymbol{t}(s(u))$ と表されるので (5.12) より

$$\frac{d\boldsymbol{t}}{ds} = \frac{d\boldsymbol{t}}{du}\frac{du}{ds} = \frac{d\boldsymbol{t}}{du} \Big/ \frac{ds}{du} = \kappa\boldsymbol{n} \tag{6}$$

$|\boldsymbol{n}| = 1$ だから

$$\left|\frac{d\boldsymbol{t}}{du}\right| \Big/ \frac{ds}{du} = \kappa \tag{7}$$

(5) より

$$\frac{d\boldsymbol{t}}{du} = -\frac{a}{\sqrt{a^2 + b^2}}\cos u\,\boldsymbol{i} - \frac{a}{\sqrt{a^2 + b^2}}\sin u\,\boldsymbol{j} \tag{8}$$

$$\therefore\quad \left|\frac{d\boldsymbol{t}}{du}\right| = \sqrt{\frac{a^2}{a^2+b^2}\cos^2 u + \frac{a^2}{a^2+b^2}\sin^2 u} = \frac{a}{\sqrt{a^2+b^2}}$$

これと (4) を (7) に代入して

$$\kappa = \frac{a}{a^2+b^2} \tag{9}$$

(4), (6), (8), (9) より

$$\boldsymbol{n} = -\cos u\,\boldsymbol{i} - \sin u\,\boldsymbol{j} \tag{10}$$

（5） (5.13), (5), (10) より

$$\boldsymbol{b} = \boldsymbol{t}\times\boldsymbol{n} = \frac{b}{\sqrt{a^2+b^2}}\sin u\,\boldsymbol{i} - \frac{b}{\sqrt{a^2+b^2}}\cos u\,\boldsymbol{j} + \frac{a}{\sqrt{a^2+b^2}}\boldsymbol{k}$$

これと (10) より

$$\frac{d\boldsymbol{b}}{du} = \frac{b}{\sqrt{a^2+b^2}}\cos u\,\boldsymbol{i} + \frac{b}{\sqrt{a^2+b^2}}\sin u\,\boldsymbol{j} = -\frac{b}{\sqrt{a^2+b^2}}\boldsymbol{n} \tag{11}$$

他方，$\boldsymbol{b}$ も $\boldsymbol{b}(s(u))$ と表されるので，(4) と (11) より

$$\frac{d\boldsymbol{b}}{ds} = \frac{d\boldsymbol{b}}{du}\frac{du}{ds} = \frac{d\boldsymbol{b}}{du}\Bigg/\frac{ds}{du} = -\frac{b}{a^2+b^2}\boldsymbol{n}$$

となる．これは確かに (5.15) と同じ形をしており，ねじれ率 τ は

$$\tau = \frac{b}{a^2+b^2}$$

と表されることがわかる．

（z 方向を向く一定磁場 $\boldsymbol{B}$ の中に置かれた荷電粒子はこのようならせん軌道を描いて運動する．その場合，ここでの独立変数 u は時間 t に対応する．章末の演習問題［5］を参照．）　¶

§5.3　曲面とその表面積

前節でくわしく議論したように，空間中の曲線は 1 つのパラメータ s（曲線に向きをつけて，その上に適当に基準の点（原点）を指定したときのその曲線に沿った座標）によって $\boldsymbol{r} = \boldsymbol{r}(s)$ と表すことができた．もし別のパラメータ u があって，これが s と一義的な関数 $s = s(u)$ で関係していれば，曲線 $\boldsymbol{r}$ は $\boldsymbol{r}(u)$ と表しても一向にかまわない．重要なことは，曲線は 1 次元的な図形であるために，その上の任意の点の位置は 1 つのパラメータ u で表されるということである．パラメータ u は s のような曲線に沿った長さ

である必要はなく，ある固定点から見たときの角度 θ (原点から見た円周上の点の場合など) とか，時刻 t (質点の軌跡の場合など) でもかまわない．問題に応じて便利なパラメータを選べばよい．ともかく，これの自然な拡張を行うと，2次元的な図形である曲面の方程式は2つのパラメータ u_1, u_2 の関数として

$$\boldsymbol{r} = \boldsymbol{r}(u_1, u_2) \tag{5.16}$$

で与えられる．これは xy 平面上の任意の点の位置が x, y 座標の値で指定できることの一般化だと考えればよい．

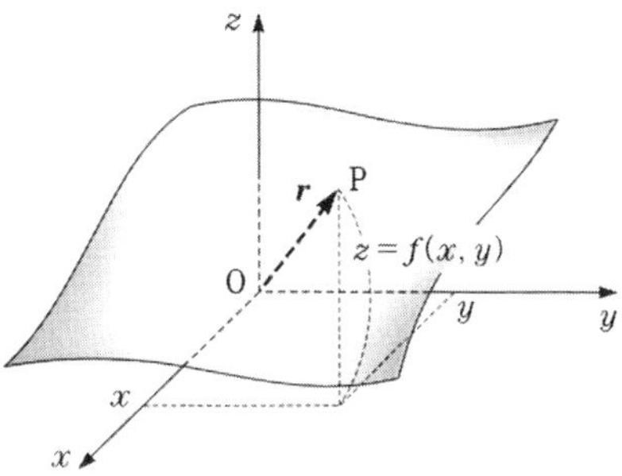

図 5.8

通常のデカルト (x, y, z) 座標系では曲面の方程式は，図 5.8 からわかるように，$z = f(x, y)$ と表される．これは面を決めるのに xy 平面からの高さを与えていることに相当する．ここで，曲面上の点 P の位置ベクトル $\overrightarrow{\mathrm{OP}}$ を $\boldsymbol{r} = (x, y, z)$ として，$x = u_1$，$y = u_2$，$z = f(u_1, u_2)$ とおくと，面上の点は確かに (5.16) の形に表現されることがわかる．

曲面 $\boldsymbol{r} = \boldsymbol{r}(u_1, u_2)$ で，u_2 を固定して u_1 を変えると u_1 曲線が，u_1 を固定して u_2 を変えると u_2 曲線が，この曲面上に得られる (図 5.9)．図 5.8 では u_1 曲線は y 軸に直交する平面と曲面との切口の曲線，u_2 曲線は x 軸に直交する平面と曲面との切口の曲線である．しかし，一般には図 5.9 に描かれているように u_1, u_2 曲線は面上の任意の2曲線（ただし1点だけで交わる）でよい．地球のような球面では u_1, u_2 曲線として経線，緯線を使うと便利なことが多いのはいうまでもない．

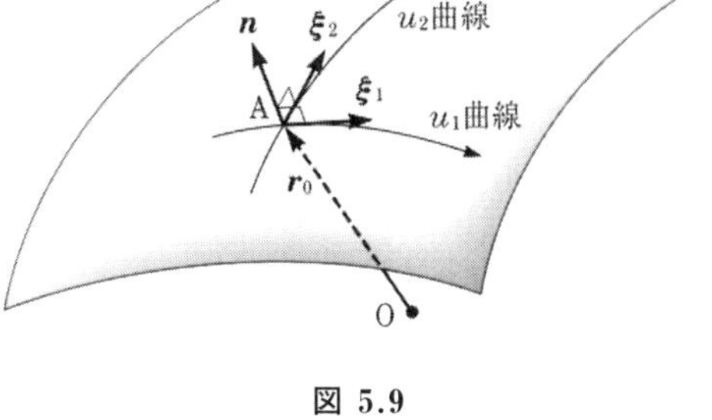

図 5.9

図5.9で曲面上の点Aの位置ベクトル$\boldsymbol{r}_0$を$u_1=0$，$u_2=0$としよう．すなわち，この点は$\boldsymbol{r}_0$（$u_1=0$，$u_2=0$）である．前節の議論に対応させて，この点で

$$\xi_1=\left(\frac{\partial \boldsymbol{r}}{\partial u_1}\right)_0 \tag{5.17}$$

$$\xi_2=\left(\frac{\partial \boldsymbol{r}}{\partial u_2}\right)_0 \tag{5.18}$$

を作ってみよう．ここで記号$\partial/\partial u_1, \partial/\partial u_2$は偏微分記号であり，たとえば，$\partial\boldsymbol{r}/\partial u_1$は変数$u_2$を固定しておいて変数$u_1$だけで$\boldsymbol{r}(u_1, u_2)$を微分することを意味する．また，$(\partial\boldsymbol{r}/\partial u_1)_0$の下付0はこの偏微分を面上の点$\boldsymbol{r}_0$で行うことを示している．こうして，前節(5.11)よりこれらは点$\boldsymbol{r}_0$でのu_1曲線，u_2曲線の接線ベクトルにほかならない．ただし，パラメータu_1, u_2がu_1曲線，u_2曲線に沿った曲線の長さとは限らないので，前節の$\boldsymbol{t}$に対応する接線ベクトル$\boldsymbol{t}_1, \boldsymbol{t}_2$（いずれも単位ベクトル）とは違って，ここでの$\xi_1, \xi_2$は必ずしも単位ベクトルとは限らないことに注意しよう．$\boldsymbol{t}_1, \boldsymbol{t}_2$は無次元量であるが，$u_1, u_2$の選び方によっては$\xi_1, \xi_2$は無次元量であるとも限らないのである．もちろん，$\xi_1 /\!/ \boldsymbol{t}_1$，$\xi_2 /\!/ \boldsymbol{t}_2$であり，$\xi_1\Delta u_1$などは長さの次元をもつ．したがって，この$\xi_1$と$\xi_2$が作る平面は点$\boldsymbol{r}_0$でのこの曲面の**接平面**である．また，$\xi_1$と$\xi_2$は一般に直交するとは限らないが，図のように平行ではない（$\xi_1\times\xi_2 \neq 0$）ので

$$\boldsymbol{n}=\frac{\xi_1\times\xi_2}{|\xi_1\times\xi_2|} \tag{5.19}$$

を定義することができる．これは単位ベクトルであって，ξ_1, ξ_2と直交するので，点$\boldsymbol{r}_0$でのこの曲面の接平面に直交することになり，$\boldsymbol{n}$は曲面の**法線ベクトル**とよばれる．

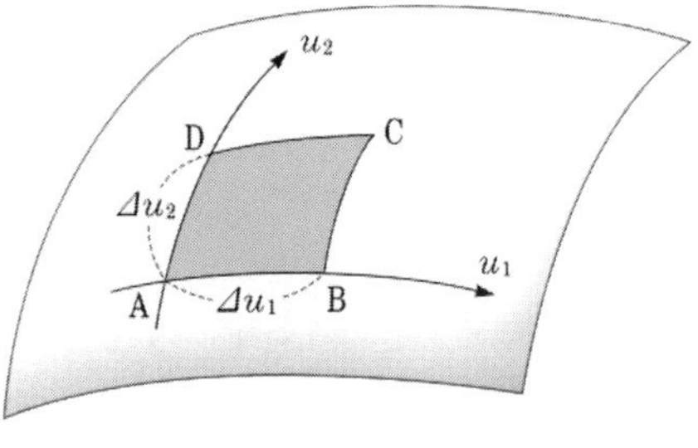

図 5.10

曲面上の微小な面分□ABCDを図5.10のように

A：$\boldsymbol{r}(u_1{}^0, u_2{}^0)$，B：$\boldsymbol{r}(u_1{}^0+\Delta u_1, u_2{}^0)$，C：$\boldsymbol{r}(u_1{}^0+\Delta u_1, u_2{}^0+\Delta u_2)$，

D：$\boldsymbol{r}(u_1{}^0, u_2{}^0 + \Delta u_2)$

ととろう．$\Delta u_1, \Delta u_2$ が十分小さいとして，$\boldsymbol{r}$ を $\Delta u_1, \Delta u_2$ についてテイラー展開すると

$$\overrightarrow{\mathrm{AB}} = \boldsymbol{r}(u_1{}^0 + \Delta u_1, u_2{}^0) - \boldsymbol{r}(u_1{}^0, u_2{}^0) \cong \frac{\partial \boldsymbol{r}}{\partial u_1}\Delta u_1 = \Delta u_1\, \boldsymbol{\xi}_1$$

$$\overrightarrow{\mathrm{AD}} \cong \frac{\partial \boldsymbol{r}}{\partial u_2}\Delta u_2 = \Delta u_2\, \boldsymbol{\xi}_2$$

となる．微小面 □ABCD の面積は $\Delta u_1, \Delta u_2$ が十分小さいとき，2 つのベクトル $\overrightarrow{\mathrm{AB}}, \overrightarrow{\mathrm{AD}}$ が作る平行四辺形の面積で近似できる．前章の議論からこの面積はベクトル積 $\overrightarrow{\mathrm{AB}} \times \overrightarrow{\mathrm{AD}}$ の大きさに等しいので，上式から □ABCD の面積は

$$\Delta \boldsymbol{\sigma} = \Delta\sigma\, \boldsymbol{n} = (\boldsymbol{\xi}_1 \times \boldsymbol{\xi}_2)\Delta u_1\, \Delta u_2 \tag{5.20}$$

の大きさ $\Delta\sigma = |\boldsymbol{\xi}_1 \times \boldsymbol{\xi}_2|\Delta u_1\, \Delta u_2$ で与えられる．この $\Delta\sigma$ を**面積要素**という．

こうして曲面上の面分 A (図 5.11) の面積 S は

$$S = \int_{\mathrm{A}} d\sigma = \iint_{\mathrm{A}'} |\boldsymbol{\xi}_1 \times \boldsymbol{\xi}_2|\, du_1\, du_2 = \iint_{\mathrm{A}'} \left| \frac{\partial \boldsymbol{r}}{\partial u_1} \times \frac{\partial \boldsymbol{r}}{\partial u_2} \right| du_1\, du_2 \tag{5.21}$$

で与えられる．ここで A′ は曲面上の点 $\boldsymbol{r}(u_1, u_2)$ が A 内に含まれるようなパラメータ u_1, u_2 の範囲を指定する．特に

$$d\boldsymbol{\sigma} = (\boldsymbol{\xi}_1 \times \boldsymbol{\xi}_2)\, du_1\, du_2 = \left(\frac{\partial \boldsymbol{r}}{\partial u_1} \times \frac{\partial \boldsymbol{r}}{\partial u_2} \right) du_1\, du_2 \tag{5.22}$$

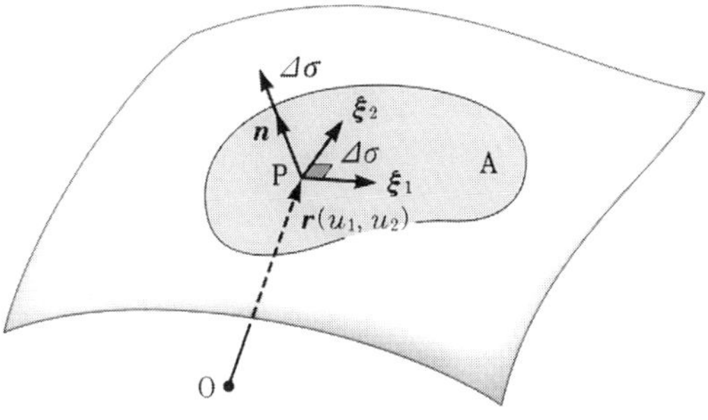

図 5.11

を**面積要素ベクトル**といい，(5.19) よりその面積要素に垂直（法線ベクトル $\boldsymbol{n}$ に平行）なベクトルである．

以上の結果はこれからの議論に使われる重要なものである．

例題 5.3

半径 a の球の表面積は $4\pi a^2$ に等しい．これを図のような原点を中心とする半球の表面積 $2\pi a^2$ について考えてみる．球面上の任意の点 $\boldsymbol{r}$ を円柱座標 (ρ, φ, z) で表すと，図より

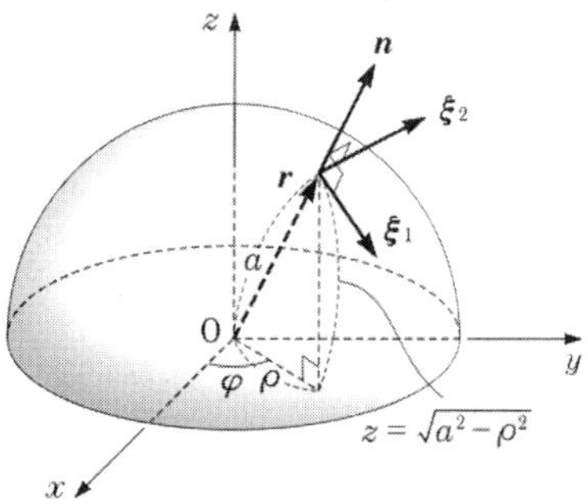

$$\boldsymbol{r} = \rho\cos\varphi\,\boldsymbol{i} + \rho\sin\varphi\,\boldsymbol{j} + \sqrt{a^2-\rho^2}\,\boldsymbol{k}$$

となる．ρ, φ を u_1, u_2 と見なして 2 つの接線ベクトル ξ_1, ξ_2，法線ベクトル $\boldsymbol{n}$ および半球面の面積 S を求めよ．

［**解**］ (5.17), (5.18) より

$$\xi_1 = \frac{\partial \boldsymbol{r}}{\delta\rho} = \cos\varphi\,\boldsymbol{i} + \sin\varphi\,\boldsymbol{j} - \frac{\rho}{\sqrt{a^2-\rho^2}}\boldsymbol{k}$$

$$\xi_2 = \frac{\partial \boldsymbol{r}}{\delta\varphi} = -\rho\sin\varphi\,\boldsymbol{i} + \rho\cos\varphi\,\boldsymbol{j}$$

これから

$$\xi_1\times\xi_2 = \frac{\rho^2\cos\varphi}{\sqrt{a^2-\rho^2}}\boldsymbol{i} + \frac{\rho^2\sin\varphi}{\sqrt{a^2-\rho^2}}\boldsymbol{j} + \rho\boldsymbol{k}$$

$$|\xi_1\times\xi_2| = \sqrt{\frac{\rho^4\cos^2\varphi}{a^2-\rho^2} + \frac{\rho^4\sin^2\varphi}{a^2-\rho^2} + \rho^2} = \frac{a\rho}{\sqrt{a^2-\rho^2}}$$

$$\boldsymbol{n} = \frac{\xi_1\times\xi_2}{|\xi_1\times\xi_2|} = \frac{\rho}{a}\cos\varphi\,\boldsymbol{i} + \frac{\rho}{a}\sin\varphi\,\boldsymbol{j} + \frac{\sqrt{a^2-\rho^2}}{a}\boldsymbol{k} = \frac{\boldsymbol{r}}{a}$$

となる．これと (5.21) より

$$S = \int_0^a d\rho\int_0^{2\pi}d\varphi\,\frac{a\rho}{\sqrt{a^2-\rho^2}} = 2\pi a\int_0^a\frac{\rho\,d\rho}{\sqrt{a^2-\rho^2}} = 2\pi a\left[-\sqrt{a^2-\rho^2}\right]_0^a = 2\pi a^2$$

¶

［**問題 3**］ 曲面が $\boldsymbol{r} = u_1\boldsymbol{i} + u_2\boldsymbol{j} + 2u_1u_2\boldsymbol{k}$ で与えられるとき，接線ベクトル ξ_1, ξ_2，法線ベクトル $\boldsymbol{n}$ および面積要素 $d\sigma = |d\boldsymbol{\sigma}|$ を求めよ．

演習問題

［1］ 次のベクトル関数 $\boldsymbol{A}(u)$ の導ベクトルを求めよ．

（1） $\boldsymbol{A} = 2u\boldsymbol{i} + u^2\boldsymbol{j} + 3\boldsymbol{k}$　（2） $\boldsymbol{A} = \cos u\,\boldsymbol{i} + \sin u\,\boldsymbol{j} + e^u\,\boldsymbol{k}$

［2］ 曲線 $\boldsymbol{r}(u)$ の接線ベクトル $\boldsymbol{t}$，法線ベクトル $\boldsymbol{n}$ がそれぞれ

$$\boldsymbol{t} = \frac{d\boldsymbol{r}}{du}\Big/\left|\frac{d\boldsymbol{r}}{du}\right|, \qquad \boldsymbol{n} = \frac{d\boldsymbol{t}}{du}\Big/\left|\frac{d\boldsymbol{t}}{du}\right|$$

で与えられることを示し，次の曲線の $\boldsymbol{t}$ と $\boldsymbol{n}$ を求めよ．(a, b：定数)

（1） $\boldsymbol{r}(u) = \cos au\,\boldsymbol{i} + \sin au\,\boldsymbol{j} + b\,\boldsymbol{k}$

（2） $\boldsymbol{r}(u) = \cos au\,\boldsymbol{i} + \sin au\,\boldsymbol{j} + bu\,\boldsymbol{k}$

(ヒント：例題5.2を参照．曲線（1）は円周，（2）はらせん．)

［3］ 曲面 $z = f(x, y)$ の上の任意の点 $\boldsymbol{r}$ は

$$\boldsymbol{r} = x\boldsymbol{i} + y\boldsymbol{j} + f(x, y)\boldsymbol{k}$$

と表される．このとき，この点での法線ベクトル $\boldsymbol{n}$ および曲面上の領域 A の面積 S はそれぞれ

$$\boldsymbol{n} = \frac{1}{\sqrt{1 + f_x{}^2 + f_y{}^2}}(-f_x\boldsymbol{i} - f_y\boldsymbol{j} + \boldsymbol{k})\ , \quad S = \iint_{\mathrm{A}'}\sqrt{1 + f_x{}^2 + f_y{}^2}\,dx\,dy$$

で与えられることを示せ．ただし，f_x, f_y はそれぞれ関数 $f(x, y)$ の x, y に関する偏微分（$f_x \equiv \partial f/\partial x$，$f_y \equiv \partial f/\partial y$ であり，A′ は領域 A の x, y による範囲（領域 A の xy 平面への投影））である．

［4］ xy 平面上で原点 O を中心とする半径 r の円周上を図のように等速運動（角速度 ω：一定）する質点 P の速度ベクトル $\boldsymbol{v}$，加速度ベクトル $\boldsymbol{a}$ を求め，$|\boldsymbol{a}| = r\omega^2$ であることを示せ．(ヒント：質点の位置ベクトル $\boldsymbol{r}(t)$ はどのように表されるか．)

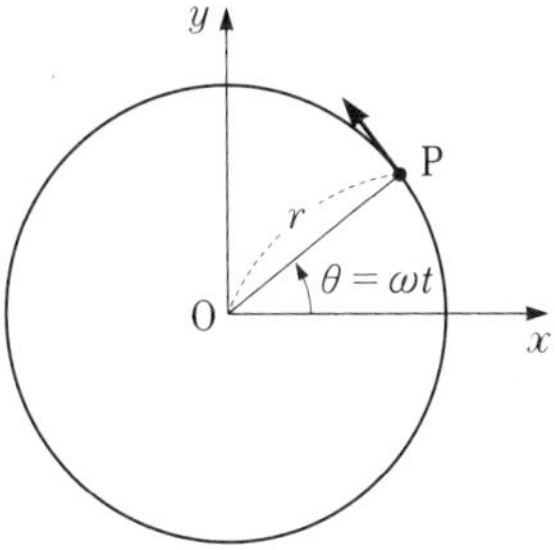

［5］ 質量 m，電荷 q をもつ質点が，z 方向の一定磁場 $\boldsymbol{B} = (0, 0, B)$ 中を速度 $\boldsymbol{v}$ で運動しているとしよう．このとき，この荷電粒子にはローレンツ力 $\boldsymbol{F} = q\boldsymbol{v} \times \boldsymbol{B}$ が作用するので，その運動方程式は

$$m\frac{d\boldsymbol{v}}{dt} = q\boldsymbol{v} \times \boldsymbol{B}$$

と表される．このとき，次のことを示せ．

（1） 速度の絶対値 $|\boldsymbol{v}(t)|$ は一定．

（2） z 方向の速度は一定．

（3） xy 平面に投影した質点の軌跡は円運動．(これは磁場中の荷電粒子の軌跡がらせんであることを示す．例題5.2を参照せよ．)

6 ベクトル場

風呂の湯の温度は深さや浴槽の縁かどうかで微妙に違い，温度に空間的な分布がある．また，大気中の空気の流れ（風）も場所によって向きや速さが異なる．このように，物質の温度や流体の流れなど，ある量 X が空間のある領域内で各点 $\boldsymbol{r} = (x, y, z)$ の関数として一義的に決まるとき，$X(\boldsymbol{r})$ を場という．もちろん，より一般的には X は $\boldsymbol{r}$ だけでなく，時間 t にも依存する．このような場合には $X(\boldsymbol{r}, t)$ と記せばよい．

流体力学における流体の速度場や電磁気学における電場，磁場などは古典物理学における典型的な場であるが，場という考え方は現代の物理学全体にわたって非常に重要である．この章では量 X が温度のようなスカラーの場合と，流体の流速のようなベクトルの場合についてそれらの一般的な性質を議論する．まず空間的に変化するスカラー場の勾配ベクトル，ベクトル場の空間変化を特徴づける量として発散と回転を導入する．次にベクトル場の線積分や面積分を定義して，最後にベクトル場において成り立つ重要な積分定理を学ぶ．これは電磁気学，流体力学，相対論，量子論など，場が基本的な役割を果たすあらゆる分野で重要である．

§6.1 スカラー場の勾配

空間の各点 $\boldsymbol{r} = (x, y, z)$ において数値 $\varphi = \varphi(\boldsymbol{r})$ が与えられているとき，$\varphi(\boldsymbol{r})$ を**スカラー場**という．例としては，上の温度場 $T(\boldsymbol{r})$ のほかに，流体内の各点での密度場 $\rho(\boldsymbol{r})$ や圧力場 $p(\boldsymbol{r})$，電極に電圧がかかっているときの周囲の静電ポテンシャルの場 $\phi(\boldsymbol{r})$，コップの中の水に砂糖などを溶かしたときの砂糖などの濃度分布 $c(\boldsymbol{r})$ などが挙げられる．

φ はスカラーであり，ただの数値にすぎないが，一般には空間的に変化するので，空間の各点で φ がどの向きにどれくらいの割合で変化（増加や減少）するかというベクトルが定義できる．これがスカラー場 $\varphi(\boldsymbol{r})$ の**勾配ベクトル**で，

$$\mathrm{grad}\,\varphi \equiv \nabla\varphi = \left(\frac{\partial\varphi}{\partial x}, \frac{\partial\varphi}{\partial y}, \frac{\partial\varphi}{\partial z}\right) = \frac{\partial\varphi}{\partial x}\boldsymbol{i} + \frac{\partial\varphi}{\partial y}\boldsymbol{j} + \frac{\partial\varphi}{\partial z}\boldsymbol{k} \tag{6.1}$$

と定義される．記号 $\partial/\partial x, \partial/\partial y, \partial/\partial z$ は前節にも出てきた偏微分記号であり，たとえば $\partial\varphi/\partial x$ は変数 y, z を固定して x だけについて φ を微分することを意味する．したがって，$\partial\varphi/\partial x$ は φ の x 軸の正の向きの傾きを表し，(6.1) が勾配ベクトルであるということが納得される．また，∇ は偏微分の演算を表す記号（演算子）で

$$\nabla \equiv \boldsymbol{i}\frac{\partial}{\partial x} + \boldsymbol{j}\frac{\partial}{\partial y} + \boldsymbol{k}\frac{\partial}{\partial z} \tag{6.2}$$

と表される．ここで注意しなければならない点は，φ 自体はスカラー場であるが，$\mathrm{grad}\,\varphi$ はベクトル場であるということである．量の変化には向きと大きさがあるので当然ではあるが．

例題 6.1

$\varphi(\boldsymbol{r}) = 1/r$ のときの $\mathrm{grad}\,\varphi$ を求めよ．（例：点電荷が作る電位や質点が作る万有引力のポテンシャルの場の勾配ベクトル）

［解］　$r^2 = x^2 + y^2 + z^2$ の両辺を x で偏微分すると

$$2r\frac{\partial r}{\partial x} = 2x, \qquad \therefore \quad \frac{\partial r}{\partial x} = \frac{x}{r} \tag{1}$$

φ は r だけの関数だから φ を x で偏微分すると

$$\frac{\partial\varphi}{\partial x} = \frac{d\varphi}{dr}\frac{\partial r}{\partial x} = -\frac{1}{r^2}\frac{x}{r} \tag{2}$$

ここで，(1) を使った．同様にして

$$\frac{\partial\varphi}{\partial y} = -\frac{1}{r^2}\frac{y}{r}, \qquad \frac{\partial\varphi}{\partial z} = -\frac{1}{r^2}\frac{z}{r} \tag{3}$$

(2), (3) を (6.1) に代入すると

$$\mathrm{grad}\,\varphi = -\frac{1}{r^3}(x\boldsymbol{i} + y\boldsymbol{j} + z\boldsymbol{k}) = -\frac{1}{r^2}\frac{\boldsymbol{r}}{r}$$

$\boldsymbol{r}/r$ は中心（原点）から外に向いた単位ベクトルだから，この場合の $\mathrm{grad}\,\varphi$ は大

きさが$1/r^2$で中心の方に向いた放射状ベクトルである. ¶

[**問題1**]　次のそれぞれに対して, $\mathrm{grad}\,\varphi$を求めよ.

(1)　$\varphi = r$　　(2)　$\varphi = \ln r$　　(3)　$\varphi = x^2y + xz^2$

$\mathrm{grad}\,\varphi$の幾何学的な意味を考えてみよう. いま, スカラー場$\varphi(\boldsymbol{r})$がある一定値Cをとる曲面

$$\varphi(\boldsymbol{r}) = C \qquad (一定) \tag{6.3}$$

を空間中に考えよう. この曲面は**等ポテンシャル面**ともよばれる. 空間が2次元 (xy平面) のときはこれは**等高線**となり, 直観的にわかりやすい. 上の例題で議論した$\varphi = 1/r$の例を2次元の場合について図示すると, 図6.1のようになる. ここではxy平面が空間を, z軸はφの値を表していることに注意しよう. この場合, φが一定値をとる曲線をいくつかxy平面に投影すると, 原点を中心とする同心円から成る曲線群が得られることは容易にわかるであろう. この意味で地図は, 海水面を基準とした2次元面上の地形の高さをφにとり, その等高線を記したものと見なすことができる. 特に, 山の地図では少し慣れると, どの向きにどの程度の傾斜があるかなどを読みとることができる. このことを思い浮べながら, 以下の議論を進めよう.

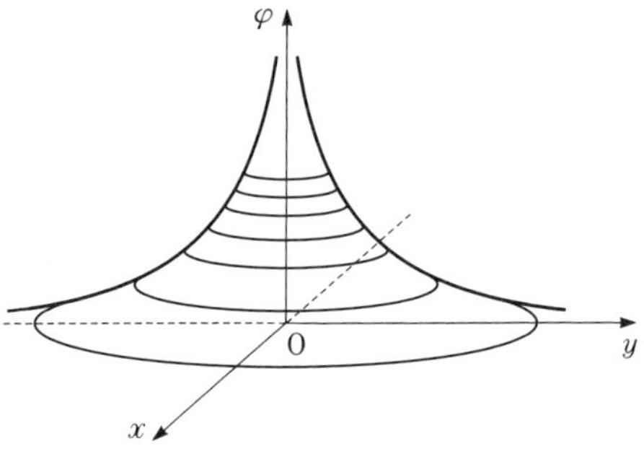

図 6.1

こうして, (6.3) のCの値を変えると曲面群 (2次元の場合, 曲線群, 図6.1参照) が得られる. そこで図6.2のように, $\boldsymbol{r}$のごく近くの点$\boldsymbol{r}+\Delta\boldsymbol{r}$での$\varphi$の変化を調べてみよう:

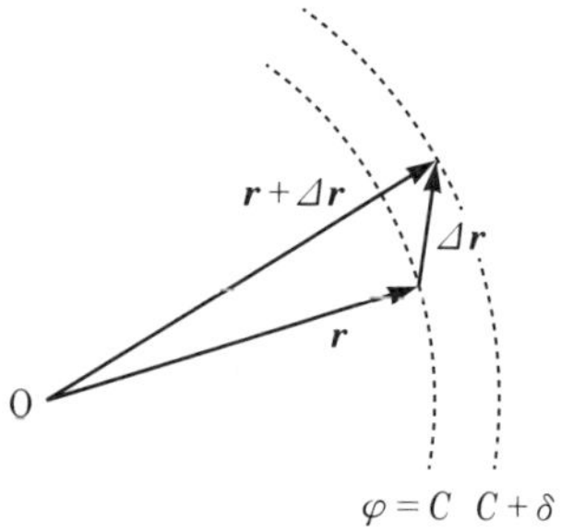

図 6.2

$$\begin{aligned}\Delta\varphi &= \varphi(\boldsymbol{r}+\Delta\boldsymbol{r})-\varphi(\boldsymbol{r})\\ &= \varphi(x+\Delta x, y+\Delta y, z+\Delta z)-\varphi(x,y,z)\\ &= \left\{\varphi(x,y,z)+\frac{\partial\varphi}{\partial x}\Delta x+\frac{\partial\varphi}{\partial y}\Delta y+\frac{\partial\varphi}{\partial z}\Delta z+\cdots\right\}-\varphi(x,y,z)\\ &\cong \frac{\partial\varphi}{\partial x}\Delta x+\frac{\partial\varphi}{\partial y}\Delta y+\frac{\partial\varphi}{\partial z}\Delta z\\ &= \Delta\boldsymbol{r}\cdot\mathrm{grad}\,\varphi \end{aligned} \tag{6.4}$$

上の計算では $\varphi(\boldsymbol{r}+\Delta\boldsymbol{r})$ をテイラー展開し，$|\Delta\boldsymbol{r}|$ が十分小さいとして Δx, Δy, Δz の1次まで残す近似を使った．

ここで図6.3のように，$\boldsymbol{r}+\Delta\boldsymbol{r}$ を $\boldsymbol{r}$ と同じ曲面上にとると，$\Delta\varphi=0$ だから (6.4) より $\Delta\boldsymbol{r}\cdot\mathrm{grad}\,\varphi=0$ となり，$\Delta\boldsymbol{r}$ と $\mathrm{grad}\,\varphi$ は直交する．これは $\mathrm{grad}\,\varphi$ が等ポテンシャル面の法線方向を向いていることを意味する．これも図6.1の例で考えるとわかりやすい．いま，法線ベクトル $\boldsymbol{n}$ を φ が増す向きにとる約束をしておくと，$\mathrm{grad}\,\varphi$ は

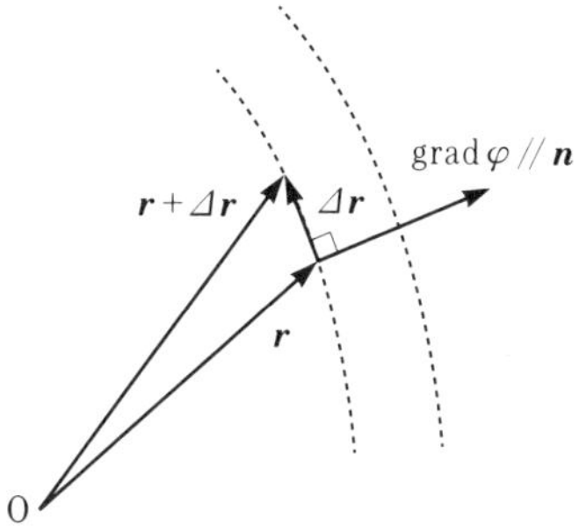

図 6.3

$$\mathrm{grad}\,\varphi = |\mathrm{grad}\,\varphi|\,\boldsymbol{n} \tag{6.5}$$

と表される．したがって，φ の増分 $\Delta\varphi$ は (6.4) と (6.5) より

$$\Delta\varphi = \Delta\boldsymbol{r}\cdot\boldsymbol{n}\,|\mathrm{grad}\,\varphi| \tag{6.6}$$

となる．

いま，図6.4に示したように，$\varphi(\boldsymbol{r}+\Delta\boldsymbol{r})=C+\delta$（すなわち，$\Delta\varphi=\delta$），$\Delta\boldsymbol{r}\cdot\boldsymbol{n}=\varepsilon$ とすると，(6.6) より

$$|\mathrm{grad}\,\varphi| = \frac{\delta}{\varepsilon}$$

である．これは確かに等ポテンシャル面の法線 $\boldsymbol{n}$ の向きの φ の増加率，あるいはいいかえると，もっとも急

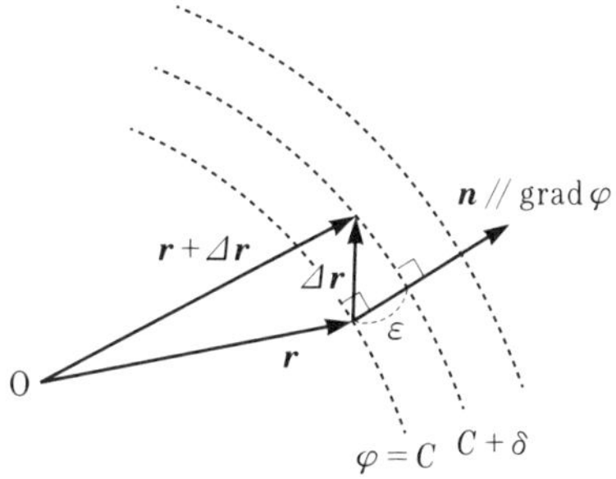

図 6.4

な勾配の値を表している．上の式で $\varepsilon \to 0$ としたときの極限値 $\lim_{\varepsilon\to 0}\delta/\varepsilon$ を $\partial\varphi/\partial n$ とおくと

$$\mathrm{grad}\,\varphi = \frac{\partial\varphi}{\partial n}\boldsymbol{n} \tag{6.7}$$

とも表される．この表現は物理学のテキストにしばしば現れる．

[問題 2]　次の場合の $\mathrm{grad}\,\varphi$ を求めよ．

(1)　$\varphi = \boldsymbol{a}\cdot\boldsymbol{r}$　($\boldsymbol{a}$ は定ベクトル)　　(2)　$\varphi = xy$

(3)　$\varphi = \frac{1}{2}(z^2 - x^2 - y^2)$

§6.2　ベクトル場の発散

ベクトル $\boldsymbol{A}$ が空間の各点の関数 $\boldsymbol{A}(\boldsymbol{r})$ として与えられている場合，$\boldsymbol{A}$ を**ベクトル場**という．すなわち，この章の始めに述べた量 X がベクトルの場合に相当する．例としては電磁気学での電場 $\boldsymbol{E}(\boldsymbol{r})$ や磁束密度 $\boldsymbol{B}(\boldsymbol{r})$，流体力学での流体の速度場 $\boldsymbol{v}(\boldsymbol{r})$ などが挙げられる．

ベクトル場の空間的な変化を特徴づける量の1つに発散がある．いま，ベクトル場 $\boldsymbol{A}(\boldsymbol{r})$ が与えられたとすると，それから作られる

$$\mathrm{div}\,\boldsymbol{A} \equiv \nabla\cdot\boldsymbol{A} = \frac{\partial A_x}{\partial x} + \frac{\partial A_y}{\partial y} + \frac{\partial A_z}{\partial z} \tag{6.8}$$

を $\boldsymbol{A}(\boldsymbol{r})$ の**発散**という．この定義からわかるように $\boldsymbol{A}$ 自体はベクトルであるが，$\mathrm{div}\,\boldsymbol{A}$ はスカラーである．

[問題 3]　$\boldsymbol{A} = x^2y\boldsymbol{i} + yz^2\boldsymbol{j} - xyz\boldsymbol{k}$ について，$\mathrm{div}\,\boldsymbol{A}$ を求めよ．

発散 $\mathrm{div}\,\boldsymbol{A}$ の意味を調べてみよう．いま，図 6.5 のように，空間中の点 $\mathrm{P}(x, y, z)$ を中心に，座標軸に平行な辺の長さが $\Delta x, \Delta y, \Delta z$ である微小な直方体を考え，その各面を1から6まで番号付けする．そして各面の中心でのベクトル $\boldsymbol{A}$ の値を $\boldsymbol{A}(1) \sim \boldsymbol{A}(6)$ と記す．また，$\overrightarrow{\mathrm{OA}} = \Delta\boldsymbol{r}_1$，$\overrightarrow{\mathrm{OB}} = \Delta\boldsymbol{r}_2$，$\overrightarrow{\mathrm{OC}} = \Delta\boldsymbol{r}_3$ とおく．面1の面積ベクトル $\Delta\boldsymbol{\sigma}_1$ は，前章の (5.20) を長方形の微小面 □ADGF に適用すれば $\xi_1\Delta u_1$ が $\overrightarrow{\mathrm{AD}} = \Delta\boldsymbol{r}_2$ に，$\xi_2\Delta u_2$ が $\overrightarrow{\mathrm{AF}} = \Delta\boldsymbol{r}_3$ に当たるので，$\Delta\boldsymbol{\sigma}_1 = \Delta\boldsymbol{r}_2 \times \Delta\boldsymbol{r}_3 = \Delta y\,\Delta z\,\boldsymbol{i}$ となる．同様にして，各面の面積ベクトル $\Delta\boldsymbol{\sigma}_1 \sim \Delta\boldsymbol{\sigma}_6$ は

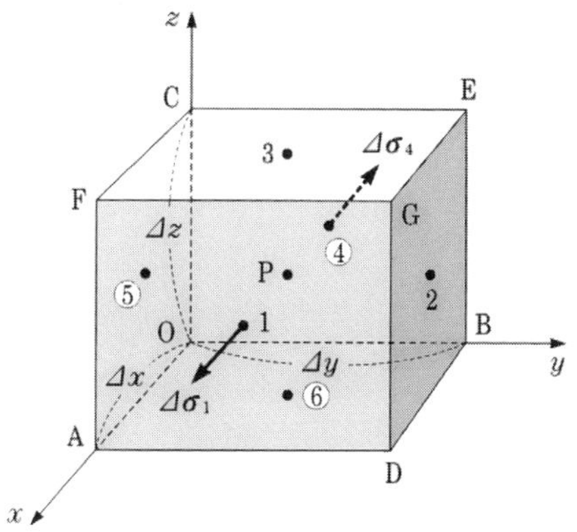

図 6.5

$$\Delta\boldsymbol{\sigma}_1 = \Delta\boldsymbol{r}_2 \times \Delta\boldsymbol{r}_3 = \Delta y\,\Delta z\,\boldsymbol{i}, \quad \Delta\boldsymbol{\sigma}_4 = \Delta\boldsymbol{r}_3 \times \Delta\boldsymbol{r}_2 = -\Delta\boldsymbol{\sigma}_1 = -\Delta y\,\Delta z\,\boldsymbol{i}$$
$$\Delta\boldsymbol{\sigma}_2 = \Delta\boldsymbol{r}_3 \times \Delta\boldsymbol{r}_1 = \Delta z\,\Delta x\,\boldsymbol{j}, \quad \Delta\boldsymbol{\sigma}_5 = -\Delta\boldsymbol{\sigma}_2 = -\Delta z\,\Delta x\,\boldsymbol{j}$$
$$\Delta\boldsymbol{\sigma}_3 = \Delta\boldsymbol{r}_1 \times \Delta\boldsymbol{r}_2 = \Delta x\,\Delta y\,\boldsymbol{k}, \quad \Delta\boldsymbol{\sigma}_6 = -\Delta\boldsymbol{\sigma}_3 = -\Delta x\,\Delta y\,\boldsymbol{k}$$

である．

各面の面積ベクトル $\Delta\boldsymbol{\sigma}_i\ (i = 1 \sim 6)$ はそれぞれの面に垂直であることに注意すると，面 $i\ (i = 1 \sim 6)$ の面積ベクトル $\Delta\boldsymbol{\sigma}_i$ とその面でのベクトル $\boldsymbol{A}(i)$ との内積 $\boldsymbol{A}(i)\cdot\Delta\boldsymbol{\sigma}_i\ (i = 1 \sim 6)$ は，ベクトル $\boldsymbol{A}$ がこの面を横切る正味の量を表すことになる．したがって，このような量を微小な直方体のすべての面で加え合せた量 $\sum_{i=1}^{6} \boldsymbol{A}(i)\cdot\Delta\boldsymbol{\sigma}_i$ は，ベクトル $\boldsymbol{A}$ のこの微小直方体からの湧き出し量という意味をもつ．そこでこの量を，上に求めた面積ベクトルを使って計算してみよう．

$\boldsymbol{A}$ の微小直方体からの湧き出し量

$$\begin{aligned}
&\equiv \sum_{i=1}^{6} \boldsymbol{A}(i)\cdot\Delta\boldsymbol{\sigma}_i \\
&= \{\boldsymbol{A}(1) - \boldsymbol{A}(4)\}\cdot\Delta\boldsymbol{\sigma}_1 + \{\boldsymbol{A}(2) - \boldsymbol{A}(5)\}\cdot\Delta\boldsymbol{\sigma}_2 + \{\boldsymbol{A}(3) - \boldsymbol{A}(6)\}\cdot\Delta\boldsymbol{\sigma}_3 \\
&= \{A_x(1) - A_x(4)\}\Delta y\,\Delta z + \{A_y(2) - A_y(5)\}\Delta z\,\Delta x \\
&\qquad\qquad + \{A_z(3) - A_z(6)\}\Delta x\,\Delta y
\end{aligned}$$

ところが $A_x(1) = A_x(x + \Delta x/2, y, z)$，$A_x(4) = A_x(x - \Delta x/2, y, z)$ なの

で，これらをテイラー展開して Δx の1次までの近似を使うと

$$A_x(1) - A_x(4) = \left\{A_x(x, y, z) + \frac{\partial A_x}{\partial x}\frac{\Delta x}{2} + \cdots\right\} - \left\{A_x(x, y, z) - \frac{\partial A_x}{\partial x}\frac{\Delta x}{2} + \cdots\right\} \cong \frac{\partial A_x}{\partial x}\cdot\Delta x$$

同様にして

$$A_y(2) - A_y(5) \cong \frac{\partial A_y}{\partial y}\Delta y, \qquad A_z(3) - A_z(6) \cong \frac{\partial A_z}{\partial z}\Delta z$$

これらを上式に代入すると

$$\boldsymbol{A}\text{の微小直方体からの湧き出し量} = \left(\frac{\partial A_x}{\partial x} + \frac{\partial A_y}{\partial y} + \frac{\partial A_z}{\partial z}\right)\Delta x\,\Delta y\,\Delta z = (\mathrm{div}\,\boldsymbol{A})\,\Delta V$$

となる．ここで $\Delta V \equiv \Delta x\,\Delta y\,\Delta z$ は微小直方体の体積である．こうして $\mathrm{div}\,\boldsymbol{A}(\boldsymbol{r})$ は点 $\boldsymbol{r}$ での周囲への $\boldsymbol{A}$ の湧き出し（発散）を表すことがわかる．

電磁気学で正の点電荷の周囲の電場は点電荷から放射状に拡がっていたことを思い出そう．このように，空間にベクトル $\boldsymbol{A}(\boldsymbol{r})$ が与えられると，それは一般にはある所で拡がる傾向が，別の所では集まるような傾向がある．$\mathrm{div}\,\boldsymbol{A}(\boldsymbol{r})$ とは $\boldsymbol{A}(\boldsymbol{r})$ のそのような傾向をとり出す量なのである．また，体積要素を $\Delta V \to 0$ とできるので，$\mathrm{div}\,\boldsymbol{A}$ は空間の各点で局所的に定義されることにも注意しよう．

例題 6.2

ベクトル場 $\boldsymbol{A} = \dfrac{\boldsymbol{r}}{r}$ の発散 $\mathrm{div}\,\boldsymbol{A}$ を求めよ．

［解］ $\boldsymbol{A} = \dfrac{\boldsymbol{r}}{r} = \dfrac{x}{r}\boldsymbol{i} + \dfrac{y}{r}\boldsymbol{j} + \dfrac{z}{r}\boldsymbol{k}$ より

$$\begin{aligned}\mathrm{div}\,\boldsymbol{A} &= \frac{\partial}{\partial x}\left(\frac{x}{r}\right) + \frac{\partial}{\partial y}\left(\frac{y}{r}\right) + \frac{\partial}{\partial z}\left(\frac{z}{r}\right)\\ &= \left\{\frac{1}{r} + x\frac{\partial}{\partial x}\left(\frac{1}{r}\right)\right\} + \left\{\frac{1}{r} + y\frac{\partial}{\partial y}\left(\frac{1}{r}\right)\right\} + \left\{\frac{1}{r} + z\frac{\partial}{\partial z}\left(\frac{1}{r}\right)\right\}\\ &= \frac{3}{r} - \frac{x}{r^2}\frac{\partial r}{\partial x} - \frac{y}{r^2}\frac{\partial r}{\partial y} - \frac{z}{r^2}\frac{\partial r}{\partial z}\end{aligned}$$

$$= \frac{3}{r} - \frac{x}{r^2}\frac{x}{r} - \frac{y}{r^2}\frac{y}{r} - \frac{z}{r^2}\frac{z}{r} = \frac{3}{r} - \frac{1}{r} = \frac{2}{r}$$

この $\boldsymbol{A} = \boldsymbol{r}/r$ は原点を除いたあらゆる点で大きさ $|\boldsymbol{A}| = 1$ をもち，原点から外に拡がる向きをもつベクトル場であり，原点を含む xy 平面だけの切口で図示すると右のようになる．このベクトル場の発散は原点を除くすべての点でゼロでない有限な値をとるというのが上の計算の結論である．

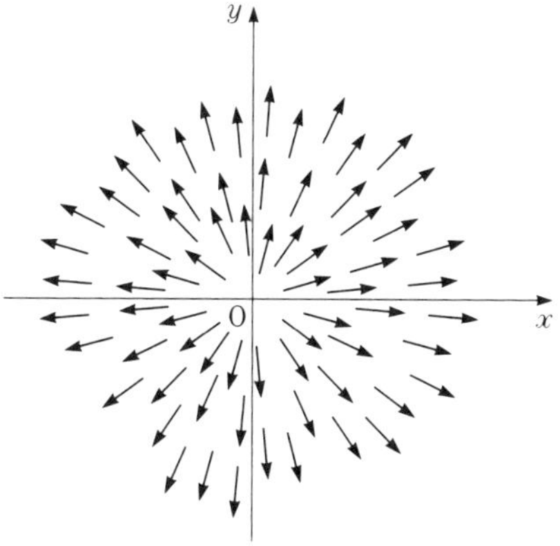

また，図から原点に近づく $(r \to 0)$ につれて，発散（湧き出しの度合）が強くなることがわかるが，上の計算結果は確かにこのことを示している $(1/r \to \infty)$． ¶

［**問題 4**］ ベクトル場 $\boldsymbol{A} = x\boldsymbol{i}$ の概略を xy 平面に図示し，div $\boldsymbol{A}$ を求めよ．

例題 6.3

スカラー場 $\varphi(\boldsymbol{r})$ の勾配ベクトル grad $\varphi(\boldsymbol{r})$ の発散 div(grad φ) はどんな量か．

［**解**］ 前節 (6.1) より

$$\mathrm{grad}\,\varphi = \left(\frac{\partial\varphi}{\partial x}, \frac{\partial\varphi}{\partial y}, \frac{\partial\varphi}{\partial z}\right) = \frac{\partial\varphi}{\partial x}\boldsymbol{i} + \frac{\partial\varphi}{\partial y}\boldsymbol{j} + \frac{\partial\varphi}{\partial z}\boldsymbol{k}$$

だから，(6.8) より

$$\mathrm{div}(\mathrm{grad}\,\varphi) = \frac{\partial}{\partial x}\left(\frac{\partial\varphi}{\partial x}\right) + \frac{\partial}{\partial y}\left(\frac{\partial\varphi}{\partial y}\right) + \frac{\partial}{\partial z}\left(\frac{\partial\varphi}{\partial z}\right) = \frac{\partial^2\varphi}{\partial x^2} + \frac{\partial^2\varphi}{\partial y^2} + \frac{\partial^2\varphi}{\partial z^2}$$

となる．通常，これを記号 $\nabla^2\varphi$ あるいは $\Delta\varphi$ と記す．すなわち

$$\mathrm{div}(\mathrm{grad}\,\varphi) = \nabla\cdot(\nabla\varphi) = \nabla^2\varphi$$

ここで記号

$$\nabla^2 \equiv \frac{\partial^2}{\partial x^2} + \frac{\partial^2}{\partial y^2} + \frac{\partial^2}{\partial z^2}\,(= \Delta) \tag{6.9}$$

は関数を 2 回偏微分して加える演算を表す偏微分演算子で，**ラプラシアン**とよばれ，物理学のいろいろな分野に現れる． ¶

クーロンの法則からガウスの法則へ

2つの荷電粒子がそれぞれ Q_1, Q_2 の電荷をもち，距離 r だけ離れているとき，両者の間にはクーロン力 F：

$$F = \frac{1}{4\pi\varepsilon_0}\frac{Q_1 Q_2}{r^2} \qquad (\varepsilon_0：真空の誘電率) \tag{1}$$

がはたらくことは，高校の物理ですでに**クーロンの法則**として学んだはずである．この式だけを見ると，クーロン力は遠く離れた電荷の間に直接はたらいている（電荷 ↔ 電荷）ように思われる．このような考え方を**遠隔作用**という．

しかし，ファラデーはこの一見当り前のような見方とは違う考え方をした．U字形の磁石を水平にして紙をのせ，その上に砂鉄をばらまくと，それがきれいに磁力線に沿って並ぶことは子供の頃，大抵試したことがあるであろう．ファラデーはこれと同じように，電荷間にも目に見えない電気力線があると考えた．すなわち，単独の電荷にも電気力線が出入りしており，その濃淡を表す電場（磁力線に対しては磁場）があって，この電場を介して力をおよぼし合うというわけである．ここでは2電荷間の力は電荷 ↔ 空間中の電場 ↔ 電荷となり，力の伝播として見ると2つの電荷の間に途切れがない．このような考え方を，力が遠くに直接およぶのではなくて，まずはすぐ周りに作用しそれがまたその周りにおよび，…と次々に伝わるという意味で**近接作用**という．電荷，それの運動による電流という直接的な量だけでなく，それらによって誘起される空間の電磁的ゆがみとしての電場，磁場の存在が提唱されたわけである．ファラデーのこの考えを数学的にきれいに定式化したのがマクスウェルで，現在マクスウェル方程式として知られており，電磁気学の基礎をなす．実際，振動（往復運動）する電荷が電磁波（電場·磁場の波動）を出すことはラジオ局の放送（アンテナからの発振）などでおなじみであろう．これは上の近接作用の考え方の正しさを端的に示している．

この近接作用の考え方に従ってクーロンの法則（1）を見直すと，電場 $\boldsymbol{E}$ の代りに電束密度 $\boldsymbol{D} = \varepsilon_0 \boldsymbol{E}$ を導入して

$$\mathrm{div}\,\boldsymbol{D}(\boldsymbol{r}) = \rho(\boldsymbol{r}) \tag{2}$$

という，**ガウスの法則**として知られている式が導かれる．ここで $\rho(\boldsymbol{r})$ は位置 $\boldsymbol{r}$ での電荷密度である．このことは電磁気学の始めのところで学ぶはずであり，上に述べたマクスウェル方程式（4式から成る）のうちの第1式に常に記される式である．（2）は電荷のあるところでは必ず電束密度（電場）の発散があり，逆も成り立つことを表している．

ところで，（1）式は r^{-2} という r の逆2乗の形をしている．r の逆2乗則に従う

力にはこのほかに，質量 M_1, M_2 をもつ 2 つの質点間にはたらくニュートンの万有引力 F：

$$F = G\frac{M_1 M_2}{r^2} \qquad (G：万有引力定数) \tag{3}$$

がある．これに対しても近接作用の考え方に従い，時空そのもののゆがみを導入してニュートンの万有引力の法則を拡張，定式化したのがアインシュタインの一般相対論である．(1) と (3) との形式的な類似から，電磁気学と一般相対論とはまとめて統一的に理解できそうに思われるが，未だに成功していない．皮肉にも，アインシュタインがこの統一場理論を試み始めた頃には知られてはおらず，一見似ても似つかない弱い相互作用 (原子核のベータ崩壊を引き起こす) が電磁気学と統一されて，現在では電弱理論とよばれている．

§6.3　ベクトル場の回転

前節で議論したベクトル場の発散は，模式的に描くと図 6.6(a) のように，ほぼ大きさの等しいベクトルが 1 点から湧き出すような場合 ((a)の (i)) と，ほぼ向きの等しいベクトルがその向きに大きさを変える場合 ((a) の (ii)) に現れる．(もちろん，一般的にはこれらの組合せのベクトル場で発散がゼロでない値をもつ.) これらはいずれもベクトル場のベクトルの向き

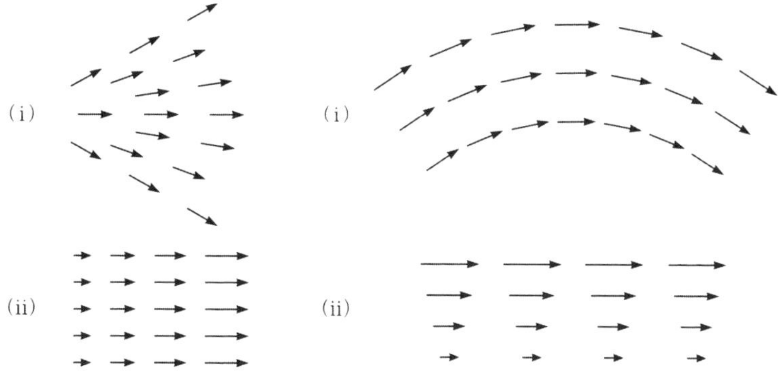

(a) 発　散　　　(b) 回　転

図 6.6

に沿った拡がりや大きさの変化を表している．ベクトル場の空間的な変化にはこれ以外に，図6.6 (b) に示されているように，ほぼ大きさの等しいベクトルが拡がりなしでカーブする場合（(b) の (i)）や，ほぼ平行なベクトルがその向きには大きさを変えないが直角の向きには大きさを変える場合（(b) の (ii)）も考えられる．(a) の場合と違って，これらはいずれもベクトル場のベクトルの向きに直交する向きの変化，あるいはベクトルの向きからそれる（回転する）変化と見なすことができる．ベクトル場 $\boldsymbol{A}(\boldsymbol{r})$ の空間の各点での図6.6(b) のような傾向，あるいは回転の度合を表すのが

$$\begin{aligned}\mathrm{rot}\,\boldsymbol{A} \equiv \nabla \times \boldsymbol{A} &= \left(\frac{\partial A_z}{\partial y} - \frac{\partial A_y}{\partial z}, \frac{\partial A_x}{\partial z} - \frac{\partial A_z}{\partial x}, \frac{\partial A_y}{\partial x} - \frac{\partial A_x}{\partial y}\right) \\ &= \left(\frac{\partial A_z}{\partial y} - \frac{\partial A_y}{\partial z}\right)\boldsymbol{i} + \left(\frac{\partial A_x}{\partial z} - \frac{\partial A_z}{\partial x}\right)\boldsymbol{j} + \left(\frac{\partial A_y}{\partial x} - \frac{\partial A_x}{\partial y}\right)\boldsymbol{k} \\ &= \begin{vmatrix} \boldsymbol{i} & \boldsymbol{j} & \boldsymbol{k} \\ \dfrac{\partial}{\partial x} & \dfrac{\partial}{\partial y} & \dfrac{\partial}{\partial z} \\ A_x & A_y & A_z \end{vmatrix}\end{aligned} \tag{6.10}$$

であり，これをベクトル $\boldsymbol{A}$ の**回転**という．rot $\boldsymbol{A}$ 自体もベクトルであることに注意しよう．

[問題5]　ベクトル場 $\boldsymbol{A} = y\boldsymbol{i}$ の概略を xy 平面に図示し，rot $\boldsymbol{A}$ を求めよ．

[問題6]　$\boldsymbol{A} = xyz\boldsymbol{i} - 2yz\boldsymbol{j} + xz^2\boldsymbol{k}$ について，rot $\boldsymbol{A}$ を求めよ．

rot $\boldsymbol{A}$ の意味をもう少しくわしくみてみよう．いま，図6.7のように，点 $\mathrm{P}(x, y, z)$ を中心とし，xy 平面に平行な平面上に，x, y 軸に平行な辺の長さ $\Delta x, \Delta y$ の微小な長方形□ABCDを考え，辺の中心を1, 2, 3, 4とする．辺を表すベクトルは $\overrightarrow{\mathrm{AB}} = \Delta\boldsymbol{r}_1$，$\overrightarrow{\mathrm{BC}} = \Delta\boldsymbol{r}_2$，$\overrightarrow{\mathrm{CD}} = \Delta\boldsymbol{r}_3 = -\Delta\boldsymbol{r}_1$，$\overrightarrow{\mathrm{DA}} = \Delta\boldsymbol{r}_4 = -\Delta\boldsymbol{r}_2$ である．また，辺の中点1～4

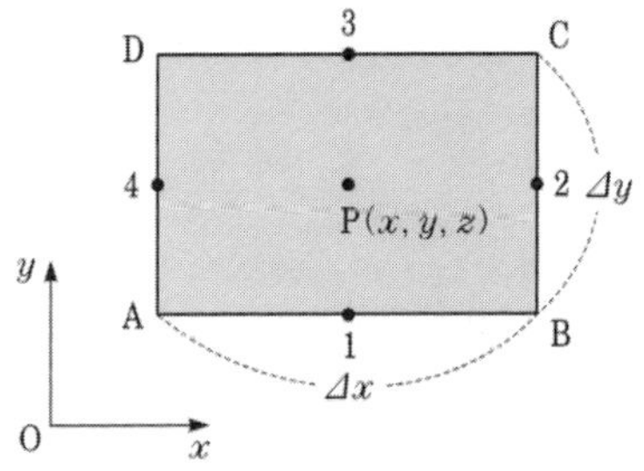

図 6.7

でのベクトルの値を $\boldsymbol{A}(1) \sim \boldsymbol{A}(4)$ とおく．

ここでベクトル $\boldsymbol{A}$ のこの微小長方形の各辺に沿って反時計回りに1周した成分の総和 $\sum_{i=1}^{4} \boldsymbol{A}(i)\cdot\Delta\boldsymbol{r}_i$ を計算してみよう．$\Delta\boldsymbol{r}_1 = (\Delta x, 0, 0)$，$\Delta\boldsymbol{r}_2 = (0, \Delta y, 0)$，点1の座標 $(x, y - \Delta y/2, z)$，点2の座標 $(x + \Delta x/2, y, z)$ などに注意すると

$$
\begin{aligned}
\sum_{i=1}^{4} \boldsymbol{A}(i)\cdot\Delta\boldsymbol{r}_i &= A_x(1)\,\Delta x + A_y(2)\,\Delta y - A_x(3)\,\Delta x - A_y(4)\,\Delta y \\
&= \{A_x(1) - A_x(3)\}\Delta x + \{A_y(2) - A_y(4)\}\Delta y \\
&= \left\{A_x\!\left(x, y - \frac{\Delta y}{2}, z\right) - A_x\!\left(x, y + \frac{\Delta y}{2}, z\right)\right\}\Delta x \\
&\qquad + \left\{A_y\!\left(x + \frac{\Delta x}{2}, y, z\right) - A_y\!\left(x - \frac{\Delta x}{2}, y, z\right)\right\}\Delta y \\
&\cong -\frac{\partial A_x}{\partial y}\Delta y\,\Delta x + \frac{\partial A_y}{\partial x}\Delta x\,\Delta y = \left(\frac{\partial A_y}{\partial x} - \frac{\partial A_x}{\partial y}\right)\Delta x\,\Delta y \\
&= (\mathrm{rot}\,\boldsymbol{A})_z\,\Delta x\,\Delta y
\end{aligned}
$$

となる．すなわち，$\mathrm{rot}\,\boldsymbol{A}(\boldsymbol{r})$ はベクトル $\boldsymbol{A}$ の点 $\boldsymbol{r}$ の周囲での回転成分を表しているのである．

例題 6.4

$\boldsymbol{\rho}(\boldsymbol{r}) = (x, y, 0)$ とすると，これは xy 平面に平行で，z 軸から離れる向きに拡がるベクトルである．次のベクトル場

$$
\boldsymbol{A}(\boldsymbol{r}) = \frac{\boldsymbol{k}\times\boldsymbol{\rho}}{\rho} \qquad \left(\rho = |\boldsymbol{\rho}| = \sqrt{x^2 + y^2}\right)
$$

の回転 $\mathrm{rot}\,\boldsymbol{A}$ を求めよ．

［解］ $\boldsymbol{k} = (0, 0, 1)$ なので，ベクトル積の定義から

$$
\boldsymbol{A} = \left(-\frac{y}{\rho}, \frac{x}{\rho}, 0\right)
$$

である．したがって，(6.10) より

$$
\begin{aligned}
\mathrm{rot}\,\boldsymbol{A} &= \left(\frac{\partial A_z}{\partial y} - \frac{\partial A_y}{\partial z}, \frac{\partial A_x}{\partial z} - \frac{\partial A_z}{\partial x}, \frac{\partial A_y}{\partial x} - \frac{\partial A_x}{\partial y}\right) \\
&= \left(0 - 0, 0 - 0, \frac{\partial}{\partial x}\left(\frac{x}{\rho}\right) + \frac{\partial}{\partial y}\left(\frac{y}{\rho}\right)\right)
\end{aligned}
$$

$$= \left(0, 0, \frac{1}{\rho} + x\frac{\partial}{\partial x}\left(\frac{1}{\rho}\right) + \frac{1}{\rho} + y\frac{\partial}{\partial y}\left(\frac{1}{\rho}\right)\right)$$

$$= \left(0, 0, \frac{2}{\rho} - \frac{x}{\rho^2}\frac{\partial\rho}{\partial x} - \frac{y}{\rho^2}\frac{\partial\rho}{\partial y}\right) = \left(0, 0, \frac{2}{\rho} - \frac{x}{\rho^2}\frac{x}{\rho} - \frac{y}{\rho^2}\frac{y}{\rho}\right) = \left(0, 0, \frac{1}{\rho}\right)$$

この $\boldsymbol{A} = (\boldsymbol{k} \times \boldsymbol{\rho})/\rho$ は z 軸 $(x = y = 0)$ を除いたあらゆる点で大きさ $|\boldsymbol{A}| = 1$ をもち，xy 平面に平行で，図のように z 軸の周りで回転するベクトル場（図 6.6(b)（i）に対応）である．このベクトル場の回転 rot $\boldsymbol{A}$ は z 軸を除くすべての点でゼロでない有限な値をとるというのが上の計算の結論である．図から z 軸に近づく $(\rho \to 0)$ につれて，回転の度合が強くなることがわかるが，上の計算結果は確かにこのことを示している $(1/\rho \to \infty)$．

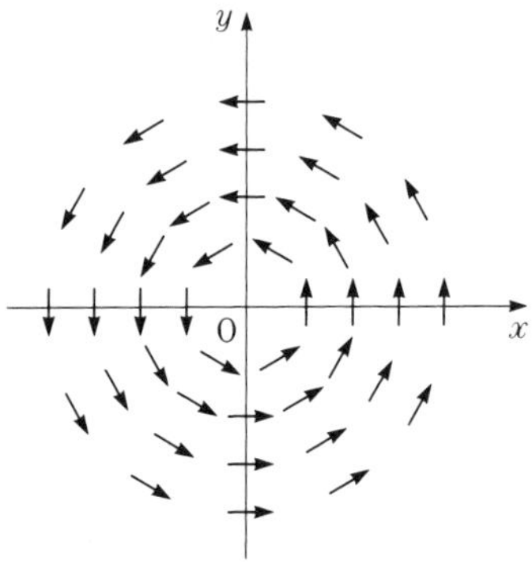

¶

§6.1 で導入したスカラー場 $\varphi(\boldsymbol{r})$ の勾配 grad φ の回転は恒等的にゼロである：

$$\text{rot}(\text{grad}\,\varphi) \equiv \nabla \times \nabla\varphi = \mathbf{0} \tag{6.11}$$

なぜならば，その x 成分を計算すると

$$[\text{rot}(\text{grad}\,\varphi)]_x = \left[\nabla \times \left(\frac{\partial\varphi}{\partial x}, \frac{\partial\varphi}{\partial y}, \frac{\partial\varphi}{\partial z}\right)\right]_x$$

$$= \frac{\partial}{\partial y}\left(\frac{\partial\varphi}{\partial z}\right) - \frac{\partial}{\partial z}\left(\frac{\partial\varphi}{\partial y}\right) = \frac{\partial^2\varphi}{\partial y\,\partial z} - \frac{\partial^2\varphi}{\partial z\,\partial y} = 0$$

であり，他の成分も同様にゼロとなるからである．勾配ベクトル grad φ を矢印で表示し，その矢印に沿って滑らかにたどるということは，スカラー場 $\varphi(\boldsymbol{r})$ の値の増す最大傾斜の方向に進むことにほかならない．grad φ の意味を議論した §6.1 を思い出そう．だとすれば，このように進んでぐるりと回転し，もとのところにもどることはあり得ない．これが rot(grad φ) $= \mathbf{0}$ の直観的な理由であり，grad φ には発散はあっても（前節［例題 6.3］参照），回転はないのである．

このように考えると，ベクトル場 $\boldsymbol{A}(\boldsymbol{r})$ の回転の傾向だけを抜き出した回転ベクトル場 $\mathrm{rot}\,\boldsymbol{A}(\boldsymbol{r})$ には発散の傾向は期待できない．実際，

$$\mathrm{div}(\mathrm{rot}\,\boldsymbol{A}) \equiv \nabla\cdot(\nabla\times\boldsymbol{A}) = 0 \tag{6.12}$$

が恒等的に成り立つ．

［**問題 7**］ (6.12) が成り立つことを証明せよ．

このように，勾配の場には回転（あるいは渦）がなく，回転の場には発散がないことがわかる．

［**問題 8**］ ベクトル場 $\boldsymbol{A} = (1/2)\boldsymbol{B}\times\boldsymbol{r}$ の回転は $\mathrm{rot}\,\boldsymbol{A} = \boldsymbol{B}$ であることを示せ．ただし $\boldsymbol{B}$ は定ベクトルとする．（ヒント：$\boldsymbol{B}$ は定ベクトルなので，それを z 軸にとり $\boldsymbol{B} = (0, 0, B)$ とおいても一般性を失わない．）

例題 6.5

$\boldsymbol{E}(\boldsymbol{r}) = \boldsymbol{e}\exp(i\boldsymbol{k}\cdot\boldsymbol{r})$（ただし，$\boldsymbol{e}, \boldsymbol{k}$ は定ベクトル）とする．このとき，$\mathrm{div}\,\boldsymbol{E}$，$\mathrm{rot}\,\boldsymbol{E}$ を求めよ．また，$\mathrm{div}\,\boldsymbol{E} = 0$，$\mathrm{rot}\,\boldsymbol{E} = \boldsymbol{0}$ となるのは $\boldsymbol{e}$ と $\boldsymbol{k}$ がどのような関係を満たすときか．（ここでは $\boldsymbol{k}$ は基本ベクトル $(0, 0, 1)$ ではないことに注意せよ．）

［**解**］
$$E_x = e_x\exp(i\boldsymbol{k}\cdot\boldsymbol{r}) = e_x\exp\{i(k_xx + k_yy + k_zz)\}$$

$$\therefore\ \begin{cases} \dfrac{\partial E_x}{\partial x} = ik_xe_x\exp\{i(k_xx + k_yy + k_zz)\} = ik_xe_x\exp(i\boldsymbol{k}\cdot\boldsymbol{r}) \\ \dfrac{\partial E_x}{\partial y} = ik_ye_x\exp(i\boldsymbol{k}\cdot\boldsymbol{r}), \qquad \dfrac{\partial E_x}{\partial z} = ik_ze_x\exp(i\boldsymbol{k}\cdot\boldsymbol{r}) \end{cases}$$

$\partial E_y/\partial x$ なども同様に計算できる．これらを使うと

$$\begin{aligned} \mathrm{div}\,\boldsymbol{E} &= \frac{\partial E_x}{\partial x} + \frac{\partial E_y}{\partial y} + \frac{\partial E_z}{\partial z} = i(k_xe_x + k_ye_y + k_ze_z)\exp(i\boldsymbol{k}\cdot\boldsymbol{r}) \\ &= i(\boldsymbol{k}\cdot\boldsymbol{e})\exp(i\boldsymbol{k}\cdot\boldsymbol{r}) \end{aligned}$$

$$\begin{aligned} \mathrm{rot}\,\boldsymbol{E} &= \left(\frac{\partial E_z}{\partial y} - \frac{\partial E_y}{\partial z}\right)\boldsymbol{i} + \left(\frac{\partial E_x}{\partial z} - \frac{\partial E_z}{\partial x}\right)\boldsymbol{j} + \left(\frac{\partial E_y}{\partial x} - \frac{\partial E_x}{\partial y}\right)\boldsymbol{k} \\ &= i\{(k_ye_z - k_ze_y)\boldsymbol{i} + (k_ze_x - k_xe_z)\boldsymbol{j} + (k_xe_y - k_ye_x)\boldsymbol{k}\}\exp(i\boldsymbol{k}\cdot\boldsymbol{r}) \\ &= i(\boldsymbol{k}\times\boldsymbol{e})\exp(i\boldsymbol{k}\cdot\boldsymbol{r}) \end{aligned}$$

以上の結果により

（1）　div $\boldsymbol{E} = 0$ となるのは $\boldsymbol{k} \cdot \boldsymbol{e} = 0$，すなわち $\boldsymbol{k} \perp \boldsymbol{e}$ のとき

（2）　rot $\boldsymbol{E} = \boldsymbol{0}$ となるのは $\boldsymbol{k} \times \boldsymbol{e} = \boldsymbol{0}$，すなわち $\boldsymbol{k} \mathbin{/\!/} \boldsymbol{e}$ のとき

である.　¶

［問題 9］　$\varphi = \exp(i\boldsymbol{k} \cdot \boldsymbol{r})$ とするとき，$\mathrm{grad}\,\varphi = i\boldsymbol{k} \exp(i\boldsymbol{k} \cdot \boldsymbol{r})$ であることを示せ.

（注 1）　以上の結果により grad $\equiv \nabla$，div $\equiv \nabla \cdot$，rot $\equiv \nabla \times$ が $\exp(i\boldsymbol{k} \cdot \boldsymbol{r})$ に作用する場合にはそれぞれを $i\boldsymbol{k}$，$i\boldsymbol{k} \cdot$，$i\boldsymbol{k} \times$ におきかえればよい．これは物理学で非常によく使われるので覚えておくとよい.

（注 2）　$\exp(i\boldsymbol{k} \cdot \boldsymbol{r}) = \cos(\boldsymbol{k} \cdot \boldsymbol{r}) + i \sin(\boldsymbol{k} \cdot \boldsymbol{r})$ なので，これは空間的に変化する波を表す．ただし，このとき時間的な変化はない．$\boldsymbol{e}$ は波の振れる方向を，$|\boldsymbol{e}|$ はその振幅を表す．また，$\boldsymbol{k}$ は波数ベクトルとよばれ，その方向は波の変化の方向を与え，波の波長 λ とは $|\boldsymbol{k}| = k = 2\pi/\lambda$ の関係にある．したがって $\boldsymbol{k} \perp \boldsymbol{e}$ は横波を，$\boldsymbol{k} \mathbin{/\!/} \boldsymbol{e}$ は縦波を表す．また角周波数 ω の時間振動も考慮に入れたいときには $\boldsymbol{E} = \boldsymbol{e} \exp\{i(\boldsymbol{k} \cdot \boldsymbol{r} - \omega t)\}$ と表現すればよい.

磁気単極子

電荷にはちゃんとそれぞれ単独の正電荷，負電荷のあることは誰でも知っている．ところが磁荷の方は高等学校の物理の教科書にも記されているように，N (北) 極と S (南) 極とは常に一緒に現れ，単独の N 磁荷，あるいは S 磁荷 (磁気単極子，マグネティック・モノポール) が見つかったことは未だに一度もない．なぜだろうと不思議に思ったことはないだろうか．それはともかく，両端に N と S 極のある棒磁石をもってきてそれを 2 つに折っても，結局は両端に N と S 極のある小さな棒磁石が 2 つ得られるだけで，これをどれだけ続けても同じこと．あげくのはてには，単独の負電荷をもつ電子 (限りなく点粒子に近い素粒子) をもってきても N と S 極をもつ磁石として振舞う (電子スピン)．どうもこの世には単独の磁荷はなさそうである.

前回のコラムで，電荷 $\rho(\boldsymbol{r})$ があると電束密度 $\boldsymbol{D}(\boldsymbol{r})$ の発散は

$$\mathrm{div}\,\boldsymbol{D} = \rho \qquad (1)$$

となる (マクスウェル方程式の第 1 式) ことを記した．それならば，この世に単独の磁荷がないのだから，磁束密度 $\boldsymbol{B}$ の発散 div $\boldsymbol{B}$ は 0；

$$\mathrm{div}\,\boldsymbol{B} = 0 \qquad (2)$$

でなければならない．実際，この式はマクスウェル方程式の第 2 式として常に記されるものである．すなわち，(1) は電気単極子 (電荷) の存在によるのに対して，

（2）はこの世に磁気単極子がないことを宣言している式なのである．（ちなみに，通常，マクスウェル方程式は4式で表され，上の（1），（2）のほかに第3式はアンペールの法則を一般化したもの，第4式はファラデーの電磁誘導の法則を表す式からなる．）

ところで，本文(6.12)が恒等的に成り立つことに注意すれば，磁束密度 $\boldsymbol{B}$ を

$$\boldsymbol{B} = \mathrm{rot}\,\boldsymbol{A} \qquad (3)$$

として補助のベクトル $\boldsymbol{A}$ で表せば，（2）は自動的に満たされることになる．$\boldsymbol{A}$ はベクトルポテンシャルとよばれ，物理ではごく普通に使われている．特に，$\boldsymbol{B}$ が定ベクトルのとき，$\boldsymbol{A} = (1/2)\boldsymbol{B}\times\boldsymbol{r}$ と選ぶことができるというのが［問題8］だったのである．

このベクトルポテンシャル $\boldsymbol{A}$ は単に数学的に便利な“補助”の量にすぎないのだろうか．日常的には電場 $\boldsymbol{E}$，磁束密度 $\boldsymbol{B}$ でおおむね事がすむ．しかし，ここに比較的単純でおもしろい現象がある．無限に長いソレノイドに一定の電流を流すと，ソレノイドの中には一定の磁束密度 $\boldsymbol{B}\,(\neq \boldsymbol{0})$ が現れるが，ソレノイドの外では $\boldsymbol{B} = \boldsymbol{0}$ である．これはソレノイドが長いので，磁力線がソレノイドの外にはないことから直観的に理解できる．しかし，このとき（3）に従って計算すると，ベクトルポテンシャル $\boldsymbol{A}$ はソレノイドの外でも $\boldsymbol{0}$ ではないことがわかる．実際に電子ビームと微小なソレノイドで実験したところ，ソレノイドの外（$\boldsymbol{B} = \boldsymbol{0}$ であることは確かめてある）を通過したはずの電子の運動がソレノイドに流した電流によって影響を受けることがわかった．電子は $\boldsymbol{B}$ ではなくて $\boldsymbol{A}$ を感じているというわけである．これはアハロノフ・ボーム(AB)効果とよばれる量子力学的効果であり，極小の世界を支配する量子力学では $\boldsymbol{B}$ より $\boldsymbol{A}$ の方が本質的な役割を果すのである．

§6.4　ベクトル場の線積分

空間中にベクトル場 $\boldsymbol{A} = \boldsymbol{A}(\boldsymbol{r})$ があり，さらに曲線Cが図6.8のように与えられているとする．曲線Cは $\boldsymbol{r} = \boldsymbol{r}(s)$（$s$ はC上の1点Aからの弧の長さであり，図でAから反対の向きには負の値をとる）と表されることはすでに§5.2で学んだ．

曲線上に点 $\mathrm{P}_0 = \mathrm{A}, \mathrm{P}_1, \mathrm{P}_2, \cdots, \mathrm{P}_n = \mathrm{B}$ を充分密にとって，折れ線 $\mathrm{P}_0\mathrm{P}_1\mathrm{P}_2\cdots\mathrm{P}_n$ でCを近似し，点 P_i の位置ベクトルを $\boldsymbol{r}_i$，$\overrightarrow{\mathrm{P}_i\mathrm{P}_{i+1}} = \boldsymbol{r}_{i+1} - \boldsymbol{r}_i = \Delta\boldsymbol{r}_i$ とする．点 P_i でのベクトル $\boldsymbol{A}$ の値 $\boldsymbol{A}(\boldsymbol{r}_i)$ と $\Delta\boldsymbol{r}_i$ との内積をとって，点Aか

らBにわたっての和

$$\sum_{i=0}^{n-1} \boldsymbol{A}(\boldsymbol{r}_i)\cdot\Delta\boldsymbol{r}_i \quad (6.13)$$

を作る．ここで分点の数 n を無限に多くして $|\Delta\boldsymbol{r}_i|\to 0$ としたときの上式の和の極限 I を，ベクトル場 $\boldsymbol{A}(\boldsymbol{r})$ の C に沿っての**線積分**といい，

$$I = \int_{\mathrm{C}} \boldsymbol{A}(\boldsymbol{r})\cdot d\boldsymbol{r} \quad (6.14)$$

と表す．

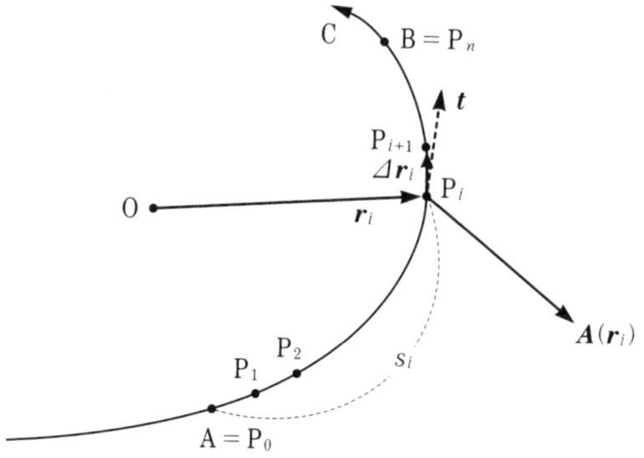

図 6.8

図 6.9 に示したように，積分路の C には向きがあることに注意しよう．すなわち，曲線 C を逆にたどった（それを $\overline{\mathrm{C}}$ とする），点 B から A までの線積分 $\overline{I}$ は

$$\overline{I} = \int_{\overline{\mathrm{C}}} \boldsymbol{A}\cdot d\boldsymbol{r} = -\int_{\mathrm{C}} \boldsymbol{A}\cdot d\boldsymbol{r} = -I \quad (6.15)$$

となり，符号が反転する．

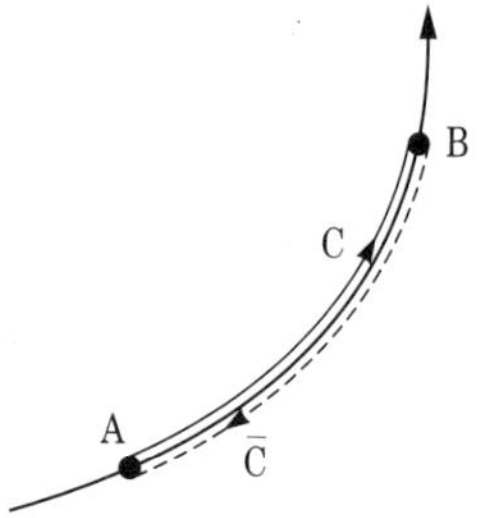

図 6.9

曲線 C 上の接線ベクトル $\boldsymbol{t}$ を使うと，(5.11) より $d\boldsymbol{r} = \boldsymbol{t}\,ds$ だから，(6.14) は

$$I = \int_{\mathrm{C}} \boldsymbol{A}(s)\cdot\boldsymbol{t}(s)\,ds = \int_{\mathrm{C}} A_t\,ds \quad (6.16)$$

と表される．ここで $A_t = \boldsymbol{A}\cdot\boldsymbol{t}$ である．また，内積の定義から (6.14) は

$$I = \int_{\mathrm{C}} (A_x\,dx + A_y\,dy + A_z\,dz) \quad (6.17)$$

とも表される．このとき，たとえば $\int_{\mathrm{C}} A_x\,dx$ を計算するには，曲線 C 上で x を決めるとそれに応じて y, z が決まることに注意して，

$$\int_{\mathrm{C}} A_x\,dx = \int_{x_{\mathrm{A}}}^{x_{\mathrm{B}}} A_x(x, y(x), z(x))\,dx$$

として計算すればよい．ここで $x_{\mathrm{A}}, x_{\mathrm{B}}$ はそれぞれ，点 A, B での x 座標である．

例題 6.6

2次元ベクトル場 $\boldsymbol{A}(\boldsymbol{r}) = (-y, x)$ について，図のような原点Oを中心とする半径 R の円弧 $\overset{\frown}{\mathrm{AB}}$ に沿った積分路Cの線積分 $\int_{\mathrm{C}} \boldsymbol{A}\cdot d\boldsymbol{r}$ を求めよ．

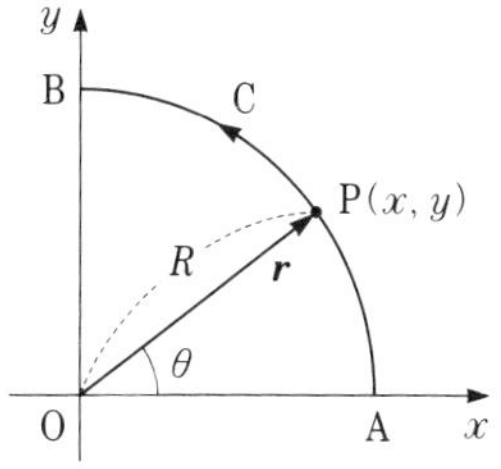

［**解**］　円弧上の点Pの位置ベクトル $\boldsymbol{r}$ は極座標表示で

$$\boldsymbol{r} = R\cos\theta\,\boldsymbol{i} + R\sin\theta\,\boldsymbol{j} \qquad (x = R\cos\theta,\ \ y = R\sin\theta)$$

と表されるが，ここで変数は θ だけなので

$$d\boldsymbol{r} = (-R\sin\theta\,\boldsymbol{i} + R\cos\theta\,\boldsymbol{j})\,d\theta$$

一方，円弧上の点Pでベクトル $\boldsymbol{A}$ は

$$\boldsymbol{A} = (-y, x) = -R\sin\theta\,\boldsymbol{i} + R\cos\theta\,\boldsymbol{j}$$

$$\therefore\quad \boldsymbol{A}\cdot d\boldsymbol{r} = (R^2\sin^2\theta + R^2\cos^2\theta)\,d\theta = R^2\,d\theta$$

$$\therefore\quad \int_{\mathrm{C}} \boldsymbol{A}\cdot d\boldsymbol{r} = R^2\int_0^{\pi/2} d\theta = \frac{\pi}{2}R^2$$

¶

［**問題 10**］　上の例題で，2次元ベクトル場として $\boldsymbol{A}(\boldsymbol{r}) = \left(\dfrac{-y}{x^2+y^2}, \dfrac{x}{x^2+y^2}\right)$ としたときの $\int_{\mathrm{C}} \boldsymbol{A}\cdot d\boldsymbol{r}$ を求めよ．

§6.5　ベクトル場の面積分

空間中にベクトル場 $\boldsymbol{B} = \boldsymbol{B}(\boldsymbol{r})$ があり，さらに図6.10のように閉曲線Cを縁とする曲面Sが $\boldsymbol{r} = \boldsymbol{r}(u_1, u_2)$ で与えられているとしよう．§5.3で空間中の曲面は2つのパラメータ u_1, u_2 で指定できることを学んだことを思い出そう．曲面Sを刻みが $\Delta u_1, \Delta u_2$ である u_1, u_2 曲線のメッシュで覆う

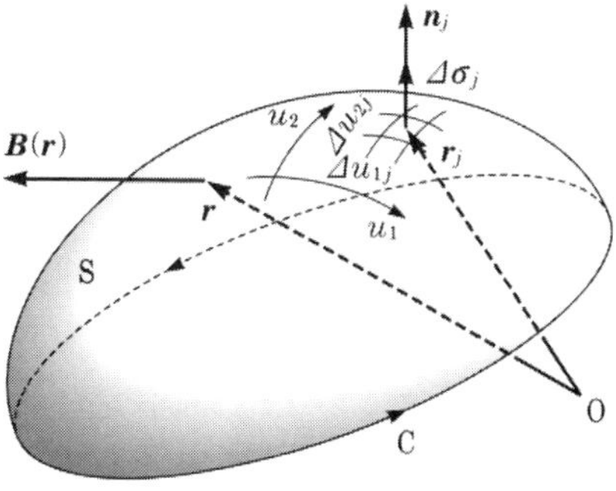

図 6.10

と，やはり (5.20) より j 番目のメッシュの面積ベクトル $\Delta\boldsymbol{\sigma}_j$ は

$$\begin{aligned}\Delta\boldsymbol{\sigma}_j &= \boldsymbol{n}_j\,\Delta\sigma_j \\ &= \boldsymbol{n}_j\left|\frac{\partial\boldsymbol{r}}{\partial u_1}\times\frac{\partial\boldsymbol{r}}{\partial u_2}\right|_{\boldsymbol{r}=\boldsymbol{r}_j}\Delta u_{1j}\,\Delta u_{2j}\end{aligned} \tag{6.18}$$

と表される．ただし，このメッシュの法線 $\boldsymbol{n}_j$ の向きは，曲面の縁の曲線 C の向きに右ネジを回転したときに，このネジが進む方向にとる約束をしておく．この面積要素ベクトル $\Delta\boldsymbol{\sigma}_j$ とそこでのベクトル場の値 $\boldsymbol{B}(\boldsymbol{r}_j)$ との内積を作り，メッシュについての和

$$\sum_j \boldsymbol{B}(\boldsymbol{r}(u_{1j}, u_{2j}))\cdot\Delta\boldsymbol{\sigma}_j$$

において，極限 $\Delta u_{1j}, \Delta u_{2j}\to 0$ をとると

$$J = \int_{\mathrm{S}}\boldsymbol{B}\cdot d\boldsymbol{\sigma} \tag{6.19}$$

が得られる．これは，ベクトル場 $\boldsymbol{B}$ の曲面 S についての**面積積分**である．これはまた

$$J = \int_{\mathrm{S}}\boldsymbol{B}\cdot\boldsymbol{n}\,d\sigma = \int_{\mathrm{S}}B_n\,d\sigma = \iint_{\mathrm{D}}du_1\,du_2\,B_n\left|\frac{\partial\boldsymbol{r}}{\partial u_1}\times\frac{\partial\boldsymbol{r}}{\partial u_2}\right| \tag{6.20}$$

とも表される．ただし，積分範囲 D は曲面 S に対する u_1, u_2 の範囲を指定する．ここで $B_n = \boldsymbol{B}\cdot\boldsymbol{n}$ は $\boldsymbol{B}$ の法線方向の成分である．

ここで (6.20) の簡単な例として，原点を中心とする半径 a の球面の面積 S を求めてみよう．$S = 4\pi a^2$ は誰でも知っているであろうが，これを (6.20) によって確かめてみようというわけである．まず，ここでは面積そのものを求めたいので，(6.20) で $B_n = 1$ とおいて

$$S = \int_{\mathrm{S}}d\sigma = \iint_{\mathrm{D}}du_1\,du_2\left|\frac{\partial\boldsymbol{r}}{\partial u_1}\times\frac{\partial\boldsymbol{r}}{\partial u_2}\right| \tag{6.21}$$

を計算すればよい．

ところで，空間中の 1 点 P の位置ベクトル $\boldsymbol{r}(x, y, z)$ は，図 6.11 のように，原点 O からの距離 r $(r > 0)$，z 軸からの角度 θ $(0 \leqq \theta \leqq \pi)$，点 P から xy 平面に下ろした垂線の足 P′ の x 軸からの角度 φ $(0 \leqq \varphi \leqq 2\pi)$ を使って

$$\begin{aligned}\boldsymbol{r} &= (r\sin\theta\cos\varphi, r\sin\theta\sin\varphi, r\cos\theta) \\ &= r\sin\theta\cos\varphi\,\boldsymbol{i} + r\sin\theta\sin\varphi\,\boldsymbol{j} + r\cos\theta\,\boldsymbol{k}\end{aligned} \tag{6.22}$$

と表される．これを位置ベクトル $\boldsymbol{r}$ の**極座標表示**という．この表示は球面や球体などを扱う場合に特に便利である．

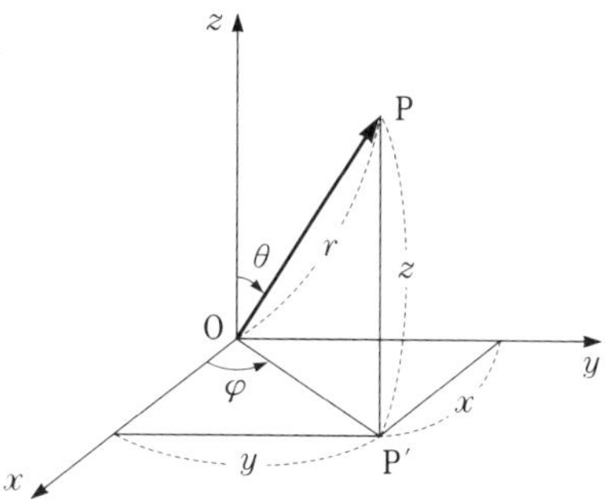

図 6.11

球面上では $r = a$ (一定) であるから，球面上の点を (6.22) で表すと変化する量は θ と φ だけである．そこでこれらを (6.21) における u_1 と u_2 に選び，$u_1 = \theta$，$u_2 = \varphi$ とおく．すると，(6.22) より ($r = a$ とおいて)

$$\frac{\partial \boldsymbol{r}}{\partial \theta} = (a\cos\theta\cos\varphi, a\cos\theta\sin\varphi, -a\sin\theta)$$

$$\frac{\partial \boldsymbol{r}}{\partial \varphi} = (-a\sin\theta\sin\varphi, a\sin\theta\cos\varphi, 0)$$

だから

$$\frac{\partial \boldsymbol{r}}{\partial \theta} \times \frac{\partial \boldsymbol{r}}{\partial \varphi} = (a^2\sin^2\theta\cos\varphi, a^2\sin^2\theta\sin\varphi, a^2\sin\theta\cos\theta)$$

となり，

$$\begin{aligned}\left|\frac{\partial \boldsymbol{r}}{\partial \theta} \times \frac{\partial \boldsymbol{r}}{\partial \varphi}\right| &= \sqrt{a^4\sin^4\theta\cos^2\varphi + a^4\sin^4\theta\sin^2\varphi + a^4\sin^2\theta\cos^2\theta} \\ &= a^2\sin\theta\end{aligned}$$

と計算される．こうして球面上の面積要素は

$$d\sigma = \left|\frac{\partial \boldsymbol{r}}{\partial \theta} \times \frac{\partial \boldsymbol{r}}{\partial \varphi}\right| d\theta\, d\varphi = a^2\sin\theta\, d\theta\, d\varphi$$

となり，表面積 S は

$$S = \int_{\mathrm{S}} d\sigma = a^2\int_0^{\pi}\sin\theta\, d\theta\int_0^{2\pi} d\varphi = 4\pi a^2$$

と求められ，よく知られた値と一致することがわかる．

例題 6.7

図のような原点 O を中心，xy 平面より上にある半径 a の半球面 S について，z 方向を向く定ベクトル場 $\boldsymbol{B} = (0, 0, B) = B\,\boldsymbol{k}$（$B$：一定）の面積分

$$J = \int_{\mathrm{S}} \boldsymbol{B} \cdot d\boldsymbol{\sigma}$$

を求めよ．

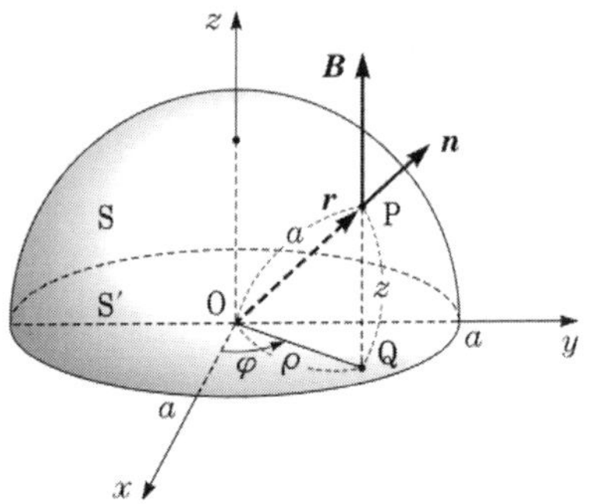

［**解**］ 半球面上の点 P の位置ベクトルを $\boldsymbol{r}$ とし，その xy 平面上に下ろした垂線の足を Q とする．Q の x, y 座標を図のように極座標の形式で $x = \rho\cos\varphi$，$y = \rho\sin\varphi$ とおくと，点 P の z 座標は $z = \sqrt{a^2 - \rho^2}$ となる．したがって，点 P の位置ベクトル $\boldsymbol{r}$ は

$$\boldsymbol{r} = (\rho\cos\varphi,\ \rho\sin\varphi,\ \sqrt{a^2 - \rho^2})$$

と表される．こうして曲面（半球面）S を指定する 2 つのパラメータとして $u_1 = \rho$，$u_2 = \varphi$ をとることができる．すると

$$\frac{\partial \boldsymbol{r}}{\partial u_1} \ \to\ \frac{\partial \boldsymbol{r}}{\partial \rho} = \left(\cos\varphi,\ \sin\varphi,\ -\frac{\rho}{\sqrt{a^2 - \rho^2}}\right)$$

$$\frac{\partial \boldsymbol{r}}{\partial u_2} \ \to\ \frac{\partial \boldsymbol{r}}{\partial \varphi} = (-\rho\sin\varphi,\ \rho\cos\varphi,\ 0)$$

なので

$$\frac{\partial \boldsymbol{r}}{\partial u_1} \times \frac{\partial \boldsymbol{r}}{\partial u_2} \ \to\ \frac{\partial \boldsymbol{r}}{\partial \rho} \times \frac{\partial \boldsymbol{r}}{\partial \varphi} = \left(\frac{\rho^2\cos\varphi}{\sqrt{a^2 - \rho^2}},\ \frac{\rho^2\sin\varphi}{\sqrt{a^2 - \rho^2}},\ \rho\right)$$

$$\therefore\ \left|\frac{\partial \boldsymbol{r}}{\partial u_1} \times \frac{\partial \boldsymbol{r}}{\partial u_2}\right| \ \to\ \left|\frac{\partial \boldsymbol{r}}{\partial \rho} \times \frac{\partial \boldsymbol{r}}{\partial \varphi}\right| = \sqrt{\frac{\rho^4}{a^2 - \rho^2} + \rho^2} = \frac{a\rho}{\sqrt{a^2 - \rho^2}}$$

また，球面上での法線ベクトルは点 P の位置ベクトル $\boldsymbol{r}$ の方向の単位ベクトルなので $\boldsymbol{n} = \boldsymbol{r}/a$ と表される．したがって球面 S 上で

$$B_n = \boldsymbol{B} \cdot \boldsymbol{n} = Bn_z = B\frac{z}{a} = \frac{B\sqrt{a^2 - \rho^2}}{a}$$

となる．以上により

$$J = \int_{\mathrm{S}} \boldsymbol{B} \cdot d\boldsymbol{\sigma} = \int_0^{2\pi} d\varphi \int_0^a d\rho\, B_n \left|\frac{\partial \boldsymbol{r}}{\partial \rho} \times \frac{\partial \boldsymbol{r}}{\partial \varphi}\right|$$

$$= \int_0^{2\pi} d\varphi \int_0^a d\rho \, \frac{B\sqrt{a^2 - \rho^2}}{a} \frac{a\rho}{\sqrt{a^2 - \rho^2}} = \pi a^2 B$$

この結果は直観的には次のようにも理解される．半球面 S 上の面積要素ベクトル $d\boldsymbol{\sigma}$ を xy 平面に射影した微小面の面積要素ベクトルを $d\boldsymbol{\sigma}'$ とすると，$d\boldsymbol{\sigma}'$ の範囲は xy 平面上，原点を中心とする半径 a の円内 S′（図参照）となる．$\boldsymbol{B}$ と $d\boldsymbol{\sigma}'$ はともに z 方向を向くベクトルなので $\boldsymbol{B}\cdot d\boldsymbol{\sigma} = \boldsymbol{B}\cdot d\boldsymbol{\sigma}' = B\,d\sigma'$ となる．したがって $J = \int_{\mathrm{S}} \boldsymbol{B}\cdot d\boldsymbol{\sigma} = B\int_{\mathrm{S}'} d\sigma' = \pi a^2 B$ と求められる． ¶

§6.6 ベクトル場の積分定理

勾配の場の線積分

空間中のベクトル場 $\boldsymbol{A}(\boldsymbol{r})$ がスカラー場 $\varphi(\boldsymbol{r})$ の勾配

$$\boldsymbol{A}(\boldsymbol{r}) = \mathrm{grad}\,\varphi(\boldsymbol{r}) \equiv \nabla\varphi(\boldsymbol{r})$$

で与えられるとき，図 6.12 のような空間中の曲線 C に沿って点 P から Q までの $\boldsymbol{A}(\boldsymbol{r})$ の線積分は容易に求められて

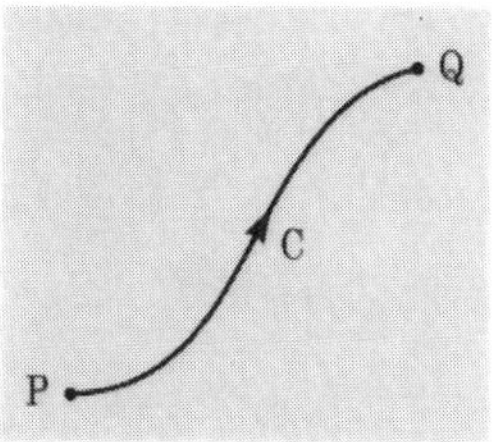

図 6.12

$$I = \int_{\mathrm{C}} \boldsymbol{A}\cdot d\boldsymbol{r} = \int_{\mathrm{C}} \mathrm{grad}\,\varphi\cdot d\boldsymbol{r}$$

$$= \int_{\mathrm{C}} \frac{\partial\varphi}{\partial\boldsymbol{r}}\cdot d\boldsymbol{r} = \int_{\varphi(\mathrm{P})}^{\varphi(\mathrm{Q})} d\varphi = \varphi(\mathrm{Q}) - \varphi(\mathrm{P})$$

$$\therefore \quad \int_{\mathrm{C}} \mathrm{grad}\,\varphi(\boldsymbol{r})\cdot d\boldsymbol{r} = \varphi(\mathrm{Q}) - \varphi(\mathrm{P}) \tag{6.23}$$

となる．すなわち，勾配の場（または渦なしの場）では線積分の値は C の選び方によらず，始点と終点だけで決まるのである．

具体的な例としては，力学において保存力が質点になす仕事や静電気で電場が電荷にする仕事などがある．静電場 $\boldsymbol{E}$ は静電ポテンシャル ϕ を使って $\boldsymbol{E} = -\mathrm{grad}\,\phi$ と表される．静電場の中では電荷 q に力 $F = q\boldsymbol{E}$ がはたらくので，この電荷を点 P から Q にゆっくり移動させるには外力 $-q\boldsymbol{E}$ を作用させて，仕事

$$W = -q\int_{\mathrm{P}}^{\mathrm{Q}} \boldsymbol{E}\cdot d\boldsymbol{r} = q\{\phi(\mathrm{Q}) - \phi(\mathrm{P})\}$$

をしなければならない．確かにこの仕事は始点 P と終点 Q での静電ポテン

シャル $\phi(\mathrm{P})$ と $\phi(\mathrm{Q})$ だけにより，途中の道筋にはよらないのである．同じことは重力場の中で質点を移動させる場合にもいえる．

［**問題 11**］ 質量 m の質点にはたらく重力は鉛直下方（z 軸の負の方向）で $\boldsymbol{f} = -mg\boldsymbol{k}$ と表される（g：重力加速度）．この力を $\boldsymbol{f} = -m\,\mathrm{grad}\,\phi$ とすると ϕ はどのように表されるか．点 P から Q へ（P より h だけ高い）この質点をゆっくりと運ぶときにしなければならない仕事 W はいくらか．

特に曲線 C が図 6.13 のような閉曲線のとき，C 上のどの点から出発しても，またそこにもどるので (6.23) の右辺はゼロ，すなわち

$$\oint_{\mathrm{C}} \mathrm{grad}\,\varphi\cdot d\boldsymbol{r} = 0 \tag{6.24}$$

が成り立つ．ここで，記号 $\oint$ は閉曲線 C に沿ってぐるりと一周積分することを意味する．

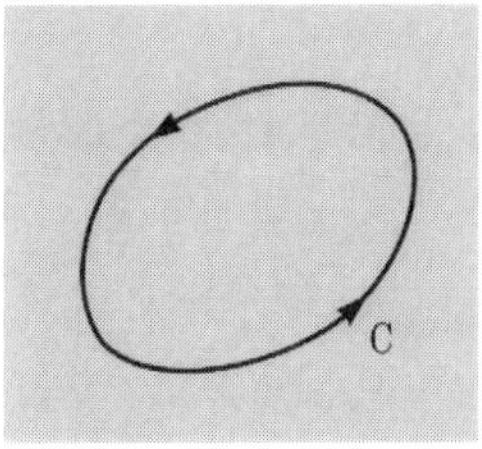

図 6.13

ガウスの定理

図 6.14 のように，閉曲面 S で囲まれた 3 次元の領域 V で連続微分可能なベクトル場 $\boldsymbol{A}(\boldsymbol{r})$ があるとしよう．いま，次の積分

$$K_z = \iiint_{\mathrm{V}} d\tau \frac{\partial A_z}{\partial z}$$

$$(d\tau = dx\,dy\,dz\text{；体積要素})$$

を考えると，これは z についてただちに積分できて

$$\begin{aligned} K_z &\equiv \iiint_{\mathrm{V}} dx\,dy\,dz\,\frac{\partial}{\partial z} A_z(x,y,z) \\ &= \iint_{\mathrm{S}'} dx\,dy\,\{A_z(x,y,z_1(x,y)) - A_z(x,y,z_0(x,y))\} \end{aligned}$$

となる．ただし，$z_0(x,y)$，$z_1(x,y)$ は，図 6.14 に示されているように，xy 平面上の点 $\mathrm{P}(x,y,0)$ から z 軸に平行に引いた直線が曲面 S を貫く点 $\mathrm{P}_0, \mathrm{P}_1$ の z 座標であり，S′ は S を xy 面に投影した領域である．図 6.14 からわかるように，ここでは簡単のために 3 次元領域 V を囲む閉曲線 S は外に向かって凸な場合だけを考えることにする．したがって，図には曲面 S の下面を S_0，上面を S_1 と記してある．

ここで曲面 S 上の点 P_0, P_1 での外向き法線ベクトルを図のように $\boldsymbol{n}_0, \boldsymbol{n}_1$ とする．面積要素ベクトルは $\Delta\boldsymbol{\sigma} = \boldsymbol{n}\,\Delta\sigma$ であり，その z 成分は $(\Delta\boldsymbol{\sigma})_z = \Delta x\,\Delta y$ だから，点 P_0 では面 S_0 が S の下面であることを考慮すると $-n_{0z}\,\Delta\sigma_0 = \Delta x\,\Delta y$, 点 P_1 では S_1 が上面なので $n_{1z}\,\Delta\sigma_1 = \Delta x\,\Delta y$ が成り立つ．ここで $\Delta\sigma_0$, $\Delta\sigma_1$ は，図 6.14 のように，S′ 上の長方形 $\Delta x\,\Delta y$ を断面とする z 軸に平行な角柱が下面 S_0 と上面 S_1 とで交わる微小面の面積である．この 2 つの関係を使って上の K_z の S′ 上での積分 $\left(\iint_{S'} dx\,dy \cdots\right)$ を S の下面 S_0，上面 S_1 上での積分 $\left(\iint_{S_0} d\sigma_0 \cdots, \iint_{S_1} d\sigma_1 \cdots\right)$ に変えると

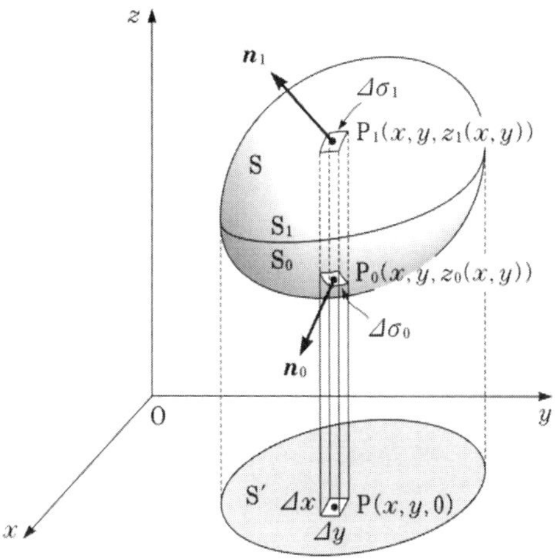

図 6.14

$$K_z = \iint_{S_1} d\sigma_1\, n_{1z}\, A_z(x, y, z_1(x, y)) + \iint_{S_0} d\sigma_0\, n_{0z}\, A_z(x, y, z_0(x, y))$$

が得られる．しかし，これは $n_z A_z$ を全閉曲面 S 上で積分した結果にほかならない．よって

$$K_z = \iint_S d\sigma\, n_z A_z$$

と表される．こうして

$$K_z \equiv \iiint_V d\tau\, \frac{\partial A_z}{\partial z} = \iint_S d\sigma\, n_z A_z \qquad (6.25)$$

という関係が得られたことになる．

同じ領域 V を yz 平面，zx 平面に投影して同じ議論を進めれば，

$$K_x \equiv \iiint_V d\tau\, \frac{\partial A_x}{\partial x} = \iint_S d\sigma\, n_x A_x \qquad (6.26)$$

$$K_y \equiv \iiint_V d\tau \frac{\partial A_y}{\partial y} = \iint_S d\sigma\, n_y A_y \tag{6.27}$$

が得られる．得られた結果を使って $K = K_x + K_y + K_z$ を求めると，

$$K = \iiint_V d\tau \left(\frac{\partial A_x}{\partial x} + \frac{\partial A_y}{\partial y} + \frac{\partial A_z}{\partial z} \right) = \iint_S d\sigma\, (n_x A_x + n_y A_y + n_z A_z) \tag{6.28}$$

となる．ところが，K の体積積分の被積分関数は

$$\frac{\partial A_x}{\partial x} + \frac{\partial A_y}{\partial y} + \frac{\partial A_z}{\partial z} = \mathrm{div}\, \boldsymbol{A}$$

であり，面積積分の被積分関数は

$$n_x A_x + n_y A_y + n_z A_z = \boldsymbol{n} \cdot \boldsymbol{A}$$

だから，結局

$$\iiint_V d\tau\, \mathrm{div}\, \boldsymbol{A} = \iint_S d\sigma\, \boldsymbol{n} \cdot \boldsymbol{A} = \iint_S d\boldsymbol{\sigma} \cdot \boldsymbol{A} \tag{6.29}$$

が導かれる．これは**ガウス** (Gauss) **の定理**とよばれ，体積積分を面積積分に変換する有用な定理である．

これまでは閉曲面 S を外に向かって凸な面として議論してきたが，一般の閉曲面は必ずしもそうとは限らない．しかし，領域 V が凹部のある閉曲面 S をもつような一般の場合でも，それを適当にスライスすれば，V は平らな面と外に凸な面とでできた領域の和で表される．スライスされた平らな切り口は必ず隣り合う 2 つの領域で共有され，和をとったときに一方の面積要素 $d\boldsymbol{\sigma}$ は必ず他方の面積要素 $d\boldsymbol{\sigma}' = -d\boldsymbol{\sigma}$ とキャンセルされる (面積要素ベクトル $d\boldsymbol{\sigma}$ は閉曲面の外に向いていることを思い出そう)．これらのことを考慮すると，(6.29) は全く一般的に成り立つことが示される．

例題 6.8

半径 a の球内に電荷が一様に分布（全電荷：Q）するときの電束ベクトル $\boldsymbol{D}$ を求めよ．

［**解**］　電磁気学のガウスの法則によれば，$\mathrm{div}\, \boldsymbol{D} = \rho$ (ρ：電荷密度) が成り立つ．問題の対称性から $\boldsymbol{D}(\boldsymbol{r})$ は $\boldsymbol{r}$ に平行であり，その絶対値は r だけによると見なしてよい．

（ｉ）　$r < a$ のとき

仮想的に半径 r の球の領域 V を考える．球内で電荷密度 ρ は一定で，$\rho = 3Q/4\pi a^3$ だから

$$\iiint_V d\tau \,\mathrm{div}\, \boldsymbol{D} = \rho \iiint_V d\tau = \frac{3Q}{4\pi a^3}\frac{4\pi r^3}{3} = \frac{r^3}{a^3} Q \tag{1}$$

他方，ガウスの定理により

$$\iiint_V d\tau \,\mathrm{div}\, \boldsymbol{D} = \iint_S d\sigma\, \boldsymbol{n}\cdot\boldsymbol{D} = |\boldsymbol{D}| \iint_S d\sigma = 4\pi r^2 |\boldsymbol{D}| \tag{2}$$

となる．ここで球面 S 上で $|\boldsymbol{D}|$ は一定であり，S 上の $\boldsymbol{n}$ は $\boldsymbol{r}$ に比例する（$\boldsymbol{n} = \boldsymbol{r}/r$）ことを使った．（1）と（2）より $|\boldsymbol{D}| = (Q/4\pi a^3)r$ となる．したがって

$$\boldsymbol{D} = \frac{Q}{4\pi a^3}\boldsymbol{r}$$

（ii）　$r > a$ のとき

この場合には上の議論で ρ の積分が半径 a の球内に限定されるので，それは全電荷にほかならない．したがって $4\pi r^2 |\boldsymbol{D}| = Q$ となり

$$\boldsymbol{D} = \frac{Q}{4\pi r^2}\boldsymbol{n} = \frac{Q}{4\pi r^3}\boldsymbol{r}$$

と表される．$|\boldsymbol{D}|$ は右のようになる．　¶

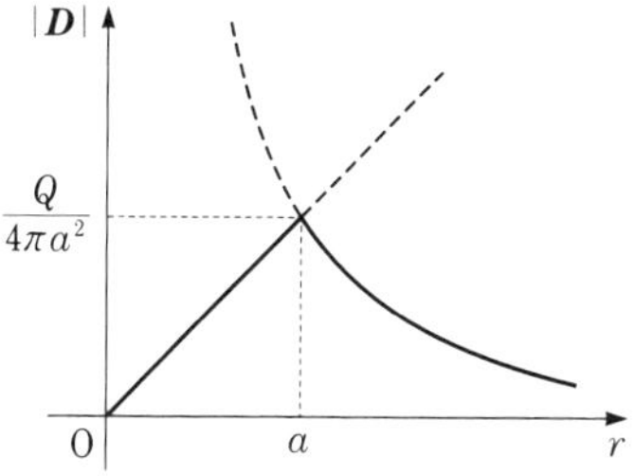

［**問題 12**］　ベクトル場 $\boldsymbol{A}$ が $\boldsymbol{A} = \mathrm{rot}\,\boldsymbol{B}$（回転場）で与えられるとき，任意の閉曲面 S に対して

$$\iint_S \boldsymbol{A}\cdot\boldsymbol{n}\, d\sigma = 0$$

が成り立つことを示せ．

ストークスの定理

図 6.15 のように，3 次元空間内に閉曲線 C を縁とする曲面 S と微分可能なベクトル場 $\boldsymbol{A}(\boldsymbol{r})$ を考えよう．曲面 S の方程式は $z = z(x, y)$ として，S 上の点 P : $\boldsymbol{r} = (x, y, z(x, y))$ でのベクトル場 $\boldsymbol{A}(\boldsymbol{r})$ の x 成分について，積分

$$J_x \equiv -\iint_S dx\, dy \frac{\partial A_x(x, y, z(x, y))}{\partial y} \tag{6.30}$$

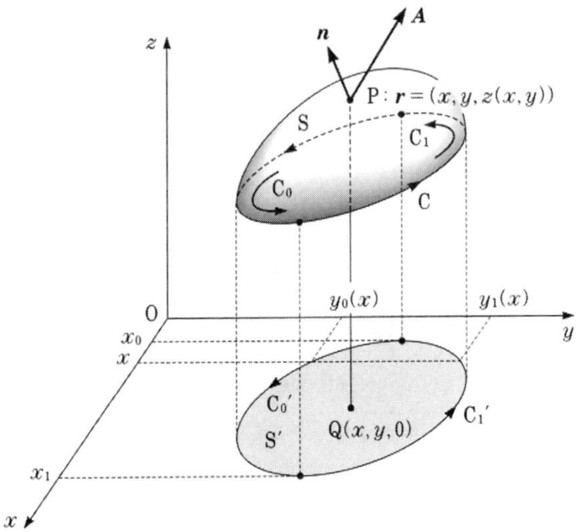

図 6.15

を計算する．まず x を固定して y について部分積分を行うと，図 6.15 より

$$
\begin{aligned}
J_x &= -\int_{x_0}^{x_1} dx \left[A_x(x, y, z(x, y))\right]_{y_0(x)}^{y_1(x)} \\
&= -\int_{x_0}^{x_1} dx \{A_x(x, y_1, z(x, y_1)) - A_x(x, y_0, z(x, y_0))\} \\
&= \int_{x_1}^{x_0} dx\, A_x(x, y_1, z(x, y_1)) + \int_{x_0}^{x_1} dx\, A_x(x, y_0, z(x, y_0))
\end{aligned}
$$

となる．ここで最後の表式の第 1 の積分において積分の向きを変えたことに注意しよう．この 2 つの積分は，図 6.15 より，曲面 S の縁である閉曲線 C を 2 つに分けた曲線 C_1 と C_0 に沿っての積分であることがわかる．こうして J_x は閉曲線 C に沿っての一周積分となり，

$$J_x = \oint_C dx\, A_x(x, y, z(x, y)) \tag{6.31}$$

と表される．

他方，(6.30) の被積分関数の中の y についての偏微分は，z も y に依存することに注意すると

$$\frac{\partial}{\partial y} A_x(x, y, z(x, y)) = \frac{\partial}{\partial y} A_x(x, y, z) + \frac{\partial z}{\partial y}\frac{\partial}{\partial z} A_x(x, y, z)$$

となる．また，点Pの近くでの面積要素ベクトル $d\boldsymbol{\sigma} = \boldsymbol{n}\,d\sigma$（$\boldsymbol{n}$ は点Pでの曲面Sの法線ベクトル）は，(6.18) において (u_1, u_2) を (x, y) と選ぶと

$$\boldsymbol{n}\,d\sigma = \left(\frac{\partial \boldsymbol{r}}{\partial x} \times \frac{\partial \boldsymbol{r}}{\partial y}\right) dx\,dy$$

と表される．これより

$$n_y\,d\sigma = \left(\frac{\partial \boldsymbol{r}}{\partial x} \times \frac{\partial \boldsymbol{r}}{\partial y}\right)_y dx\,dy = \left(\frac{\partial z}{\partial x}\frac{\partial x}{\partial y} - \frac{\partial x}{\partial x}\frac{\partial z}{\partial y}\right) dx\,dy = -\frac{\partial z}{\partial y}\,dx\,dy$$

$$n_z\,d\sigma = \left(\frac{\partial \boldsymbol{r}}{\partial x} \times \frac{\partial \boldsymbol{r}}{\partial y}\right)_z dx\,dy = \left(\frac{\partial x}{\partial x}\frac{\partial y}{\partial y} - \frac{\partial y}{\partial x}\frac{\partial x}{\partial y}\right) dx\,dy = dx\,dy$$

となる．ここで x と y は互いに独立（$\partial x/\partial y = \partial y/\partial x = 0$）だが，$z$ は x と y に依存する（$z = z(x, y)$）ことを使った．以上の結果より，(6.30) は

$$\begin{aligned} J_x &= -\iint_S dx\,dy\left(\frac{\partial A_x}{\partial y} + \frac{\partial z}{\partial y}\frac{\partial A_x}{\partial z}\right) \\ &= -\iint_S dx\,dy\,\frac{\partial A_x}{\partial y} - \iint_S dx\,dy\,\frac{\partial z}{\partial y}\frac{\partial A_x}{\partial z} \\ &= -\iint_S n_z\,d\sigma\,\frac{\partial A_x}{\partial y} + \iint_S n_y\,d\sigma\,\frac{\partial A_x}{\partial z} \end{aligned}$$

とも表される．すなわち，J_x の別の表現として

$$J_x = \iint_S d\sigma\left(n_y\frac{\partial A_x}{\partial z} - n_z\frac{\partial A_x}{\partial y}\right) \tag{6.32}$$

が得られた．

こうして，(6.31) と (6.32) より

$$\iint_S d\sigma\left(n_y\frac{\partial A_x}{\partial z} - n_z\frac{\partial A_x}{\partial y}\right) = \oint_C dx\,A_x \tag{6.33}$$

という関係式が得られ，A_y, A_z についても全く同じようにして計算すると

$$\iint_S d\sigma\left(n_z\frac{\partial A_y}{\partial x} - n_x\frac{\partial A_y}{\partial z}\right) = \oint_C dy\,A_y \tag{6.34}$$

$$\iint_S d\sigma\left(n_x\frac{\partial A_z}{\partial y} - n_y\frac{\partial A_z}{\partial x}\right) = \oint_C dz\,A_z \tag{6.35}$$

が得られる．これは (6.33) で $x \to y$，$y \to z$，$z \to x$ と循環的（サイクリック）に変えると得られることに注意しよう．(6.33) ～ (6.35) を各辺で加えると，左辺の被積分関数は

$$n_x\left(\frac{\partial A_z}{\partial y}-\frac{\partial A_y}{\partial z}\right)+n_y\left(\frac{\partial A_x}{\partial z}-\frac{\partial A_z}{\partial x}\right)+n_z\left(\frac{\partial A_y}{\partial x}-\frac{\partial A_x}{\partial y}\right)=\boldsymbol{n}\cdot\mathrm{rot}\,\boldsymbol{A}$$

であり，右辺の和は $\oint_{\mathrm{C}} d\boldsymbol{r}\cdot\boldsymbol{A}$ だから，結局

$$\iint_{\mathrm{S}} d\sigma\,\boldsymbol{n}\cdot\mathrm{rot}\,\boldsymbol{A}\equiv\iint_{\mathrm{S}} d\boldsymbol{\sigma}\cdot\mathrm{rot}\,\boldsymbol{A}=\oint_{\mathrm{C}} d\boldsymbol{r}\cdot\boldsymbol{A} \qquad (6.36)$$

が得られる．これが**ストークス**（Stokes）**の定理**であり，面積積分を線積分に変換する便利な定理である．

これまでは図6.15において曲面Sの縁である閉曲線Cが外に向かって凸であるとして議論してきた．しかし，そうでない場合でも，前節と同様に，Sを平面でスライスして適当に分割すれば，(6.36)の成立を示すことができる．すなわち，(6.36)は一般の閉曲線Cを縁にもつ曲面Sについて成り立つことを注意しておく．

例題 6.9

xy 平面上にあって，原点を中心とする半径 a の上半球面を曲面S，その縁の円周を閉曲線Cとする．ベクトル場 $\boldsymbol{A}=(1/2)\boldsymbol{B}\times\boldsymbol{r}$ ($\boldsymbol{B}=B\boldsymbol{k}$；$B$ は一定）に対して $\mathrm{rot}\,\boldsymbol{A}$ の面積積分 $\iint_{\mathrm{S}} d\boldsymbol{\sigma}\cdot\mathrm{rot}\,\boldsymbol{A}$ を求めよ．

[解]　ストークスの定理より $\oint_{\mathrm{C}} d\boldsymbol{r}\cdot\boldsymbol{A}$ を計算すればよい．閉曲線C上で

$$\boldsymbol{r}=(x,y,0)=a\cos\varphi\,\boldsymbol{i}+a\sin\varphi\,\boldsymbol{j},\qquad d\boldsymbol{r}=(-a\sin\varphi\,\boldsymbol{i}+a\cos\varphi\,\boldsymbol{j})\,d\varphi$$

また，$\boldsymbol{A}$ は

$$\boldsymbol{A}=\frac{1}{2}\boldsymbol{B}\times\boldsymbol{r}=\left(-\frac{1}{2}By,\frac{1}{2}Bx,0\right) \quad (1)$$

$$=-\frac{1}{2}Ba\sin\varphi\,\boldsymbol{i}+\frac{1}{2}Ba\cos\varphi\,\boldsymbol{j}$$

だから

$$\oint_{\mathrm{C}} d\boldsymbol{r}\cdot\boldsymbol{A}=\int_0^{2\pi}d\varphi\,\frac{Ba^2}{2}(\sin^2\varphi+\cos^2\varphi)$$

$$=\pi a^2 B$$

よって

$$\iint_{\mathrm{S}} d\boldsymbol{\sigma}\cdot\mathrm{rot}\,\boldsymbol{A}=\pi a^2 B$$ ¶

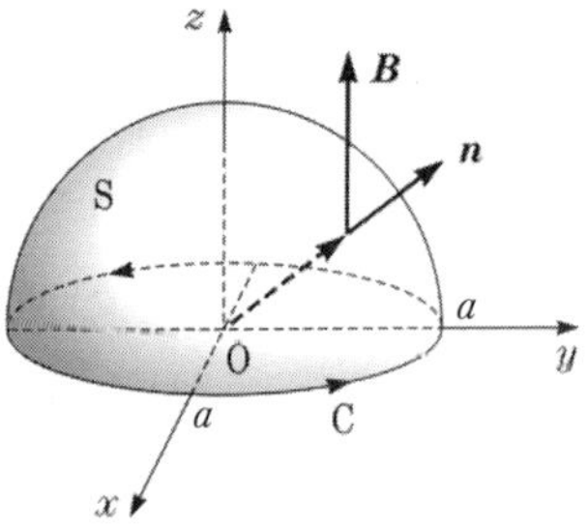

図 6.16

(注意：B が定数なので（1）から直接 rot $\boldsymbol{A}$ を計算することができる．結果は rot $\boldsymbol{A} = \boldsymbol{B}$ となる．これは例題 6.7 で以前に求めたものである．こうしてこの例題はストークスの定理を使うことなく

$$\iint_{\mathrm{S}} d\boldsymbol{\sigma}\cdot \mathrm{rot}\,\boldsymbol{A} = \iint_{\mathrm{S}} d\boldsymbol{\sigma}\cdot\boldsymbol{B} = B\iint_{\mathrm{S}} d\sigma_z = \pi a^2 \mathrm{B}$$

となる．これは見方を変えれば，この例ではストークスの定理が成り立っていることを確かめたことになる.)

［問題 13］ ベクトル場 $\boldsymbol{A}$ が $\boldsymbol{A} = \mathrm{grad}\,\phi$（勾配場）で与えられるとき，任意の閉曲線 C について

$$\oint_{\mathrm{C}} \boldsymbol{A}\cdot d\boldsymbol{r} = 0$$

であることを示せ．

演習問題

［**1**］ $\boldsymbol{r} = (x, y, z)$，$r = |\boldsymbol{r}|$ として次式を示せ．ただし，$\boldsymbol{r} \fallingdotseq \boldsymbol{0}$ とする．

（1） $\nabla^2\left(\dfrac{1}{r}\right) = 0$　（2） $\nabla\cdot\boldsymbol{r} = 3$　（3） $\nabla\times\boldsymbol{r} = \boldsymbol{0}$

［**2**］ 次の量を求めよ．

（1） $\varphi = \dfrac{1}{2}ar^2$（$a$：定数）として $\nabla\varphi$

（2） $\boldsymbol{B} = \boldsymbol{b}\times\boldsymbol{r}$（$b$：定ベクトル）として $\nabla\cdot\boldsymbol{B}$

（3） $\boldsymbol{C} = \dfrac{1}{2}cr^2\boldsymbol{r}$（$c$：定数）として $\nabla\times\boldsymbol{C}$

［**3**］ φ, ϕ を任意のスカラー場，$\boldsymbol{A}, \boldsymbol{B}$ を任意のベクトル場とするとき，次式を示せ．

（1） $\nabla(\varphi\phi) = \phi\nabla\varphi + \varphi\nabla\phi$

（2） $\nabla\cdot(\varphi\boldsymbol{A}) = (\nabla\varphi)\cdot\boldsymbol{A} + \varphi\nabla\cdot\boldsymbol{A}$

（3） $\nabla\cdot(\boldsymbol{A}\times\boldsymbol{B}) = (\nabla\times\boldsymbol{A})\cdot\boldsymbol{B} - \boldsymbol{A}\cdot(\nabla\times\boldsymbol{B})$

（4） $\nabla\times(\varphi\boldsymbol{A}) = \varphi\nabla\times\boldsymbol{A} + (\nabla\varphi)\times\boldsymbol{A}$

［**4**］ 任意のベクトル場 $\boldsymbol{A}$ について

$$\nabla\times(\nabla\times\boldsymbol{A}) = \nabla(\nabla\cdot\boldsymbol{A}) - \nabla^2\boldsymbol{A}$$

が成り立つことを示せ．ただし，$\nabla^2\boldsymbol{A} = (\nabla^2 A_x, \nabla^2 A_y, \nabla^2 A_z)$．（ヒント：左辺の x 成分について計算してみよ.)

［**5**］ $\boldsymbol{\rho} = (x, y, 0) = x\boldsymbol{i} + y\boldsymbol{j}$ とするとき，$\boldsymbol{A} = \boldsymbol{k}\times\boldsymbol{\rho}$ の大体の様子を xy 平面に矢印ベクトルで描いてみよ．また，このとき rot $\boldsymbol{A} \equiv \nabla\times\boldsymbol{A}$ はいくらか．（ヒント：$|\boldsymbol{A}|$ や $\boldsymbol{A}\cdot\boldsymbol{\rho}$ を計算してみよ.)

［**6**］ ある領域Vの閉曲面Sについて，次の面積積分

$$I = \iint_S \frac{\boldsymbol{r}}{r^3} \cdot \boldsymbol{n}\, d\sigma \equiv \iint_S \frac{\boldsymbol{r}}{r^3} \cdot d\boldsymbol{\sigma}$$

を考えてみよう．これはその形からガウスの定理(6.29)によって体積積分に変形できることはすぐに思いつくだろう．しかし，積分されるベクトル場 $\boldsymbol{r}/r^3$ は原点O $(r = 0)$ で発散するので，領域Vが原点を含む場合とそうでない場合に分けて考えなければならない．

（1） $\nabla \cdot \left(\dfrac{\boldsymbol{r}}{r^3}\right) = 0$ $(r \neq 0)$ を示せ．

（2） 原点Oが領域Vの外にあるとき，$I = 0$ であることを示せ．

（3） 原点OがVの内部にあるときには，図（2次元的に示してあることに注意）のように，Vの内部にOを中心とする十分小さい半径 ε をもつ球面 S_ε を描くことができる．いま，領域Vから S_ε を表面とする半径 ε の小球 V_ε を取り除いた残りの領域を V' とし，その表面を S' とする．V'（その表面は S'）には原点が含まれないので，（2）の結果より

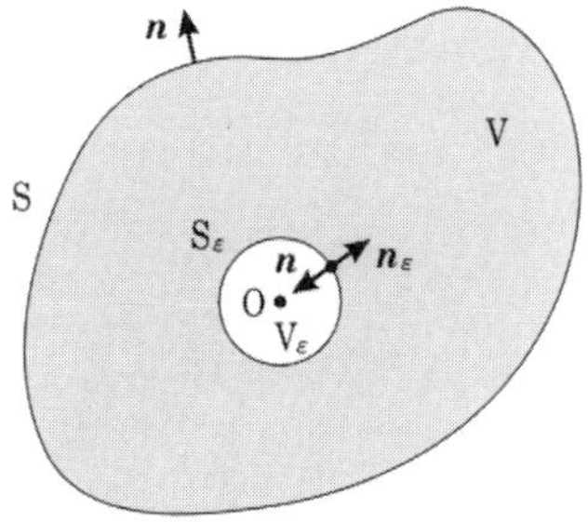

$$\iint_{S'} \frac{\boldsymbol{r}}{r^3} \cdot \boldsymbol{n}\, d\sigma = 0$$

である．この表面 S' はもとの表面Sと新しくできた表面 S_ε とから成るので，上式は

$$\iint_S \frac{\boldsymbol{r}}{r^3} \cdot \boldsymbol{n}\, d\sigma + \iint_{S_\varepsilon} \frac{\boldsymbol{r}}{r^3} \cdot \boldsymbol{n}\, d\sigma = 0$$

と表される．この式で $\boldsymbol{n}$ は V' の表面（Sと S_ε）の法線ベクトルであることに注意しよう．ここで小球 V_ε の立場で考えて，その表面 S_ε の法線ベクトルを $\boldsymbol{n}_\varepsilon$ とすると

$$\iint_S \frac{\boldsymbol{r}}{r^3} \cdot \boldsymbol{n}\, d\sigma = \iint_{S_\varepsilon} \frac{\boldsymbol{r}}{r^3} \cdot \boldsymbol{n}_\varepsilon\, d\sigma$$

が成り立つ．これを示せ．また，上式の右辺は 4π となることを示せ．

以上により，原点OがV内にあるときには，閉曲面Sの形によらず

$$I = \iint_S \frac{\boldsymbol{r}}{r^3} \cdot \boldsymbol{n}\, d\sigma = 4\pi$$

が成り立つことがわかる．（原点に点電荷Qがあるときに，その周囲の電場 $\boldsymbol{E}$（あるいは電束 $\boldsymbol{D}$）が $Q\boldsymbol{r}/r^3$ に比例することを思い出そう．すなわち，領域V内に電荷があれば I は含まれる電荷量に比例し，なければゼロとなる．この I は

電磁気学のガウスの法則の積分形による表現と見なすことができる.）

［**7**］ φ を任意のスカラー場，$\boldsymbol{A}$ を定ベクトルとする.

（1） $\nabla \times (\varphi \boldsymbol{A}) = (\nabla \varphi) \times \boldsymbol{A}$ を示せ.

（2） 閉曲線 C を縁とする任意の曲面 S について

$$\iint_{\mathrm{S}} d\sigma\, \boldsymbol{n} \times \nabla \varphi = \oint_{\mathrm{C}} d\boldsymbol{r}\, \varphi$$

が成り立つことを示せ.（ヒント：左辺と定ベクトル $\boldsymbol{A}$ との内積をとり，三重積を (4.26) に従って変形してみよ.（1）によって，ただちにストークスの定理 (6.36) が使える.）

III．複素関数論

複素関数論とは一言でいえば，複素数 $z = x + iy$ $(x, y$：実数，i：虚数単位$)$ を独立変数とする複素関数 $f(z)$ の性質を調べる分野ということができる．次章でくわしく見るように，複素数 z を変数とする関数 $f(z)$ もまた複素数である．この意味で複素数は１つの閉じた複素関数論の世界を作る．物理学を学ぶ者にとってこれが重要である理由は，複素関数が微分可能な場合には数学的に非常にきれいな性質をもっており，電磁気学や流体力学など理工学のいろいろな分野に応用することができるからである．まず，第７章では複素数の基本的な性質から始めて，初等複素関数の特徴を学ぶ．次の２章で複素関数の微分可能性を調べ，微分可能な正則関数のめざましい特徴を議論する．さらに，それを基礎にして初等的な複素関数論を学び，その応用を概観する．

7 複素関数

この章では，まず複素数の性質を復習する．ここで重要なことは，複素数が複素平面という2次元平面上の点と対応させることができるということである．次に複素指数関数や複素対数など，変数が複素数 z である初等的な複素関数 $w = f(z)$ を導入する．複素関数がとる値 w も複素数なので，この関数関係 $w = f(z)$ は1つの複素平面上の点 z と別の複素平面上の点 w との対応関係（写像）を定める．1つの複素平面上の点や曲線などの図形が初等複素関数によって別の複素平面上にどのような図形として写像されるかも本章で学ぶ．

§7.1 複素数とその四則演算

複素数 z は x，y を実数として

$$z = x + iy \tag{7.1}$$

と定義される．ここで i は**虚数単位**であり，$i^2 = -1$ という特徴をもつ．(7.1) で，x は複素数 z の**実(数)部**といい，$x = \mathrm{Re}\, z$ と記す．これに対して y は z の**虚(数)部**であり，$y = \mathrm{Im}\, z$ と記す．特に，$y = 0$ のとき $z = x$ は実数であるのに対して，$x = 0$ のときには $z = iy$ は純虚数である．また，定義から $\mathrm{Re}\, z$，$\mathrm{Im}\, z$ は共に実数であることに注意しよう．

2つの複素数 $z_1 = x_1 + iy_1$ と $z_2 = x_2 + iy_2$ の四則演算を実行するには，虚数単位 i を普通の文字と見なして実数の四則演算を行い，i^2 が現れればそのたびに $i^2 = -1$ とおけばよい．したがって，複素数の四則演算は次式のようにまとめることができる．

$$
\begin{aligned}
z_1 \pm z_2 &= (x_1 \pm x_2) + i(y_1 \pm y_2) \\
z_1 z_2 &= (x_1 + iy_1)(x_2 + iy_2) \\
&= (x_1 x_2 - y_1 y_2) + i(x_1 y_2 + x_2 y_1) \\
\frac{z_1}{z_2} &= \frac{x_1 + iy_1}{x_2 + iy_2} \\
&= \frac{x_1 + iy_1}{x_2 + iy_2}\frac{x_2 - iy_2}{x_2 - iy_2} \\
&= \frac{(x_1 x_2 + y_1 y_2) + i(-x_1 y_2 + x_2 y_1)}{{x_2}^2 + {y_2}^2} \\
&= \frac{x_1 x_2 + y_1 y_2}{{x_2}^2 + {y_2}^2} + i\,\frac{-x_1 y_2 + x_2 y_1}{{x_2}^2 + {y_2}^2}
\end{aligned}
\tag{7.2}
$$

上式の最後の割り算（商）では分母を実数化していることに注意しよう．

複素数の最も重要な性質は，その実数部分と虚数部分が独立な成分だということである．したがって，2つの複素数が等しいということは，それぞれの実数部分と虚数部分が共に等しいことを意味する．こうして，等価を記号 $\Longleftrightarrow$ で表すと

$$z_1 = z_2 \quad \Longleftrightarrow \quad x_1 = x_2 \quad \text{かつ} \quad y_1 = y_2 \tag{7.3}$$

が成り立つ．特に，$z = 0$ の 0 は $0 + i0$ を意味するので

$$z = 0 \quad \Longleftrightarrow \quad x = 0 \quad \text{かつ} \quad y = 0 \tag{7.4}$$

となる．

例題 7.1

$z_1 z_2 = 0 \quad \Longleftrightarrow \quad z_1 = 0$ または $z_2 = 0$ を証明せよ．

［**解**］ まず $z_1 z_2 = 0$ ならば $z_1 = 0$ または $z_2 = 0$ であることを示そう．

$$
\begin{aligned}
z_1 z_2 &= (x_1 + iy_1)(x_2 + iy_2) = (x_1 x_2 - y_1 y_2) + i(x_1 y_2 + x_2 y_1) \\
&= 0
\end{aligned}
$$

だから

$$x_1 x_2 - y_1 y_2 = 0 \qquad \text{かつ} \qquad x_1 y_2 + x_2 y_1 = 0$$

である．したがって，両式の2乗を加えた式もゼロとなる：

$$
\begin{aligned}
&(x_1 x_2 - y_1 y_2)^2 + (x_1 y_2 + x_2 y_1)^2 \\
&\qquad = {x_1}^2 {x_2}^2 - 2x_1 x_2 y_1 y_2 + {y_1}^2 {y_2}^2 + {x_1}^2 {y_2}^2 + 2x_1 x_2 y_1 y_2 + {x_2}^2 {y_1}^2
\end{aligned}
$$

$$= ({x_1}^2 + {y_1}^2)({x_2}^2 + {y_2}^2) = 0$$

これが成り立つためには

$${x_1}^2 + {y_1}^2 = 0 \quad \text{または} \quad {x_2}^2 + {y_2}^2 = 0$$

でなければならない．これより

$$x_1 = y_1 = 0 \qquad \text{または} \qquad x_2 = y_2 = 0$$

となり，$z_1 = 0$ または $z_2 = 0$ でなければならない．逆は明らかである．（証明終り）¶

［**問題 1**］　次のそれぞれの z の $\mathrm{Re}\, z$, $\mathrm{Im}\, z$ を求めよ．

(1)　$z = (2 + 3i)^2$　　(2)　$z = \dfrac{1}{1 + i}$　　(3)　$z = \dfrac{1 + 2i}{2 - i}$

自然数から複素数へ

複素数といえば，初めて出会ったとき，$i^2 = -1$ を満たす数 i なんて一体何なのかとか，このような数は本当に存在するのか，などといった素朴な疑問をもったことはないだろうか．

ここで，もし諸君がリンゴなどを数えるときに使う自然数（$1, 2, 3, \cdots$）しか知らないと想像してみよう．そういう状況は誰にも子供の頃あったはずである．足し算や掛け算だけをしている限りでは確かに自然数だけで足りる．この意味で自然数は加算と乗算という演算に関して閉じている．ところが引き算を考えると，もう自然数では間に合わなくなる．0 や負の数が必要となり，数を自然数から整数（$\cdots, -2, -1, 0, 1, 2, \cdots$）へと拡張しなければならない．そして重要なことは，2 つ持っていたリンゴを誰かに与えれば自分の持ち分はゼロになるし，2℃ だった気温が寒波のためにさらに 5℃ 下がったとすると -3℃ になるというように，0 や負の整数も現実にちゃんと意味をもつのである．ここで四則演算の残りである割り算を考えると，リンゴ 3 つを 7 人で等分配する場合などを考えればわかるように，整数は分数を加えて有理数へと拡張される．すなわち，有理数は四則演算に関して閉じた世界をなしているのである．しかし，1 辺が長さ 1 の 2 等辺直角三角形の斜辺や直径 1 の円の周囲に現れる $\sqrt{2}$ や π などの無理数の存在を考えると，有理数はさらに無理数にまで拡張されなければならない．

このように，普通に考えられる数はどれも 1 本の直線上の点に対応させられ（この直線を**数直線**という），すべてが完結しているように思われる．ところが，2 次方程式を解くことを考えると，2 の平方根は $\pm\sqrt{2}$ でよいとして，-2 の平方根はどうかという問題が生じる．現実との対応はしばらくおくとしても，これが記述できなければ数の世界は完結しない．そこで導入されたのが，$x^2 = -2$ の根として $x = \pm\sqrt{2}i$ に現れる虚数 i である．こうして，数の世界は無理数まで含まれる実数から，実数と虚数を組み合わせた $z = x + iy$ $(x, y$：実数) の複素数へと拡張される．そして，x 軸を実数軸に，y 軸を虚数軸にとると，すべての複素数が xy 平面上の点に対応できる．すなわち，実数の世界における数直線が複素数の世界では数平面へと拡張される．これを**複素平面**という．

興味深いのは，上では虚数を負数の平方根を求めるという計算から導入したが，複素数についてのどのような計算もその結果は複素数（複素数 z の関数 $f(z)$ も複素数）であるということである．すなわち，数の世界は複素数まで拡張されて完結している．このことは次章以下で学ぶことになる．

さらに興味深いのは，これまで見てきたようにどのような実数も現実問題と対応していたが，この複素数も多くの物理現象を記述するのに欠くことができない．虚数が振動（周期）現象を表現するのに非常に便利なことは，すでに微分方程式のところで見たとおりである．実際，電磁現象や物体の振動·波動を扱う分野では，複素数は日常的に使われている．また，ミクロの世界を支配する量子力学においては複素数なしではほとんど議論が進まない．ここまでくるとその性質がいかに不思議に見えてもその存在を疑うことができないであろう．

§7.2 複素数の絶対値，偏角，z 平面

複素数 $z = x + iy$ の絶対値 $|z|$ は

$$|z| \equiv \sqrt{x^2 + y^2} \tag{7.5}$$

と定義される．したがって，$|z|$ は実数であり，$|z| = 0$ と $z = 0$ とは同じである．また，(7.2) の第 1 式より

$$|z_1 \pm z_2| = \sqrt{(x_1 \pm x_2)^2 + (y_1 \pm y_2)^2}$$

は容易に確かめられるであろう．

［**問題 2**］ (7.2) より $|z_1 z_2|$, $|z_1/z_2|$ を計算し，$|z_1 z_2| = |z_1||z_2|$, $|z_1/z_2| = |z_1|/|z_2|$ であることを示せ．

複素数 $z = x + iy$ の虚数部分の符号を変えた**複素共役** $\bar{z}$（あるいは z^* とも記す）：

$$\bar{z} \equiv z^* = x - iy \tag{7.6}$$

を導入しておくと今後の議論に非常に便利である．これを使うと

$$|z|^2 = z\bar{z}, \qquad \overline{z_1 z_2} = \bar{z}_1 \bar{z}_2, \qquad \overline{\left(\frac{z_1}{z_2}\right)} = \frac{\bar{z}_1}{\bar{z}_2} \tag{7.7}$$

などの関係式が成り立つ．

［**問題 3**］ (7.7) の各式を証明せよ．

前に記したように，複素数 $z = x + iy$ の実部 x と虚部 y は互いに独立な値をとる．したがって，どのような複素数 $z = x + iy$ も必ず xy 平面上の1点 (x, y) に対応させることができる．こうして得られる平面を **z 平面**あるいは**複素平面**といい，図 7.1 のように表される．ここで x 軸は実軸に，y 軸は虚軸に対応する．(特に断らない限り，z 平面の虚軸に対応する y にわざわざ虚数単位 i を付けないが，y の値は複素数 z の虚部であることを忘れてはならない．)

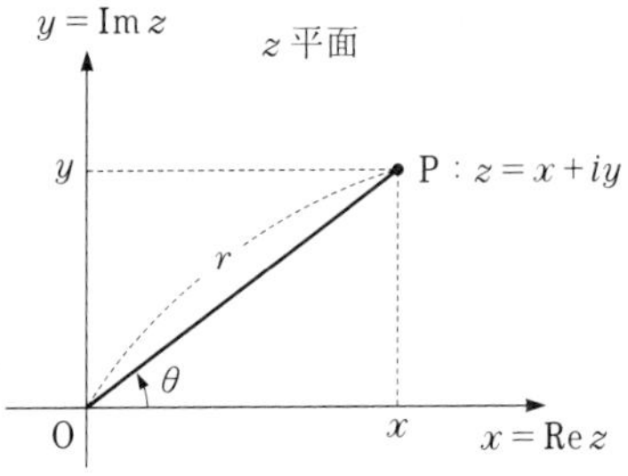

図 7.1

図 7.1 において，原点 O と複素数 z に対応する点 P との間の距離 r は (7.5) より

$$r = \sqrt{x^2 + y^2} = |z| \tag{7.8}$$

である．こうして，**絶対値** $|z|$ の意味が明らかになった．また，$\overrightarrow{\mathrm{OP}}$ と x 軸との間の角度を θ (図 7.1 に記したように，反時計回りを正と約束しておく) とすると

$$x = r\cos\theta, \qquad y = r\sin\theta \tag{7.9}$$

と表される．よって

$$z = r(\cos\theta + i\sin\theta) \tag{7.10}$$

となる．ここで，角 θ を複素数 z の**偏角**といい，$\theta = \arg z$ と記す．θ に $2n\pi$ (n：整数) を加えても z の値は変らない．この意味で，偏角 θ には $2n\pi$ だけの不定性があることに注意しよう．複素数 $z = x + iy = (x, y)$ を (7.10) のように r と θ で表す方法を**極形式**といい，$z = (r, \theta)$ と記す．これは2次元

xy 平面上の点 P の位置を表すのに 2 次元極座標を使ったのと同じことである．(7.9) より偏角 θ を $\theta = \tan^{-1}(y/x)$ と表してもよいが，x と y の値が共に負のときには $\theta = \tan^{-1}(y/x) + \pi$ となることを忘れてはならない．

例題 7.2

（1）　$z = i$，（2）　$z = 1 + i$　について，$|z|$ と $\arg z$ を求めよ．

［解］（1）　$|z| = \sqrt{1} = 1$，$\arg z = \tan^{-1}\infty = \dfrac{\pi}{2} + 2n\pi$

（2）　$|z| = \sqrt{1+1} = \sqrt{2}$，$\arg z = \tan^{-1} 1 = \dfrac{\pi}{4} + 2n\pi$　¶

（注意：偏角に付け加えた $2n\pi$（n：整数）は，上に記したように，偏角の決定に残る 2π の整数倍の不定性を考慮したためである．）

(7.10) の右辺にある $\cos\theta + i\sin\theta$ は，純虚数 $i\theta$ を変数にした指数関数 $e^{i\theta}$ に等しい（**オイラー**（Euler）**の公式**）：

$$\exp(i\theta) \equiv e^{i\theta} = \cos\theta + i\sin\theta \qquad (|e^{i\theta}| = 1) \tag{7.11}$$

これを以下に示してみよう．$e^{i\theta}$ をテイラー展開すると

$$\begin{aligned}
e^{i\theta} &= \sum_{n=0}^{\infty} \frac{1}{n!}(i\theta)^n \qquad (0! = 1) \\
&= 1 + i\theta + \frac{1}{2!}(i\theta)^2 + \frac{1}{3!}(i\theta)^3 + \frac{1}{4!}(i\theta)^4 + \frac{1}{5!}(i\theta)^5 + \cdots \\
&= \left(1 - \frac{1}{2!}\theta^2 + \frac{1}{4!}\theta^4 - \frac{1}{6!}\theta^6 + \cdots\right) \\
&\qquad + i\left(\theta - \frac{1}{3!}\theta^3 + \frac{1}{5!}\theta^5 - \frac{1}{7!}\theta^7 + \cdots\right) \\
&= \sum_{n=0}^{\infty}(-1)^n \frac{\theta^{2n}}{(2n)!} + i\sum_{n=0}^{\infty}(-1)^n \frac{\theta^{2n+1}}{(2n+1)!}
\end{aligned}$$

ところで $\cos\theta$，$\sin\theta$ をテイラー展開した表式は

$$\cos\theta = 1 - \frac{1}{2!}\theta^2 + \frac{1}{4!}\theta^4 - \frac{1}{6!}\theta^6 + \cdots = \sum_{n=0}^{\infty}\frac{(-1)^n\theta^{2n}}{(2n)!}$$

$$\sin\theta = \theta - \frac{1}{3!}\theta^3 + \frac{1}{5!}\theta^5 - \frac{1}{7!}\theta^7 + \cdots = \sum_{n=0}^{\infty}\frac{(-1)^n\theta^{2n+1}}{(2n+1)!}$$

にほかならないので，結局

$$e^{i\theta} = \cos\theta + i\sin\theta$$

が得られる．また，複素数の絶対値の定義 (7.8) より，$|e^{i\theta}| = \sqrt{\cos^2\theta + \sin^2\theta} = 1$ が容易に導かれる．

（注意：いろいろな関数のテイラー展開した表式は，たとえば森口 他著：『岩波数学公式 II』（岩波書店）が参考となる．）

こうして，(7.11) を (7.10) に代入すると，z の極形式は

$$z = re^{i\theta} \tag{7.12}$$

という，コンパクトで便利な形にまとめられる．

(7.11) を使って $e^{i\theta_1}$ と $e^{i\theta_2}$ の積と商を計算してみよう：

$$\begin{aligned} e^{i\theta_1}e^{i\theta_2} &= (\cos\theta_1 + i\sin\theta_1)(\cos\theta_2 + i\sin\theta_2) \\ &= (\cos\theta_1\cos\theta_2 - \sin\theta_1\sin\theta_2) + i(\sin\theta_1\cos\theta_2 + \cos\theta_1\sin\theta_2) \\ &= \cos(\theta_1 + \theta_2) + i\sin(\theta_1 + \theta_2) = e^{i(\theta_1 + \theta_2)} \end{aligned}$$

$$\begin{aligned} \frac{e^{i\theta_1}}{e^{i\theta_2}} &= \frac{\cos\theta_1 + i\sin\theta_1}{\cos\theta_2 + i\sin\theta_2} = \frac{(\cos\theta_1 + i\sin\theta_1)(\cos\theta_2 - i\sin\theta_2)}{(\cos\theta_2 + i\sin\theta_2)(\cos\theta_2 - i\sin\theta_2)} \\ &= \frac{(\cos\theta_1\cos\theta_2 + \sin\theta_1\sin\theta_2) + i(\sin\theta_1\cos\theta_2 - \cos\theta_1\sin\theta_2)}{\cos^2\theta_2 + \sin^2\theta_2} \\ &= \cos(\theta_1 - \theta_2) + i\sin(\theta_1 - \theta_2) = e^{i(\theta_1 - \theta_2)} \end{aligned}$$

こうして関係式

$$\exp(i\theta_1)\exp(i\theta_2) = \exp[i(\theta_1 + \theta_2)], \qquad \frac{\exp(i\theta_1)}{\exp(i\theta_2)} = \exp[i(\theta_1 - \theta_2)] \tag{7.13}$$

が得られる．すなわち，指数関数の引き数が純虚数であっても，これまでの実数のときと同様に計算してよいことがわかる．特に (7.13) の第 2 式で θ_1 を 0，θ_2 を θ とおくと

$$\frac{1}{\exp(i\theta)} = \exp(-i\theta) \tag{7.14}$$

となる．また $e^{i\theta}$ の表式 (7.11) と $e^{-i\theta}$ の表式より

$$\cos\theta = \frac{1}{2}(e^{i\theta} + e^{-i\theta}), \qquad \sin\theta = \frac{1}{2i}(e^{i\theta} - e^{-i\theta}) \tag{7.15}$$

が得られる．これをオイラーの公式ということもある．

［**問題 4**］　(7.15) を導け．

例題 7.3

三角公式 $\cos^2\theta = \dfrac{1}{2}(1+\cos 2\theta)$，　$\sin^2\theta = \dfrac{1}{2}(1-\cos 2\theta)$ を導け．

［**解**］　(7.15) より

$$\cos^2\theta = \frac{1}{4}(e^{i\theta}+e^{-i\theta})^2 = \frac{1}{4}(e^{2i\theta}+2+e^{-2i\theta})$$

$$= \frac{1}{2}+\frac{1}{2}\frac{1}{2}(e^{2i\theta}+e^{-2i\theta}) = \frac{1}{2}(1+\cos 2\theta)$$

$$\sin^2\theta = -\frac{1}{4}(e^{i\theta}-e^{-i\theta})^2 = -\frac{1}{4}(e^{2i\theta}-2+e^{-2i\theta})$$

$$= \frac{1}{2}-\frac{1}{2}\frac{1}{2}(e^{2i\theta}+e^{-2i\theta}) = \frac{1}{2}(1-\cos 2\theta)$$

この例題のように，(7.11)，(7.13) ～ (7.15) を使うと，種々の三角公式が容易に導かれる．　¶

［**問題 5**］　$\cos 2\theta$，$\sin 2\theta$，$\cos 3\theta$，$\sin 3\theta$ を $\cos\theta$，$\sin\theta$ で表せ．

2 つの複素数 z_1，z_2 の加減は (7.2) より $z_1 \pm z_2 = (x_1 \pm x_2) + i(y_1 \pm y_2)$

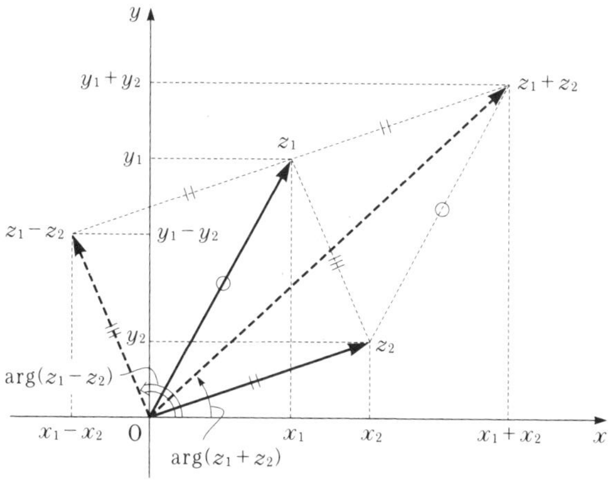

図 7.2

であった．これを z 平面上に図示すると，図 7.2 よりわかるように，2 つの複素数の加減は 2 次元ベクトルの合成と同じである．

図の原点，点 z_2，点 z_1+z_2 を結んだ三角形に対して**三角不等式**を使うと

$$\big||z_1|-|z_2|\big| \leqq |z_1+z_2| \leqq |z_1|+|z_2| \tag{7.16}$$

が導かれる．これをくり返すと一般に

$$|z_1+z_2+\cdots+z_n| \leqq |z_1|+|z_2|+\cdots+|z_n| \qquad (n=2,3,\cdots) \tag{7.17}$$

が成り立つことも証明できる．これは複素数の和の上限を評価するときに有用であり，今後しばしば使うことになる．

2 つの複素数 z_1，z_2 の積と商ではそれぞれを極形式で $z_1=r_1e^{i\theta_1}$，$z_2=r_2e^{i\theta_2}$ と表現しておくと便利である：

$$z_1z_2=r_1r_2e^{i(\theta_1+\theta_2)}, \qquad \frac{z_1}{z_2}=\frac{r_1}{r_2}e^{i(\theta_1-\theta_2)}$$

これより

$$\left.\begin{aligned} &|z_1z_2|=r_1r_2=|z_1||z_2|, \qquad \arg(z_1z_2)=\arg z_1+\arg z_2+2n\pi \\ &\left|\frac{z_1}{z_2}\right|=\frac{r_1}{r_2}=\frac{|z_1|}{|z_2|}, \quad \arg\left(\frac{z_1}{z_2}\right)=\arg z_1-\arg z_2+2n\pi \end{aligned}\right\} \tag{7.18}$$

が容易に得られる．ここで $2n\pi$ は偏角の不定性を表す．

例題 7.4

$z_0=1+2i$ として点 $z_1=z_0+e^{i\pi/4}$，$z_2=z_0-e^{i\pi/4}$，$z_3=e^{i\pi/4}z_0$，$z_4=e^{-i\pi/4}z_0$ を z 平面上に図示せよ．

［**解**］ 図の通り．特に $|z_3|=|z_4|=|z_0|$ なので，点 z_3, z_4 はそれぞれ z_0 を原点の周りに $\pm\pi/4$ 回転することにより得られる．

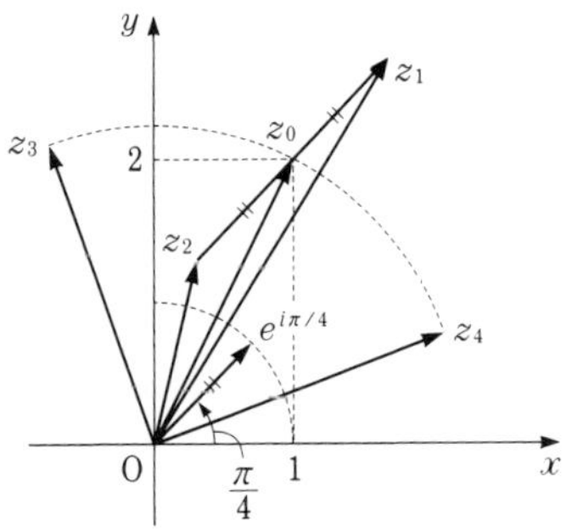

［**問題 6**］ $z_0=2$，$z_0'=e^{i\pi/4}$ として，$z_1=z_0+z_0'$，$z_2=z_0-z_0'$，$z_3=z_0z_0'$，$z_4=z_0/z_0'$ を z 平面上に図示せよ．

§7.3 初等複素関数

実数の世界での関数関係の直接的な拡張として，複素関数は

$$w = f(z), \quad z = x + iy \qquad (x, y：実数)$$

と書くことができる．もちろん，一般に w も複素数であり，

$$w = f(z) = u + iv \qquad (u, v：実数)$$

と表される．したがって，z の値が複素 z 平面上の点として表されるのと同じく，w の値も複素 w 平面上の点として表すことができる．そして z 平面上の点と w 平面上の点との対応関係を関数 f が決めているのである．これは実数の世界での関数関係 $y = g(x)$ において，実関数 g が 1 つの数直線上の点 x と別の数直線上の点 y とを対応させていることと全く同じである．

いま，z の 1 つの値 z_0 に対して w の値が $w_0 = f(z_0)$ となるとしよう．これは図 7.3 に示したように，関数 f によって z 平面上の 1 点 z_0 の像が w 平面上の 1 点 w_0 に写されたと見なすことができる．これを一般化すれば，図に示したように，z 平面上の 2 点 z_1 と z_2 を結ぶ曲線 C_z の像が f によって向きも含めて w 平面上の 2 点 w_1 と w_2 を結ぶ曲線 C_w に写され，さらには z 平面上の領域 D_z が f によって w 平面上の領域 D_w に写されるとみることができる．

z 平面上の点，曲線，領域などの図形の像が w 平面上のどこに写り，どのような形になるかはひとえに複素関数 f によって決まる．この意味で，数学的には f は z で表される 1 つの複素平面から w で表される別の複素平

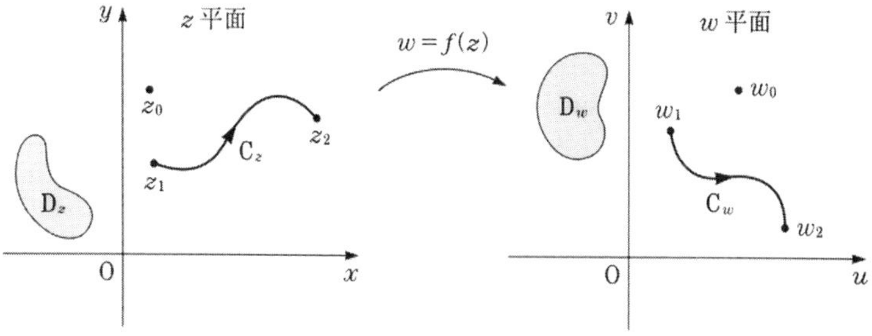

図 7.3

面への**写像** $f: z \to w$ と見なすことができる．写像といっても難しく考える必要はなく，上に記したように，z 平面上の点や曲線などの任意の図形の像が w 平面上のどこにどのような図形として変換されるかという対応関係にすぎないことに注意しよう．また，図 7.3 では z 平面上の点，曲線，領域が w 平面上のそれらと 1 : 1 に対応しているかのように描いてあるが，一般には必ずしもそうではないことにも注意しておく．これは実数の世界で関数 $y = g(x) = 2x + 3$ の場合には x と y の値は 1 : 1 に対応するが，$y = \sin x$ の場合にはたとえば x の無数の値 $x = n\pi$（n : 整数）に対して y のただ 1 つの値 $y = 0$ に対応することなどを考えれば容易に想像がつくであろう．

複素数の世界での写像そのものの興味深い性質は次章で学ぶことにして，ここでは最もよく出会う初等的な複素関数をとり上げてその基本的な性質を議論する．そして z 平面上の代表的な点や曲線などの図形がそれらの初等複素関数によって w 平面上のどこにどのような図形として写像されるかを具体的に調べてみよう．

多 項 式

n 次の複素**多項式**は次式で定義される：

$$w = f(z) = a_n z^n + a_{n-1} z^{n-1} + \cdots + a_1 z + a_0 \tag{7.19}$$

ここで係数 $a_0, a_1, \cdots, a_{n-1}, a_n$ は一般に複素定数である．例としては $w = 2z$，$w = z^2 + i$，$w = 3iz^4 + (2 + i)z^2 + (5 + 2i)$ など，いくらでも挙げることができる．実数の世界での多項式を複素数の世界に拡張したと思えばよい．

例題 7.5

(7.19) で $a_0, a_1, \cdots, a_n$ がすべて実数のとき，$\overline{f(z)} = f(\bar{z})$ であることを示せ．

［**解**］ k を任意の自然数（$k = 1, 2, \cdots$）として，(7.7) より

$$\overline{(z^k)} = \overline{(zz^{k-1})} = \bar{z}\,\overline{(z^{k-1})} = \cdots = (\bar{z})^k$$

である．したがって，a_i $(i = 0, 1, \cdots, n)$ が実数なので

$$\begin{aligned}\overline{f(z)} &= \overline{(a_n z^n + a_{n-1} z^{n-1} + \cdots + a_1 z + a_0)} \\ &= a_n \overline{(z^n)} + a_{n-1} \overline{(z^{n-1})} + \cdots + a_1 \bar{z} + a_0 \\ &= a_n (\bar{z})^n + a_{n-1} (\bar{z})^{n-1} + \cdots + a_1 \bar{z} + a_0 = f(\bar{z})\end{aligned}$$

¶

［**問題 7**］ 上の例題と同じく，$a_0, a_1, \cdots, a_n$ がすべて実数とする．このとき，方程式 $f(z)=0$ の一つの解を α とすると，その複素共役 $\bar{\alpha}$ も解であることを示せ．(実係数の多項式で表される方程式の解は，常にその複素共役と対で現れる．2 次方程式の解を思い出してみよ．)

有理関数

$f_1(z)$，$f_2(z)$ を多項式として

$$w = f(z) = \frac{f_1(z)}{f_2(z)} \tag{7.20}$$

の形に表される関数を**有理関数**という．これも実数の世界での有理関数を複素数の世界に拡張したものである．$w = \dfrac{1}{z}$ や $w = \dfrac{z+2i}{iz^2+(2+i)}$ などが具体例である．

［**問題 8**］ $w = u + iv$ (u, v：実数) として次の関数の u, v を x, y で表せ．

(1) $w = \dfrac{1}{z+1}$ (2) $w = z + \dfrac{1}{z}$

指数関数

指数関数を複素数の世界に拡張すると，(7.11) より

$$w = \exp z \equiv e^z = e^x e^{iy} = e^x(\cos y + i \sin y) \tag{7.21}$$

と表される．また，(7.13)，(7.14) と実数の指数関数の性質から

$$\begin{aligned} \exp z_1 \exp z_2 &= \exp(z_1 + z_2) \\ \frac{\exp z_1}{\exp z_2} &= \exp(z_1 - z_2) \\ \frac{1}{\exp z} &= \exp(-z) \end{aligned} \tag{7.22}$$

が成り立つことは容易に示すことができる．

［**問題 9**］ (7.22) が成り立つことを示せ．

複素数の世界での指数関数は，(7.21) に見られるように，実数の世界で

の三角関数も関与する．このことも反映して，指数関数の他の性質として

$$\left.\begin{aligned}&|\exp z| = e^x, \quad \arg[\exp z] = y + 2n\pi,\\&\exp(2n\pi i) = 1, \quad \exp[(2n+1)\pi i] = -1,\\&\exp(z + 2n\pi i) = \exp z\end{aligned}\right\} \tag{7.23}$$

などが挙げられる．ここで，n は整数であり，$2n\pi$ は偏角に $2n\pi$ だけの不定性があることを示す．また，最後の式は複素指数関数 $w = \exp z$ が周期 $2\pi i$ の周期関数であることを表している．(7.23) もこれまでの各式から容易に証明できる．

例題 7.6

$w = \exp z$ が実数になるのはどのような場合か．

［**解**］ $w = u + iv$ が実数とは，その虚数部分 $v = \operatorname{Im} w$ がゼロということだから，

$$\operatorname{Im} w = \operatorname{Im}(\exp z) = e^x \sin y = 0$$

すなわち，$\sin y = 0$ ($e^x \fallingdotseq 0$ だから) より

$$y = n\pi \qquad (n = 0, \pm 1, \pm 2, \cdots)$$

である．

よりくわしくいうと，z 平面上の直線 $y = n\pi$ ($n = 0, \pm 1, \pm 2, \cdots$) のうち，$y = 2n\pi$ が w 平面上の実軸（u 軸）の正の部分 ($u = e^x \cos 2n\pi = e^x$) に写像され，$y = (2n+1)\pi$ が負の部分 ($u = e^x \cos(2n+1)\pi = -e^x$) に写像される（図参照）．

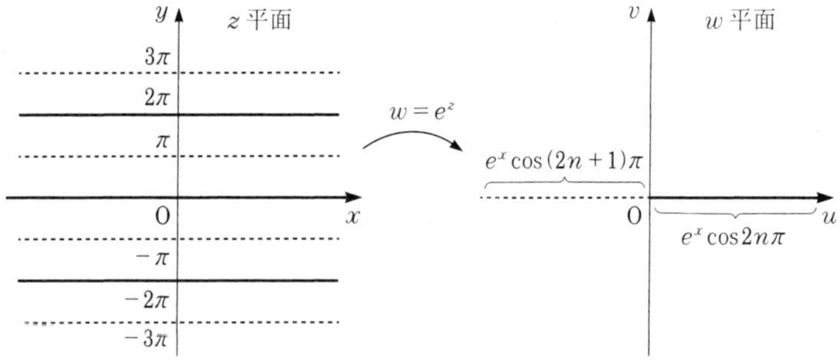

¶

［**問題 10**］ $w = \exp z$ が純虚数になるのはどのような場合か．上の例題と同じように図示してみよ．

例題 7.7

$w = \exp z = u + iv$ とおくと，z 平面上の直線

（1）　$x = x_0$　（一定）　　（2）　$y = y_0$　（一定）

は，w 平面上の点 (u, v) ではどのような図形を描くか．

［**解**］　$w = \exp z = e^x(\cos y + i \sin y) = u + iv$ より

$$u = e^x \cos y, \qquad v = e^x \sin y$$

である．

（1）　$x = x_0$ (一定) のとき：

$$u = e^{x_0} \cos y, \qquad v = e^{x_0} \sin y$$

$$\therefore \quad u^2 + v^2 = e^{2x_0}(\cos^2 y + \sin^2 y) = e^{2x_0} \quad \text{（一定）}$$

これは w 平面上の原点を中心とする半径 e^{x_0} の円であり，y が 2π だけ変化すると点 (u, v) は円周を一周する（図の実線）．

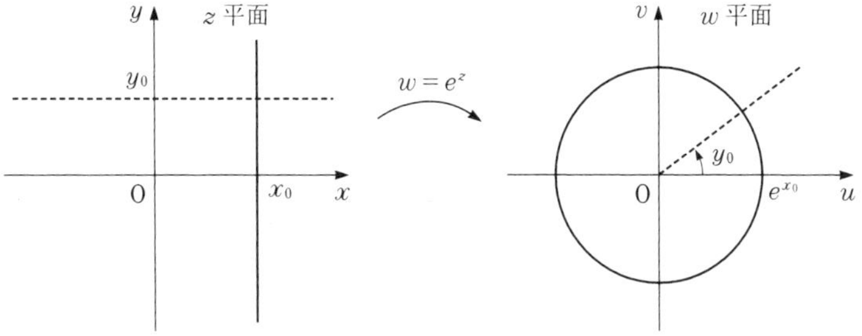

（2）　$y = y_0$ (一定) のとき：

$$u = e^x \cos y_0, \qquad v = e^x \sin y_0$$

$$\frac{v}{u} = \frac{e^x \sin y_0}{e^x \cos y_0} = \tan y_0 \quad \text{（一定）}$$

w の偏角 $\arg w$ を θ_w とすると，$v/u = \tan \theta_w$ なので，これは

$$\arg w = y_0\text{(一定)} + 2n\pi$$

であることを意味する．すなわち，この場合の w は偏角が y_0 で一定であり，原点からスタートする半直線である（図の破線）．　¶

（注意：(2)の答えが原点を通る直線ではなく，原点からの半直線であることに注意せよ．原点からの反対方向の半直線は偏角が $y_0 + \pi$ であり，$u = e^x \cos(y_0 + \pi) = -e^x \cos y_0$，$v = e^x \sin(y_0 + \pi) = -e^x \sin y_0$ だから，比 v/u が

等しくてもこの u と v は別の複素数 w を表す．(7.9), (7.10) 以下の議論を参照すること.)

三角関数

複素数 z を変数とする指数関数は前項で導入した．iz も複素数なので，これを変数とする関数 $e^{\pm iz}$ も e^z と同じく複素指数関数にすぎない．そこで，実数の世界での三角関数が (7.15) で定義されたことを思い出して，複素数の世界での**三角関数**を

$$\cos z = \frac{e^{iz}+e^{-iz}}{2}, \qquad \sin z = \frac{e^{iz}-e^{-iz}}{2i}, \qquad \tan z = \frac{e^{iz}-e^{-iz}}{i(e^{iz}+e^{-iz})}$$
$$\sec z = \frac{1}{\cos z}, \qquad \mathrm{cosec}\, z = \frac{1}{\sin z}, \qquad \cot z = \frac{1}{\tan z} \tag{7.24}$$

と定義しよう．上の最初の 2 式は z が実数 θ のとき確かに (7.15) に一致するので，これらの式は実数から複素数の世界へのごく自然な拡張ということができる．このように，複素数の世界では三角関数は指数関数の特殊な形にすぎないことになる．しかし，そうはいっても実数の世界には三角関数が指数関数とは別にあるので，複素数の世界でも三角関数を定義しておくと，何かと便利なのである．

(7.24) の最初の 2 式において e^{iz}，e^{-iz} のそれぞれについて解くと，実数のときの (7.11) と同じ形の

$$e^{\pm iz} = \cos z \pm i \sin z \qquad (\text{複号同順}) \tag{7.25}$$

が得られる．これを指数関数において成り立つ等式（式 (7.22) の変形）$e^{\pm i(z_1+z_2)} = e^{\pm iz_1}e^{\pm iz_2}$ の両辺に使うと，符号 + の場合には

$$\begin{aligned} &\cos(z_1+z_2) + i\sin(z_1+z_2) \\ &\quad = (\cos z_1 + i\sin z_1)(\cos z_2 + i\sin z_2) \\ &\quad = (\cos z_1\cos z_2 - \sin z_1\sin z_2) + i(\sin z_1\cos z_2 + \cos z_1\sin z_2) \end{aligned} \tag{1}$$

符号 − の場合には

$$\begin{aligned} &\cos(z_1+z_2) - i\sin(z_1+z_2) \\ &\quad = (\cos z_1 - i\sin z_1)(\cos z_2 - i\sin z_2) \end{aligned}$$

$$= (\cos z_1 \cos z_2 - \sin z_1 \sin z_2) - i(\sin z_1 \cos z_2 + \cos z_1 \sin z_2) \qquad (2)$$

となる．(1), (2) の和と差をとることにより容易に

$$\left.\begin{aligned} \cos(z_1 + z_2) &= \cos z_1 \cos z_2 - \sin z_1 \sin z_2 \\ \sin(z_1 + z_2) &= \sin z_1 \cos z_2 + \cos z_1 \sin z_2 \end{aligned}\right\} \qquad (7.26)$$

が得られる．すなわち，複素変数に対しても三角関数の加法定理が成立することがわかった．

ここで，(7.26) を導くに当って，(1) の第 1 式の第 1 項 $\cos(z_1 + z_2)$ と第 3 式の第 1 項（$\cos z_1 \cos z_2 - \sin z_1 \sin z_2$）を等しいとおいたのではないことに注意しよう．$\cos z$ や $\sin z$ はそれぞれが一般に複素数なので，単純に i が付いていない部分が実数だとか，i が付いている部分が虚数とはいえないからである．

同様に，

$$\sin^2 z + \cos^2 z = 1, \qquad \sin 2z = 2 \sin z \cos z, \qquad \sin\left(z + \frac{\pi}{2}\right) = \cos z \qquad (7.27)$$

なども容易に示すことができる．実際，実数の世界で 2 つの三角関数に対して成り立った関係式はすべて，複素数の世界でも成り立つのである．

［**問題 11**］ (7.27) の各式が成り立つことを示せ．

複素三角関数の定義式 (7.24) で z が純虚数 iy に等しい（$z = iy$）ときには，右辺の指数関数はすべて実数となることがわかる．こうして，三角関数と双曲関数との間の関係：

$$\left.\begin{aligned} \cos iy &= \frac{1}{2}(e^{-y} + e^{y}) \equiv \cosh y \\ \sin iy &= \frac{1}{2i}(e^{-y} - e^{y}) \equiv i \sinh y \\ \tan iy &= \frac{\sin iy}{\cos iy} = \frac{i \sinh y}{\cosh y} \equiv i \tanh y \end{aligned}\right\} \qquad (7.28)$$

が得られる．これを使うと，加法定理 (7.26) において $z_1 = x$ (実数)，$z_2 = iy$ (純虚数) とおくことにより

$$\left.\begin{aligned}\cos z &= \cos x \cosh y - i \sin x \sinh y \\ \sin z &= \sin x \cosh y + i \cos x \sinh y \\ \tan z &= \frac{\tan x + i \tanh y}{1 - i \tan x \tanh y}\end{aligned}\right\} \qquad (7.29)$$

が容易に導かれる．これらの式は複素変数の三角関数を実際に計算する場合に使うことができることに注意しよう．

［**問題 12**］(7.29) の各式を示せ．

例題 7.8

$w = \cos z$ が実数となる z，特に $\cos z = 0$ を満たす z を求め，z 平面上に図示せよ．

［**解**］$w = \cos z$ が実数とはその虚部がゼロ，すなわち，$\mathrm{Im}(\cos z) = 0$ だから，(7.29) より

$$\mathrm{Im}(\cos z) = -\sin x \sinh y = 0$$

これが成り立つのは

$$\sin x = 0, \qquad \therefore \quad x = n\pi \qquad (n：整数)$$

または

$$\sinh y \equiv \frac{1}{2}(e^{y} - e^{-y}) = 0, \qquad \therefore \quad y = 0$$

のときである．

$\cos z = 0$ とはさらにその実部もゼロ：$\cos x \cosh y = 0$ であるが，$\cosh y \neq 0$ なので

$$\cos x = 0$$

$$\therefore \quad x = \left(n + \frac{1}{2}\right)\pi$$

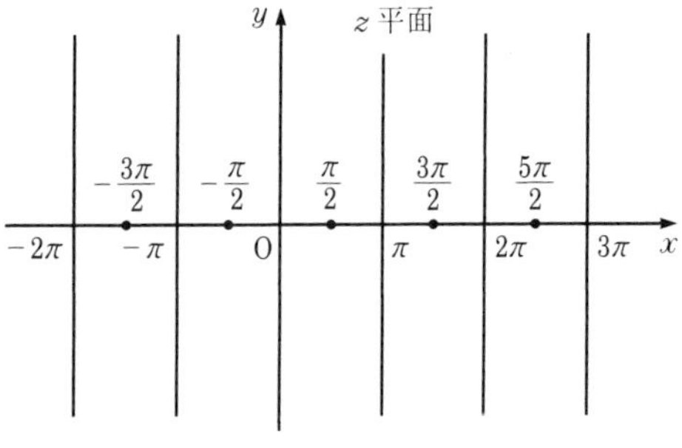

以上の結果をまとめると図のようになる．すなわち，実軸，虚軸を含めて，実線上で $\cos z$ が実数となり，黒丸上で特に $\cos z = 0$ となる．　¶

(注意：上の議論からわかるように，$\cos z = 0$ とは ($x = n\pi$ または $y = 0$) かつ

$(x = (n+1/2)\pi)$ なので，結局，$(y = 0)$ かつ $(x = (n+1/2)\pi)$ しかあり得ないことに注意しよう．($x = n\pi$ であり，かつ $(n+1/2)\pi$ であることはできない．))

［**問題 13**］ $w = \sin z$ が実数となる z，特に $\sin z = 0$ を満たす z を求め，z 平面上に図示せよ．

対数関数

実数の世界では，対数関数は指数関数の逆関数であった．そこで複素数の世界でも，すでに定義した指数関数の逆関数として**対数関数**を定義しよう．すなわち，z の対数 $w = \log z$ を

$$\exp w = z \tag{7.30}$$

で定義するわけである．したがって，逆関数の関係

$$\exp(\log z) = z \tag{7.31}$$

が成り立つ．

いま，$z = re^{i\theta}$，$w = u + iv$ とおくと，$e^w = z$ より $e^u e^{iv} = re^{i\theta}$ である．この式の両辺の絶対値をとると，$|e^{iv}| = |e^{i\theta}| = 1$（$\theta$ も v も実数だから）より $e^u = r$ となる．これは実数の関係だから，両辺の対数をとって $u = \ln r$ が得られる．ここで，複素数の世界での対数 log と区別するために，今後とも実数の世界での対数として ln を使うことにしよう．また，両辺の偏角の比較から $v = \theta + 2n\pi$（n：整数）となる．こうして $w = \log z$ の実部，虚部は

$$w = \log z = \ln r + i(\theta + 2n\pi) \qquad (n：整数) \tag{7.32}$$

と表される．

この対数関数で注意すべき点は，$z = re^{i\theta}$ を指定しても，(7.32) の n が任意の整数のために，$w = \log z$ は一意的に決まらないことである．すなわち，z の値を 1 つ与えても n の値によって $\log z$ はいろいろな値をもつことができ，この意味で複素対数関数 $w = \log z$ は無限**多価関数**である．しかし，(7.32) より n の値を決めてしまうと，1 つの連続関数が得られることにもなる．このように，n ごとに決まる連続関数を一般に**分枝**（ブランチ）という．

たとえば，$w = \log 1$ の実部 u と虚部 v は次のようにして求められる．

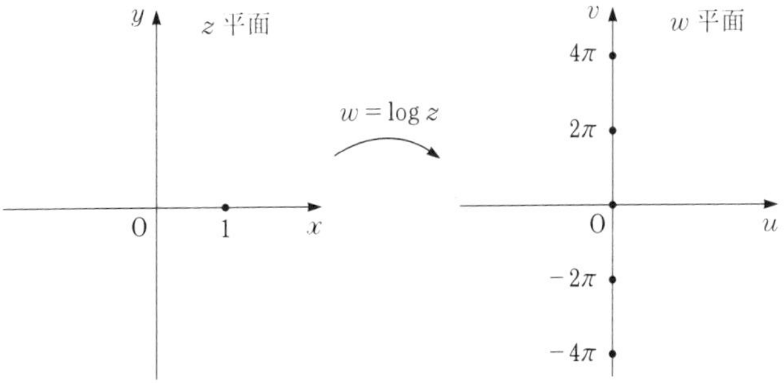

図 7.4

複素数としての 1 は $1e^{i0}$ と見なされるので，(7.32) より

$$w = \log 1e^{i0} = \ln 1 + i(0 + 2n\pi)$$

である．こうして $u = \ln 1 = 0$，$v = 2n\pi$ （n：整数）が得られる．実数の世界では ln 1 は 0 だが，複素数の世界では図 7.4 のように log 1 は 0 だけではないことに注意しよう．すなわち，z 平面上の点 $z = 1$ を $w = \log z$ で w 平面上に写像すると，図 7.4 に示されているように，v 軸上の黒丸で表された点になるのである．

例題 7.9

$\cos z = 2$ となる z を求めよ．

［**解**］ (7.24) より $\cos z = \dfrac{1}{2}(e^{iz} + e^{-iz})$ である．ここで $Z = e^{iz}$ とおくと，上の方程式は

$$\frac{1}{2}\left(Z + \frac{1}{Z}\right) = 2, \qquad \therefore \quad Z^2 - 4Z + 1 = 0$$

となる．これを解くと

$$Z = 2 \pm \sqrt{3}$$

$Z = e^{iz}$ より z は対数関数で書くことができ，

$$iz = \log Z = \log(2 \pm \sqrt{3}) = \log(2 \pm \sqrt{3})e^{i0} = \ln(2 \pm \sqrt{3}) + i2n\pi$$

$$\therefore \quad z = -i\ln(2 \pm \sqrt{3}) + 2n\pi \qquad (n：整数)$$

複素数の世界では三角関数は 1 より大きくなれることに注意しよう．　¶

［**問題 14**］ $\sin z = 3$ となる z を求めよ．

例題 7.10

z 平面上の円 $|z|=3$ は $w=\log z$ によって w 平面上でどのような図形を描くか．ただし，円 $|z|=3$ は z 平面上で $z=3$ から出発し，$\log z$ は分枝 $n=0$ だけを考えることにする．

［**解**］ z 平面上の円は $z=|z|e^{i\theta}$ と表され，題意から θ は 0 から増加する．$n=0$ だから (7.32) より

$$w=u+iv=\ln|z|+i\theta=\ln 3+i\theta$$

となり，$u=\ln 3$，$v=\theta\ (\geqq 0)$ より，w は図のようになる．

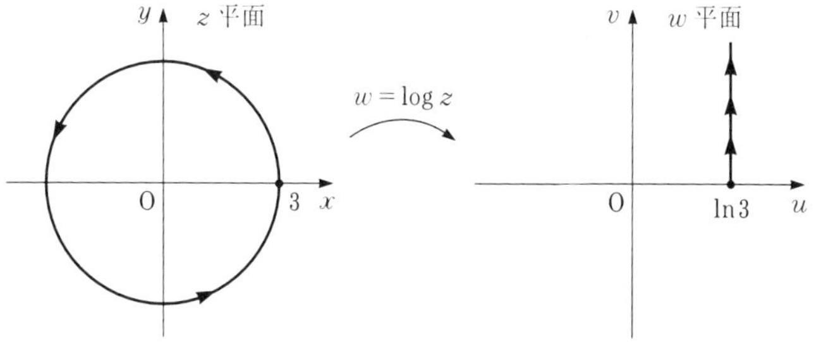

¶

［**問題 15**］ 上の例題で z 平面上の円の代りに半直線 $\arg z=\pi/3$ とすると，これは w 平面上でどのような図形を描くか．

べき関数

初等複素関数の最後の例として，**べき関数** z^a（a は一般に複素数）を

$$z^a=\exp\,(a\log z) \tag{7.33}$$

で定義する．a と z がともに実数の場合，(7.33) はよく知られた関係なので，これも複素数の世界への自然な拡張である．z を極形式 $z=re^{i\theta}$ とおくと，(7.32) より $\log z=\ln r+i(\theta+2n\pi)$（$n$：整数）だから，これを上式に代入して

$$z^a=\exp[a\ln r+ia(\theta+2n\pi)]=\exp(a\ln r)\exp[ia(\theta+2n\pi)] \tag{7.34}$$

である．ここで $\exp[ia(\theta+2n\pi)]$ は以下でみるように，a が単なる整数でない限り，一般に n ごとに値が異なる．したがって，べき関数 z^a は一般に

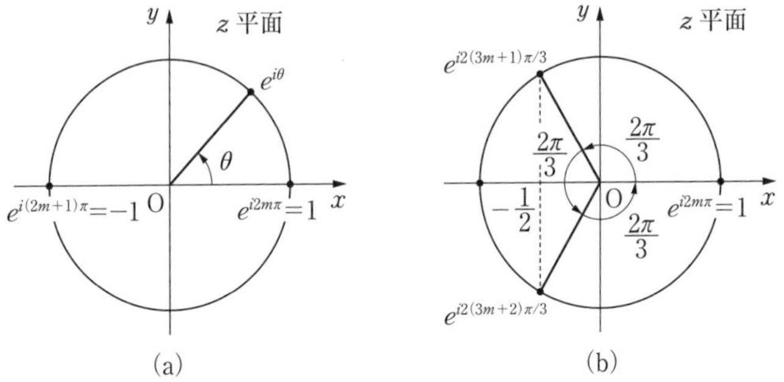

図 7.5

多価関数である．これを具体例を使ってもう少しくわしくみてみよう．

（i）　$a = m$（整数）のとき：

(7.34) において $a = m$ とおくと，

$$z^m = \exp(m \ln r) \exp(im\theta) \exp(i2nm\pi) = r^m \exp(im\theta)$$

となる．ここで，$\exp(m \ln r) = \exp(\ln r^m) = r^m$ および n と m が整数なので，$\exp(i2nm\pi) = 1$ であることを使った．上の結果はこの場合には n の不定性がなく，z^m は1価関数であることを示す．これは z^m は普通の意味での z の整数べき（多項式の単純な例）にほかならないことを意味する．

（ii）　$a = 1/2$ のとき：

(7.34) で $a = 1/2$ とおくと，

$$z^{1/2} = \exp\left(\frac{1}{2} \ln r\right) \exp\left(i \frac{1}{2} \theta\right) \exp(in\pi) = \sqrt{r} \exp\left(i \frac{1}{2} \theta\right) \exp(in\pi)$$

となる．ここで，$\exp(in\pi)$ は，図 7.5(a) に示されているように，n が偶数（m を整数として，$n = 2m$）のとき 1，奇数（$n = 2m + 1$）のとき -1 なので，

$$z^{1/2} = \begin{cases} \sqrt{r}\, e^{i\theta/2} & (n = 0, \pm 2, \pm 4, \cdots) \quad (\text{偶数}) \\ -\sqrt{r}\, e^{i\theta/2} & (n = \pm 1, \pm 3, \pm 5, \cdots) \quad (\text{奇数}) \end{cases}$$

となる．すなわち，$w = z^{1/2}$ は1つの z に対して2つの値をもつ（分枝が2つある）2価関数である．

（iii） $a = 1/3$ のとき：

同様に，(7.34) より

$$z^{1/3} = r^{1/3} \exp\left(\frac{i\theta}{3}\right) \exp\left(\frac{i2n\pi}{3}\right)$$

となる．ところで，$\exp(i2n\pi/3)$ は，図 7.5(b) からわかるように，$n = 0, 1, 2$（一般に，m を整数として $n = 3m$，$3m + 1$，$3m + 2$）に対して 3 つの異なる値をとるので，$w = z^{1/3}$ は 3 価関数である．

例題 7.11

z 平面上で点 z が $z = 2$ から円 $|z| = 2$ 上を反時計回りに 1 周するとしよう．このとき $w = u + iv = z^{1/2}$ は，w 平面上で $w = \sqrt{2}$ から出発すると，その後どう動くか．図示せよ．

［**解**］ z 平面上では問題の円は $z = re^{i\theta} = 2e^{i\theta}$ と表され，それを 1 周するので $0 \leqq \theta \leqq 2\pi$ である（図参照）．よって，(7.34) より

$$w = z^{1/2} = \exp\left[\frac{1}{2}\ln 2 + i\frac{1}{2}(\theta + 2n\pi)\right] = \sqrt{2}\exp\left[i\frac{1}{2}(\theta + 2n\pi)\right]$$

である．ところで，出発点は $z = 2$ で $w = \sqrt{2}$ となるために，$n = 0$ として $\theta = 0$ から出発すればよい．こうして

$$w = \sqrt{2}\exp\left(\frac{i\theta}{2}\right)$$

となる．これより w の偏角は $\arg w = (1/2)\theta$ であり，これは $0 \leqq \theta \leqq 2\pi$ に対して 0 から π までしか変化しない．すなわち，w の描く図形は w 平面の原点を中心，半径 $\sqrt{2}$，実軸より上半分の半円である（図参照）．

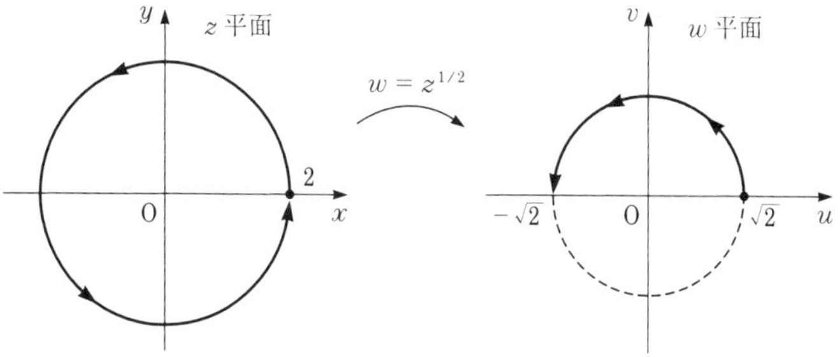

¶

［**問題 16**］ $i^{1/2}$ を求めよ．

（ヒント：(7.33) で $z = i$，$a = 1/2$ とおき，$i = 1\,e^{i\pi/2}$ に注意せよ．）

上の議論で特に $z = 1$（$= 1e^{i2n\pi}$，n：整数）とすればわかるように，1 の p 乗根（p：整数）$1^{1/p}$ は次の p 個の異なる値をもつ：

$$1^{1/p} = e^{i2n\pi/p} \qquad (n = pm, pm+1, pm+2, \cdots, pm+(p-1)\ ;\ m \text{ は整数}) \tag{7.35}$$

これらは z 平面上の単位円周を $z = 1$ から始まって p 分割する点である．特に $p = 2, 3$ の場合が図 7.5(a), (b)に当ることは容易にわかるであろう．

［**問題 17**］ 1 の 4 乗根を求め，z 平面上に図示せよ．

演習問題

［**1**］ 次の複素数を $x + iy$ の形で表せ．

（1） $(1+i)^3$　（2） i^5　（3） $\dfrac{1+2i}{2+3i}$　（4） $\left(\dfrac{1+i}{1-i}\right)^2$

［**2**］ 次の複素数を極形式 $re^{i\theta}$ の形で表せ．

（1） $1+i$　（2） $\sqrt{3}+i$　（3） $2-2i$　（4） $3i$　（5） $-4i$

［**3**］ **ド・モアブルの公式**：$(\cos\theta + i\sin\theta)^n = \cos n\theta + i\sin n\theta$ を示し，これを用いて三角公式 $\cos 2\theta = 2\cos^2\theta - 1$，$\sin 2\theta = 2\sin\theta\cos\theta$，$\cos 3\theta = 4\cos^3\theta - 3\cos\theta$，$\sin 3\theta = -4\sin^3\theta + 3\sin\theta$ を導け．

［**4**］ 次の関係を満たす z を求め，z 平面上に図示せよ．

（1） $\mathrm{Re}\,z = 2$　（2） $|z-2| \leqq 2$　（3） $\mathrm{Im}(z+i) = |z|$

［**5**］ （1） $e^z = 1+i$ となる z の値を求めよ．

（2） $w = \cos z$ が純虚数となる z の値を求めよ．

［**6**］ z 平面上の（i） 円 $|z| = 2$，（ii） 半直線 $\arg z = \pi/4$ は $w = \log z$ によって写像すると，w 平面上ではどのような図形を描くか．ただし，分枝 $n = 0$ とせよ．

［**7**］ （1） -1 の 4 乗根　（2） i の 3 乗根

を求めよ．

［**8**］ i^i を求めよ．（ヒント：(7.33) で $a = i$，$z = i = 1e^{i\pi/2}$ とせよ．）

8 正則関数

本章では複素関数 $w = f(z)$ の一般的な性質，たとえば微分可能性などを学ぶ．そして，複素平面上で z の値をどの方向に変えても w が滑らかに変化する（このとき $w = f(z)$ を正則関数という）場合には，関数 $w = f(z)$ は等角写像性をもつことやその実部，虚部が調和関数であることなど，著しい特徴を示すことを見る．これらは物理学，工学のいろいろな分野に直接応用できる点で重要である．

§8.1 写 像

前章の最後の節（§7.3）で折に触れて記してきたが，z を独立変数とする複素関数 $w = f(z)$ は

$$w = f(z) = u(x, y) + i\,v(x, y) \tag{8.1}$$

によって，複素 z 平面から別の複素 w 平面への**写像**を定義すると見なすことができる．すなわち，図 8.1 に見られるように，z 平面上の図形は関数 $f(z)$ によって w 平面上に写されるのである．ところで，z 平面上の点や向

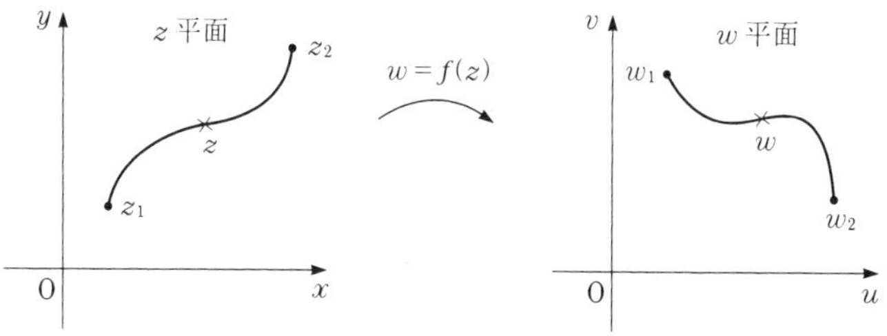

図 8.1

きを含めた曲線などの図形が f によって w 平面上にどのように写像されるかが今後の議論の基礎となる．そこでもう一度，この写像を簡単な例で復習しておこう．

例題 8.1

点 z が z 平面上で直線 $y = x - 1/2$ の上を動くとき，$w = f(z) = 1/z$ による w 平面上の像はどうなるか．

［**解**］ $w = 1/z$ より

$$z = x + iy = \frac{1}{w} = \frac{1}{u + iv} = \frac{u - iv}{u^2 + v^2}$$

よって

$$x = \frac{u}{u^2 + v^2}, \qquad y = -\frac{v}{u^2 + v^2}$$

これを $y = x - 1/2$ に代入して

$$-\frac{v}{u^2 + v^2} = \frac{u}{u^2 + v^2} - \frac{1}{2}, \qquad \therefore \quad (u - 1)^2 + (v - 1)^2 = 2$$

これより，z 平面上での直線 $y = x - 1/2$ は，w 平面上では中心が $w = 1 + i$ で半径 $\sqrt{2}$ の円となる（図参照）．

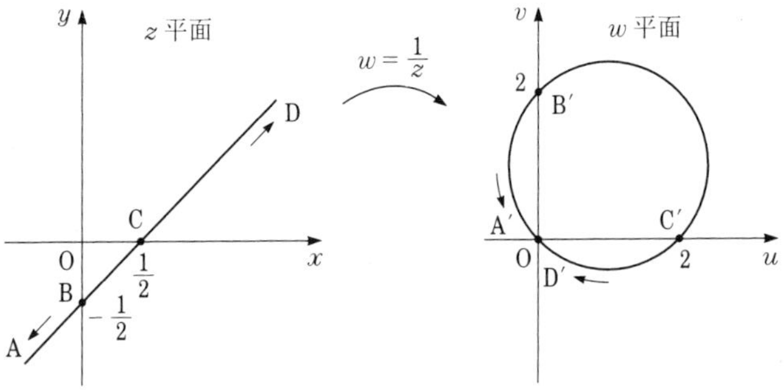

（注意：$w = u + iv = 1/z = 1/(x + iy) = (x - iy)/(x^2 + y^2)$ より $u = x/(x^2 + y^2)$，$v = -y/(x^2 + y^2)$ である．したがって，z 平面上の直線 $y = x - 1/2$ 上での各点 A ～ D を左図のようにとると，点 A ($x \to -\infty$, $y \to -\infty$) は w 平面上の点A′ ($u \to -0$, $v \to +0$) に，点 B ($x = 0$, $y = -1/2$) は点 B′ ($u = 0$, $v = 2$) に，点 C ($x = 1/2$, $y = 0$) は 点 C′ ($u = 2$, $v = 0$) に，点 D ($x \to \infty$, $y \to \infty$) は点 D′ ($u \to +0$, $v \to -0$) に対応する．）　¶

［**問題 1**］ 上の例題で $w = f(z) = 1/(z + 1)$ としたらどうなるか．

§8.2 極限と連続

z 平面上で定義されている関数の微分が可能かどうかは，まず第一にそこで極限がとれるかどうかにかかる．ここでは視覚的には 2 次元平面上で考えていることに注意しなければならない．z 平面上で点 z が点 z_0 にいくらでも接近することを，**極限**

$$z \longrightarrow z_0 \tag{8.2}$$

と書こう．これは $|z - z_0| \to 0$ や $x \to x_0$，$y \to y_0$ と等価である．特に後者は 2 次元平面上での極限であることをあらわに記したものである．

関数の微分可能性で次に問題となるのは，その連続性である．ここでは数学的な煩雑さを一切無視して，直観的に議論していくことにしよう．そうしてもこのあとの理解に何の支障もないし，数学的な厳密さにこだわることはわれわれの目的でもない．

z 平面上で極限 $z \to z_0$ に対してどのような近づけ方をしても，関数 $w = f(z)$ が w 平面上で $w_0 = f(z_0)$ にいくらでも接近するとき，$w = f(z)$ は $z = z_0$ で**連続**であるという．これを式で表すと

$$\lim_{z \to z_0} f(z) = f(z_0) \tag{8.3}$$

であり，図示すると，図 8.2 のように表される．これまでに学んだ実数の世界での 1 変数の関数 $y = f(x)$ の連続性だと xy 平面だけですべて表現できる．しかし，ここでは始めから 2 次元 z 平面上での連続性なので，直観的に理解するためには z 平面と w 平面を別々に描かなければならないことに注意しよう．

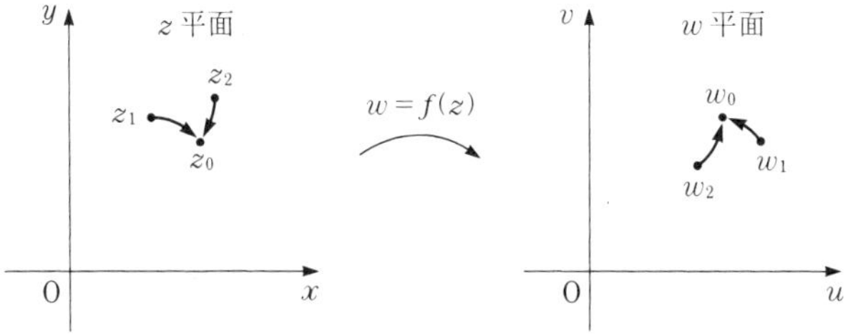

図 8.2

$w = u + iv = f(z)$ だから，(8.3) をより具体的に表すと

$$\lim_{z\to z_0} u(x, y) = u(x_0, y_0), \qquad \lim_{z\to z_0} v(x, y) = v(x_0, y_0) \tag{8.4}$$

とも書くことができる．したがって，$f(z)$ が点 z_0 で連続ならば，u と v は点 (x_0, y_0) で連続であり，これは逆も成り立つ．こうして，z 平面上のある領域内の各点 z で $f(z)$ が連続のとき，$f(z)$ はその領域で**連続関数**であるという．たとえば，$f(z)$ として多項式や三角関数の $\cos z$，$\sin z$，それに指数関数 $\exp z$ は連続関数である．なぜなら，それらの実部，虚部は共に連続関数であり，(8.4) よりすべての z に対して連続だからである．

次に (8.3) が成り立たない，すなわち連続ではない場合を考えてみよう．具体例として $w = e^{1/z}$ という関数をとり，$z \to 0$ のときのその振舞を調べる．まず，図 8.3 の（i）のように，z 平面上で実軸上の右から原点に近づくとき，$z = |\varepsilon| \to 0$ とおくことができるので

$$w = e^{1/|\varepsilon|} \longrightarrow +\infty$$

となる．これは図 8.3 の w 平面上の（i）で表されている．次に，z 平面上で実軸の左から近づくとき (図で z 平面上の（ii）の場合)，$z = -|\varepsilon| \to -0$ とおくことができて

$$w = e^{-1/|\varepsilon|} \longrightarrow +0$$

となる (図で w 平面上の（ii））．もうすでに極限のとり方によって関数の値が異なることがわかった．最後に，z 平面上で虚軸の上下から原点に近づく場合 (図で z 平面上の（iii）と（iv）の場合) も考えてみよう．このとき，$z = \pm i|\varepsilon| \to 0$ とおくことができるから

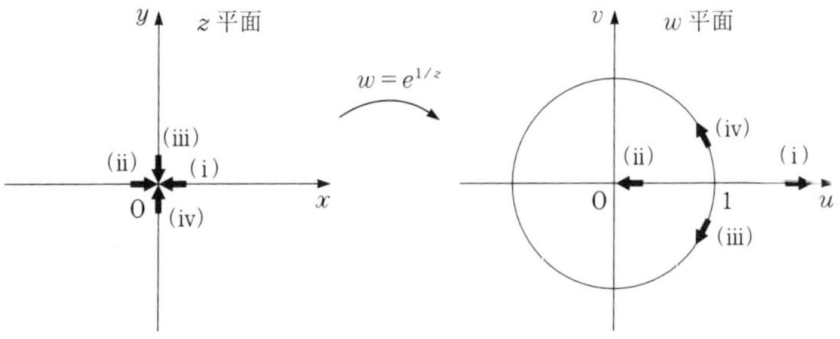

図 8.3

$$w = e^{1/\pm i|\varepsilon|} = e^{\mp i/|\varepsilon|} = \cos\frac{1}{|\varepsilon|} \mp i\sin\frac{1}{|\varepsilon|}, \qquad |w| = 1$$

となり，w は単位円周上を回転する（図で w 平面上の（iii）と（iv））．この場合，（iii）と（iv）の w 平面上での回転の向きの違いに注意しよう．このように，関数 $w = e^{1/z}$ では $z \to 0$ の近づき方によって w の値が異なる．すなわち，$w = e^{1/z}$ は $z = 0$ で連続ではない．

対数関数やべき関数などの多価関数については，

$$\log z = \ln r + i(\theta + 2n\pi), \qquad z^{1/2} = \sqrt{r}\,e^{i(\theta/2 + n\pi)}$$

など，整数 n の値を固定して（分枝を決めて）z の値を変えれば，それらの実部，虚部は連続である．すなわち，$\log z$，$z^{1/2}$ などの多価関数は，各分枝内で連続である．ただし $z = 0$ を除かなければならない．なぜならば，原点 $z = 0$ ではその周りを一周すると θ が 0 から 2π に変わってしまって関数値がもとにもどらず，$z = 0$ が連続点ではないからである．

§8.3　正 則 性

初めての分野を学ぶときには，おうおうにして新しく出てくるそれぞれの分野固有の用語にとまどうものである．これまでも数学固有の用語や表現にとまどったかもしれない．複素関数論にもそれ固有の多くの用語がある．しかし，私達の目的はそれらを記憶することではなくて理解することである．しかもすでに出てきた写像やこれから出てくる正則なども直観的に理解することはそんなに難しいことではない．

複素関数論における極限とか微分とかは z 平面（や w 平面）という 2 次元平面で行うことをもう一度思い出そう．そうすると点 $z + \Delta z$ が点 z に近づく（$\Delta z \to 0$）といっても，Δz は z 平面上でいろいろな方向からゼロに近づくことができる．このことを考慮した上で，ある量が Δz をどのようにゼロに近づけても一定の極限値をもつとき，その量は**有限確定**であるという．

z 平面上の点 z に対して，極限

$$\lim_{\Delta z \to 0} \frac{f(z + \Delta z) - f(z)}{\Delta z} \tag{8.5}$$

が有限確定のとき，これを $f(z)$ の点 z での**微分係数**あるいは**導関数**といい，

$f'(z)$，$df(z)/dz$ などと記す．これは 1 変数の微分の単純な拡張のように見えるが，$\varDelta z$ をどのようにゼロに近づけても一定の値をもつことが重要なのである．また，このときに関数 $f(z)$ は点 z で**微分可能**であるという．$w = f(z)$ とおくと，図 8.4 のように $w + \varDelta w = f(z + \varDelta z)$ となるので，(8.5) から微分は

$$f'(z) \equiv \lim_{\varDelta z \to 0} \frac{f(z + \varDelta z) - f(z)}{\varDelta z} = \lim_{\varDelta z \to 0} \frac{\varDelta w}{\varDelta z} \tag{8.6}$$

とも表される．

いま，点 z とその周りで関数 $f(z)$ が微分可能であり，かつ導関数 $f'(z)$ が連続のとき，$f(z)$ は点 z で**正則**である，あるいは点 z は $f(z)$ の**正則点**であるという．直観的には，正則とは $f(z)$ が点 z の周りで滑らかに変化することをいうのである．そして $f(z)$ が z 平面上のある領域のすべての点で正則のとき，$f(z)$ はその領域で正則であるとか**正則関数**であるという．逆に正則でない点があると，それを**特異点**あるいは**不正則点**とよぶ．

関数 $f(z)$ が点 z の近くでどの向きにも滑らかに変化するというこの単純な正則性が，実は $f(z)$ の関数形に強い制限を加えるのである．それは次節以降で議論することにして，ここでは関数 $f(z) = z^2$ を例にとって関数の正則性とその導関数を考えてみよう．$f(z + \varDelta z) = (z + \varDelta z)^2 = z^2 + 2z\,\varDelta z + (\varDelta z)^2$ だから

$$\lim_{\varDelta z \to 0} \frac{f(z + \varDelta z) - f(z)}{\varDelta z} = \lim_{\varDelta z \to 0} \frac{2z\,\varDelta z + (\varDelta z)^2}{\varDelta z} = \lim_{\varDelta z \to 0} (2z + \varDelta z) = 2z$$

この結果は $\varDelta z$ をどのようにゼロに近づけても変わらない．したがって，

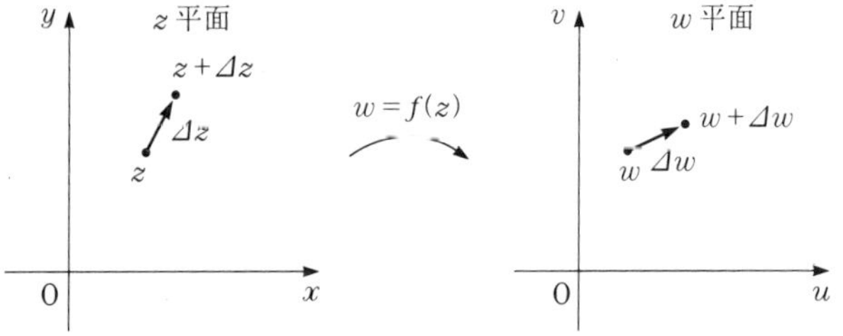

図 8.4

$f'(z) = 2z$ である．しかもこれは z 平面上のどこででも計算できて結果が連続なので，関数 $f(z) = z^2$ は z の全域で正則ということができる．これを一般化して，

$$\frac{d}{dz} z^n = nz^{n-1} \qquad (n = 0, 1, 2, \cdots) \tag{8.7}$$

が容易に証明できる．また，$z = 0$ を除いて

$$\frac{d}{dz} z^{-n} = -nz^{-n-1} \qquad (n = 1, 2, 3, \cdots) \tag{8.8}$$

が得られ，この場合，点 $z = 0$ が特異点であることも理解できるであろう．

［**問題 2**］　次の関数 w を微分せよ．

（1）　$w = z^4 + z^2 + 1$　　（2）　$w = (z-1)(z^3 + z^2 + z + 1)$

§8.4　コーシー - リーマン方程式

前節に記したように，関数 $f(z)$ が点 z で正則だと，$f(z)$ は点 z とその周りで滑らかに変化する．これはどの方向から点 z に近づいても $f(z)$ の微係数が等しいことを意味し，1 変数関数が連続のときとは違って，関数 $f(z)$ に強い制限を加えることになる．このことを次に調べてみよう．すなわち，関数 $w = f(z) = u(x,y) + i\,v(x,y)$ が点 $z = x + iy$ で正則であるための条件を考えてみようというわけである．そこで Δz をいろいろな方向からゼロに近づけて df/dz を求めてみる．

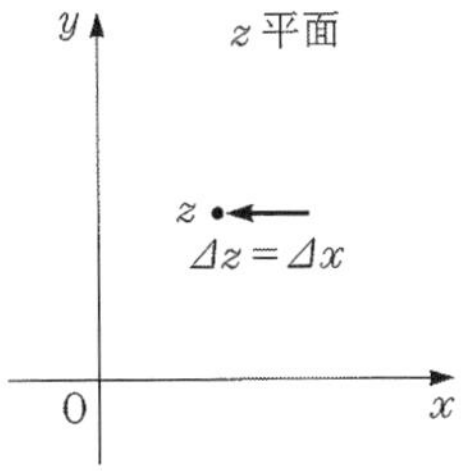

（i）　$\Delta z = \Delta x$（Δz を図のように，実軸に平行にゼロに近づける）のとき；

$$\begin{aligned}\frac{df(z)}{dz} &= \lim_{\Delta z \to 0} \frac{f(z + \Delta z) - f(z)}{\Delta z} \\ &= \lim_{\Delta x \to 0} \frac{1}{\Delta x}\{[u(x + \Delta x, y) \\ &\qquad + i\,v(x + \Delta x, y)] - [u(x,y) + i\,v(x,y)]\} \\ &= \lim_{\Delta x \to 0}\left\{\frac{u(x + \Delta x, y) - u(x,y)}{\Delta x} + i\frac{v(x + \Delta x, y) - v(x,y)}{\Delta x}\right\} \\ &= u_x(x,y) + i\,v_x(x,y)\end{aligned} \tag{8.9}$$

となる．ここで，x，y を変数とする実関数 $u(x,y)$，$v(x,y)$ において y を

固定して（すなわち，y を定数と見なして）x だけについて微分した関数（これを u，v の x についての偏微分という）を簡単のために u_x，v_x と記した．すなわち，$u_x(x,y)$ は

$$u_x(x,y) \equiv \frac{\partial u(x,y)}{\partial x} = \lim_{\Delta x \to 0} \frac{u(x+\Delta x, y) - u(x,y)}{\Delta x} \tag{8.10}$$

であり，$v_x(x,y)$ も同様に定義される．

ここでの結論は，関数 $w = f(z)$ が点 z で正則であるためには，u と v は共に x について連続微分可能でなければならないということである．

次に Δz を虚軸に平行にゼロに近づけてみよう．このとき，1つ注意しなければならないことがある．これまで z 平面の虚軸を y と記して混乱がなかったので簡単のためにそうしてきたが，本当は iy である．この場合，$\Delta z = \Delta x + i\,\Delta y$ で $\Delta x = 0$ だから，$\Delta z = i\,\Delta y$ となり，係数の i を忘れてはならない．

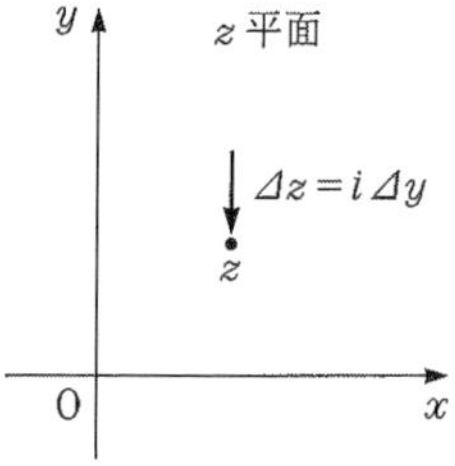

（ii）　$\Delta z = i\,\Delta y$（Δz を図のように，虚軸に平行にゼロに近づける）のとき；

$$\begin{aligned}\frac{df(z)}{dz} &= \lim_{\Delta z \to 0} \frac{f(z+\Delta z) - f(z)}{\Delta z} \\ &= \lim_{\Delta y \to 0} \frac{1}{i\,\Delta y}\{[u(x, y+\Delta y) + i\,v(x, y+\Delta y)] - [u(x,y) + i\,v(x,y)]\} \\ &= -i \lim_{\Delta y \to 0}\left\{\frac{u(x, y+\Delta y) - u(x,y)}{\Delta y} + i\,\frac{v(x, y+\Delta y) - v(x,y)}{\Delta y}\right\} \\ &= -i\,u_y(x,y) + v_y(x,y) \end{aligned} \tag{8.11}$$

となる．ここでも (8.10) と同様の偏微分の表記を使った．したがって，$w = f(z)$ が点 z で正則であるためには，u と v は共に y についても連続微分可能でなければならない．

ところで，$w = f(z)$ が点 z で正則であるためには，Δz をゼロにどんな近づけ方をしても一定値をとらなければならない．したがって，(8.9) と (8.11) より

$$u_x(x,y) + i\,v_x(x,y) = -i\,u_y(x,y) + v_y(x,y)$$

となる．u_x, u_y, v_x, v_y はすべて実関数だから，上式は

$$u_x(x,y) = v_y(x,y)\ ; \quad v_x(x,y) = -u_y(x,y)$$

を意味する．ところが，Δz をゼロに近づける一般的な形は $\Delta z = \Delta x + i\,\Delta y$ なので，上の 2 つの場合を検討すれば十分である．

以上をまとめると，関数 $w = f(z) = u(x,y) + i\,v(x,y)$ が点 z で正則であるための必要・十分条件は，u，v が x と y について連続微分可能であって，次の**コーシー - リーマン** (Cauchy - Riemann) **方程式**

$$u_x(x,y) = v_y(x,y), \qquad u_y(x,y) = -v_x(x,y) \tag{8.12}$$

が成り立つことである．このとき $f(z)$ の微分係数は

$$f'(z) = u_x + i\,v_x = v_y - i\,u_y \tag{8.13}$$

で与えられる．(8.13) の意味するところは，関数 $f(z)$ が正則な点 z でどの向きに微分しても微分係数が等しいので，代表して，それを x 方向の微分で表したということである．

例として指数関数 $f(z) = e^z$ について考えてみよう．$f(z) = u + iv = e^z = e^{x+iy} = e^x(\cos y + i\sin y)$ だから

$$u = e^x \cos y, \qquad v = e^x \sin y$$

と表される．関数 u，v の x と y についての偏微分は容易に計算され

$$u_x = e^x \cos y, \quad u_y = -e^x \sin y, \quad v_x = e^x \sin y, \quad v_y = e^x \cos y$$

となる．これらは z (あるいはx，y) の値によらず，確かにコーシー - リーマン方程式 $u_x = v_y$，$u_y = -v_x$ を満たしている．したがって，指数関数 $f(z) = e^z$ は z の全域で正則である．また，(8.13) より

$$\begin{aligned} f'(z) &= \frac{d}{dz}e^z = u_x + iv_x = e^x \cos y + ie^x \sin y \\ &= e^x(\cos y + i\sin y) = e^{x+iy} = e^z \end{aligned}$$

となり，複素数の世界でも

$$\frac{d}{dz}e^z = e^z \tag{8.14}$$

が成り立つ．

こうして，複素指数関数 e^z が実数の世界での指数関数 e^x の素直な拡張であった (前章 §7.3 参照) と同様に，その微分も素直な拡張になっているこ

とがわかった．以下では他の初等複素関数も同様であることを示そう．

例題 8.2

複素対数関数 $f(z) = \log z$ の微分を求めよ．

［**解**］ z の極形式 $z = re^{i\theta}$ $(\theta = \tan^{-1} y/x)$ より，ある 1 つの分枝 n に対して $\log z$ は

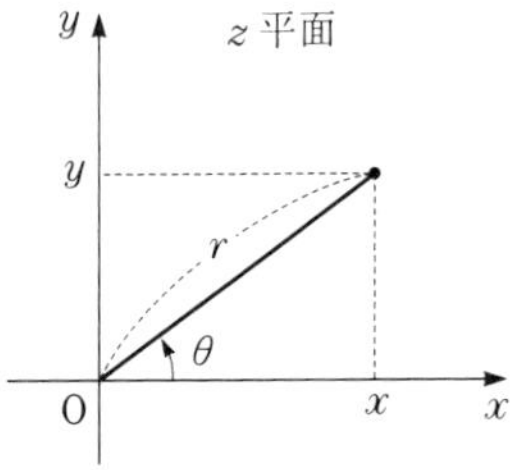

$$\log z = \ln r + i\left(\tan^{-1}\frac{y}{x} + 2n\pi\right)$$

$$(r = \sqrt{x^2 + y^2},\ n：定整数)$$

と表される．よって，$w = f(z) = u + iv$ より

$$u = \ln r = \frac{1}{2}\ln(x^2 + y^2)$$

$$v = \tan^{-1}\frac{y}{x} + 2n\pi$$

となる．u，v の x と y についての偏微分は

$$u_x = \frac{x}{x^2 + y^2}, \quad u_y = \frac{y}{x^2 + y^2}, \quad v_x = \frac{-y}{x^2 + y^2}, \quad v_y = \frac{x}{x^2 + y^2}$$

である．（注意：$(\tan^{-1} x)' = 1/(1 + x^2)$，たとえば『岩波 数学公式 I』（森口他著，岩波書店）を参照せよ．）したがって，この場合も確かにコーシー - リーマン方程式 $u_x = v_y$，$u_y = -v_x$ が成り立っており，対数関数 $f(z) = \log z$ は $z = 0$ を除く z の全域で正則である．そして，その微分は上に求めた u_x，v_x を (8.13) に代入して

$$f'(z) = u_x + i\,v_x = \frac{x}{x^2 + y^2} - i\frac{y}{x^2 + y^2} = \frac{x - iy}{x^2 + y^2} = \frac{1}{x + iy} = \frac{1}{z}$$

となり，

$$\frac{d}{dz}\log z = \frac{1}{z} \tag{8.15}$$

であることがわかる．¶

［**問題 3**］ $w = u + iv$ を（1） z^2，（2） $\cos z$，（3） $\sin z$ とおくと，いずれも z の全域でコーシー - リーマン方程式を満たすことを示せ．また，それぞれの微分係数を求めよ．（ヒント：（2），（3）では (7.29) を使え．）

2 つの関数の積や商についても，実数の世界と同様のことがいえる．すな

わち，2つの関数 $f_1(z)$ と $f_2(z)$ が点 z で正則ならば，f_1f_2 や f_1/f_2（ただし $f_2 \neq 0$）も同じ点 z で正則である．そして

$$\frac{d}{dz}(f_1f_2) = f_1'f_2 + f_1f_2', \qquad \frac{d}{dz}\left(\frac{f_1}{f_2}\right) = \frac{f_1'f_2 - f_1f_2'}{f_2^{\,2}} \tag{8.16}$$

が成り立つ．

2つの正則関数の複合関数 $w = f_1(f_2(z))$ は補助関数 $\zeta = f_2(z)$ を導入すると $w = f_1(\zeta)$ と表される．したがって，z を Δz だけ変えると，図8.5のように ζ は $\Delta\zeta$ だけ変化し，その結果として w が Δw だけ変化すると見なすことができる．こうして，f_2 が正則なので $\Delta z \to 0$ のとき $\Delta\zeta \to 0$ となることから

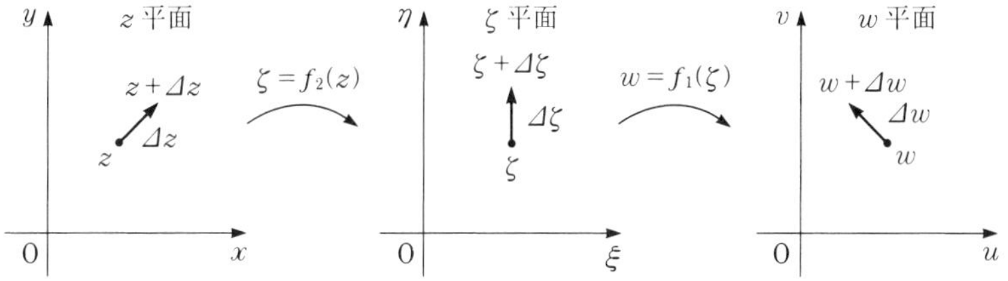

図 8.5

$$\begin{aligned}\lim_{\Delta z \to 0}\frac{\Delta w}{\Delta z} &= \lim_{\Delta z \to 0}\frac{\Delta w}{\Delta\zeta}\frac{\Delta\zeta}{\Delta z} \\ &= \lim_{\Delta\zeta \to 0}\frac{\Delta w}{\Delta\zeta}\cdot\lim_{\Delta z \to 0}\frac{\Delta\zeta}{\Delta z}\end{aligned}$$

である．ところで

$$\lim_{\Delta z \to 0}\frac{\Delta w}{\Delta z} = \frac{d}{dz}f_1(f_2(z)), \qquad \lim_{\Delta\zeta \to 0}\frac{\Delta w}{\Delta\zeta} = \left.\frac{df_1(\zeta)}{d\zeta}\right|_{\zeta=f_2},$$

$$\lim_{\Delta z \to 0}\frac{\Delta\zeta}{\Delta z} = \frac{df_2(z)}{dz} = f_2'(z)$$

だから，複合関数の微分は

$$\frac{d}{dz}f_1(f_2) = \left.\frac{df_1(\zeta)}{d\zeta}\right|_{\zeta=f_2} f_2' \tag{8.17}$$

と表される.

また，正則関数 $w = f(z)$ の逆関数を $z = g(w)$ とすると，$\Delta w \to 0$ のとき $\Delta z \to 0$ だから

$$\lim_{\Delta w \to 0} \frac{\Delta z}{\Delta w} = \lim_{\Delta z \to 0} \frac{1}{\dfrac{\Delta w}{\Delta z}}$$

となる．上式の左辺は $dg(w)/dw$ に，右辺は $1/f'(z)$ にほかならないから，逆関数の微分は

$$\frac{dg(w)}{dw} = \frac{1}{f'(z)} \tag{8.18}$$

と表される．こうして，正則関数 $f(z)$ の逆関数は $f'(z) \neq 0$ を満たす z で正則である.

例として $w = f(z) = e^z$ をとると，その逆関数は $z = g(w) = \log w$ である．したがって，(8.15) より

$$\frac{dg(w)}{dw} = \frac{d}{dw}\log w = \frac{1}{w}$$

となる．他方，(8.14) より $f'(z) = e^z = w$ であり，確かに (8.18) が成り立つことがわかる.

次に三角関数を調べてみよう．$\cos z = (1/2)(e^{iz} + e^{-iz})$ であり，$\pm iz$ が単なる複素数なので $e^{\pm iz}$ はすでになじみの複素指数関数にすぎない．したがって，それらの線形結合である $\cos z$ も z の全域で正則であって，容易に

$$\frac{d}{dz}\cos z = \frac{d}{dz}\frac{1}{2}(e^{iz} + e^{-iz}) = \frac{i}{2}(e^{iz} - e^{-iz}) = -\frac{e^{iz} - e^{-iz}}{2i}$$
$$= -\sin z$$

が導かれる．$\sin z$ も同じ理由で z の全域で正則であり，その微分は容易に計算できる．こうして，実数の世界と同様にして

$$\frac{d}{dz}\cos z = -\sin z, \qquad \frac{d}{dz}\sin z = \cos z \tag{8.19}$$

となる.

［**問題 4**］　(8.19) の第 2 式を導け.

例題 8.3

$f(z) = \tan z$ の特異点と微分を求めよ．

［**解**］ $\tan z \equiv \sin z/\cos z$ より，この関数の特異点は $\cos z = 0$ を満たす z である．したがって，$z = (n + 1/2)\pi$ (n：整数) が $\tan z$ の特異点である．また，$\tan z$ の導関数は (8.16) の第 2 式を適用して

$$f'(z) = \frac{\cos^2 z - (-\sin^2 z)}{\cos^2 z} = \frac{1}{\cos^2 z} = \sec^2 z$$

となる．ただし，これは上の特異点を除いて成り立つ．¶

［**問題 5**］ $f(z) = 1/(e^z + 1)$ の特異点と微分を求めよ．

ここで初等関数の導関数をまとめておく．

$$\begin{aligned}
&\frac{d}{dz} z^n = nz^{n-1} \qquad (n = 0, \pm 1, \pm 2, \cdots) \\
&\frac{d}{dz} e^z = e^z, \qquad \frac{d}{dz} \log z = \frac{1}{z}, \\
&\frac{d}{dz} \cos z = -\sin z, \qquad \frac{d}{dz} \sin z = \cos z, \\
&\frac{d}{dz} z^a = az^{a-1} \qquad (a：\text{複素定数})
\end{aligned} \tag{8.20}$$

§8.5 調和関数

関数 $u(x, y)$ を x で偏微分した結果を u_x ($\equiv \partial u(x, y)/\partial x$) と記すことは前に述べた．これをさらに x で偏微分すると u_{xx} ($\equiv \partial^2 u(x, y)/\partial x^2$) が，$y$ で偏微分すると u_{xy} ($\equiv \partial^2 u(x, y)/\partial x\, \partial y$) が得られる．また，微分は順序によらないので，$u_{xy} = u_{yx}$ である．このことに注意して，再び正則関数 $w = f(z) = u(x, y) + i\,v(x, y)$ に対して成り立つコーシー－リーマン方程式 (8.12)：$u_x = v_y$,　$u_y = -v_x$ をとり上げてみよう．第 1 式を x で，第 2 式を y で偏微分して加えると

$$u_{xx} + u_{yy} = v_{yx} - v_{xy} = 0$$

となることが容易にわかる．同様にして，第 1 式を y で，第 2 式を x で偏微分して差をとると

$$v_{xx} + v_{yy} = 0$$

となる．これらは非常に美しい形をした偏微分方程式である．

そこでこれをさらに簡素化して表現するために，記号 ∇^2（前にも述べたようにラプラシアンとよび，Δ とも記す）を

$$\nabla^2 \equiv \frac{\partial^2}{\partial x^2} + \frac{\partial^2}{\partial y^2} \tag{8.21}$$

で定義する．これは右にくる関数を x，y についてそれぞれ 2 度ずつ偏微分して加えるという操作を表す演算子であり，この場合は変数が x，y の 2 個なので 2 次元ラプラシアンとよばれる．（3 変数 x, y, z の 3 次元ラプラシアンは $\nabla^2 \equiv \partial^2/\partial x^2 + \partial^2/\partial y^2 + \partial^2/\partial z^2$ である．）関数 $F(x, y)$ が上の u，v と同じ形の偏微分方程式

$$\nabla^2 F \equiv \frac{\partial^2 F}{\partial x^2} + \frac{\partial^2 F}{\partial y^2} = 0 \tag{8.22}$$

を満たすとき，この方程式を（2 次元）**ラプラス**（Laplace）**方程式**とよび，このラプラス方程式を満たす関数 F を特に**調和関数**という．電磁気学における静電ポテンシャル，流体力学における速度ポテンシャル，化学物理における濃度場や温度場など，物理ではラプラス方程式を満たす量が非常に多い．

以上によって，正則関数 $w = f(z) = u(x, y) + i\,v(x, y)$ の 2 つの実関数 u，v はラプラス方程式

$$\nabla^2 u \equiv u_{xx} + u_{yy} \equiv \frac{\partial^2 u}{\partial x^2} + \frac{\partial^2 u}{\partial y^2} = 0 \tag{8.23}$$

$$\nabla^2 v \equiv v_{xx} + v_{yy} \equiv \frac{\partial^2 v}{\partial x^2} + \frac{\partial^2 v}{\partial y^2} = 0 \tag{8.24}$$

を満たすことがわかった．すなわち，$w = f(z) = u(x, y) + i\,v(x, y)$ の実部 $u(x, y)$ と虚部 $v(x, y)$ は $f(z)$ の正則領域内で調和関数である．

［**問題 6**］　関数 $u = ax^2 - 3y^2$ が調和関数であるためには a はいくらでなければならないか．

［**問題 7**］　$w = f(z) - z^2 + 2z$ の実部 u，虚部 v が調和関数であることを確かめよ．

ここで注意しなければならないのは，関数 $f(z) = u + iv$ が正則ならば

u, v は調和関数であるが，u と v が調和関数だからといって $u + iv$ は必ずしも正則とは限らないことである．その理由は任意に選んだ調和関数 u と v が必ずしも正則条件であるコーシー - リーマン方程式を満たすとは限らないからである．しかし，任意に与えられた調和関数を実部（または虚部）とする正則関数が存在することはいえる．それに対応する虚部（または実部）をコーシー - リーマン方程式によって求めることができるからである．このことを次の例題で見てみよう．

例題 8.4

$u = x^2 - y^2$ を実部とする正則関数 $f(z) = u + iv$ を求めよ．

［**解**］（i） $u_x = 2x, \quad u_{xx} = 2, \quad u_y = -2y, \quad u_{yy} = -2$

これより $\nabla^2 u = u_{xx} + u_{yy} = 2 - 2 = 0$ となり，u は確かに調和関数である．

（ii） 正則関数はコーシー - リーマン方程式を満たさなければならない．このことから

$$v_x = -u_y = 2y \tag{1}$$

$$v_y = u_x = 2x \tag{2}$$

（1）で y を定数と見なして x について積分すると

$$v = 2xy + Y(y) \tag{3}$$

となる．ここで $Y(y)$ は y だけの関数である．（逆に（3）を x について偏微分すると，確かに（1）が得られることに注意．）この（3）を（2）に代入すると

$$2x + \frac{dY}{dy} = 2x, \qquad \therefore \quad \frac{dY}{dy} = 0$$

$$\therefore \quad Y = c \qquad (\text{定数}) \tag{4}$$

これを（3）に代入して

$$v = 2xy + c \tag{5}$$

（i），（ii）より，求めたい正則関数 $f(z)$ は

$$f(z) = u + iv = x^2 - y^2 + 2ixy + c' = z^2 + c' \qquad (c' = ic)$$

これは確かに z の多項式であって，正則関数である．　¶

［**問題 8**］ $v = 2xy$ を虚部とする正則関数を求めよ．

［**問題 9**］ $u = x^3 - 3xy^2$ を実部とする正則関数を求めよ．

［**問題 10**］ $u = 2x^3 - 6xy^2 + 3x^2 - 3y^2$ を実部とする正則関数を求めよ．

§8.6 等角写像

複素関数 $w = f(z) = u + iv$ が正則のとき，実関数 u, v が共に2次元ラプラス方程式を満たす調和関数であることを前節で学んだ．このほかにも，正則関数 $w = f(z)$ はこれを z 平面から w 平面への写像と見なすと，**等角写像**という著しい性質を示す．等角写像は物理や工学の諸分野に応用が広いので，この節と次節でくわしく議論する．

z 平面上のごく近くの3点 z_0, z_1, z_2 が図8.6のように w 平面上の3点 $w_0 = f(z_0)$，$w_1 = f(z_1)$，$w_2 = f(z_2)$ に写像されたとしよう．2点 z_1, z_2 が点 z_0 のごく近くにあるので，図8.6に示したように

$$\begin{cases} z_1 - z_0 = \Delta z_1 \\ z_2 - z_0 = \Delta z_2, \end{cases} \qquad \begin{cases} w_1 - w_0 = \Delta w_1 \\ w_2 - w_0 = \Delta w_2 \end{cases}$$

とおくと，微分係数の定義と正則性から

$$\frac{\Delta w_1}{\Delta z_1} \cong f'(z_0), \qquad \frac{\Delta w_2}{\Delta z_2} \cong f'(z_0)$$

が成り立つ．(正則性より，z を z_0 にどのような近づけ方をしても，微分係数は同じ値(有限確定値)をもつことを思い出そう．) これより $\Delta w_1 = f'(z_0)\,\Delta z_1$ となり，Δw_1 の絶対値と偏角は

$$|\Delta w_1| = |f'(z_0)||\Delta z_1| \tag{1}$$

$$\arg(\Delta w_1) = \arg(\Delta z_1) + \arg(f'(z_0)) \tag{2}$$

と表される．すなわち，Δw_1 は Δz_1 を偏角 $\arg(f'(z_0))$ だけ回転し，長さを $|f'(z_0)|$ 倍に拡大したものということができる．同様に，

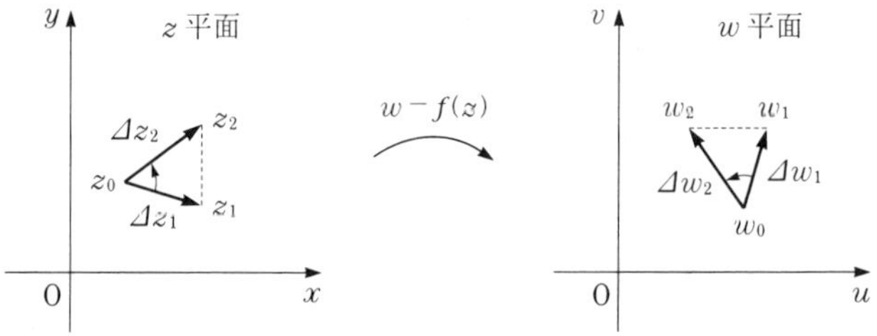

図 8.6

$$|\Delta w_2| = |f'(z_0)||\Delta z_2| \tag{3}$$

$$\arg(\Delta w_2) = \arg(\Delta z_2) + \arg(f'(z_0)) \tag{4}$$

である．

いま，図 8.6 において微小な三角形 $\triangle z_2z_0z_1$ と $\triangle w_2w_0w_1$ に注目すると，

（i） $\triangle w_2w_0w_1$ の 2 辺の長さ $|\Delta w_1|$ と $|\Delta w_2|$ の比は，（1）と（3）より

$$\frac{|\Delta w_2|}{|\Delta w_1|} = \frac{|f'(z_0)||\Delta z_2|}{|f'(z_0)||\Delta z_1|} = \frac{|\Delta z_2|}{|\Delta z_1|}$$

となって，$\triangle z_2z_0z_1$ の 2 辺の長さ $|\Delta z_1|$ と $|\Delta z_2|$ の比と一致する．ただし $f'(z_0) = 0$ の場合を除く．

（ii） $\triangle w_2w_0w_1$ の 2 辺 Δw_1 と Δw_2 のなす角 $\angle w_2w_0w_1$ は，（2）と（4）より

$$\begin{aligned}\angle w_2w_0w_1 &= \arg(\Delta w_2) - \arg(\Delta w_1)\\ &= \{\arg(\Delta z_2) + \arg(f'(z_0))\} - \{\arg(\Delta z_1) + \arg(f'(z_0))\}\\ &= \arg(\Delta z_2) - \arg(\Delta z_1)\\ &= \angle z_2z_0z_1\end{aligned}$$

となって，$\triangle z_2z_0z_1$ の 2 辺 Δz_1 と Δz_2 のなす角 $\angle z_2z_0z_1$ と向きまで含めて一致する．

こうして，（i）と（ii）により，$\triangle w_2w_0w_1$ と $\triangle z_2z_0z_1$ とは向きまで含めて相似であることがわかった．特に，z 平面上の角度 $\angle z_2z_0z_1$ と写像された w 平面上の角度 $\angle w_2w_0w_1$ が向きまで含めて等しいことが示された．これを**等角写像**という．すなわち，z 平面上の点 z_0 において $f(z)$ が正則で，かつ $f'(z_0) \neq 0$ ならば，z_0 の周りで等角写像性が成り立つのである．これをもう一度言い直すと次のようになる．図 8.7 のように，z 平面上の点 z_0 から 2 つの曲線 l_1 と l_2 が角度 θ をなして交差しているとしよう．これを正則関数 $w = f(z)$ で写像した結果が図のように 2 つの曲線 l_1' と l_2' だとすると，l_1' と l_2' のなす角も θ であって，曲線 l_2 は図の l_2'' (l_1' と $-\theta$ の角度をなす) には写像されないのである．

逆に，$w = f(z)$ によって z 平面の 1 つの領域が向きの変わらない等角写像によって w 平面に写像されるとき，$f(z)$ はそこで正則であることも証明できる．写像によって角度が保存される (不変) というこの等角写像性は，

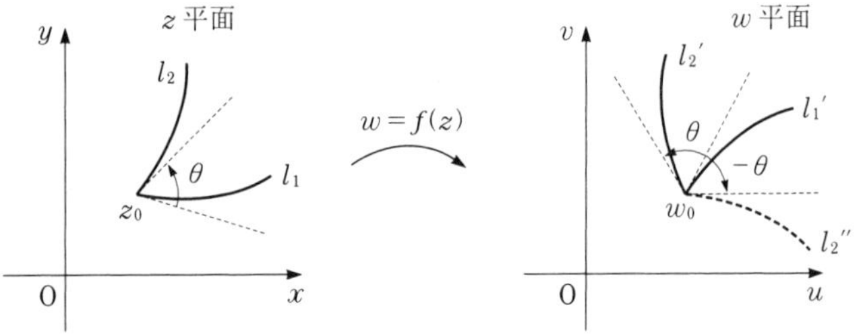

図 8.7

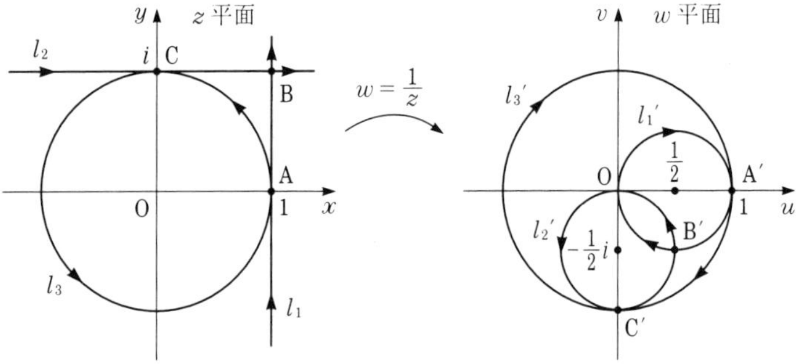

図 8.8

関数の正則性を特徴づける著しい特徴の1つであるということができる.

具体例として，図 8.8 に示された z 平面上の3つの円 (直線も半径 ∞ の円と考える) l_1 : $\mathrm{Re}\, z = 1$, l_2 : $\mathrm{Im}\, z = 1$, l_3 : $|z| = 1$ の，関数 $w = f(z) = 1/z$ による写像 l_1', l_2', l_3' を求め，等角写像性を確かめてみよう.

（i） l_1 : $\mathrm{Re}\, z = 1$ (直線) の写像 l_1' :

関数 $w = u + iv = 1/z$ より

$$\frac{1}{w} = \frac{1}{u + iv} = \frac{u - iv}{u^2 + v^2} = z$$

だから，$\mathrm{Re}\, z = 1$ を満たす u と v の関係は

$$\mathrm{Re}\, z = \frac{u}{u^2 + v^2} = 1, \qquad \therefore \quad u^2 + v^2 - u = 0$$

$$\therefore \quad \left(u - \frac{1}{2}\right)^2 + v^2 = \frac{1}{4} \qquad \left(\left|w - \frac{1}{2}\right| = \frac{1}{2}\right)$$

こうして，l_1' は w 平面上で $w = 1/2 + i0$ を中心とする半径 1/2 の円である．ただし，$y = -v/(u^2 + v^2)$ であって，y と v の符号が逆なので $y \to -\infty$ で $v \to +0$（正の側からゼロに近づく），$y \to +\infty$ で $v \to -0$（負の側からゼロに近づく）となることに注意しよう．すなわち，図 8.8 に示してあるように，z 平面上の l_1 に矢印で向きを付けると，w 平面上の l_1' の向きは図に示されたようになる．

（ii） l_2：$\mathrm{Im}\, z = 1$（直線）の写像 l_2'：

同様にして

$$\mathrm{Im}\, z = \frac{-v}{u^2 + v^2} = 1, \qquad \therefore \quad u^2 + v^2 + v = 0$$

$$\therefore \quad u^2 + \left(v + \frac{1}{2}\right)^2 = \frac{1}{4} \qquad \left(\left|w + \frac{1}{2}i\right| = \frac{1}{2}\right)$$

したがって，l_2' は $w = 0 - (1/2)i$ を中心とする半径 1/2 の円である．このとき $x = u/(u^2 + v^2)$ であり x と u の符号が同じなので $x \to -\infty$ で $u \to -0$，$x \to +\infty$ で $u \to +0$ となり，l_2 と l_2' の向きが図 8.8 に示されているような対応となる．

（iii） l_3：$|z| = 1$（円）の写像 l_3'：

この場合は $z = e^{i\theta}$ と表され，

$$|w| = \left|\frac{1}{z}\right| = \frac{1}{|z|} = 1$$

だから，l_3' も w 平面上で原点を中心とする半径 1 の円である．ただし，$w = e^{-i\theta}$ なので，l_3' の向きは l_3 の向きとは逆になる．

以上の結果をまとめて図示したのが図 8.8 である．z 平面上の l_3 と l_1，l_2 の接点 A，C および l_1 と l_2 の交点 B は，関数 $w = 1/z$ によって，それぞれ w 平面上の点 A′, C′, B′ に写像されている．図を比較して見て，たとえば，l_1 と l_2 は点 B で A → B と C → B の向きで直交しており，対応する l_1' と l_2' も点 B′ で A′ → B′ と C′ → B′ の向きで直交していることに注意しよう．点 A′，C′ もそれぞれ点 A，C と同じ向きの接点である．こうして，確かに z 平面から w 平面への等角写像性が成り立っていることがわかる．

ところで，図 8.9 に示されている，z 平面上の原点からスタートする 3 直線 l_1：偏角 $\arg z = 0$（x 軸の正の部分），l_2：$\arg z = \pi/4$，l_3：$\arg z = \pi/2$

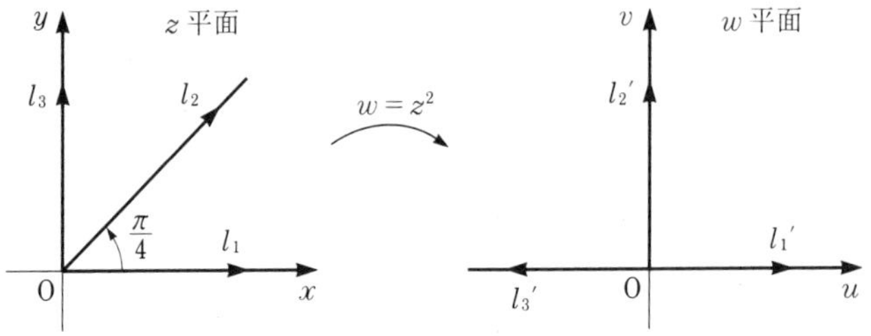

図 8.9

(y 軸の正の部分) の，関数 $w = f(z) = z^2$ による写像 l_1', l_2', l_3' はどうであろうか．z を極形式で表して $z = re^{i\theta}$ とおくと，$w = z^2 = r^2e^{2i\theta}$ なので，偏角の間に $\arg w = 2\arg z$ という関係がある．したがって，図 8.9 の右に示されているように，l_1' は $\arg w = 2 \times 0 = 0$ より l_1 と同様に u 軸の正の部分，l_2' は $\arg w = 2 \times \pi/4 = \pi/2$ で v 軸の正の部分，l_3' は $\arg w = 2 \times \pi/2 = \pi$ で u 軸の負の部分である．

ここで注意すべき点が 2 つある．まず第 1 に，z 平面上のたとえば l_1 と l_2 の間の角は $\pi/4$ であるが，正則関数 $w = z^2$ で写像された w 平面上の l_1' と l_2' の間の角度は $\pi/2$ であって，等角写像されていない．これは原点 $z = 0$ で $f'(z = 0) = 0$ だからである．

第 2 の注目すべき点は，l_3 が l_3' に移ったことからわかるように，関数 $w = z^2$ によって z 平面上の第 1 象限が w 平面上の上半面に写像されることである．クサビ形電極の外の電場やクサビ形の境界の近くの流体の流れを想像してわかるように，一般に角ばったものの近くの現象はフラットなもののそれより複雑でややこしい．それなら，たとえば図 8.9 の z 平面上の第 1 象限と w 平面上の上半面が関数 $w = z^2$ で関係づけられているのだから，はるかに簡単な w 平面上の上半面で与えられた問題を解いておいて，$w = z^2$ の関係から z 平面上にもどれば，ずっとややこしい z 平面上の第 1 象限での問題を解いたことになるではないか．これがまさしく等角写像の，物理学や工学諸分野への応用の核心なのである．そこでこれをもう少しくわしく議論してみよう．

[**問題 11**]　z 平面上の原点からスタートする 3 直線 l_1 (偏角 $\pi/6$)，l_2 (偏角

$\pi/3$), l_3 (偏角 $\pi/2$: y 軸の正の部分) の $w = z^3$ による写像 l_1', l_2', l_3' を w 平面上に図示せよ.

[**問題 12**] 図 8.9 の z 平面上の 2 直線 l_1 と l_2 に挟まれた部分を w 平面上の上半面に写像する関数 $w = f(z)$ を求めよ.

§8.7 等角写像の応用

正則関数 $w = f(z) = u(x, y) + i\,v(x, y)$ が与えられたとしよう. その実部 u, 虚部 v はもちろん x, y を変数とする実関数である. そこで c_1, c_2 を実定数として

$$u(x, y) = c_1 \tag{1}$$

$$v(x, y) = c_2 \tag{2}$$

を作ってみる. z 平面上で考えると, (1) は c_1 の値で決まる 1 つの曲線 (図 8.10 の z 平面上の太い実線) であり, (2) は c_2 の値で決まる 1 つの曲線 (図の z 平面上の太い破線) にほかならない. c_1 と c_2 の値を変えると, 図の z 平面上の実線と破線で示されているような曲線群が得られる.

他方, w 平面上で考えると, (1), (2) はそれぞれ, w の実部 u が定数 c_1 に, 虚部 v が定数 c_2 に等しいことを表しているにすぎない. すなわち, それらを図示すると図 8.10 の w 平面上の太い実線 ($u = c_1$) と太い破線 ($v = c_2$) となり, 当然ながらこの 2 直線は 1 点 P_w ($w = c_1 + ic_2$) で直交する. すると, 正則関数の等角写像性により, z 平面上での 2 曲線 $u(x, y) = c_1$ と

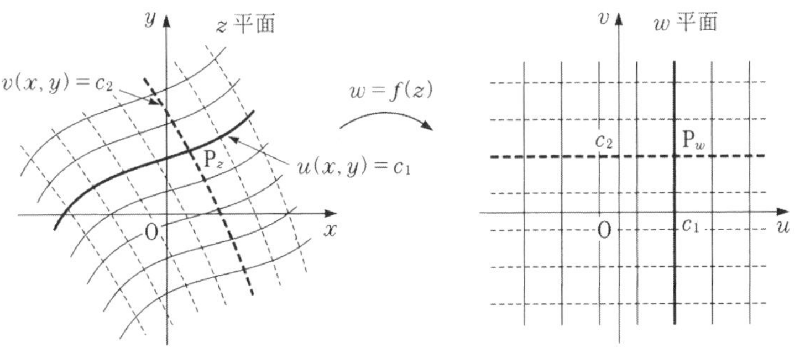

図 8.10

$v(x,y)=c_2$ も点 P_w に対応する点 P_z で直交するはずである．これを確かめてみよう．

これまで見てきたように，複素 z 平面は 2 次元 xy 平面と見なすことができる．(1) で c_1 にいろいろな値を代入すると，図 8.10 の左のいくつかの実線で表されているように $u(x,y)=c_1$ は曲線群を与える．そこで §6.1 で議論したように，この曲線群 $u(x,y)=c_1$ をスカラー場 $u(x,y)$ の等高線と見なそう．するとその勾配ベクトル ∇u は

$$\nabla u \equiv \mathrm{grad}\, u = (u_x, u_y)$$

である．同様に，スカラー場 $v(x,y)$ の勾配ベクトル ∇v は

$$\nabla v \equiv \mathrm{grad}\, v = (v_x, v_y)$$

これら勾配ベクトルの内積を作り，コーシー‐リーマン方程式 $v_x=-u_y$, $v_y=u_x$ を使うと容易に

$$\nabla u \cdot \nabla v = u_x v_x + u_y v_y = 0$$

であることがわかる．これは曲線群 $u(x,y)=c_1$ の勾配ベクトルと曲線群 $v(x,y)=c_2$ の勾配ベクトルが xy 平面上の任意の点で直交することを意味している．ところで，§6.1 で議論したように，勾配ベクトルは常に等高線そのものに直交する．したがって，(1) の曲線群 $u(x,y)=c_1$ と (2) の曲線群 $v(x,y)=c_2$ も直交する．こうして，正則関数 $f(z)=u(x,y)+i\,v(x,y)$ において，z 平面の 2 つの曲線群 $u(x,y)=c_1$ と $v(x,y)=c_2$ (c_1, c_2 は実定数) は互いに直交することがわかった．

物理学の世界では，電場が静電ポテンシャルの勾配で表されるように，ベクトル物理量がポテンシャルの勾配ベクトルで表される場合が多い．この場合も，電場と静電ポテンシャルの等高面 (線) が直交するように，物理量とそれに対応するポテンシャルの等ポテンシャル面は直交する．さらに静電ポテンシャル φ はラプラス方程式 $\nabla^2\varphi=0$ を満たす調和関数である．ここで 2 次元の世界に限定しよう．正則関数 $f(z)=u(x,y)+i\,v(x,y)$ の 2 つの実関数 $u(x,y)$，$v(x,y)$ も調和関数であることは既に学んだ．そこで z 平面上の曲線 $u(x,y)=c_1$ を 2 次元世界での静電ポテンシャルの等ポテンシャル線に対応させてみよう．(これは 2 次元静電ポテンシャル $\varphi(x,y)$ が与えられれば $u=\varphi$ とおけばよいだけなので，常に可能であることに注意しよう．

また，φ を v に対応させてもかまわない.）すると，上で見たように曲線 $v(x,y)=c_2$ は，曲線 $u(x,y)=c_1$ と直交するので，電場の方向を表す電気力線に対応する．同様の対応関係にある物理量を示すと

$u(x,y)$	$\longleftrightarrow$	$v(x,y)$
静電ポテンシャル $\varphi(x,y)$	$\longleftrightarrow$	電気力線
流体の速度ポテンシャル $\phi(x,y)$	$\longleftrightarrow$	流体の流線
温度分布 $T(x,y)$	$\longleftrightarrow$	熱流

などがある．もちろん，上で u と v の役割を交換してもかまわない．

ここで，実関数 $u(x,y)$ を 2 次元 xy 平面上の，たとえば静電ポテンシャル $\varphi(x,y)$ に対応させることができたとしよう．したがって，$u(x,y)$ は調和関数である．すると，前に見たように，$u(x,y)$ を実部とする正則関数 $f(z)=u(x,y)+i\,v(x,y)$ が構成できる．こうして得られた関数 $v(x,y)$ は自動的に静電ポテンシャル $\varphi(x,y)$ に対応する電気力線（あるいは電場 $\boldsymbol{E}$）を与えることになる．これが等角写像の，物理学の問題への応用のポイントの 1 つである．

等角写像の直接的な応用例として，ラプラス方程式の境界値問題を考えてみよう．図 8.11 の左に示されているように，z 平面上に（太い）曲線 l が与えられているとしよう．2 次元ラプラス方程式の境界値問題は

$$\nabla^2 u \equiv \frac{\partial^2 u}{\partial x^2}+\frac{\partial^2 u}{\partial y^2}=0 \tag{8.25}$$

ただし，境界（曲線 l 上）で

$$u=u_0 \quad (一定) \tag{8.26}$$

を満たす関数 $u(x,y)$ を求めよ，と表現できる．すなわち，ラプラス方程式を満たす解 $u(x,y)$ のうち，曲線 l 上でちょうど $u(x,y)=u_0$ となるものを見出す問題である．この典型的な例が，静電場の問題で，図 8.11 の左の斜線部分が接地された導体（その上では静電ポテンシャル $\varphi=0$）が与えられたとして，周囲の静電ポテンシャル φ（ラプラス方程式 $\nabla^2\varphi=0$ を満たす）を見出す問題であろう．斜線の部分が壁で，その周辺を流体が流れるときの流線などもその例である．

これまでの議論から，(8.25), (8.26) を解くには z 平面内の曲線 l を w 平

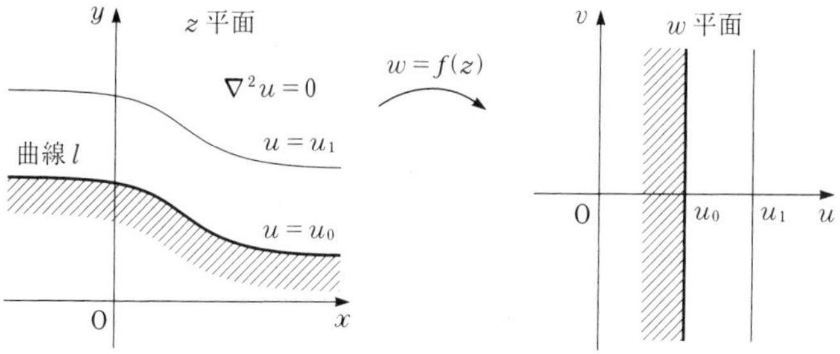

図 8.11

面の虚軸に平行な直線；

$$\mathrm{Re}\, w = u_0$$

に写像する正則関数 $w = f(z)$ を見出せばよいことがわかる．なぜならば，このように作った正則関数 $f(z) = u(x, y) + i\, v(x, y)$ において，$u(x, y)$，$v(x, y)$ は調和関数だから $\nabla^2 u = 0$ を満たす．その上，曲線 l 上の点は写像 $w = f(z)$ によって w 平面上で $u = u_0$ になるように選ばれたのだから，$u(x, y)$ は z 平面の l 上で一定値 u_0 をとるからである．これまでは正則関数 $f(z) = u(x, y) + i\, v(x, y)$ の実部 $u(x, y)$ に物理量を対応させたが，虚部 $v(x, y)$ に対応させても全く同じ議論ができることに注意しよう．

以下では簡単な正則関数を例にとって，それに対応する物理学の問題を見てみよう．

例 1.　$w = f(z) = z^2$

これまで議論してきた z 平面上の曲線 l を，図 8.12 の左に示されているように，z 平面の第 1 象限の境界（$xy = 0$）とする．すると写像 $w = f(z)$ による l の像は w 平面上の $v\ (= 2xy) = 0$ となることにまず注意しよう．考えてみると，問題が図 8.12 の右のように与えられていると，解くのが非常に容易である．2 次元空間に接地された平面電極があるとき，その電極の周囲の静電ポテンシャルを求める問題は，電磁気学の最初に出てくる問題の 1 つである．だから，図 8.12 の右の斜線で示された u 軸より下の部分が接地された電極と考えると，u 軸より上の電気力線（$u = u_0$）と静電ポテンシャル（$v = v_0$）は容易に求めることができる．

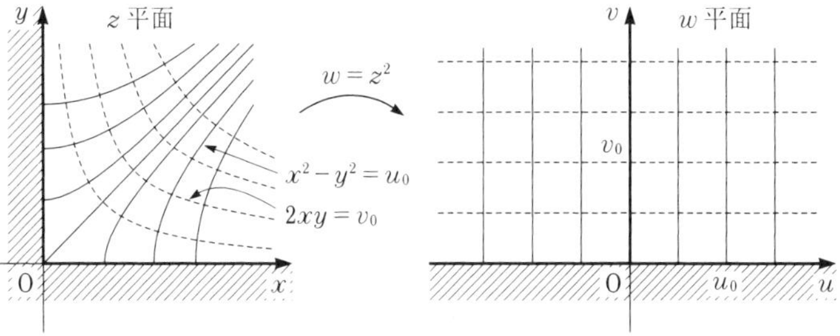

図 8.12

［**問題 13**］ 図 8.13 の左に示されているように，xy 平面上の x 軸の正の部分を接地された電極とする．例 1 と同様に，これを w 平面上の u 軸全体に写像する正則関数 $w = f(z)$ は何か．また，このとき xy 平面上での等ポテンシャル曲線，電気力線を表す曲線の表式を求めよ．

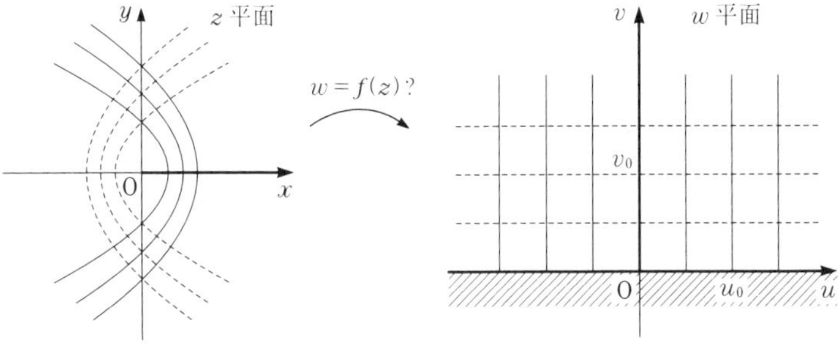

図 8.13

例 2. $w = f(z) = \log z$

z を極形式で $z = re^{i\theta}$ と表すと

$$w = \log z = \ln r + i(\theta + 2n\pi) = u + iv$$

より

$$u = \ln r, \qquad v = \theta + 2n\pi$$

となる．したがって，図 8.14 の右に示されているように，w 平面上でその実部 u が一定値 u_0 をとる直線（虚軸に平行な直線で実線で表されている）は $u_0 = \ln r$，すなわち $r = e^{u_0}$（一定）となって，z 平面上では円を表す．

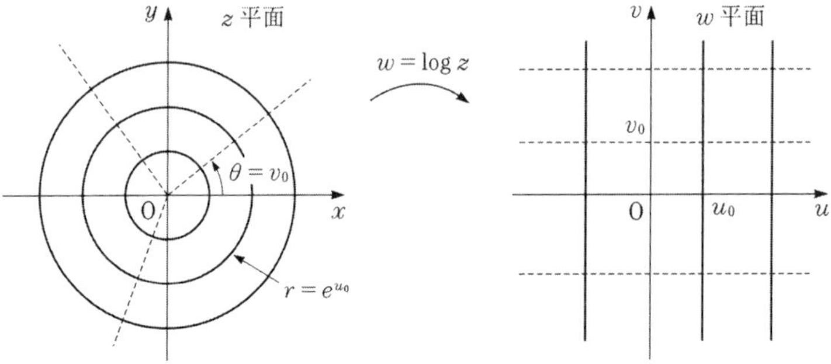

図 8.14

また，w 平面で実軸に平行な直線 $v = v_0$ (点線で示されている) は，偏角 $\theta = v_0 - 2n\pi$ (一定) より，z 平面上では原点からスタートする直線である．

図 8.14 の右の虚軸に平行な直線 $u = u_0$ と実軸に平行な直線 $v = v_0$ は，それぞれ，u 軸の $-\infty$ のかなたにある点電荷による等ポテンシャル曲線と電気力線と見なすことができる．（十分遠方にある点電荷の等ポテンシャル線は直線となる．）この点電荷は写像 $w = \log z$ (あるいは $r = e^{u_0}$) により，z 平面上では原点にある．こうして，関数 $w = \log z$ は原点に点電荷があるときの静電ポテンシャルを議論するのに適当な関数であり，2 次元平面にある点電荷のポテンシャルは対数関数で表されることがわかる．原点に流体の湧き出しがあるときの流体の流線や速度ポテンシャルを議論する場合にも $w = \log z$ が有効に使われる．

［**問題 14**］ 2 次元平面の原点に電荷 Q の点電荷がある．これによる静電ポテンシャルは原点からの距離 r の点で $\phi = -(Q/2\pi\varepsilon_0)\ln r$ (ε_0：真空の誘電率) で与えられることを，電磁気学のガウスの法則 ($\mathrm{div}\,\boldsymbol{E} = \rho/\varepsilon_0$，$\rho$：電荷密度) とベクトル解析で学んだガウスの定理 (6.29) を使って示せ．（ヒント：ガウスの法則の両辺を，原点を中心とする半径 r の円 S (その周囲 C) 内で積分し，左辺の部分にガウスの定理を使え．このとき，空間が 2 次元なので線要素ベクトル $d\boldsymbol{s}$ が現れるが，これは常に円周 C に垂直であることに注意 (3 次元のときは面要素ベクトル $d\boldsymbol{\sigma}$ が現れ，面に垂直であった)．）

演習問題

［**1**］（1） z 平面上の直線 $y=x$ の，関数 $w=f(z)=1/(z-1)$ による w 平面上の像を求めよ．

（2） 前問で z 平面上の直線を $y=x+1$ とし，関数を $w=f(z)=z^2$ とするとどうなるか．

［**2**］ $w=|z^2|=z\bar{z}$ は正則関数かどうか調べよ．

［**3**］ 次の関数は正則でないことを示せ．

（1） $w=\bar{z}^2$ （2） $w=z^2\bar{z}$

［**4**］ $z=x+iy$, $\bar{z}=x-iy$ より $x=(1/2)(z+\bar{z})$, $y=-(1/2)i(z-\bar{z})$ である．これは変数 x, y が別の変数 z, $\bar{z}$ で表されることを意味する．これより z, $\bar{z}$ の変化を x, y の変化で表すと

$$\frac{\partial}{\partial z}=\frac{\partial x}{\partial z}\frac{\partial}{\partial x}+\frac{\partial y}{\partial z}\frac{\partial}{\partial y}=\frac{1}{2}\left(\frac{\partial}{\partial x}-i\frac{\partial}{\partial y}\right)$$
$$\frac{\partial}{\partial \bar{z}}=\frac{\partial x}{\partial \bar{z}}\frac{\partial}{\partial x}+\frac{\partial y}{\partial \bar{z}}\frac{\partial}{\partial y}=\frac{1}{2}\left(\frac{\partial}{\partial x}+i\frac{\partial}{\partial y}\right)$$

となる．

（1） 複素関数 $f(x,y)=u(x,y)+i\,v(x,y)$ を $z,\bar{z}$ の関数 $f(z,\bar{z})$ と見なして，$\partial f/\partial\bar{z}$ を u_x $(\equiv\partial u/\partial x)$, u_y, v_x, v_y で表せ．

（2） もし $w=f(x,y)$ が正則関数ならば $\partial f/\partial\bar{z}=0$ であることを示せ．（これは，正則関数は $\bar{z}$ を含まないことを意味する．前2問を見よ．）

［**5**］ 次の関数の特異点と微分を求めよ．

（1） $\cot z$ （2） $\dfrac{1}{e^z-2}$

［**6**］ 点 a の近くで関数 $f(z)$, $g(z)$ が正則で，$f(a)=g(a)=0$ のとき

$$\lim_{z\to a}\frac{g(z)}{f(z)}=\frac{g'(a)}{f'(a)}$$

であることを示せ．これを**ド・ロピタルの公式**という．これを使って，次の極限値を求めよ．

（1） $\displaystyle\lim_{z\to 1}\frac{\sin\pi z}{z^2-1}$ （2） $\displaystyle\lim_{z\to\pi i}\frac{e^z+1}{z-\pi i}$

［**7**］（1） $u=x^3-3xy^2+2y$ が調和関数であることを示し，それを実部とする正則関数を求めよ．

（2） $v=e^x\cos y$ が調和関数であることを示し，それを虚部とする正則関数を求めよ．

［**8**］ $u=2x^3-axy^2$ が調和関数であるためには，a はいくらでなければならない

か．また，このとき u を実部とする正則関数を求めよ．

［**9**］ 左図のように，z 平面上に接地されたクサビ形電極がある．この電極の周囲の静電ポテンシャル ϕ を等角写像法で求めてみよう．電極表面で ϕ は一定であり，特に電極は接地されているので，電極表面で $\phi = 0$ である．その周囲では $\nabla^2\phi = 0$ を満たすので，これは典型的な 2 次元ラプラス方程式の境界値問題である．

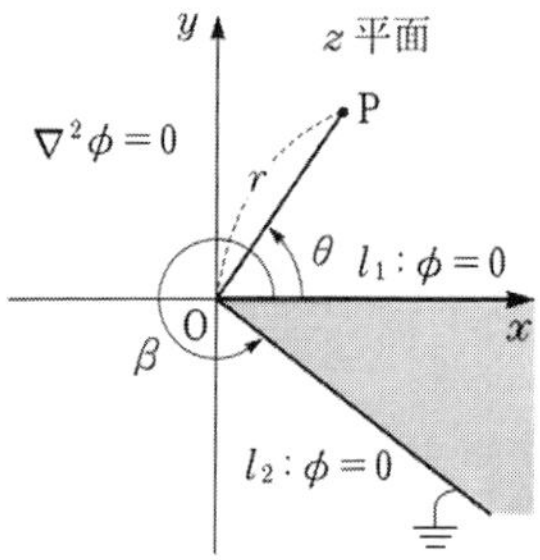

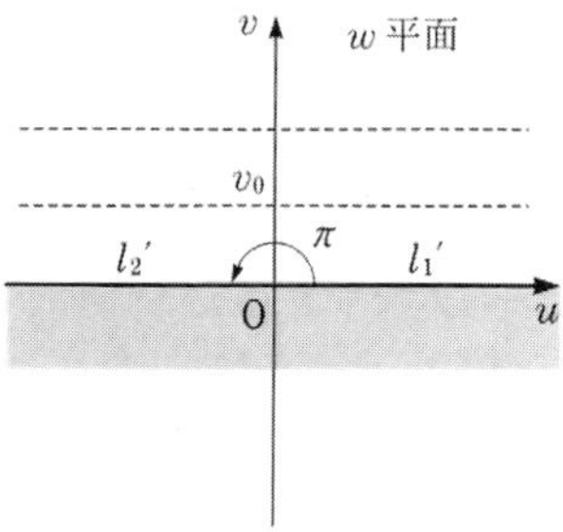

（1） z 平面上のクサビ形電極のクサビの角度を $2\pi - \beta$（クサビの外回りの角度：β）とすると，このクサビを右図に示されているように，w 平面上の実軸より下の部分（w 平面上での角度 π のクサビに相当する）に写像する関数 w は $w = Az^\lambda$（A：実定数，$\lambda = \pi/\beta$）であることを示せ．

（2） w 平面上に示されたようなクサビ形（クサビ角 π）電極による等ポテンシャル線は全く簡単で，$u + iv_0$（u：任意，v_0：一定）の形の，実軸に平行な直線で与えられる．このことから，z 平面上の原点から距離 r，クサビの半直線 l_1 から角度 θ にある点 P での静電ポテンシャル $\phi(r, \theta)$ は

$$\phi = Ar^\lambda \sin \lambda\theta$$

で与えられることを示せ．

複素平面に潜む怪物 — ジュリア集合とマンデルブロー集合

海岸線や山並み，雲の輪郭など，自然界に見られるパターンの多くはちょっと見ると非常に複雑に思われる．しかし，複雑系科学の先駆けを成したフラクタルやカオスの最も重要な特徴の一つは，単純なルールから複雑なパターンや現象が生じるということである．逆にいえば，一見複雑そうに見える現象の生成機構は必ずしも複雑とは限らず，その背後には単純なアルゴリズムが隠されている可能性がある．これがフラクタルやカオスの研究から得られた最大の教訓であろう．以下に，複素平面上で非常に単純なアルゴリズムから得られる果てしなく複雑なパターンの生成の例を見てみよう．

$f(z)$ を複素数 z のある複素関数とすると $f(z)$ も複素数なので，これは複素平面上で点 z を別の点 $f(z)$ に写す写像と見ることができる．そこで1つの複素数 z_n から次の複素数 z_{n+1} を作る逐次写像

$$z_{n+1} = f(z_n) \qquad (n = 0, 1, 2, \cdots) \tag{1}$$

を考えると，これは z_0 を出発点として $z_0 \to z_1 \to z_2 \to \cdots$ と，複素平面上に無限の点列を生み出す．こうして，与えられた複素関数 $f(z)$ に対して，出発点 z_0 を指定したときに点 z_n が $n \to \infty$ で複素平面上のどこに行くかが問題となる．

簡単な例 $f(z) = z^2 + c$（c は複素定数）で見てみよう．すなわち，逐次写像として

$$z_{n+1} = {z_n}^2 + c \qquad (n = 0, 1, 2, \cdots) \tag{2}$$

をとる．これは一見して単純そのものであるが，実はそこには想像を絶するほどの複雑さが秘められているのである．さらに簡単な場合として，複素定数を $c = 0$ として，逐次写像 $z_{n+1} = {z_n}^2$ を考えてみる．これは容易にわかるように，原点を中心とする単位円周の外部に z_0 をとると点 z_n は n の増大とともに無限のかなたに去って行く．他方，z_0 をこの円周の内部にとると，z_n は原点に収束する．円周上の点は $z = e^{i\theta}$（θ は複素数 z の偏角）と表されるので，z_0 をちょうどこの円周上にとると，z_n はいつまでもこの円周上を動き回り，そこに留まる．

このように，複素定数 c の値を指定したときに z_n が $n \to \infty$ で収束も発散もしないような出発点 z_0 の集合を，20 世紀初頭にそれを研究したフランスの数学者 G. Julia にちなんで**ジュリア集合**という．また，このジュリア集合に収束する場合の点 z_0 の集合を加えた集合を充填ジュリア集合という．したがって，上の逐次写像（2）で $c = 0$ としたときのジュリア集合は原点を中心とした単位円周であり，充填ジュリア集合はその円周および円内から成る単位円盤ということになる．この場合にはジュリア集合はまったく単純であるが，円周上での z_n の動きは決して

単純ではなく，一般にはカオスであることが証明できる．そして，cの値によってジュリア集合は比較的単純な形から信じられないほどの複雑な形までさまざまなフラクタル・パターンを示し，しかもその形はcの値からは予測できない．一例として$c = -0.74543 + 0.11301i$の場合の充填ジュリア集合を図に示す．

ジュリア集合は複素定数cの値を固定して，点列$\{z_n\}$が発散しない出発点z_0の集合であった．これを逆転して，式(2)で出発点z_0を常に原点($z_0 = 0$)においた上で，点列$\{z_n\}$が$n \to \infty$で発散しないような複素定数cの集合も問題にできる．たとえば，$c = 1$はこの集合に含まれないが，$c = -1$は含まれることは式(2)から容易にわかる．複素定数cのこの集合を発見者 B. Mandelbrot にちなんで**マンデルブロー集合**といい，右図に示されている．これは同じような丸いこぶが大きなハートの周辺にサイズを変えながら並んでくっついているだけの比較的単純なフラクタル・パターンのように見える．しかし，この集合のどの表面部分を拡大しても変わったパターンが見られ，しかも拡大するにつれて変容する，全く複雑怪奇な集合なのである．そのため，マンデルブロー集合は数学がこれまでに“見た”もっとも複雑な対象だと言われている．

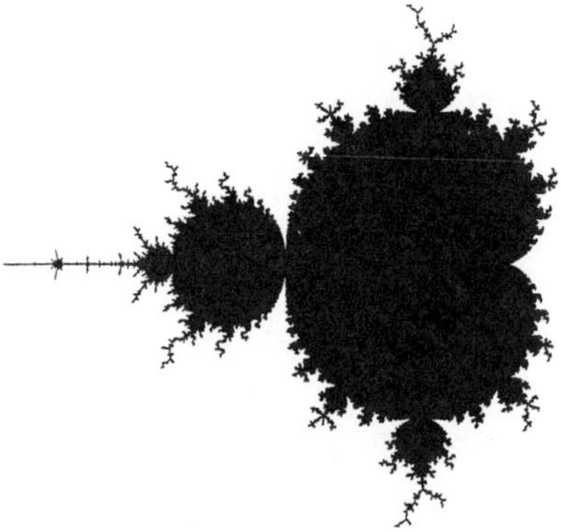

9 複素積分

本章で学ぶ複素積分は言ってみれば複素平面上での線積分にすぎない．したがって，これを理解するのに概念的に難しいことは何もない．ここで注目すべき点は，積分路が被積分関数の正則領域内にあるときに複素積分が示す単純で美しい性質である．これは一方で力学，電磁気学，量子力学，流体力学などへの興味深くて幅広い応用に結びつき，他方では実数の世界のある種の定積分を積分しないで求めるというマジックに導く．本章ではさらに複素積分を使って複素関数の展開を議論し，それを基礎にして関数の定義域の拡張である解析接続を学ぶ．

§9.1 複素積分

z 平面上の2点A，Bを結ぶ滑らかな曲線Cが図9.1のように与えられているとしよう．また，ある関数 $f(z)$ が与えられており，曲線C上で連続だとする．図のように，曲線CのA，B間を

$z_0 = \mathrm{A}, z_1, z_2, \cdots, z_{n-1}, z_n = \mathrm{B}$

のように n 分し，各々の弧 $\overset{\frown}{z_{k-1}z_k}$ 上の任意の点を ζ_k とおく．これより

$$W_n \equiv \sum_{k=1}^{n} f(\zeta_k)(z_k - z_{k-1}) \tag{9.1}$$

を作ると，$\lim_{n\to\infty} W_n$ は実数の世界における2次元平面上での関数

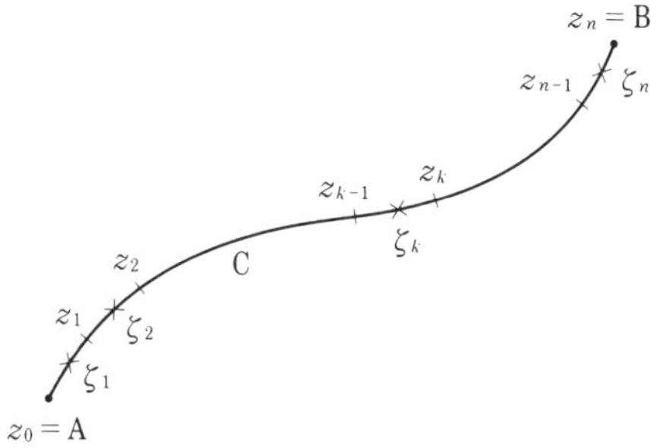

図 9.1

f の線積分に対応し，ある一定値をもつ．そこでこれを

$$\int_C f(z)\,dz \equiv \lim_{n\to\infty}\left\{\sum_{k=1}^{n} f(\zeta_k)(z_k - z_{k-1})\right\} \tag{9.2}$$

と書き，z 平面上の積分路 C に沿った $f(z)$ の**複素積分**とよぶ．

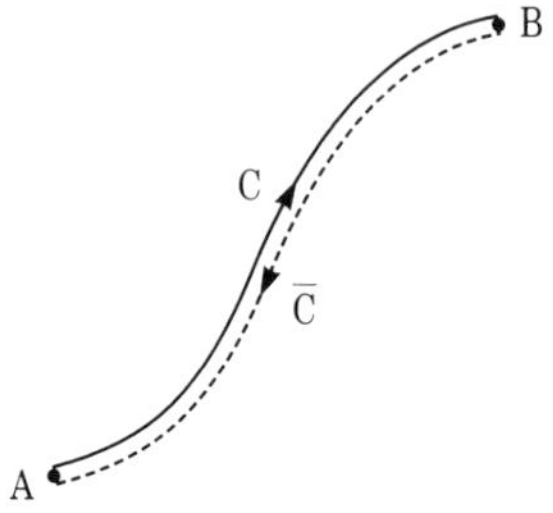

図 9.2

ここでこれまでの“曲線”C と違って，“積分路”C には A から B への向きがあることに注意しよう．実際，図 9.2 のように $\bar{C}$ を C と逆向きの（B から A への）積分路とすると，$\bar{C}$ に沿った複素積分は (9.2) より

$$\int_{\bar{C}} f(z)\,dz = \lim_{n\to\infty}\left\{\sum_{k=n}^{1} f(\zeta_k)(z_{k-1} - z_k)\right\} = -\lim_{n\to\infty}\left\{\sum_{k=1}^{n} f(\zeta_k)(z_k - z_{k-1})\right\}$$
$$= -\int_C f(z)\,dz \tag{9.3}$$

となって，符号が反転することがわかる．

例題 9.1

複素積分 (9.2) を実部と虚部に分けて表せ．

［**解**］ $f(z) = u(x,y) + i\,v(x,y)$,　　$dz = dx + i\,dy$ より

$$f(z)\,dz = (u + iv)(dx + i\,dy) = (u\,dx - v\,dy) + i(v\,dx + u\,dy)$$

したがって

$$\int_C f(z)\,dz = \int_C (u\,dx - v\,dy) + i\int_C (v\,dx + u\,dy) \tag{9.4}$$

と表される．　¶

円周上の複素積分は今後しばしば現れ，重要である．z 平面上の任意の点 a（複素数）を中心に半径 r の円があるとしよう（図 9.3）．円周上の 2 点 $\mathrm{A}(a + re^{i\theta_1})$ と $\mathrm{B}(a + re^{i\theta_2})$ を結ぶ円弧を積分路 C とする．C 上の任意の点 z を極形式で表すと $z = a + re^{i\theta}$ であり，a, r が一定なので $dz = re^{i\theta}i\,d\theta$ である．したがって，関数 $f(z)$ の円弧 C に沿った複素積分は

$$\int_C f(z)\,dz = \int_{\theta_1}^{\theta_2} f(a + re^{i\theta})re^{i\theta}i\,d\theta \tag{9.5}$$

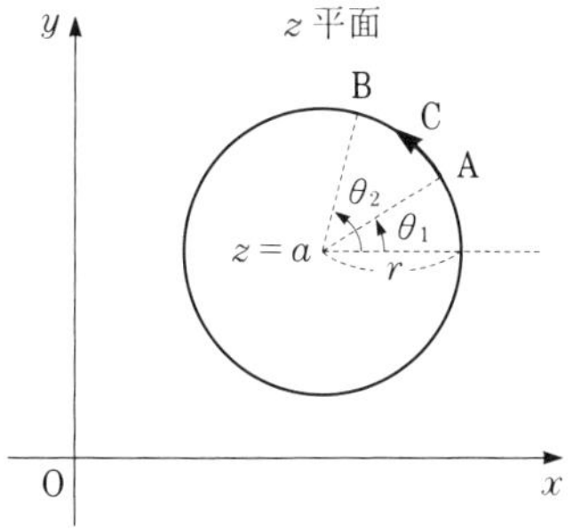

図 9.3

と表される．

例題 9.2

z 平面上の O から $1+i$ に至る積分路が図に示されている．それぞれに沿った複素積分

$$I_k = \int_{C_k} z\,dz$$

のうち，$I_1 \sim I_3$ を求めよ．

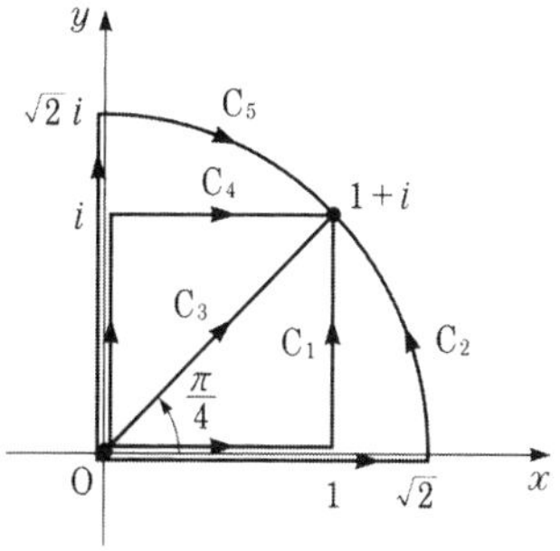

［**解**］（i）I_1：　C_1 の実軸上では $z=x$ だから $dz=dx$．また，虚軸に平行な部分では $z=1+iy$ だから $dz=i\,dy$．よって

$$I_1 = \int_{C_1} z\,dz = \int_0^1 x\,dx + \int_0^1 (1+iy)i\,dy = \frac{1}{2} + \left(i - \frac{1}{2}\right) = i$$

（ii）I_2：　C_2 の実軸上では $z=x$ だから $dz=dx$．また，円周上では $z=\sqrt{2}e^{i\theta}$ だから $dz=\sqrt{2}e^{i\theta}\,i\,d\theta$．よって

$$I_2 = \int_{C_2} z\,dz = \int_0^{\sqrt{2}} x\,dx + \int_0^{\pi/4} \sqrt{2}e^{i\theta}\cdot\sqrt{2}\,e^{i\theta} i\,d\theta$$

$$= 1 + 2i\int_0^{\pi/4} e^{2i\theta} d\theta = 1 + 2i\left[\frac{e^{2i\theta}}{2i}\right]_0^{\pi/4} = 1 + (e^{i\pi/2} - 1) = i$$

（iii）I_3：　C_3 上では $x=y$ なので $z = x+iy = (1+i)x$ であり，$dz = (1+i)\,dx$．したがって，

$$I_3 = \int_{C_3} z\,dz = \int_0^1 (1+i)x(1+i)\,dx$$
$$= (1+i)^2 \int_0^1 x\,dx = (1+2i-1) \times \frac{1}{2} = i \qquad ¶$$

上の例題の結果は積分 I_k $(k = 1\sim3)$ がいずれも i を与えており，積分路によらないことを強く示唆する．$f(z)$ が正則関数なら事実そうであることは次節で議論しよう．

［**問題 1**］ 上の例題で積分路 C_4，C_5 に沿った積分 I_4，I_5 を求めよ．

本節の最後に，複素積分に関する不等式を導いておこう．W_n の定義 (9.1) にもどり，これに一般化された三角不等式 (7.17) を適用すると

$$|W_n| = \left|\sum_{k=1}^{n} f(\zeta_k)(z_k - z_{k-1})\right| \leqq \sum_{k=1}^{n} |f(\zeta_k)(z_k - z_{k-1})|$$
$$= \sum_{k=1}^{n} |f(\zeta_k)||z_k - z_{k-1}|$$

となる．ここで C 上での $|f(z)|$ の最大値を M とすると，$|f(\zeta_k)| \leqq M$ だから

$$\sum_{k=1}^{n} |f(\zeta_k)||z_k - z_{k-1}| \leqq M \sum_{k=1}^{n} |z_k - z_{k-1}|$$

である．点 A から B までの曲線の長さを l とすると

$$l \equiv \int_C ds = \lim_{n\to\infty} \left\{\sum_{k=1}^{n} |z_k - z_{k-1}|\right\}$$

と表され，l は折れ線の総和より大きい：

$$\sum_{k=1}^{n} |z_k - z_{k-1}| \leqq l$$

以上をまとめると

$$|W_n| \leqq \sum_{k=1}^{n} |f(\zeta_k)||z_k - z_{k-1}| \leqq Ml$$

となる．この式で $n \to \infty$ とすると

$$\left|\int_C f(z)\,dz\right| \leqq \int_C |f(z)|\,ds \leqq Ml \tag{9.6}$$

という不等式が導かれる．これは積分値の大きさの評価に使われる有用な結果である．

§9.2　コーシーの定理

複素関数 $f(z)$ を z の 1 価関数として，z 平面上の閉曲線 C（図 9.4）に沿っての $f(z)$ の 1 周積分を

$$\oint_C f(z)\,dz \tag{9.7}$$

と記す．このとき，閉曲線 C 上および C の内部で関数 $f(z)$ が正則ならば，上の 1 周積分は常に

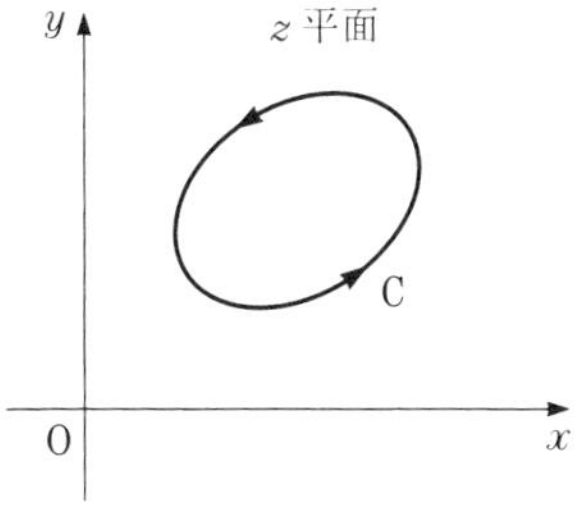

図 9.4

$$\oint_C f(z)dz = 0 \tag{9.8}$$

である．これを**コーシー**（Cauchy）**の定理**という．以下にこれを証明してみよう．

(9.7) を実部，虚部に分けると，(9.4) より

$$\oint_C f(z)\,dz = \oint_C (u\,dx - v\,dy) + i\oint_C (v\,dx + u\,dy) \tag{1}$$

が成り立つ．ここで右辺の積分は実数の世界での 2 次元 xy 平面内での閉曲線 C に沿った線積分であることに注意しよう．2 次元 xy 平面は 3 次元 xyz 空間内の一部と見なすことができるので，xy 面上の閉曲線 C で囲まれる領域 S も xy 面上にあると見なそう（図 9.5）．ここで空間内の任意のベクトル $\boldsymbol{A}$ についてストークスの定理 (6.36) を適用する．領域 S もその縁である閉曲線 C も xy 面上にあるので，面積要素ベクトル $d\boldsymbol{\sigma}$ は §6.6 の (6.31) 以下の議論から z 成分だけがゼロでなく，$dx\,dy$ に等しい．また，$\boldsymbol{r} = (x, y, 0)$ である．

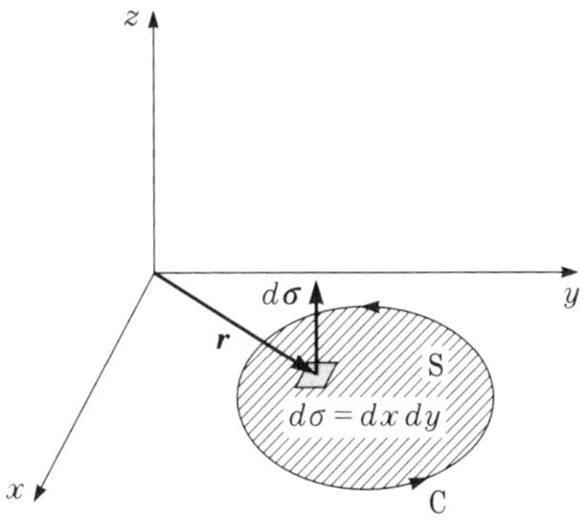

図 9.5

したがって，

$$d\boldsymbol{\sigma}\cdot\mathrm{rot}\,\boldsymbol{A} = dx\,dy(\mathrm{rot}\,\boldsymbol{A})_z = dx\,dy\left(\frac{\partial A_y}{\partial x} - \frac{\partial A_x}{\partial y}\right)$$

$$d\boldsymbol{r}\cdot\boldsymbol{A} = dx\,A_x + dy\,A_y$$

と表される．これを (6.36) に代入すると

$$\iint_{\mathrm{S}} dx\,dy\left(\frac{\partial A_y}{\partial x} - \frac{\partial A_x}{\partial y}\right) = \oint_{\mathrm{C}}(A_x\,dx + A_y\,dy)$$

が得られる．これは任意のベクトル $\boldsymbol{A}$ について成り立つ関係式である．そこで，この式で

（i） $A_x = u$，$A_y = -v$（A_z は任意）とおくと，

$$\oint_{\mathrm{C}}(u\,dx - v\,dy) = -\iint_{\mathrm{S}} dx\,dy\left(\frac{\partial v}{\partial x} + \frac{\partial u}{\partial y}\right) \qquad (2)$$

が成り立つ．

（ii） $A_x = v$，$A_y = u$（A_z は任意）とおくと，

$$\oint_{\mathrm{C}}(v\,dx + u\,dy) = \iint_{\mathrm{S}} dx\,dy\left(\frac{\partial u}{\partial x} - \frac{\partial v}{\partial y}\right) \qquad (3)$$

が成り立つ．（2）と（3）を（1）に代入すると

$$\oint_{\mathrm{C}} f(z)\,dz = -\iint_{\mathrm{S}} dx\,dy\left(\frac{\partial v}{\partial x} + \frac{\partial u}{\partial y}\right) + i\iint_{\mathrm{S}} dx\,dy\left(\frac{\partial u}{\partial x} - \frac{\partial v}{\partial y}\right) \qquad (4)$$

となる．ところで，$f(z) \equiv u + iv$ が領域 S 上 (その縁 C も含む) で正則ならば，コーシー - リーマン方程式より

$$\frac{\partial u}{\partial x} = \frac{\partial v}{\partial y}, \qquad \frac{\partial u}{\partial y} = -\frac{\partial v}{\partial x}$$

が成り立つから，これを（4）に代入すると

$$\oint_{\mathrm{C}} f(z)\,dz = 0$$

となる．こうして，コーシーの定理 (9.8) が導かれた．

コーシーの定理の逆 (モレラの定理) も成り立つが，その証明は後の §9.4 にゆずろう．この単純なコーシーの定理は関数 $f(z)$ の正則性の直接的な結果であることをもう一度注意しておく．そして，これが今後の議論の基礎となる．また，この定理からただちに次の例題のような有用な関係式が導かれる．

例題 9.3

z 平面上の 2 点 A，B を始点と終点とする関数 $f(z)$ の複素積分は，その積分路が $f(z)$ の正則領域だけを掃過するなら積分路をどのように変形しても値は変わらないことを示せ．

［**解**］ 図 9.6 で 2 つの積分路 C_1 と C_2 に注目しよう．C_2 の逆向きの積分路 $\overline{C_2}$ を考えると $C_1+\overline{C_2}$ は閉曲線を作る．したがって，これにコーシーの定理を適用すると

$$\oint_{C_1+\overline{C_2}} f(z)\,dz = 0$$

左辺の積分をばらして (9.3) を使うと

$$\oint_{C_1+\overline{C_2}} f(z)\,dz = \int_{C_1} f(z)\,dz + \int_{\overline{C_2}} f(z)\,dz$$
$$= \int_{C_1} f(z)dz - \int_{C_2} f(z)dz$$

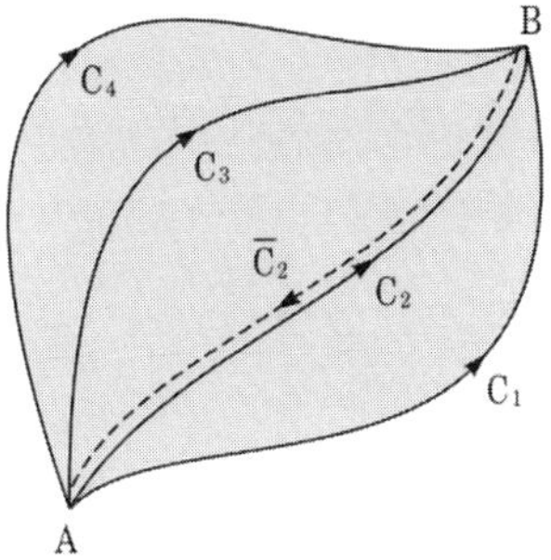

図 9.6

したがって，$f(z)$ の正則領域内で

$$\int_{C_1} f(z)\,dz = \int_{C_2} f(z)\,dz \qquad (9.9)$$

が成り立つ．こうして，例題 9.2 と［問題 1］で，いろいろな積分路をとる積分 I_k がどれも等しい理由が明らかとなった． ¶

閉曲線の変形に対しても上の (9.9) と同様な関係が成り立つ．図 9.7 のように，2 つの閉曲線 C_1 と C_2 があり，その間で $f(z)$ が正則だとしよう．C_1，C_2 上にそれぞれ点 A，B をとり，点 A から B へ向かう曲線を C とする．図のように積分路 C_1 を C_1', C_1'', … と正則領域内で変形していくと，

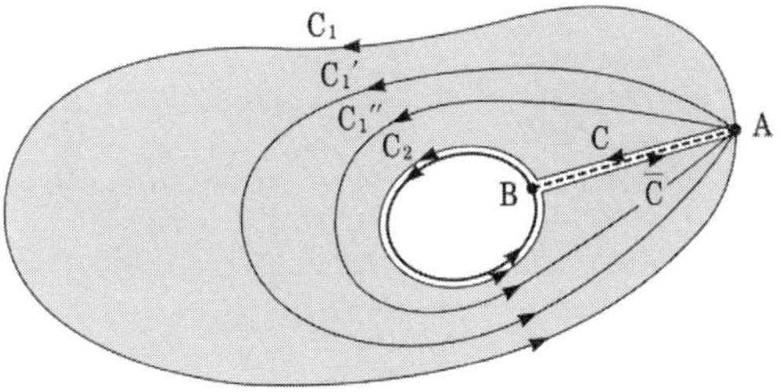

図 9.7

$$\oint_{C_1} f(z)\,dz = \oint_{C_1'} f(z)\,dz = \oint_{C_1''} f(z)\,dz = \cdots$$
$$= \int_{C} f(z)\,dz + \oint_{C_2} f(z)\,dz + \int_{\bar{C}} f(z)\,dz$$
$$= \oint_{C_2} f(z)\,dz$$

が導かれる．ここで上の最初の等号は (9.9) あるいは図 9.6 で点 A と B を一致させたときに成り立つことに注意しよう．また，最後の等号では (9.3) を使った．こうして，閉曲線 C_1 を C_2 に変形するときに，掃過する領域で $f(z)$ が正則ならば

$$\oint_{C_1} f(z)\,dz = \oint_{C_2} f(z)\,dz \tag{9.10}$$

が成り立つことがわかる．これは閉曲線 C_2 の内部に特異点があっても一向に構わないことに注意しよう．上式は今後しばしば使うことになる．

(9.10) はさらに一般化することができる．いま，図 9.8 のように，閉曲線 C 内に多数の重ならない閉曲線 C_k $(k = 1, 2, \cdots)$ があって，C 上および C 内で，かつ，C_k の上とそれらの外側 (図の灰色部分) で関数 $f(z)$ が正則ならば

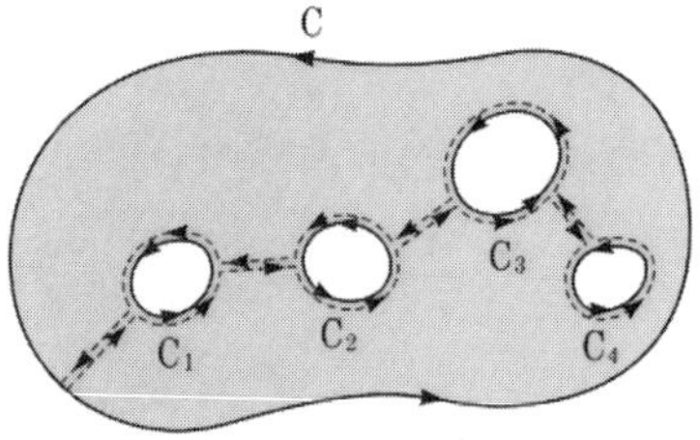

図 9.8

$$\oint_{C} f(z)\,dz = \oint_{C_1} f(z)\,dz + \oint_{C_2} f(z)\,dz + \cdots = \sum_k \oint_{C_k} f(z)\,dz \tag{9.11}$$

が成り立つ．これは積分路 C を図の点線で示したように変形すれば自ずと明らかであろう．

以上の結果，(9.9) ～ (9.11) は積分を実際に計算するときに非常に有用である．いま，積分路が複雑な形で与えられているとしよう．しかし，被積分関数 $f(z)$ の正則領域内で積分路を変形しても積分値が不変なのだから，この複雑な積分路を正則領域内で計算しやすい単純なものに変形することができることがわかったのである．

例題 9.4

点 $z=a$ を囲む任意の積分路 C に対し

$$\oint_C \frac{e^z}{z-a}\,dz = 2\pi i e^a$$

であることを示せ.

［**解**］ 被積分関数 $f(z)=e^z/(z-a)$ は $z=a$ 以外で正則だから，図のように積分路 C を点 $z=a$ を中心とする半径 r の円 C_0 に変形することができる. C_0 上では

$$z = a + re^{i\theta}, \qquad dz = re^{i\theta} i\,d\theta$$

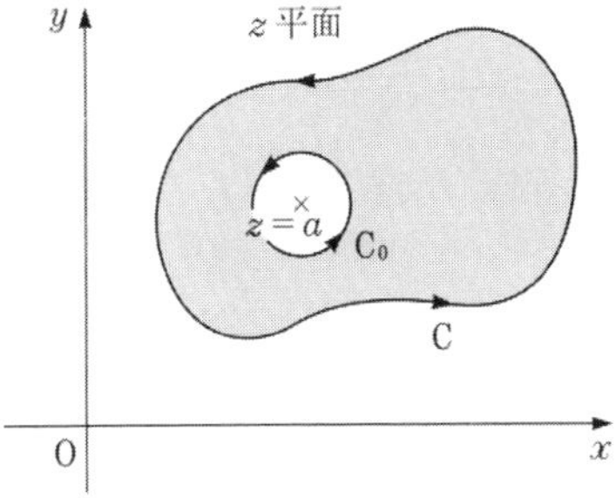

だから

$$\oint_C \frac{e^z}{z-a}\,dz = \oint_{C_0} \frac{e^z}{z-a}\,dz = \int_0^{2\pi} \frac{e^{a+re^{i\theta}}}{re^{i\theta}} re^{i\theta} i\,d\theta = i\int_0^{2\pi} e^{a+re^{i\theta}}\,d\theta$$

ここでさらに $r\to 0$ としても C_0 は正則領域内にあるので

$$\oint_C \frac{e^z}{z-a}\,dz = i\lim_{r\to 0}\int_0^{2\pi} e^{a+re^{i\theta}}\,d\theta = ie^a\int_0^{2\pi} d\theta = 2\pi i e^a$$ ¶

［**問題 2**］ 点 a を囲む任意の積分路 C に対して

（1） $\oint_C \frac{1}{z-a}\,dz$　　（2） $\oint_C \frac{z^2}{z-a}\,dz$　　（3） $\oint_C \frac{\sin z}{z-a}\,dz$

を求めよ.

［**問題 3**］ $\oint_{C:|z|=2} \frac{z}{z^2+1}\,dz$ を求めよ.（ヒント：被積分関数の特異点はどこにあるか. (9.11) を使え.）

§9.3 不定積分

関数 $f(z)$ の正則領域内に 2 点 z_0 と z をとり，この 2 点間の積分を

$$F(z) = \int_{z_0}^{z} f(z')\,dz' \tag{9.12}$$

とする. このとき，積分路も $f(z)$ の正則領域内にあるならば，積分値は積分路によらず不変であることは前節で述べた.

ここで，図9.9のように，この積分路を z からさらに微小量 Δz だけ延ばして

$$F(z+\Delta z)=\int_{z_0}^{z+\Delta z} f(z')\,dz' \tag{9.13}$$

を作る．すなわち，上の積分の積分路は z_0 から出発して z を通り，$z+\Delta z$ に至るものとするわけである．そこで (9.13) と (9.12) の差をとると

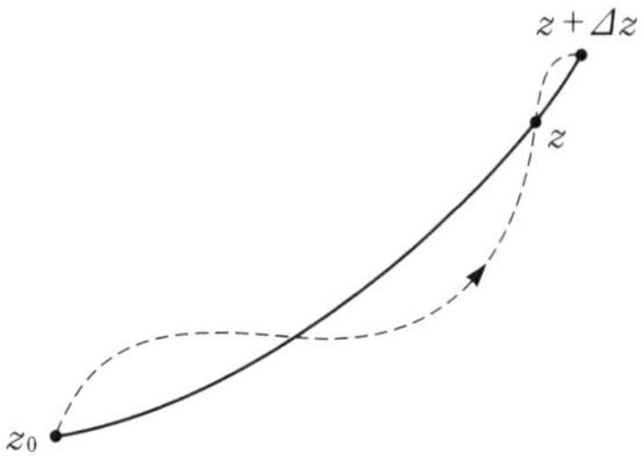

図 9.9

$$\begin{aligned} F(z+\Delta z)-F(z) &= \int_{z_0}^{z+\Delta z} f(z')\,dz' - \int_{z_0}^{z} f(z')\,dz' \\ &= \left[\int_{z_0}^{z} f(z')\,dz' + \int_{z}^{z+\Delta z} f(z')\,dz'\right] - \int_{z_0}^{z} f(z')\,dz' \\ &= \int_{z}^{z+\Delta z} f(z')\,dz' \cong f(z)\,\Delta z \end{aligned}$$

となる．ここで第3の等号に進むときには積分の値が積分路によらないこと，最後の変形には $|\Delta z|$ が十分小さいことを使った．こうして複素関数の微分の定義 (8.5) より，

$$F'(z) \equiv \frac{dF(z)}{dz} \equiv \lim_{\Delta z\to 0}\frac{F(z+\Delta z)-F(z)}{\Delta z} = f(z) \tag{9.14}$$

が導かれる．すなわち，$F(z)$ は微分可能であり，$f(z)$ が正則なので $F'(z)$ $(=f(z))$ は連続である．以上をまとめると，“正則関数 $f(z)$ の積分 $F(z)$ は正則関数であり，その導関数は被積分関数 $f(z)$ に等しい”ということができる．これも実数の世界と変りがない．また，(9.14) を導くに当って使ったのは，積分が積分路によらないということだけである．したがって，もし

$$F(z)=\int_{z_0}^{z} f(z')\,dz'$$

が積分路によらなければ，$F(z)$ は正則であるということができる．

関数 $G(z)$ を $f(z)$ の**不定積分**

$$\frac{dG(z)}{dz}=f(z) \tag{9.15}$$

としよう．これは (9.14) と同じ形だから，$G(z)$ と $F(z)$ には定数の差があるだけであって，

$$F(z) = G(z) + c \qquad (c：\text{複素定数}) \tag{9.16}$$

と書くことができる．また，(9.12) より $F(z_0) = 0$ だから，上式で $z = z_0$ とおいて $c = -G(z_0)$ である．これを上式に代入することにより，

$$F(z) = \int_{z_0}^{z} f(z')\,dz' = G(z) - G(z_0) \tag{9.17}$$

と表される．こうして，実数の世界での定積分と全く同じように，複素数の世界でも定積分はその不定積分がわかれば計算できるのである．

［**問題 4**］（1）$\displaystyle\int_{z_0}^{z} \cos z'\,dz'$,　（2）$\displaystyle\int_{z_0}^{z} e^{az'}\,dz'$　（a は 0 でない定数）

を計算せよ．

例題 9.5

$z_0 = 1$, $z = 1 + i$ として，積分

$$\int_{z_0}^{z} \frac{dz'}{z'}$$

を図のような 3 つの積分路 $C_1 \sim C_3$ について計算せよ．

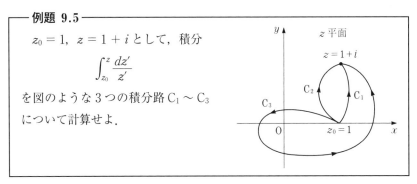

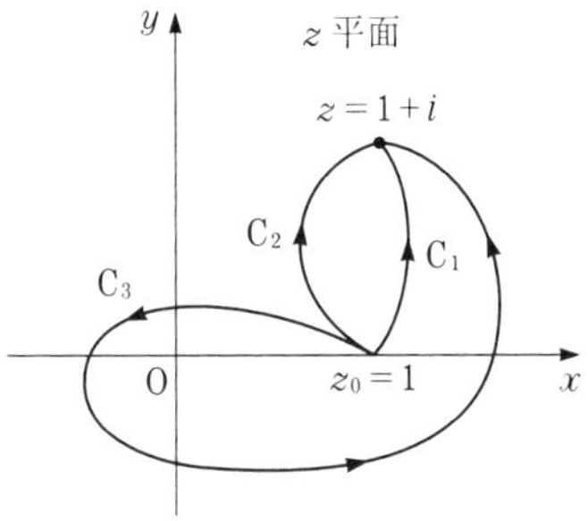

［**解**］ 被積分関数 $1/z'$ は原点にのみ特異点をもつ．また，その不定積分は $\log z'$ である．そこで z', z_0, z を極形式で表すと

$$z' = re^{i\theta}$$

$$\log z' = \ln r + i(\theta + 2n\pi) \qquad (n：\text{整数})$$

であり，

$$z_0 = 1e^{i0}, \qquad z = \sqrt{2}e^{i\pi/4}$$

$$\log z_0 = \ln 1 + i(0 + 2n\pi) = i2n\pi, \quad \log z = \ln\sqrt{2} + i\left(\frac{\pi}{4} + 2n'\pi\right)$$

である．

（i） 積分路 C_1 と C_2 は正則領域内にあって特異点を囲まないので，積分は

等しい：

$$\int_{C_1}\frac{dz'}{z'}=\int_{C_2}\frac{dz'}{z'}=\log z-\log z_0=\left\{\ln\sqrt{2}+i\left(\frac{\pi}{4}+2n'\pi\right)\right\}-i2n\pi$$
$$=\left(\ln\sqrt{2}+i\frac{\pi}{4}\right)+i2(n'-n)\pi$$

ここで第1項は z_0 から z への直接の積分から，第2項は対数関数の多価性（偏角の不定性）からきている．このとき，$z\to z_0$ とすると，次の（ii）のように積分路は特異点の周りに巻きつかなくて素直に z は z_0 に近づく．すなわち，$z\to z_0$ とすると積分値も上の第1項もゼロになる．したがって，この場合には $n=n'$ でなければならない．こうして

$$\int_{C_1}\frac{dz'}{z'}=\int_{C_2}\frac{dz'}{z'}=\ln\sqrt{2}+i\frac{\pi}{4}$$

（ii） 積分路 C_3 の方は特異点（原点）を囲むので注意が必要である．そこで，正則領域内で積分路を変形しても積分値は変わらないことを使って，図のように積分路を変形しよう．特に，積分路 C_3'' は原点を中心に半径 r $(r\to 0)$ の円周であり，C_3''' は C_3' の逆向き積分路 $(C_3'''=\overline{C_3'})$，C_3'''' は C_1（または C_2）と等価な積分路であることに注意する．こうして

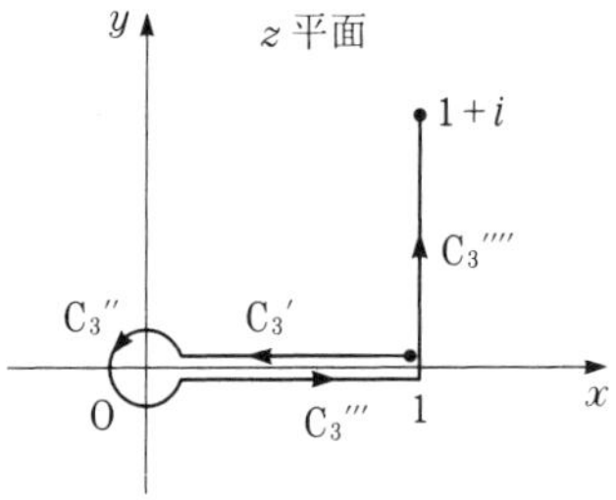

$$\int_{C_3}\frac{dz'}{z'}=\left[\int_{C_3'}+\int_{C_3''}+\int_{C_3'''}+\int_{C_3''''}\right]\frac{dz'}{z'}=\left[\int_{C_3'}+\int_{C_3''}+\int_{\overline{C_3'}}+\int_{C_1}\right]\frac{dz'}{z'}$$
$$=\int_{C_3''}\frac{dz'}{z'}+\int_{C_1}\frac{dz'}{z'}$$

となるが，第2項の積分はすでに（i）でなされている．したがって，第1の原点の周りの1周積分を行えばよい．$z'=re^{i\theta}$（r は一定），$dz'=re^{i\theta}i\,d\theta$ より

$$\oint_{C_3''}\frac{dz'}{z'}=\int_0^{2\pi}\frac{re^{i\theta}i\,d\theta}{re^{i\theta}}=2\pi i$$

となる．以上により

$$\int_{C_3}\frac{dz'}{z'}=2\pi i+\left[\ln\sqrt{2}+i\frac{\pi}{4}\right]=\ln\sqrt{2}+i\left(\frac{\pi}{4}+2\pi\right)$$

と計算される．最後の $2\pi i$ は積分路が特異点を1周したことによる．もし，もう1周すれば，さらに $2\pi i$ が付け加わることは容易にわかるであろう．　¶

§9.4 コーシーの積分表示

図 9.10 のように，z 平面上に閉曲線 C があり，関数 $f(z)$ は C 上とその内部で正則であるとする．C 内に点 $z=a$ をとり，関数

$$\frac{f(z)}{z-a}$$

を作ると，この関数は点 $z=a$ 以外で正則である．したがって，これまでの議論からこの関数の複素積分

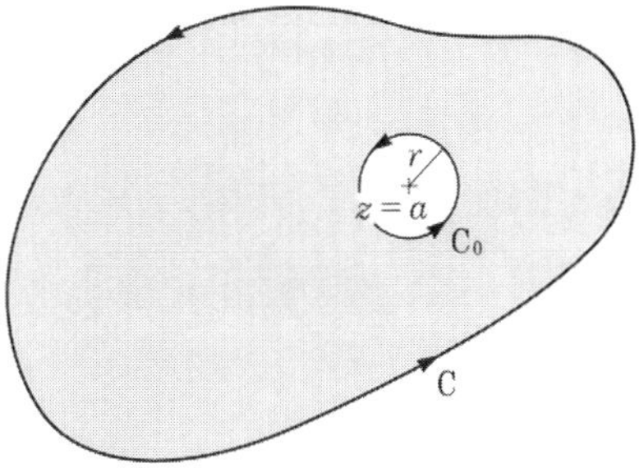

図 9.10

$$\oint_{\mathrm{C}} \frac{f(z)}{z-a}\, dz$$

の積分路 C を図の C_0（点 $z=a$ を中心，半径 r の円周）に変形しても積分の値は変わらない．このとき，C_0 上では

$$z = a + re^{i\theta}, \qquad dz = re^{i\theta} i\, d\theta \qquad (r：\ 一定)$$

と表すことができるので，上の複素積分は

$$\oint_{\mathrm{C}} \frac{f(z)}{z-a}\, dz = \oint_{\mathrm{C}_0} \frac{f(z)}{z-a}\, dz = \int_0^{2\pi} \frac{f(a+re^{i\theta})}{re^{i\theta}} re^{i\theta} i\, d\theta$$

$$= i\int_0^{2\pi} d\theta\, f(a+re^{i\theta}) = 2\pi i\, f(a)$$

となる．ただし，最後の式を導くに当たって $r \to 0$ の極限をとった．上の式で積分変数を z'，a を z とおけば，関数 $f(z)$ が閉曲線 C 上およびその内部で正則ならば，C 内の任意の 1 点 z における関数 $f(z)$ は

$$f(z) = \frac{1}{2\pi i}\oint_{\mathrm{C}} \frac{f(z')}{z'-z}\, dz' \qquad (9.18)$$

と表される．これを**コーシーの積分表示**という．ある与えられた閉曲線上で正則関数 $f(z)$ の値がわかると，その内部の任意の点における関数値が決まってしまい，勝手な値はとれないというわけである．関数に対するこの強い制限も，関数が微分可能でその導関数も連続であるという正則性からきている．

(9.18) は関数値 $f(z)$ そのものの積分表示であるが，ここでさらに導関数

$f'(z)$ の積分表示を考えてみよう．定義より

$$\frac{df(z)}{dz} = \lim_{\Delta z \to 0} \frac{1}{\Delta z}[f(z+\Delta z) - f(z)]$$

であるが，右辺の関数のそれぞれにコーシーの積分表示を使うと

$$\frac{df(z)}{dz} = \frac{1}{2\pi i} \lim_{\Delta z \to 0} \frac{1}{\Delta z} \oint_{\mathrm{C}} \left[\frac{f(z')}{z'-(z+\Delta z)} - \frac{f(z')}{z'-z} \right] dz'$$

$$= \frac{1}{2\pi i} \lim_{\Delta z \to 0} \oint_{\mathrm{C}} \frac{f(z')}{(z'-z-\Delta z)(z'-z)} dz'$$

$$\therefore \quad \frac{df(z)}{dz} = \frac{1}{2\pi i} \oint_{\mathrm{C}} \frac{f(z')}{(z'-z)^2} dz' \tag{9.19}$$

となる．しかし，よく見るとこれは (9.18) を z について微分したものにほかならない．したがって，これを一般化すると，

$$\frac{d^n f(z)}{dz^n} = \frac{n!}{2\pi i} \oint_{\mathrm{C}} \frac{f(z')}{(z'-z)^{n+1}} dz' \tag{9.20}$$

が得られる．これを**グルサ** (Goursat) **の公式**という．確かにこの式で $n=1$ とおくと (9.19) が得られる．それだけでなく，$0! = 1$ という約束を思い出して (9.20) で $n=0$ とおくと，きちんとコーシーの積分表示 (9.18) が得られることにも注意しよう．

［**問題 5**］ 数学的帰納法により (9.20) を導け．

グルサの公式 (9.20) で，積分変数 z' は閉曲線 C 上の点，z は C 内の点だから，右辺は常に有限確定の値をとる．したがって，グルサの公式の意味するところは非常に重要で，“関数 $f(z)$ は正則領域内で何回でも微分可能である，あるいは何回微分しても正則である”ことを示しているのである．

逆に，関数 $f(z)$ がある領域内の任意の閉曲線 C に対して $\oint_{\mathrm{C}} f(z)\,dz = 0$ を満たすと仮定しよう．これは積分

$$F(z) = \int_{z_0}^{z} f(z) dz$$

がこの領域内で積分路によらないことを意味する．このときには前節の議論から $F(z)$ は正則であり，

$$\frac{dF(z)}{dz} = f(z)$$

が成り立つ．これにグルサの公式からの結果を適用すれば，$f(z)$ は正則であると結論することができる．§9.2でコーシーの定理を導いたが，ここでようやくグルサの公式を使ってその逆“$f(z)$ がある領域内の任意の閉曲線に対して $\oint_C f(z)dz = 0$ を満たすならば $f(z)$ はそこで正則である”という，**モレラ**（Morera）**の定理**が証明されたことになる．

例題 9.6

k は任意の整数，C は原点を中心とする半径 1 の円周であるとする．このとき，積分

$$I_k = \oint_C \frac{e^z}{z^k}\,dz$$

を求めよ．

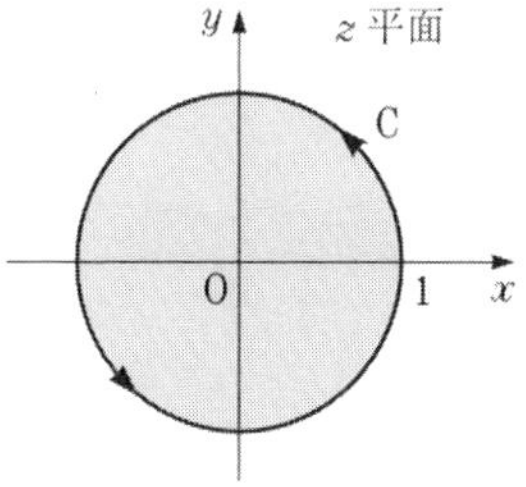

［**解**］（i）$k \leqq 0$ のとき：被積分関数 $z^{|k|}e^z$ は C 内で正則だから

$$I_k = 0 \qquad (k \leqq 0)$$

（ii）$k > 0$ のとき：指数関数 e^z をグルサの公式 (9.20) の $f(z)$ と見なし，$n = k-1$，$z = 0$ とすると，(9.20) は

$$\left(\frac{d^{k-1}e^z}{dz^{k-1}}\right)_{z=0} = \frac{(k-1)!}{2\pi i}\oint_C \frac{e^{z'}}{z'^k}\,dz'$$

となる．この式の左辺は 1 であり，右辺は $\dfrac{(k-1)!}{2\pi i} I_k$ だから，結局，I_k は

$$I_k = \frac{2\pi i}{(k-1)!}$$

と求められる．¶

例題 9.7

C を点 $z = a$ を中心，半径 R の円周とする．関数 $f(z)$ が C 上およびその内部で正則であり，C 内で $|f(z)| \leqq M$ のとき，

$$|f^{(n)}(a)| \leqq \frac{n!\,M}{R^n}$$

であることを示せ．

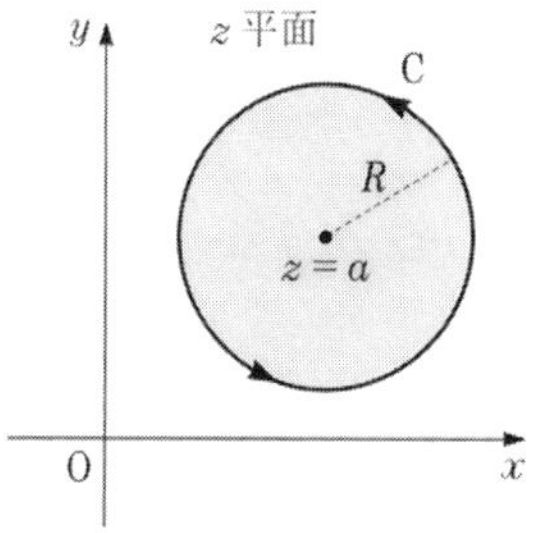

［**解**］ グルサの公式 (9.20) で z を a, z' を z とおきかえると

$$f^{(n)}(a) = \frac{n!}{2\pi i}\oint_C \frac{f(z)}{(z-a)^{n+1}}\,dz$$

が得られる．この式の両辺の絶対値をとり，さらに右辺について (9.6) を使うと，$z = a + Re^{i\theta}$, $dz = Re^{i\theta}\,i\,d\theta$ より

$$\begin{aligned}|f^{(n)}(a)| &= \frac{n!}{2\pi}\left|\oint_C \frac{f(z)}{(z-a)^{n+1}}\,dz\right| \\ &\leqq \frac{n!}{2\pi}\int_0^{2\pi}\frac{|f(z)|}{|(Re^{i\theta})^{n+1}|}\,|Re^{i\theta}\,i\,d\theta| = \frac{n!}{2\pi}\int_0^{2\pi}\frac{|f(z)|}{R^{n+1}}\,R\,d\theta \\ &= \frac{n!}{2\pi R^n}\int_0^{2\pi}|f(z)|\,d\theta \leqq \frac{n!\,M}{2\pi R^n}\int_0^{2\pi}d\theta = \frac{n!\,M}{R^n}\end{aligned}$$

¶

［**問題 6**］ 例題 9.7 の結果を使って，"関数 $f(z)$ が z 平面の全域で正則であり，かつ有界（$|f(z)| \leqq M$ とできる有限な M が存在する）ならば，$f(z)$ は定数である" という**リウヴィル** (Liouville) **の定理**を証明せよ．

§9.5　極と留数

関数 $f(z)$ が点 $z = a$ の周りでは正則だが $z = a$ では正則でないとき，点 $z = a$ を $f(z)$ の**孤立特異点**という．ここでもう一度コーシーの積分表示（もっと一般的にはグルサの公式 (9.20)）

$$f(a) = \frac{1}{2\pi i}\oint_C \frac{f(z)}{z-a}\,dz \tag{9.21}$$

を見ると，被積分関数 $F(z) = f(z)/(z-a)$ （$f(z)$：正則）は点 $z = a$ を孤立特異点にもつことがわかる．したがって，コーシーの積分表示（あるいはグルサの公式）の意味するところは，被積分関数が孤立特異点をもつときにはその積分値は積分路である閉曲線 C にはよらず，その内部にある特異点で決まってしまうということであり，わざわざ積分しなくても積分値が求められることになる．本節ではこのことをもう少し系統的に議論する．

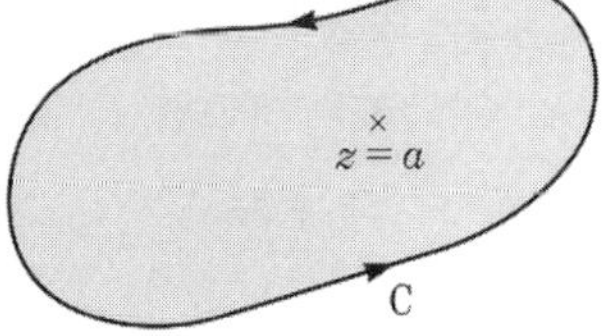

図 9.11

関数 $f(z)$ が，図 9.11 のように，閉曲線 C 内にある孤立特異点 $z = a$ を除いては正則であるとき，$f(z)$ の C に沿った積

分は一般に

$$\oint_{\mathrm{C}} f(z)\,dz \neq 0$$

である．しかもその積分値は，上に述べたように，点 $z=a$ での関数 $f(z)$ の様子で決まるはずである．そこで次の量

$$\mathrm{Res}(f,a) \equiv \frac{1}{2\pi i}\oint_{\mathrm{C}} f(z)\,dz \tag{9.22}$$

を定義しよう．これは**留数**とよばれ，点 $z=a$ での関数 $f(z)$ の性質で決まる量である．

図 9.12 に示したように，閉曲線 C 内に孤立特異点 $a_1, a_2, \cdots, a_n$ が存在するとしよう．この場合，(9.11) を導いた議論からわかるように，C をそれぞれの特異点 a_k を囲む閉曲線 C_k に変形して上の留数の定義を使うと，

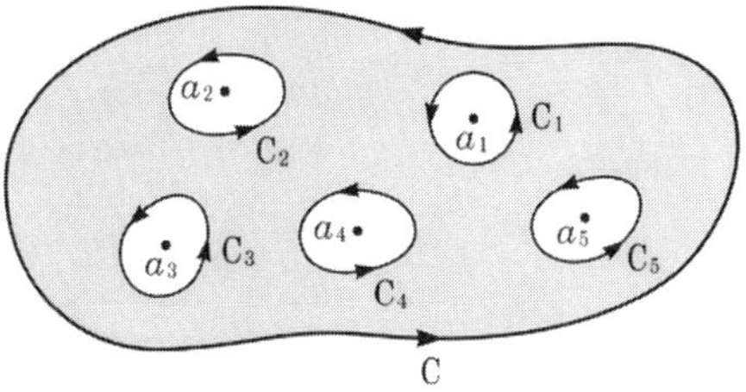

図 9.12

$$\begin{aligned}\oint_{\mathrm{C}} f(z)\,dz &= \oint_{\mathrm{C}_1} f(z)\,dz + \oint_{\mathrm{C}_2} f(z)\,dz + \cdots + \oint_{\mathrm{C}_n} f(z)\,dz \\ &= 2\pi i\,[\mathrm{Res}(f,a_1) + \mathrm{Res}(f,a_2) + \cdots + \mathrm{Res}(f,a_n)] \\ &= 2\pi i \sum_{k=1}^{n} \mathrm{Res}(f,a_k)\end{aligned} \tag{9.23}$$

と表される．

関数 $f(z)$ の孤立特異点 a において

$$\lim_{z\to a} f(z) = \infty$$

のとき，$z=a$ を $f(z)$ の**極**という．特に，点 $z=a$ の近くで関数 $f(z)$ が

$$f(z) \cong \frac{c}{(z-a)^n} \qquad (\text{定数 } c \neq 0,\ \ n=1,2,\cdots)$$

のように振舞うとき，$z=a$ は $f(z)$ の $\boldsymbol{n}$ **位の極**であるという．このとき

$$\lim_{z\to a}(z-a)^{n-1}f(z) = \infty, \qquad \lim_{z\to a}(z-a)^n f(z) = c \neq 0 \tag{9.24}$$

が成り立つ．以下にいくつかの例を示そう．

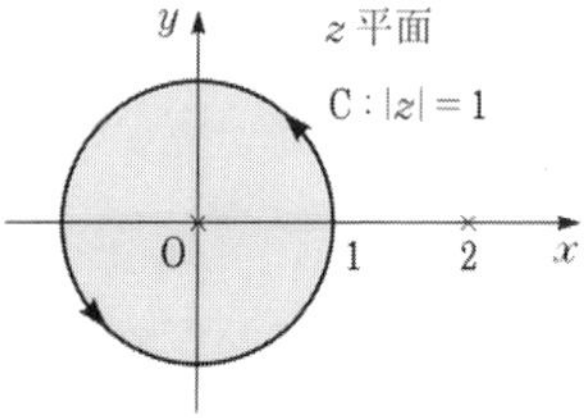

例 1：　$\displaystyle\oint_{C:|z|=1}\frac{dz}{z^2(z-2)}$

積分路 C 内の特異点は $z=0$ で，これは 2 位の極．

例 2：　$\displaystyle\oint_{C:|z|=2}\frac{dz}{e^z-1}$

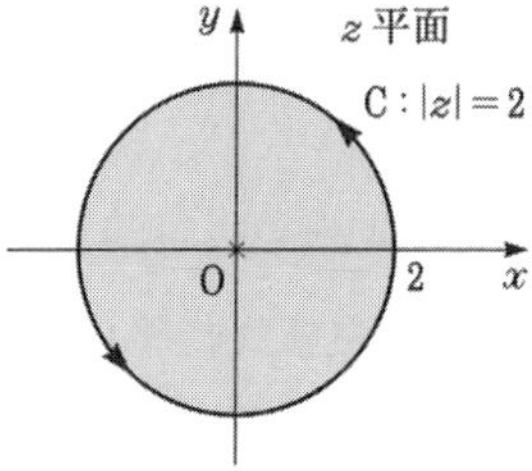

特異点は $e^z-1=0$ より $z=0$．これは何位の極かすぐにわからないかもしれない．しかし，e^z を展開して

$$\lim_{z\to 0} z\cdot\frac{1}{e^z-1}$$

$$=\lim_{z\to 0} z\cdot\frac{1}{\left(1+z+\dfrac{1}{2}z^2+\cdots\right)-1}$$

$$=1$$

なので，1 位の極であることがわかる．

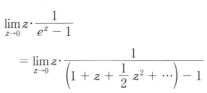

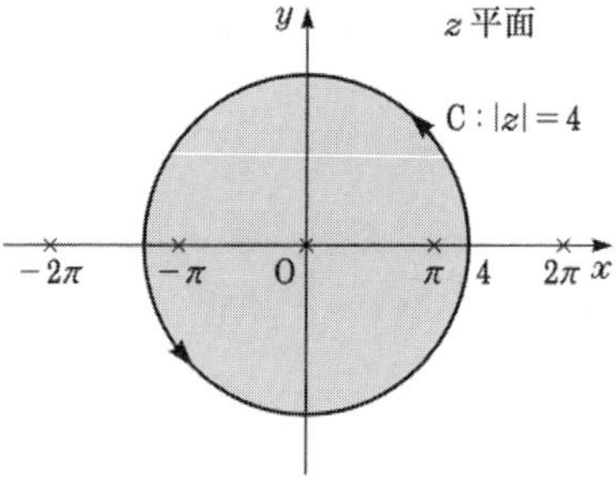

例 3：　$\displaystyle\oint_{C:|z|=4}\frac{dz}{z\sin z}$

C 内で $\sin z=0$ となるのは $z=0,\ \pm\pi$ のときであり，それぞれの点の近くで $\sin z\cong z,\ -(z\mp\pi)$ のように振舞う．したがって C 内の特異点は

$$z=-\pi\,(1\text{ 位の極}),\quad 0\,(2\text{ 位の極}),\quad \pi\,(1\text{ 位の極})$$

である．

§9.6　留数の計算

ここで積分路 C 内に関数 $f(z)$ の極があるとき，$f(z)$ の留数を計算してみよう．(9.22) よりこれは取りも直さず，$f(z)$ の C に沿った積分であることをもう一度注意する．

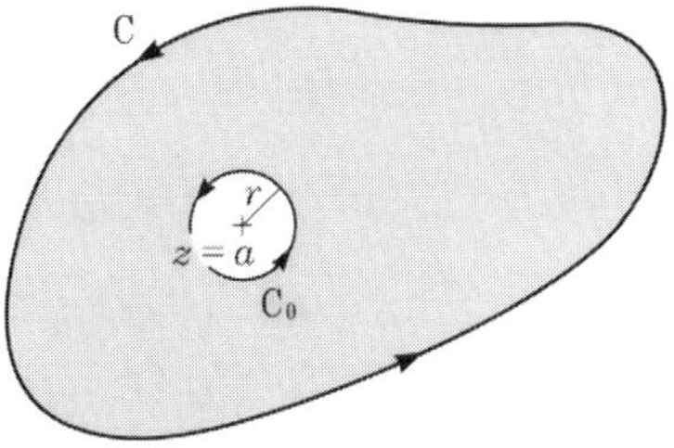

図 9.13

点 $z=a$ が関数 $f(z)$ の 1 位の極であり，図 9.13 のように閉曲線 C 内にはほかに特異点はないと仮定する．ここで再び C を $z=a$ を中心とする半径 r の円周 C_0 に変形する．もちろん，このように変形しても $f(z)$ の積分値は変わらない．C_0 上では

$$z = a + re^{i\theta} \qquad (r：一定)$$

$$dz = re^{i\theta} i\,d\theta = (z-a)i\,d\theta$$

だから，このときの留数は

$$\mathrm{Res}(f,a) = \frac{1}{2\pi i}\oint_{\mathrm{C}} f(z)\,dz = \frac{1}{2\pi i}\oint_{\mathrm{C}_0} f(z)\,dz$$
$$= \frac{1}{2\pi}\int_0^{2\pi} (z-a)f(z)d\theta$$

と表される．ここで $r\to 0$ $(z\to a)$ の極限をとると，$z=a$ が 1 位の極だからその定義より

$$\lim_{z\to a}(z-a)f(z) = c \qquad (c：一定)$$

である．また，C_0 の半径を $r\to 0$ としても $f(z)$ の積分値は不変なので，上の留数は

$$\mathrm{Res}(f,a) = \lim_{z\to a}\frac{1}{2\pi}\int_0^{2\pi}(z-a)f(z)\,d\theta = \frac{1}{2\pi}\int_0^{2\pi} c\,d\theta = c$$

となる．ところが c は上式の極限値で与えられており，結局，1 位の極の場合の留数は

$$\mathrm{Res}(f,a) = \lim_{z\to a}(z-a)f(z) \tag{9.25}$$

である．こうして，関数 $f(z)$ の留数，すなわち積分値が，積分するまでもなく極限の計算から求められることがわかった．

次に，より一般的に，点 $z=a$ が $f(z)$ の n 位の極である場合を考えてみよう．留数の定義 (9.22) にもどり

$$\mathrm{Res}(f,a) = \frac{1}{2\pi i}\oint_{\mathrm{C}} f(z)\,dz = \frac{1}{2\pi i}\oint_{\mathrm{C}}\frac{(z-a)^n f(z)}{(z-a)^n}\,dz$$

と書きかえると，被積分関数の分子 $(z-a)^n f(z)$ は (9.24) より有限確定である．したがって，$z=a$ とその近くで正則な $(z-a)^n f(z)$ という関数に対するグルサの公式 ((9.20) 参照)

$$\frac{d^{n-1}}{dz^{n-1}}\{(z-a)^n f(z)\} = \frac{(n-1)!}{2\pi i}\oint_C \frac{(z'-a)^n f(z')}{(z'-z)^n}dz'$$

が成り立つ．この式の両辺で極限 $z\to a$ をとると

$$\lim_{z\to a}\frac{d^{n-1}}{dz^{n-1}}\{(z-a)^n f(z)\} = \frac{(n-1)!}{2\pi i}\oint_C \frac{(z'-a)^n f(z')}{(z'-a)^n}dz'$$

となる．右辺の z' を z に代えて 2 つ上の式と比較すると，

$$\mathrm{Res}(f,a) = \frac{1}{(n-1)!}\lim_{z\to a}\frac{d^{n-1}}{dz^{n-1}}\{(z-a)^n f(z)\} \qquad (9.26)$$

が得られる．$0!=1$ を思い出して，この式で $n=1$ とおくと (9.25) が得られることに注意しよう．

このように極を内部に含む閉曲線 C に対する積分 $\oint_C f(z)dz$ が，(9.23) を通して積分を実行するまでもなく，単なる極限値を求める問題に変換できたことがここで注目すべき点なのである．以下にいくつか例を挙げておこう．

例題 9.8

積分

(1) $I=\oint_{C:|z|=2}\frac{dz}{z^2+1}$　　(2) $I=\oint_{C:|z|=2}\frac{e^z\,dz}{z^2(z-1)}$

を求めよ．

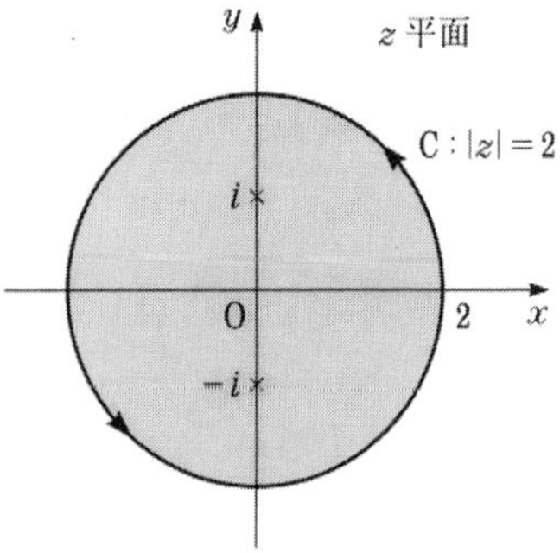

［解］ (1) C 内の特異点は，図に示されているように，$z=\pm i$ (1 位の極) である．被積分関数 $f(z)=1/(z^2+1)$ に対してそれぞれの留数は

$$\begin{aligned}\mathrm{Res}(f,i) &= \lim_{z\to i}(z-i)\frac{1}{z^2+1}\\ &= \lim_{z\to i}(z-i)\frac{1}{(z+i)(z-i)}\\ &= \frac{1}{2i}\end{aligned}$$

$$\mathrm{Res}(f,-i)=\lim_{z\to -i}(z+i)\frac{1}{z^2+1}=\lim_{z\to -i}(z+i)\frac{1}{(z+i)(z-i)}=-\frac{1}{2i}$$

(9.23) より

$$I=2\pi i\{\mathrm{Res}(f,i)+\mathrm{Res}(f,-i)\}=2\pi i\left(\frac{1}{2i}-\frac{1}{2i}\right)=0$$

（2） C 内の特異点は $z=0$ (2 位の極) と 1 (1 位の極) の 2 個である．$f(z)=\dfrac{e^z}{z^2(z-1)}$ に対するそれぞれの留数は

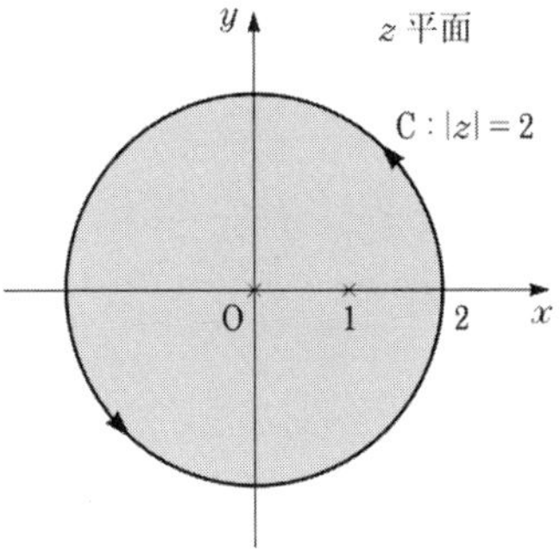

$$\mathrm{Res}(f,0)=\frac{1}{1!}\lim_{z\to 0}\frac{d}{dz}\left\{z^2\frac{e^z}{z^2(z-1)}\right\}$$
$$=\lim_{z\to 0}\frac{d}{dz}\left(\frac{e^z}{z-1}\right)$$
$$=\lim_{z\to 0}\left\{\frac{e^z(z-1)-e^z}{(z-1)^2}\right\}=-2$$

$$\mathrm{Res}(f,1)=\lim_{z\to 1}\left\{(z-1)\frac{e^z}{z^2\,(z-1)}\right\}=e$$

よって

$$I=2\pi i\{\mathrm{Res}(f,0)+\mathrm{Res}(f,1)\}=2\pi i(e-2)$$ ¶

［**問題 7**］ 次の積分を求めよ．

（1） $\displaystyle\oint_{\mathrm{C}:|z|=3}\frac{e^z}{z^2-4}dz$　　（2） $\displaystyle\oint_{\mathrm{C}:|z|=2}\frac{dz}{z^2(z-3)}$

（3） $\displaystyle\oint_{\mathrm{C}:|z|=2}\frac{\sin z}{z\left(z-\dfrac{\pi}{2}\right)}dz$

§9.7　実積分への応用

本節ではこれまでに学んだ複素積分，特に留数の計算を実数関数の定積分の計算に応用する．要は，実積分とは複素平面上で考えると実軸上に限られた積分である点に着目することである．そして問題となっている実軸上の積分路を含む閉曲線をこの複素平面上で作って，その閉曲線に沿った複素積分を定義する．留数が計算できれば，後は複素平面上で追加した積分路上での積分を評価する問題が残る．それが何とか可能ならば，もとの実積分が計算

できるという考えである．以下にいくつか例示してみよう．

例題 9.9

次の実積分

$$I = \int_{-\infty}^{\infty} \frac{\cos ax}{b^2 + x^2}\, dx \qquad (a, b > 0)$$

を求めよ．

［**解**］ 被積分関数の分子に $i \sin ax$ を加えても，追加された積分が（追加された被積分関数が奇関数だから）ゼロなので，全体の積分の値は変わらない．したがって，以下では I を

$$I = \int_{-\infty}^{\infty} \frac{e^{iax}}{b^2 + x^2}\, dx \qquad (a, b > 0)$$

と変形する．そして，図のような閉曲線 C（複素平面上の上半円）を積分路とする複素関数

$$f(z) = \frac{e^{iaz}}{b^2 + z^2}$$

の複素積分

$$I' \equiv \oint_{\mathrm{C}} f(z)\, dz \qquad (1)$$

を考えよう．

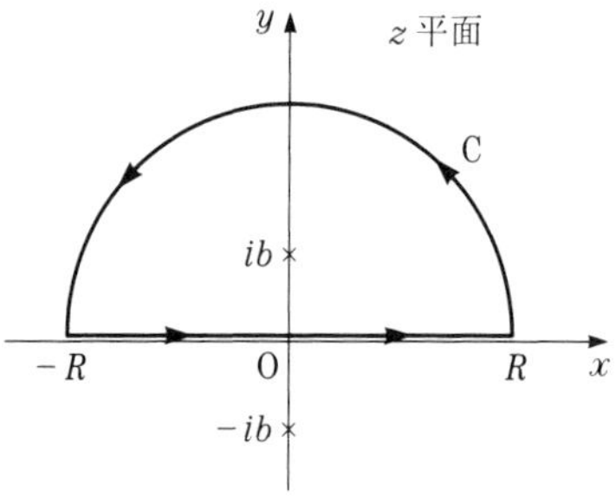

（i） $f(z)$ の特異点 $z = \pm ib$ のうち，C 内にあるのは $z = +ib$（1 位の極）である．したがって，留数の計算から

$$\begin{aligned} I' &= 2\pi i \,\mathrm{Res}(f, ib) \\ &= 2\pi i \lim_{z \to ib} \left\{ (z - ib) \frac{e^{iaz}}{b^2 + z^2} \right\} = 2\pi i \lim_{z \to ib} \left\{ (z - ib) \frac{e^{iaz}}{(z - ib)(z + ib)} \right\} \\ &= \frac{\pi}{b}\, e^{-ab} \end{aligned} \qquad (2)$$

（ii） 積分路 C を実軸に沿う部分と半円周の部分 C_R とに分けると

a） 実軸に沿う部分では $z = x$，$dz = dx$ より

$$I_1 \equiv \int_{-R}^{R} \frac{e^{iax}}{b^2 + x^2}\, dx \quad \xrightarrow[R \to \infty]{} \quad I \qquad (3)$$

b) 半円周 C_R 上では $z = Re^{i\theta}$, $dz = Re^{i\theta} i\, d\theta$ より

$$I_2 \equiv \int_{C_R} f(z)\, dz = \int_0^{\pi} \frac{e^{iaRe^{i\theta}}}{b^2 + R^2 e^{2i\theta}} Re^{i\theta} i\, d\theta = \int_0^{\pi} \frac{e^{iaR\cos\theta - aR\sin\theta}}{b^2 + R^2 e^{2i\theta}} Re^{i\theta} i\, d\theta$$

一般化された三角不等式 (7.17) を使うと

$$|I_2| = \left| \int_0^{\pi} \frac{e^{iaR\cos\theta - aR\sin\theta}}{b^2 + R^2 e^{2i\theta}} Re^{i\theta}\, i\, d\theta \right| \leqq \int_0^{\pi} \frac{Re^{-aR\sin\theta}}{|R^2 e^{2i\theta} + b^2|}\, d\theta$$

$$\leqq \int_0^{\pi} \frac{Re^{-aR\sin\theta}}{R^2 - b^2}\, d\theta \leqq \frac{\pi R}{R^2 - b^2} \xrightarrow[R\to\infty]{} 0$$

$$\therefore \quad I_2 \xrightarrow[R\to\infty]{} 0 \qquad (4)$$

上の最後の不等式は $e^{-aR\sin\theta} \leqq 1$ ($0 \leqq \theta \leqq \pi$ に対して $\sin\theta \geqq 0$) より導かれることに注意しよう.

(iii) 複素積分 I' は (3) と (4) より

$$I' = I_1 + I_2 \xrightarrow[R\to\infty]{} I$$

である. $R \to \infty$ の極限で複素積分 I' の値は変わらないので, 上の結果に (2) を代入して

$$I = \frac{\pi}{b} e^{-ab}$$

これが求める結果である. 数学公式集などで確認してみよ. ¶

(注意:被積分関数が偶関数なので積分範囲を $(0, \infty)$ とすると

$$\int_0^{\infty} \frac{\cos ax}{b^2 + x^2}\, dx = \frac{\pi}{2b} e^{-ab}$$

となる. 通常, これが数学公式集などに記してある.)

[**問題 8**] 積分 $I = \displaystyle\int_0^{\infty} \frac{dx}{a^2 + x^2}$ を求めよ.

例題 9.10

積分

$$I = \int_0^{\infty} \frac{dx}{a^4 + x^4} \qquad (a > 0)$$

を求めよ.

［**解**］ 図のような閉曲線C（複素平面上の上半円）を積分路とする複素積分

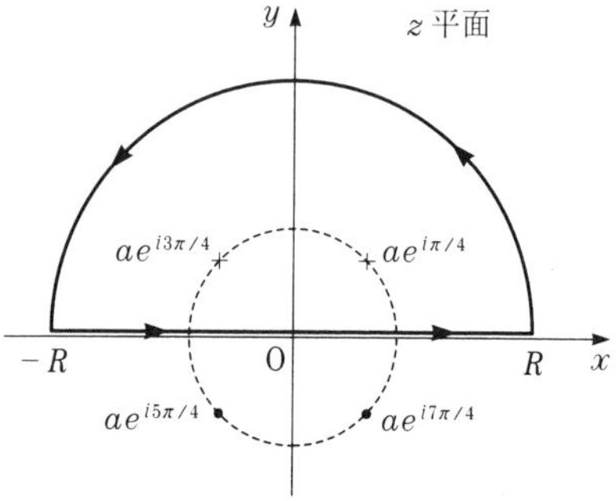

$$I' \equiv \oint_C \frac{dz}{a^4+z^4} \qquad (1)$$

を考える．

（i） 被積分関数

$$f(z) = \frac{1}{a^4+z^4}$$

の特異点は $a^4+z^4=0$，$z^4=-a^4=a^4e^{i(2n+1)\pi}$ $(n=0,1,2,3)$ より

$$z = ae^{i(2n+1)\pi/4} = ae^{i\pi/4},\quad ae^{i3\pi/4},\quad ae^{i5\pi/4},\quad ae^{i7\pi/4}$$

したがって，閉曲線C内の特異点は

$$z = ae^{i\pi/4}\ (1\text{位の極}),\qquad ae^{i3\pi/4}\ (1\text{位の極})$$

それぞれの極の留数は

$$\mathrm{Res}(f, ae^{i\pi/4}) = \lim_{z\to ae^{i\pi/4}}\left\{(z-ae^{i\pi/4})\frac{1}{z^4+a^4}\right\}$$

この極限はもちろん直接計算でも求められるが，ド・ロピタルの公式（p.161）を使うと容易に計算できて

$$\mathrm{Res}(f, ae^{i\pi/4}) = \lim_{z\to ae^{i\pi/4}}\frac{1}{4z^3} = \frac{1}{4a^3}e^{-i3\pi/4}$$

となる．もう1つの留数も同様に

$$\mathrm{Res}(f, ae^{i3\pi/4}) = \lim_{z\to ae^{i3\pi/4}}\left\{(z-ae^{i3\pi/4})\frac{1}{z^4+a^4}\right\}$$

$$= \lim_{z\to ae^{i3\pi/4}}\frac{1}{4z^3} = \frac{1}{4a^3}e^{-i9\pi/4} = \frac{1}{4a^3}e^{-i\pi/4}$$

以上によって

$$I' = 2\pi i\{\mathrm{Res}(f, ae^{i\pi/4}) + \mathrm{Res}(f, ae^{i3\pi/4})\} = 2\pi i\frac{1}{4a^3}(e^{-i3\pi/4}+e^{-i\pi/4})$$

$$= \frac{\pi}{a^3}\sin\frac{\pi}{4} = \frac{\sqrt{2}}{2a^3}\pi \qquad (2)$$

（ii） 閉曲線Cを実軸に沿う部分と半円周 C_R とに分けると

a） 実軸上では $z=x$，$dz=dx$ より

$$I_1 \equiv \int_{-R}^{R}\frac{dx}{a^4+x^4} = 2\int_0^R\frac{dx}{a^4+x^4} \xrightarrow[R\to\infty]{} 2I \qquad (3)$$

b）　半円周 C_R 上では $z = Re^{i\theta}$，$dz = Re^{i\theta} i\, d\theta$ より

$$I_2 \equiv \int_{C_R} \frac{dz}{a^4 + z^4} = \int_0^\pi \frac{Re^{i\theta} i\, d\theta}{a^4 + R^4 e^{i4\theta}}$$

三角不等式 (7.17) を使って

$$|I_2| = \left| \int_0^\pi \frac{Re^{i\theta} i\, d\theta}{a^4 + R^4 e^{i4\theta}} \right| \leqq \frac{R}{R^4 - a^4} \int_0^\pi d\theta = \frac{\pi R}{R^4 - a^4} \xrightarrow[R \to \infty]{} 0$$

$$\therefore\quad I_2 \xrightarrow[R \to \infty]{} 0 \qquad (4)$$

（iii）　もとの複素積分 I'（(1)式）は $R \to \infty$ にしても不変だから

$$I' = \lim_{R \to \infty} (I_1 + I_2)$$

これに（3）と（4）を代入して

$$I' = 2I$$

これに（2）を代入すれば

$$I = \frac{1}{2} I' = \frac{\sqrt{2}}{4a^3} \pi$$

と求まる．これも数学公式集などで確認してみること．　¶

［**問題 9**］　$I = \displaystyle\int_0^\infty \frac{dx}{x^4 + 5x^2 + 4}$ を求めよ．

実数積分の被積分関数に三角関数が含まれている場合には，三角関数の定義 (7.15) を使い $e^{i\theta} = z$ とおいて，実数積分を複素積分に変換し，留数の計算に帰着させることができる．これも具体例でみてみよう．

例題 9.11

次の積分

$$I = \int_0^{2\pi} \frac{d\theta}{3 + \cos\theta}$$

を求めよ．

［**解**］　$\cos\theta = \dfrac{1}{2}(e^{i\theta} + e^{-i\theta})$ より $e^{i\theta} = z$ とおくと，θ が 0 から 2π まで変化する間に z は複素平面上の単位円 C ($|z| = 1$) を一周する．$dz = e^{i\theta} i\, d\theta = iz\, d\theta$ より $d\theta = dz/iz$．よって

$$I=\int_0^{2\pi}\frac{d\theta}{3+\cos\theta}=\oint_C\frac{dz}{iz\left\{3+\frac{1}{2}\left(z+\frac{1}{z}\right)\right\}}=\frac{2}{i}\oint_C\frac{dz}{z^2+6z+1}\quad(1)$$

被積分関数 $f(z)=1/(z^2+6z+1)$ の特異点は

$$z^2+6z+1=0$$

$$\therefore\quad z=-3\pm\sqrt{9-1}=-3\pm 2\sqrt{2}$$

閉曲線 C : $|z|=1$ 内にあるのは

$$z=-3+2\sqrt{2}\qquad(1\text{位の極})$$

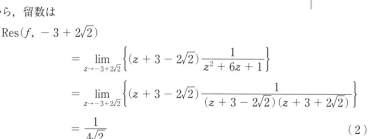

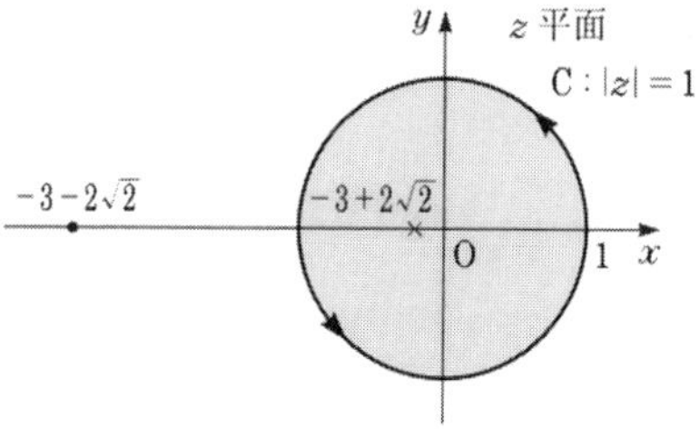

だから，留数は

$$\begin{aligned}&\mathrm{Res}(f,\ -3+2\sqrt{2})\\&=\lim_{z\to-3+2\sqrt{2}}\left\{(z+3-2\sqrt{2})\frac{1}{z^2+6z+1}\right\}\\&=\lim_{z\to-3+2\sqrt{2}}\left\{(z+3-2\sqrt{2})\frac{1}{(z+3-2\sqrt{2})(z+3+2\sqrt{2})}\right\}\\&=\frac{1}{4\sqrt{2}}\end{aligned}\qquad(2)$$

こうして，(1) と (2) より

$$I=\frac{2}{i}\times 2\pi i\,\mathrm{Res}(f,\ -3+2\sqrt{2})=4\pi\cdot\frac{1}{4\sqrt{2}}=\frac{\pi}{\sqrt{2}}=\frac{\sqrt{2}\pi}{2}$$

と求められる．¶

[問題 10]　$I=\displaystyle\int_0^{\pi}\frac{d\alpha}{\sin^2\alpha+2\cos^2\alpha}$ を求めよ．

(ヒント：三角公式の 1 つ $\cos^2\alpha=\frac{1}{2}(1-\cos 2\alpha)$ を用い，$2\alpha=\theta$ とせよ．)

§9.8　複素関数の展開

与えられた関数のある点の近くでのだいたいの様子は，その点の周りで関数を展開して調べることができる．これは実数の世界ではテイラー展開としてよく知られている．以下ではこれを複素数の世界で考えてみよう．関数を展開しようとする点がその関数の正則点のときばかりでなく，特異点の場合も重要である．その特異点が何位の極であるかが展開に必ず反映されるからである．これら 2 つの場合を別々に考察する．また，関数の展開にはその展開が意味をもつ収束範囲がつきものである．収束範囲を決めるのが関数の特異点と展開する点の間の距離であることは，実数の世界でも複素数の世界でも変りないことは以下に議論するとおりである．しかし，実数の世界では特異点の存在は実数軸を切断して越えられない壁を作ってしまうが，複素数の世界では孤立した特異点があっても容易に迂回できる．このことを反映して，複素数の世界では展開関数をその収束範囲を超えて定義域を拡げていくこと ― 解析接続 ― が可能である．

正則点の周りの展開　― テイラー展開 ―

関数 $f(z)$ は点 $z=a$ で正則であり，この点に最も近い特異点が点 $z=b$ にあるとしよう．もちろん，多項式や指数関数 e^z などのように，特異点がない（$|b|=\infty$）場合も含めて考える．図 9.14 に示したように，点 $z=a$ を中心とし，点 $z=b$ を通る円 C_0：$|z-a|=|b-a|$ と，それより半径の小さい円 C：$|z'-a|<|b-a|$ を描く．C 内の任意の点 z に対して関数 $f(z)$ は正則なので，コーシーの積分表示 (9.18) より

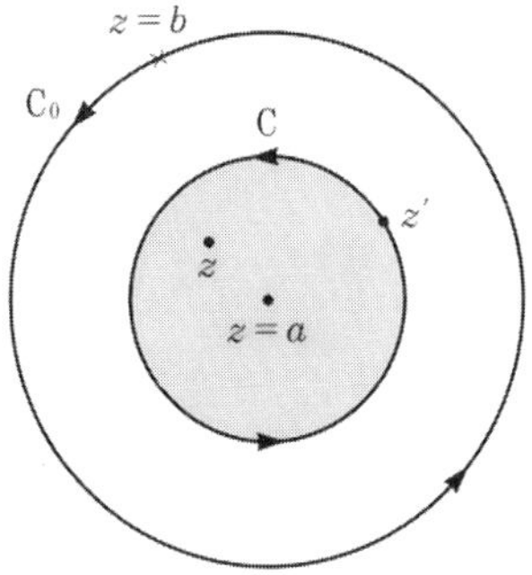

図 9.14

$$f(z)=\frac{1}{2\pi i}\oint_{\mathrm{C}}\frac{f(z')}{z'-z}\,dz' \tag{9.27}$$

と表される．C 上の点 z' に対しては $|z'-a|>|z-a|$，すなわち $|(z-a)/(z'-a)|<1$ なので，上式の被積分関数の $1/(z'-z)$ は次のように展開できる：

$$\begin{aligned}\frac{1}{z'-z}&=\frac{1}{(z'-a)-(z-a)}=\frac{1}{z'-a}\frac{1}{1-\dfrac{z-a}{z'-a}}\\&=\frac{1}{z'-a}\left\{1+\frac{z-a}{z'-a}+\left(\frac{z-a}{z'-a}\right)^2+\cdots\right\}\\&=\frac{1}{z'-a}+\frac{z-a}{(z'-a)^2}+\frac{(z-a)^2}{(z'-a)^3}+\cdots=\sum_{k=0}^{\infty}\frac{(z-a)^k}{(z'-a)^{k+1}}\end{aligned} \tag{9.28}$$

この展開はC内の任意の点 z で可能であることをもう一度注意しておく．これを (9.27) に代入して項別に z' で積分すると，

$$f(z) = \sum_{k=0}^{\infty} (z-a)^k \frac{1}{2\pi i} \oint_{\mathrm{C}} \frac{f(z')}{(z'-a)^{k+1}}\, dz' = \sum_{k=0}^{\infty} c_k (z-a)^k \tag{9.29}$$

となる．ここで展開係数 c_k はグルサの公式 (9.20) を使うと

$$c_k \equiv \frac{1}{2\pi i} \oint_{\mathrm{C}} \frac{f(z')}{(z'-a)^{k+1}}\, dz' = \frac{1}{k!} f^{(k)}(a) \tag{9.30}$$

と表される．こうして，実数関数のテイラー展開と全く同様に，複素関数 $f(z)$ もその正則点 $z=a$ の周りで展開することができ，

$$\begin{aligned} f(z) &= \sum_{k=0}^{\infty} \frac{f^{(k)}(a)}{k!} (z-a)^k \\ &= f(a) + \frac{f'(a)}{1!}(z-a) + \frac{f''(a)}{2!}(z-a)^2 + \cdots \end{aligned} \tag{9.31}$$

これを複素関数の**テイラー**（Taylor）**展開**という．

図9.14で点 $z=a$ を中心とする円Cは，点 a に最も近い特異点 $z=b$ を通る円 $\mathrm{C_0}$ の内部にあれば任意に大きくすることができるので，(9.31) のテイラー展開は実は円 $\mathrm{C_0}$ の内部の任意の点 z で可能である．すなわち，円 $\mathrm{C_0}$ がテイラー展開の収束範囲 $|z-a| < |b-a|$ を決め，その半径 $|b-a|$ が**収束半径**を与えるのである．円 $\mathrm{C_0}$ を**収束円**という．

例題 9.12

次の関数の $z=0$ の周りでのテイラー展開とその収束半径を求めよ．

（1）e^z　（2）$\cos z$　（3）$\sin z$　（4）$\dfrac{1}{1-z}$

［**解**］（1）$f(z) = e^z$ のとき，$f^{(k)}(z) = e^z$．　$\therefore\ f^{(k)}(0) = 1$．(9.31) より

$$e^z = \sum_{k=0}^{\infty} \frac{1}{k!} z^k = 1 + \frac{1}{1!} z + \frac{1}{2!} z^2 + \cdots \tag{9.32}$$

収束半径は ∞．

（2）$f(z) = \cos z$ のとき，$f^{(2k)}(z) = (-1)^k \cos z$，$f^{(2k+1)}(z) = (-1)^{k+1} \sin z$

$(k = 0, 1, 2, \cdots)$.　$\therefore$　$f^{(2k)}(0) = (-1)^k$,　$f^{(2k+1)}(0) = 0$.（9.31）より

$$\cos z = \sum_{k=0}^{\infty} \frac{(-1)^k}{(2k)!} z^{2k} = 1 - \frac{1}{2!} z^2 + \frac{1}{4!} z^4 + \cdots \tag{9.33}$$

収束半径は ∞.

（3）　$f(z) = \sin z$ のとき，$f^{(2k)}(z) = (-1)^k \sin z$，$f^{(2k+1)}(z) = (-1)^k \cos z$ $(k = 0, 1, 2, \cdots)$.　$\therefore$　$f^{(2k)}(0) = 0$，$f^{(2k+1)}(0) = (-1)^k$.（9.31）より

$$\sin z = \sum_{k=0}^{\infty} \frac{(-1)^k}{(2k+1)!} z^{2k+1} = \frac{1}{1!} z - \frac{1}{3!} z^3 + \frac{1}{5!} z^5 + \cdots \tag{9.34}$$

収束半径は ∞.

（4）　$f(z) = 1/(1-z) = (1-z)^{-1}$ のとき，$f'(z) = (1-z)^{-2}$，$f''(z) = 2(1-z)^{-3}, \cdots, f^{(k)}(z) = k!(1-z)^{-k-1}, \cdots$.　$\therefore$　$f^{(k)}(0) = k!$　$(k = 0, 1, 2, \cdots)$.（9.31）より

$$\frac{1}{1-z} = \sum_{k=0}^{\infty} z^k = 1 + z + z^2 + \cdots \tag{9.35}$$

収束半径は展開の中心 $z = 0$ と特異点 $z = 1$ との間の距離で 1.　¶

［**問題 11**］　次の関数の $z = 0$ の周りでのテイラー展開とその収束半径を求めよ．

（1）　$\dfrac{1}{1+z}$　　（2）　$\log(1-z)$

［**問題 12**］　関数 $1/(1+z)$ の $z = 1$ の周りのテイラー展開とその収束半径を求めよ．

特異点の周りの展開　—ローラン展開—

本項では前項と違って，点 $z = a$ を関数 $f(z)$ の特異点とし，その周りで $f(z)$ を展開することを考える．特異点 $z = a$ に最も近い別の特異点を $z = b$ とし，点 a を中心として点 b を通る円を前と同様 C_0 とおく．さらに，図 9.15 に示したように，点 $z = a$ を中心とし，C_0 の内部の 2 円 C_1, C_2 を描く．C_1 と C_2 に挟まれた領域で $f(z)$ は正則なので，その中の 1 点 z での $f(z)$ の積分表示は次のように表される．

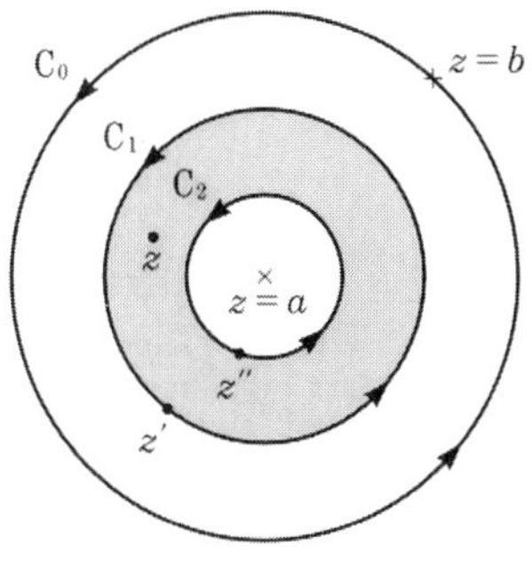

図 9.15

$$f(z) = \frac{1}{2\pi i}\left\{\oint_{C_1} \frac{f(z')}{z'-z}\,dz' - \oint_{C_2} \frac{f(z'')}{z''-z}\,dz''\right\} \tag{9.36}$$

［**問題 13**］(9.36) を証明せよ．（ヒント：C_1 と C_2 を結ぶ往復の積分路（積分には寄与しない）を追加し，点 z を 1 つの閉曲線で囲んでみよ．）

C_1 上の z' に対しては $|z'-a| > |z-a|$ なので，(9.28) と同様に

$$\frac{1}{z'-z} = \sum_{k=0}^{\infty} \frac{(z-a)^k}{(z'-a)^{k+1}}$$

が成り立つ．他方，C_2 上の z'' に対しては $|z''-a| < |z-a|$ なので同じように展開して

$$\frac{1}{z''-z} = -\sum_{k=1}^{\infty} \frac{(z''-a)^{k-1}}{(z-a)^k}$$

が得られる．これら両式を (9.36) に代入して項別に積分すると

$$\begin{aligned} f(z) &= \sum_{k=0}^{\infty} (z-a)^k \frac{1}{2\pi i} \oint_{C_1} \frac{f(z')}{(z'-a)^{k+1}}\,dz' \\ &\qquad + \sum_{k=1}^{\infty} (z-a)^{-k} \frac{1}{2\pi i} \oint_{C_2} (z''-a)^{k-1} f(z'')\,dz'' \\ &= \sum_{k=0}^{\infty} (z-a)^k \frac{1}{2\pi i} \oint_{C_1} \frac{f(z')}{(z'-a)^{k+1}}\,dz' \\ &\qquad + \sum_{k=-1}^{-\infty} (z-a)^k \frac{1}{2\pi i} \oint_{C_2} \frac{f(z'')}{(z''-a)^{k+1}}\,dz'' \end{aligned}$$

となる．ただし，第 2 項目の和で k を $-k$ とおきかえた．ここで 2 つの和の表式が全く同じであることに注意しよう．さらに，2 つの円 C_1 と C_2 は C_0 内にあって特異点 $z=a$ を囲む任意の閉曲線 C に変形できる．結局，上式は

$$f(z) = \sum_{k=-\infty}^{\infty} (z-a)^k \frac{1}{2\pi i} \oint_C \frac{f(z')}{(z'-a)^{k+1}}\,dz'$$

と表される．そこで C を特異点 $z=a$ を中心とする C_0 内の任意の円として

$$c_k = \frac{1}{2\pi i} \oint_C \frac{f(z')}{(z'-a)^{k+1}}\,dz' \qquad (k = 0, \pm 1, \pm 2, \cdots) \tag{9.37}$$

とおくと，関数 $f(z)$ の特異点 $z=a$ の周りの展開は

$$f(z) = \sum_{k=-\infty}^{\infty} c_k (z-a)^k \tag{9.38}$$

と表される．これを $f(z)$ の特異点 $z=a$ の周りの**ローラン** (Laurent) **展開**という．

以上のように，特異点の周りの関数の展開ではテイラー展開のように正のべき ($k \geqq 0$) だけではすまないことに注意しよう．また，(9.37) で，$z=a$ は関数 $f(z)$ の特異点なので，グルサの公式 (9.20) が使えず，$k \geqq 0$ であっても c_k はテイラー展開のときのように $f^{(k)}(a)/k!$ とおくことができないことにも注意しなければならない．

例題 9.13

次の関数に対して，(　) 内の特異点を中心とするローラン展開を求めよ．

(1) $\dfrac{1}{(z-1)(z-2)}$ $(z=1)$　　(2) $\dfrac{e^z}{z+1}$ $(z=-1)$

(3) $\dfrac{1}{\sin z}$ $(z=0)$

［解］ (1) $z-1=w$ とおくと

$$\frac{1}{(z-1)(z-2)} = \frac{1}{w(w-1)} = -\frac{1}{w}\frac{1}{1-w}$$
$$= -\frac{1}{w}(1+w+w^2+\cdots) = -\frac{1}{w} - 1 - w - w^2 - \cdots$$
$$= -\frac{1}{z-1} - 1 - (z-1) - (z-1)^2 - \cdots$$

(2) $z+1=w$ とおくと

$$\frac{e^z}{z+1} = \frac{e^{w-1}}{w} = \frac{e^{-1}}{w}e^w = \frac{e^{-1}}{w}\left(1 + \frac{1}{1!}w + \frac{1}{2!}w^2 + \frac{1}{3!}w^3 + \cdots\right)$$
$$= \frac{e^{-1}}{w} + \frac{e^{-1}}{1!} + \frac{e^{-1}}{2!}w + \frac{e^{-1}}{3!}w^2 + \cdots$$
$$= \frac{e^{-1}}{z+1} + e^{-1} + \frac{e^{-1}}{2}(z+1) + \frac{e^{-1}}{6}(z+1)^2 + \cdots$$

(3) (9.34) より，

$$\sin z = z - \frac{1}{3!}z^3 + \frac{1}{5!}z^5 - \cdots = z\left(1 - \frac{1}{6}z^2 + \frac{1}{120}z^4 - \cdots\right) = z(1-w)$$

とおくと，$w = (1/6)z^2 - (1/120)z^4 + \cdots$ であり，

$$\frac{1}{\sin z} = \frac{1}{z(1-w)} = \frac{1}{z}(1 + w + w^2 + \cdots)$$
$$= \frac{1}{z}\left(1 + \frac{1}{6}z^2 - \frac{1}{120}z^4 + \cdots + \frac{1}{36}z^4 + \cdots\right) = \frac{1}{z} + \frac{1}{6}z + \frac{7}{360}z^3 + \cdots$$

¶

［**問題 14**］　次の関数に対して，(　) 内の特異点の周りのローラン展開を求めよ．

（1）　$\dfrac{z}{(z-1)(z-2)}$　$(z = 1)$　　（2）　$z \sin \dfrac{1}{z}$　$(z = 0)$

（3）　$\dfrac{e^z}{(z+1)(z+2)}$　$(z = -1)$

解析接続

実数の関数 $f(x) = 1/(1-x)$ の $x = 0$ でのテイラー展開は $f(x) = 1 + x + x^2 + \cdots$ であり，これは $|x| < 1$ でのみ意味をもつことはよく知られている．たとえば，$x = 2$ のとき，もとの関数は -1 という確定値をもつが，テイラー展開の方は発散して全く意味をなさない．これは実数が数直線上の点として表されることに原因があり，上の例では $1/(1-x)$ という関数の値が $x = 1$ で不連続に変化している，あるいは $x = 1$ で数直線が切断されているためであるという見方もできる．

複素数の世界ではどうであろうか．ここでこれからの議論のために，複素関数 $f(z)$ の正則点 $z = a$ の周りのテイラー展開を $\mathcal{T}(z-a)$ とおく．具体例として上の実関数を複素関数に拡張した

$$f(z) = \frac{1}{1-z} \tag{9.39}$$

を考えてみよう．(9.35) でみたように，これを $z = 0$ の周りでテイラー展開すると

$$\mathcal{T}(z) = 1 + z + z^2 + \cdots \tag{9.40}$$

となり，収束半径は展開の中心 $z = 0$ と関数の特異点 $z = 1$ との間の距離 1 である．すなわち，(9.40) は図 9.16 に示した原点を中心とする単位円 C_0 : $|z| = 1$ の内部でのみ定義され，C_0 内では $\mathcal{T}(z) = f(z)$ である．確かにこの限りでは，C_0 の外部で $\mathcal{T}(z)$ と $f(z)$ との関係は不明である．しかし，

実数の世界と違って，特異点 $z=1$ は複素平面上の単なる孤立した点にすぎない．たとえば，実軸上の点 $z=2$ にしても，原点 $z=0$ から特異点 $z=1$ を通らずにいくらでも達することができる．これが数直線にすぎない実数の世界との大きな違いである．このような事情のために，(9.40) の $\mathcal{T}(z)$ が C_0 内で与えられたとして，これだけから C_0 外でも点 $z=1$ を除くすべての点で $\mathcal{T}(z)=f(z)$ と自然に定義域を拡張することができるのである．これを以下にみてみよう．

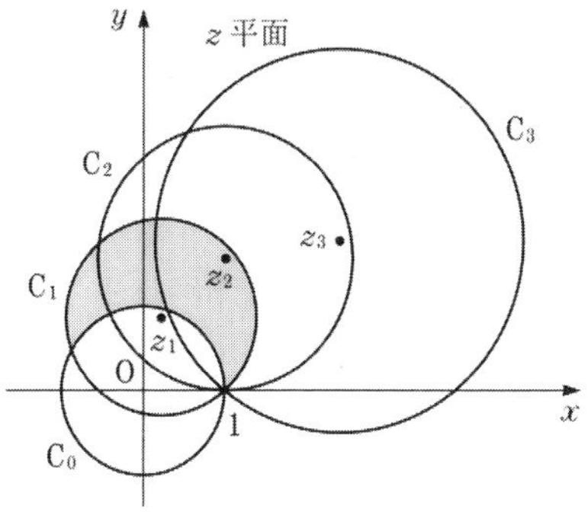

図 9.16

上に記したように，まず C_0 内で (9.40) の $\mathcal{T}(z)$ が与えられているとしよう．図 9.16 に示したように，C_0 内に 1 点 z_1 をとり，この点の周りで与えられた関数 $\mathcal{T}(z)$ のテイラー展開 $\mathcal{T}(z-z_1)$ を作る．このためには (9.29) ～ (9.31) でみたように，$\mathcal{T}^{(k)}(z_1)$ $(k=0,1,2,\cdots)$ がわかればよい．ところが点 z_1 は C_0 内にあり，C_0 内では $\mathcal{T}(z)=f(z)$ である．したがって，$\mathcal{T}(z-z_1)$ は $f^{(k)}(z_1)$ $(k=0,1,2,\cdots)$ から計算できる．ところで，このようにして求められた関数 $\mathcal{T}(z-z_1)$ の収束半径は展開の中心 z_1 と特異点 $z=1$ との距離である．図 9.16 に灰色で示したように，このときの収束円 C_1 は明らかにもとの円 C_0 の外にはみ出るが，関数 $\mathcal{T}(z-z_1)$ はもちろんそこでも定義され，$\mathcal{T}(z-z_1)=\mathcal{T}(z)$ $(=f(z))$ である．このはみ出た領域内に図 9.16 のように点 z_2 をとり，この点を中心として，いま定義した関数 $\mathcal{T}(z-z_1)$ のテイラー展開 $\mathcal{T}(z-z_2)$ を求めることができる．このときの収束円 C_2 はさらに円 C_1 をはみ出し，そこでも $\mathcal{T}(z-z_2)$ は定義されて $\mathcal{T}(z-z_2)=\mathcal{T}(z-z_1)$ $(=\mathcal{T}(z)=f(z))$ である．この操作を次々に実行すれば，$\mathcal{T}(z)$ の定義域を特異点 $z=1$ 以外のすべての z 平面上の点に拡張して $f(z)$ を再現できることは容易に想像がつくであろう．

これまでは $f(z)=1/(1-z)$ という具体的な関数について議論してきたが，議論の本質は定義域の単純な拡張操作にすぎない．したがって，他の関数への一般化は容易である．このように始めに与えられた関数からスタートしてテイラー展開を使って定義域を拡張していく操作を**解析接続**という．解析接続によって取り込まれた新しい定義域でも展開級数が収束しているのであるから，そこでも関数は正則である．すなわち，もとの定義域と新しい定義域の境界でも関数は滑らかに接続されている．実際，第7章で学んだ初等複素関数はすべて実関数が定義されている実軸からの解析接続の結果とみることができる．

解析接続は理論物理学にとって非常に便利である．たとえば，ある物理学の問題の摂動計算によって (9.40) の $\mathcal{T}(z)$ が求められたとしよう．もちろん，この限りでの定義域は C_0：$|z|=1$ の内部だけで，C_0 内でのみ，$\mathcal{T}(z)=1/(1-z)$ とおくことができる．しかし，これを解析接続すれば (実際には「解析接続する」というだけでよい)，この $\mathcal{T}(z)=1/(1-z)$ を $z=1$ 以外のすべての点で使うことができ，正則な複素関数がもついろいろな特性をフルに活用できるのである．

演習問題

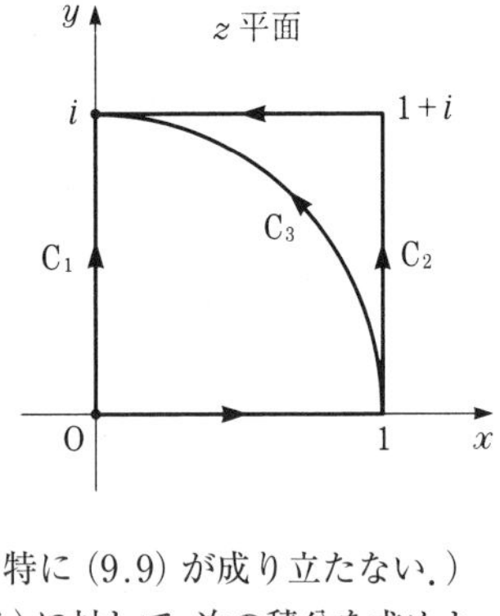

[**1**]　図の積分路 C_k $(k=1,2,3)$ に沿う原点 O から点 i までの積分

$$I_k=\int_{C_k} z^2\,dz$$

を求めよ．

[**2**]　前問と同じ積分路で積分

$$J_k=\int_{C_k} |z|^2\,dz$$

を求めよ．(注意：第8章の演習問題 [2]～[4] より，被積分関数 $|z|^2$ は正則ではない．したがって，この場合にはコーシーの定理，特に (9.9) が成り立たない．)

[**3**]　点 a を囲む任意の積分路 C (反時計回りとする) に対して，次の積分を求めよ．

（1）$\displaystyle\oint_C \frac{z}{z-a}\,dz$　　（2）$\displaystyle\oint_C \frac{z\cos z}{z-a}\,dz$　　（3）$\displaystyle\oint_C \frac{z^2e^z}{z-a}\,dz$

[**4**]　積分 $\displaystyle\oint_C \frac{dz}{z^2+4}$ において，積分路 C を円

（1）$|z-2i|=1$　　（2）$|z+2i|=1$

(3) $|z| = 1$ (4) $|z| = 3$

として積分の値を求めよ．

[**5**] Cを点 $z = a$ を囲む反時計回りの閉曲線とする．任意の整数 n ($= 0, \pm 1, \pm 2, \cdots$) に対して

$$\oint_C \frac{dz}{(z-a)^n} = 2\pi i\, \delta_{n1}$$

が成り立つことを証明せよ．ただし，δ_{nm} はクロネッカーのデルタで，$n = m$ のときだけ1，その他のときは0である．

[**6**] 次のそれぞれの関数 $f(z)$ に対して，( ) 内の点は何位の極か．また，その点での留数を求めよ．

(1) $\dfrac{1}{z^2(z+1)}$ $(z = -1)$ (2) $\cot z$ $(z = 0)$

(3) $\dfrac{e^z}{(z+1)(z-3)^2}$ $(z = 3)$

[**7**] 次の実関数の積分を留数の計算より求めよ．

(1) $\displaystyle\int_{-\infty}^{\infty} \frac{dx}{x^2 - 2x + 2}$ (2) $\displaystyle\int_0^{\infty} \frac{dx}{(x^2+1)(x^2+4)}$

[**8**] 次の積分を求めよ．

(1) $\displaystyle\int_0^{2\pi} \frac{d\theta}{5 - 3\cos\theta}$ (2) $\displaystyle\int_0^{2\pi} \frac{d\theta}{5 + 4\cos\theta}$

(ヒント：$\cos\theta$ を $e^{\pm i\theta}$ で表し，$e^{i\theta} = z$ とおいてみよ．)

[**9**] 図に示す積分路Cを用いて複素積分

$$I' = \oint_C \frac{e^{iz}}{z}\, dz$$

を求め, $R \to \infty$, $r \to 0$ として実積分

$$I = \int_0^{\infty} \frac{\sin x}{x}\, dx = \frac{\pi}{2}$$

であることを示せ．(ヒント：C内に特異点はない．原点 (特異点でもある) の周りの半径 r の小さな半円周の積分はどうなるか．)

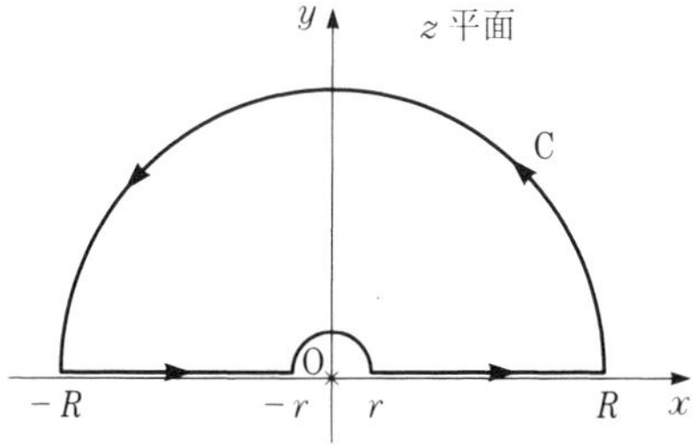

[**10**] 次の関数の $z = 0$ の周りでのテイラー展開を求めよ．

(1) $\cosh z$ (2) $\sinh z$ (3) $\tan z$

[**11**] 次の関数に対して ( ) 内の特異点を中心とするローラン展開を求めよ．

(1) $\dfrac{z^2}{z-1}$ $(z = 1)$ (2) $z \cos\dfrac{1}{z}$ $(z = 0)$

(3) $\dfrac{e^z}{(z+1)^2}$ $(z = -1)$

IV. フーリエ解析

本章では物理学だけでなく，科学，工学のあらゆる分野で非常に重要な役割を果たしているフーリエ解析の基礎を学ぶ．これは基本的には任意の関数を性質のよく知られた三角関数の級数で表し，その関数の特徴を分析することである．しかし，物理学の世界ではフーリエ解析はこのような実用的な視点を超えて重要である．それはフーリエ解析の基礎をなすフーリエ変換がなじみ深い実空間（あるいは実時間）における関数の波数空間（あるいは角周波数空間）における関数への変換であることに関係している．現代物理学の基礎をなす量子力学では，ある空間から別の空間への変換という概念が重要な役割を果たしているが，実はこれから学ぶフーリエ変換がその最も単純な例なのである．したがって，フーリエ変換の背後にある意味を理解しておくことは，これから物理学を学ぶ上で特に重要であるということができる．

10 フーリエ解析

図 10.1(a) の曲線は区間 $-\pi \leqq x \leqq \pi$ での関数 $f(x) = \sin x$ を示したものである．これは一見しただけですぐにわかる．では図 10.1(b) の方はどうか．ひどく複雑そうに見えるが，実は数個の三角関数の和から成る関数 $f(x) = 0.2 + 0.5\sin x + 0.3\cos 2x - 0.2\cos 4x + 0.1\sin 10x$ をプロットしたものである．このことから，どんなに複雑な関数もいろいろな周期をもった三角関数の和（級数，重ね合せ）で表されそうである．実際にそれが可能であることを以下の各節で議論していく．与えられた関数を三角関数の級数で表すことを**フーリエ級数展開**といい，このようにして与えられた関数の性質を調べることを**フーリエ解析**という．

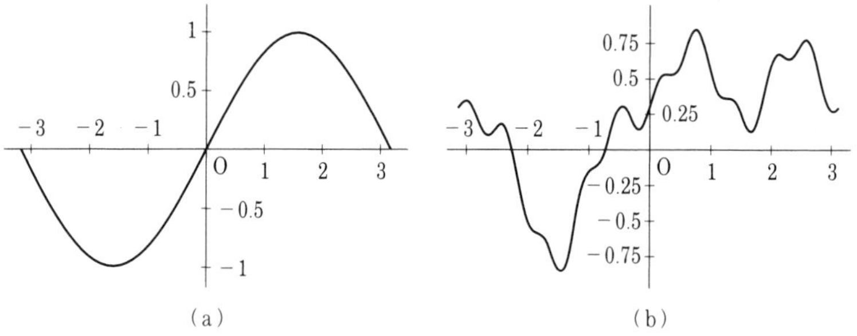

図 10.1

三角関数の性質はよく知られているので，任意の与えられた関数のフーリエ解析はその関数の性質を調べる強力な武器となる．たとえば，ある複雑な機械の振動による信号や地震の揺れの信号，あるいは脳波などの信号 $f(t)$ が得られたとしよう．これは雑音のような時間の複雑な関数に見えるかもしれない．しかし，これをフーリエ解析することにより，どの振動数（周波数）成分が支配的かがただちにわかる．このことから複雑な現象の本質にせまることができるかもしれない．

これだけからでも，フーリエ解析が科学，工学のあらゆる分野にどれほど重要かが想像できるであろう．

本章ではまず周期 2π の周期関数のフーリエ級数展開を学ぶ．次にこれを出発点にして周期 $2L$ (L は任意) の周期関数のフーリエ級数展開を導く．さらに展開関数としての三角関数をオイラーの公式によって純虚数を変数とする指数関数で表すと，フーリエ級数展開が非常にきれいにまとめられること（複数フーリエ級数）を学ぶ．その上で $L \to \infty$ の極限をとることにより，周期関数に限らない任意の関数のフーリエ展開に相当するフーリエ変換を導く．

なお，最後にフーリエ変換に関連の深いラプラス変換も簡単に見ておくことにしよう．

§10.1 フーリエ級数

フーリエ級数展開

関数 $f(x)$ が区間 $-\pi < x \leqq \pi$ で図 10.2 のように与えられているとしよう．この区間の外では図のようにくり返されているとする．すなわち，$f(x)$ を周期 2π の周期関数と見なすわけである．また，$f(x)$ の値は複素数であってもかまわない.* この任意に与えられた関数 $f(x)$ を三角関数を使って

$$
\begin{aligned}
f(x) &= \frac{a_0}{2} + a_1 \cos x + a_2 \cos 2x + a_3 \cos 3x + \cdots \\
&\quad + b_1 \sin x + b_2 \sin 2x + b_3 \sin 3x + \cdots \\
&= \frac{a_0}{2} + \sum_{n=1}^{\infty} (a_n \cos nx + b_n \sin nx)
\end{aligned}
\tag{10.1}
$$

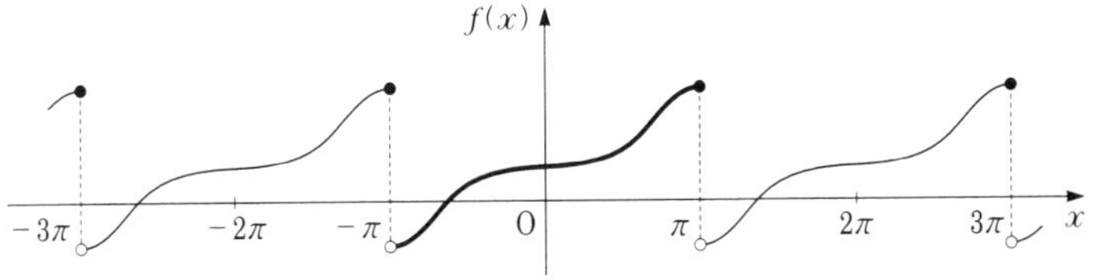

図 10.2

* x が実数なので，$f(x)$ は前章までの複素数を変数とする複素関数ではないことに注意しよう．

のように表すのが関数 $f(x)$ のフーリエ級数展開である．上式の右辺を**フーリエ級数**，$a_0, a_1, a_2, \cdots, b_1, b_2, \cdots$ を**フーリエ係数**という．与えられた関数 $f(x)$ に対してこれらのフーリエ係数をいかに求めるかは後で議論する．

(10.1) は与えられた関数 $f(x)$ を三角関数 $\cos nx$，$\sin nx$ $(n = 0, 1, 2, \cdots)$ で展開したことになっている．この意味では定数項は a_0 とすべきだが，通常は上式のように $a_0/2$ とおく．これは後でわかるように，フーリエ係数を求める式がきれいに表されるための便宜上のことであって，本質的ではない．これらの三角関数はすべて周期 2π をもつ．このような関数系 $\{\cos nx, \sin nx\}$ が選ばれたのは，級数展開したい関数 $f(x)$ が図 10.2 のように周期 2π の関数だからである．より一般的に，区間 $-L < x \leqq L$ で定義され，この区間外では同じものがくり返されている周期 $2L$ の関数のフーリエ級数展開は後で議論する．その上で $L \to \infty$ とすれば，図 10.2 のような周期関数だけでなく，周期をもたない普通の関数もフーリエ解析できることがわかる．これも後で議論する．

三角関数の直交性

(10.1) の展開に使った三角関数 $\{\cos nx, \sin nx\}$ $(n = 0, 1, 2, \cdots)$ の積の積分はきれいな形で表される．例として $\cos nx \cos mx$ の積分を考えてみよう．$n \fallingdotseq m$ のとき，加法定理を使って，

$$
\begin{aligned}
&\int_{-\pi}^{\pi} \cos nx \cos mx \, dx \\
&\qquad = \frac{1}{2} \int_{-\pi}^{\pi} [\cos(n+m)x + \cos(n-m)x] \, dx \\
&\qquad = \frac{1}{2} \left[\frac{1}{n+m} \sin(n+m)x + \frac{1}{n-m} \sin(n-m)x \right]_{-\pi}^{\pi} = 0
\end{aligned}
$$

であり，$n = m \fallingdotseq 0$ のときは

$$
\begin{aligned}
\int_{-\pi}^{\pi} \cos^2 nx \, dx &= \frac{1}{2} \int_{-\pi}^{\pi} [\cos 2nx + 1] \, dx = \frac{1}{2} \left[\frac{1}{2n} \sin 2nx + x \right]_{-\pi}^{\pi} \\
&= \pi
\end{aligned}
$$

また，$n = m = 0$ のときは 2π となる．他の場合も同様に計算できて，まとめると

$$\int_{-\pi}^{\pi} \cos nx \cos mx \, dx = \pi \delta_{nm} \quad (n, m = 0, 1, 2, \cdots.\ \text{ただし}\ n = m = 0\ \text{を除く}) \tag{10.2}$$

$$\int_{-\pi}^{\pi} \sin nx \sin mx \, dx = \pi \delta_{nm} \qquad (n, m = 1, 2, 3, \cdots) \tag{10.3}$$

$$\int_{-\pi}^{\pi} \sin nx \cos mx \, dx = 0 \qquad (n, m = 0, 1, 2, \cdots) \tag{10.4}$$

となる．ここで δ_{nm} は前にも出てきたクロネッカーのデルタであり，

$$\delta_{nm} = \begin{cases} 1 & (n = m) \\ 0 & (n \neq m) \end{cases} \tag{10.5}$$

と定義される．

(10.2), (10.3) で $n \neq m$ の場合や，(10.4) の場合には，2つの三角関数の積の積分がゼロとなる．これはベクトルの直交性と似ており，2つの関数が**直交する**という言い方をする．(10.2) ～ (10.4) は三角関数の**直交関係**を表し，フーリエ係数の決定に威力を発揮する．

［**問題 1**］ (10.3), (10.4) を導け．

フーリエ係数

(10.1) の両辺を区間 $-\pi < x \leqq \pi$ で積分すると，三角関数 $\cos nx$, $\sin nx$ の積分がゼロなので，

$$\int_{-\pi}^{\pi} f(x) \, dx = \int_{-\pi}^{\pi} \frac{a_0}{2} \, dx = \pi a_0$$

となる．また，両辺に $\cos mx$ $(m = 1, 2, 3, \cdots)$ を掛けて積分すると，(10.2) と (10.4) の直交関係より，右辺の積分は $n = m$ の項だけが残って

$$\int_{-\pi}^{\pi} f(x) \cos mx \, dx = \pi a_m$$

となる．これは形式的には $m = 0$ の場合も成り立っていることに注意しよう.* 同様にして，(10.1) の両辺に $\sin mx$ $(m = 1, 2, \cdots)$ を掛けて積分すると $\int_{-\pi}^{\pi} f(x) \sin mx \, dx = \pi b_m$ が得られる．以上をまとめると，フーリエ係

* 実際はそうなるように，(10.1) の展開の定数項を $a_0/2$ としたのである．

数 $\{a_n, b_n\}$ は

$$a_n = \frac{1}{\pi}\int_{-\pi}^{\pi} f(x)\cos nx\,dx \qquad (n = 0, 1, 2, \cdots) \tag{10.6}$$

$$b_n = \frac{1}{\pi}\int_{-\pi}^{\pi} f(x)\sin nx\,dx \qquad (n = 1, 2, 3, \cdots) \tag{10.7}$$

と表される．

こうして，区間 $-\pi < x \leqq \pi$ で定義されてそれがくり返される周期 2π の関数 $f(x)$ が与えられると，これは (10.1) に従ってフーリエ級数に展開することができ，そのときのフーリエ係数が (10.6) と (10.7) によって決定できることがわかった．しかも与えられた関数 $f(x)$ に対して係数 $\{a_n, b_n\}$ は一義的に求められるので，$f(x)$ は (10.1) のようにフーリエ級数に一義的に展開できるのである．

例題 10.1

区間 $-\pi < x \leqq \pi$ で $f(x) = x^2$ と表される周期関数のフーリエ級数を求めよ．

［**解**］ まず x^2 は偶関数なので奇関数である $\sin nx$ との積は奇関数となり

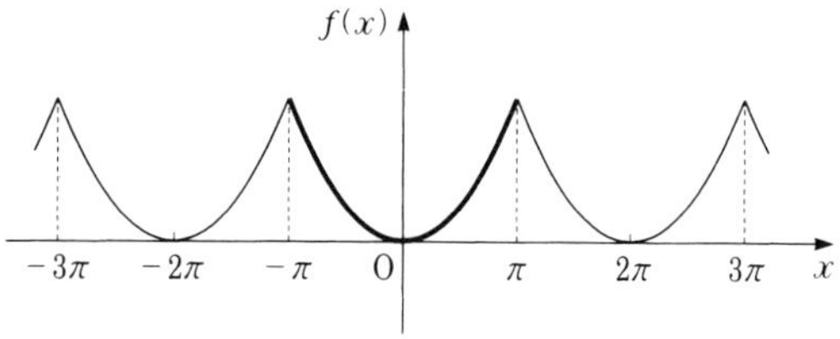

$$b_n = \frac{1}{\pi}\int_{-\pi}^{\pi} x^2 \sin nx\,dx$$
$$= 0 \qquad (n = 1, 2, \cdots)$$

また，$x^2\cos nx$ は偶関数なので，$n \neq 0$ のとき

$$\begin{aligned}
a_n &= \frac{1}{\pi}\int_{-\pi}^{\pi} x^2\cos nx\,dx = \frac{2}{\pi}\int_0^{\pi} x^2\cos nx\,dx \\
&= \frac{2}{\pi}\left\{\left[\frac{1}{n}x^2\sin nx\right]_0^{\pi} - \frac{2}{n}\int_0^{\pi} x\sin nx\,dx\right\} \\
&= \frac{2}{\pi}\left\{\left[\frac{1}{n}x^2\sin nx\right]_0^{\pi} - \frac{2}{n}\left[-\frac{x}{n}\cos nx\right]_0^{\pi}\right. \\
&\qquad\qquad \left. + \frac{2}{n}\int_0^{\pi}\left(-\frac{1}{n}\cos nx\right)dx\right\} \\
&= \frac{2}{\pi}\left[\frac{2}{n^2}x\cos nx + \left(\frac{1}{n}x^2 - \frac{2}{n^3}\right)\sin nx\right]_0^{\pi}
\end{aligned}$$

$$= \frac{4}{n^2}\cos n\pi = \frac{4}{n^2}(-1)^n$$

ただし，途中の積分計算で部分積分を使った．$n = 0$ のときは

$$a_0 = \frac{1}{\pi}\int_{-\pi}^{\pi} x^2\,dx = \frac{2}{\pi}\int_0^{\pi} x^2\,dx = \frac{2}{3}\pi^2$$

以上により

$$f(x) = \frac{1}{3}\pi^2 - 4\cos x + \cos 2x - \frac{4}{9}\cos 3x + \cdots$$

と表される．　¶

［**問題 2**］　区間 $-\pi < x \leqq \pi$ で $f(x) = x$ で表される周期関数のフーリエ級数を求めよ．

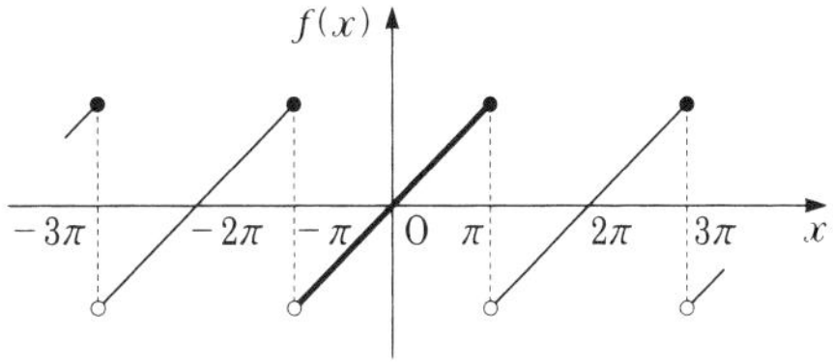

フーリエ余弦級数，正弦級数

関数 $f(x)$ が特に偶関数，あるいは奇関数である場合のそのフーリエ級数を考えてみよう．偶関数は $f(-x) = f(x)$ を，奇関数は $f(-x) = -f(x)$ を満たす．$\cos nx$，$\sin nx$ はそれぞれ偶関数，奇関数の典型例である．

まず，$f(x)$ が偶関数の場合を考える．(10.6), (10.7) で積分範囲が $-\pi < x \leqq \pi$ であり，被積分関数が $f(x)\cos nx$ は偶関数，$f(x)\sin nx$ は奇関数なので，

$$a_n = \frac{2}{\pi}\int_0^{\pi} f(x)\cos nx\,dx, \qquad b_n = 0 \tag{10.8}$$

となる．a_n の積分範囲を $0 \leqq x \leqq \pi$ にしたこと，$\sin nx$ の係数 b_n が常にゼロであることに注意しよう．こうして偶関数 $f(x)$ のフーリエ級数展開は

$$f(x) = \frac{a_0}{2} + \sum_{n=1}^{\infty} a_n \cos nx \tag{10.9}$$

となり，$\cos nx$ $(n = 0, 1, 2, \cdots)$ だけで表される．これを**フーリエ余弦級数**という．

$f(x)$ が奇関数の場合も上と同じような議論によって

$$a_n = 0, \qquad b_n = \frac{2}{\pi}\int_0^{\pi} f(x)\sin nx\,dx \tag{10.10}$$

となり，奇関数 $f(x)$ のフーリエ級数は

$$f(x) = \sum_{n=1}^{\infty} b_n \sin nx \tag{10.11}$$

と表される．これを**フーリエ正弦級数**という．すなわち，奇関数のフーリエ級数は奇関数である $\sin nx$ だけで表されるのである．

例題 10.2

次の関数 $f(x)$：

$$f(x) = \pi - |x| = \begin{cases} \pi - x & (0 \leqq x \leqq \pi) \\ \pi + x & (-\pi < x < 0) \end{cases}$$

をフーリエ級数で表せ．周期 2π で外に延ばすと，これは左右対称な鋸歯(きょし)（のこぎりの歯）状波を表す．

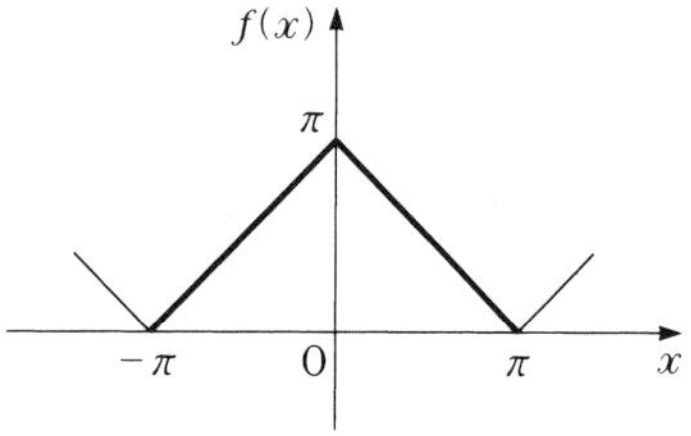

［解］　この $f(x)$ は偶関数なのでフーリエ余弦級数で表される．$n=0$ のときは

$$a_0 = \frac{2}{\pi}\int_0^{\pi} (\pi - x)\, dx = \pi$$

$n \geqq 1$ では部分積分により

$$a_n = \frac{2}{\pi}\int_0^{\pi} (\pi - x)\cos nx\, dx = \frac{2}{\pi}\left\{\left[\frac{\pi - x}{n}\sin nx\right]_0^{\pi} + \frac{1}{n}\int_0^{\pi}\sin nx\, dx\right\}$$

$$= \frac{2}{n^2\pi}\{1 - (-1)^n\}$$

となる．したがって

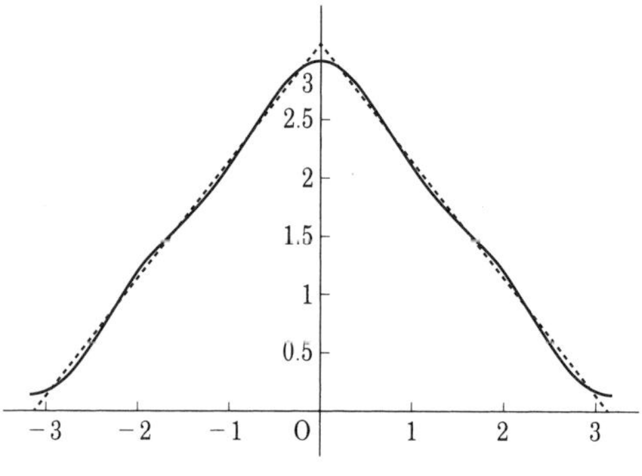

図 10.3

$$f(x) = \frac{a_0}{2} + \sum_{n=1}^{\infty} a_n \cos nx$$
$$= \frac{\pi}{2} + \frac{4}{\pi}\cos x + \frac{4}{9\pi}\cos 3x + \frac{4}{25\pi}\cos 5x + \cdots$$
$$= \frac{\pi}{2} + \frac{4}{\pi}\sum_{n=1}^{\infty}\frac{\cos(2n-1)x}{(2n-1)^2}$$

と表される．

関数 $f(x)$ そのものと，それを上のフーリエ級数の始めの 3 項で近似したものを図 10.3 に示す．こんなに粗い近似でももとの関数を結構よく再現していることに注意しよう．　¶

［**問題 3**］　$f(x) = |x|(-\pi < x \leqq \pi)$ をフーリエ級数で表せ．

例題 10.3

関数 $f(x)$：

$$f(x) = \begin{cases} 1 & (0 < x \leqq \pi) \\ 0 & (x = 0) \\ -1 & (-\pi < x < 0) \end{cases}$$

をフーリエ級数で表せ．周期 2π でこの範囲の外に延長すると，これは矩形波を表す．

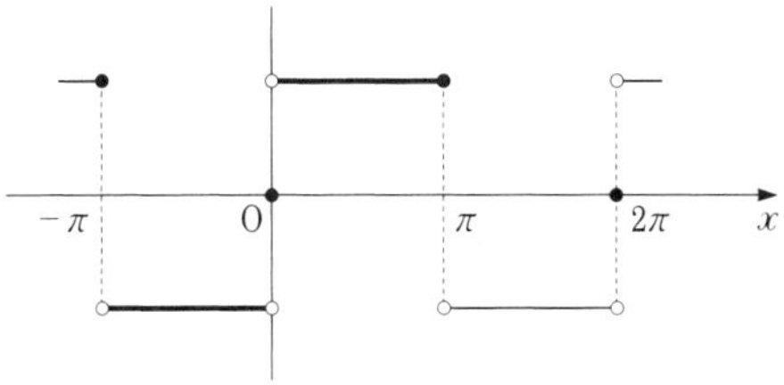

［**解**］　関数 $f(x)$ は奇関数なので，これはフーリエ正弦級数で表される．フーリエ係数 b_n は (10.10) より

$$b_n = \frac{2}{\pi}\int_0^{\pi} f(x)\sin nx\,dx = \frac{2}{\pi}\int_0^{\pi}\sin nx\,dx = \frac{2}{n\pi}\{1-(-1)^n\}$$

なので

$$f(x) = \sum_{n=1}^{\infty} b_n \sin nx = \frac{4}{\pi}\left(\sin x + \frac{1}{3}\sin 3x + \frac{1}{5}\sin 5x + \cdots\right)$$

$$= \frac{4}{\pi}\sum_{n=1}^{\infty}\frac{\sin{(2n-1)x}}{2n-1}$$

と表される．図 10.4 には，関数 $f(x)$ そのものとそれを上のフーリエ級数の始めの 5 項で近似したものをプロットしてある．　¶

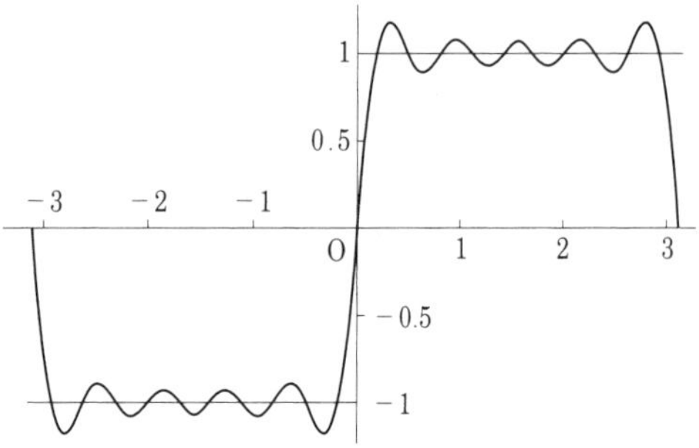

図 10.4

［**問題 4**］ 図 10.3 の場合に比べて，図 10.4 の場合は近似の度合が良くない．なぜか．

［**問題 5**］ 関数 $f(x) = \pi - x\,(0 < x \leqq \pi)$, $0\,(x=0)$, $-\pi - x\,(-\pi < x < 0)$ をフーリエ級数で表せ．

§10.2　任意の周期をもつ関数のフーリエ級数展開

これまでは周期 2π の関数 $f(x)$ を扱ってきたが，もちろん，任意の周期をもつ関数もフーリエ級数展開することができる．これを考えてみよう．

変数 x を $x' = (L/\pi)x$ $(x = (\pi/L)x')$ と変数変換してみよう．すると，x が $-\pi$ から π まで変わる間に x' は $-L$ から L まで変わる．すなわち，周期 2π の関数 $f(x)$ を $x = (\pi/L)x'$ とおきかえて x' の関数と見なすと，$f(x')$ の周期は $2L$ となる．(10.1), (10.6), (10.7) の x をすべて x' で表すと，積分変数の変換 $dx = (\pi/L)\,dx'$ に注意して，

$$f(x') = \frac{a_0}{2} + \sum_{n=1}^{\infty}\left(a_n\cos\frac{n\pi}{L}x' + b_n\sin\frac{n\pi}{L}x'\right)$$

$$a_n = \frac{1}{\pi}\int_{-\pi}^{\pi}f(x)\cos nx\,dx = \frac{1}{L}\int_{-L}^{L}f(x')\cos\frac{n\pi}{L}x'\,dx'$$

$$b_n = \frac{1}{\pi}\int_{-\pi}^{\pi}f(x)\sin nx\,dx = \frac{1}{L}\int_{-L}^{L}f(x')\sin\frac{n\pi}{L}x'\,dx'$$

となる．ここでは単純に変数 x を $x = (\pi/L)x'$ でおきかえただけで，ほかには何もしていないことに注意しよう．このように，x の代りに変数 x' でおきかえるということは，x 軸を L/π 倍に拡大して見ることに相当し，**スケール変換** (scale：物差し) とよばれる．

上式の変数 x' を x と記すと，周期 $2L$ の関数 $f(x)$ のフーリエ級数は

$$f(x) = \frac{a_0}{2} + \sum_{n=1}^{\infty}\left(a_n \cos\frac{n\pi}{L}x + b_n \sin\frac{n\pi}{L}x\right) \tag{10.12}$$

そのフーリエ係数は

$$a_n = \frac{1}{L}\int_{-L}^{L} f(x)\cos\frac{n\pi}{L}x\,dx \tag{10.13}$$

$$b_n = \frac{1}{L}\int_{-L}^{L} f(x)\sin\frac{n\pi}{L}x\,dx \tag{10.14}$$

と表される．もちろん，上式で $L = \pi$ とすれば (10.1), (10.6), (10.7) が再現される．こうして，任意の周期をもつ周期関数のフーリエ級数が得られた．

例題 10.4

関数 $f(x)$：

$$f(x) = 1 - |x| = \begin{cases} 1 - x & (0 \leqq x \leqq 1) \\ 1 + x & (-1 < x < 0) \end{cases}$$

をフーリエ級数で表せ．

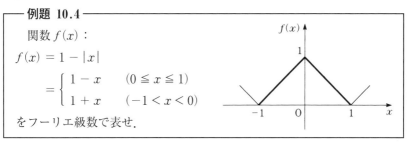

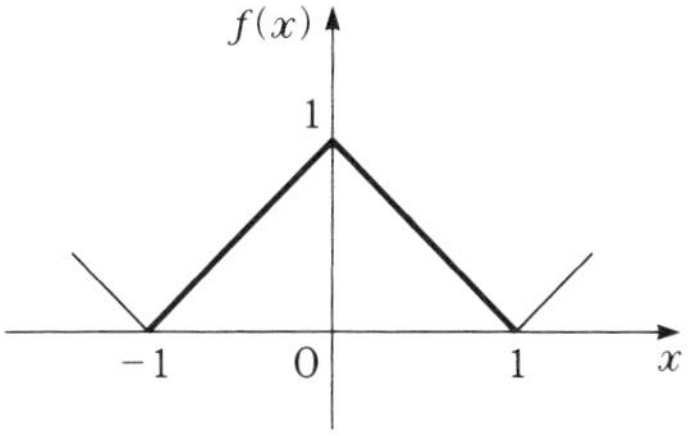

［**解**］ $f(x)$ は周期 2 ($L = 1$) の偶関数であり，$b_n = 0$．また，

$$a_0 = 2\int_0^1 (1 - x)\,dx = 1$$

$$a_n = 2\int_0^1 (1 - x)\cos n\pi x\,dx = \frac{2}{n^2\pi^2}\{1 - (-1)^n\} \qquad (n \geqq 1)$$

より，$f(x)$ は

$$\begin{aligned} f(x) &= \frac{1}{2} + \frac{4}{\pi^2}\left(\cos\pi x + \frac{1}{9}\cos 3\pi x + \frac{1}{25}\cos 5\pi x + \cdots\right) \\ &= \frac{1}{2} + \frac{4}{\pi^2}\sum_{n=1}^{\infty}\frac{\cos(2n-1)\pi x}{(2n-1)^2} \end{aligned}$$

と表される．¶

［**問題 6**］ $f(x) = x\ (-2 < x \leqq 2)$ をフーリエ級数で表せ．

例題 10.5

周期 $2L$ の周期関数 $f(x)$ が偶関数のとき，そのフーリエ級数は

$$f(x) = \frac{a_0}{2} + \sum_{n=1}^{\infty} a_n \cos\frac{n\pi}{L}x \tag{10.15}$$

$$a_n = \frac{2}{L}\int_0^L f(x)\cos\frac{n\pi}{L}x\,dx \tag{10.16}$$

と表されることを示せ．

［**解**］ $f(x)$ が偶関数なので，(10.13) の被積分関数 $f(x)\cos\frac{n\pi}{L}x$ も偶関数であり，a_n は (10.16) と表される．他方，(10.14) の被積分関数 $f(x)\sin\frac{n\pi}{L}x$ は奇関数であり，$b_n = 0$ となる．したがって，この場合の $f(x)$ のフーリエ級数展開は (10.15) のように表され，そのフーリエ係数は (10.16) で与えられる．これは周期が $2L$ の場合の**フーリエ余弦級数**であり，(10.9) の一般化になっている．¶

［**問題 7**］ 周期 $2L$ の周期関数 $f(x)$ が奇関数のとき，そのフーリエ級数は

$$f(x) = \sum_{n=1}^{\infty} b_n \sin\frac{n\pi}{L}x \tag{10.17}$$

$$b_n = \frac{2}{L}\int_0^L f(x)\sin\frac{n\pi}{L}x\,dx \tag{10.18}$$

と表されることを示せ．これは周期が $2L$ の場合の**フーリエ正弦級数**であり，(10.11) の一般化に相当する．

§10.3　複素フーリエ級数

本節ではこれからの議論の便宜のために，前節の結果を基礎にして複素フーリエ級数を考える．まず，

$$\cos\frac{n\pi}{L}x = \frac{1}{2}\left(e^{i\frac{n\pi}{L}x} + e^{-i\frac{n\pi}{L}x}\right), \qquad \sin\frac{n\pi}{L}x = \frac{1}{2i}\left(e^{i\frac{n\pi}{L}x} - e^{-i\frac{n\pi}{L}x}\right)$$

と表されることを思い出そう．これらを (10.12) に代入して整理すると

$$f(x) = \frac{a_0}{2} + \sum_{n=1}^{\infty}\frac{a_n - ib_n}{2}e^{i\frac{n\pi}{L}x} + \sum_{n=1}^{\infty}\frac{a_n + ib_n}{2}e^{-i\frac{n\pi}{L}x}$$

となる．そこで $c_0 = a_0/2$，$n \geqq 1$ に対して $c_n = (a_n - ib_n)/2$，$c_{-n} = (a_n + ib_n)/2$ と定義される新しい係数を導入すると，上式は

$$f(x) = \sum_{n=-\infty}^{\infty} c_n e^{i\frac{n\pi}{L}x} \tag{10.19}$$

と，コンパクトな形に表される．それだけでなく，上式に現れるフーリエ係数 c_n も n のすべての整数について

$$c_n = \frac{1}{2L}\int_{-L}^{L} f(x) e^{-i\frac{n\pi}{L}x}\,dx \qquad (n = \cdots, -2, -1, 0, 1, 2, \cdots) \tag{10.20}$$

と表される．ここで (10.19) と (10.20) で指数関数の肩の符号の違いに，(10.20) では積分の前の分母が $2L$ であることに注意しよう．

［**問題 8**］ (10.20) を示せ．

(10.19) を関数 $f(x)$ の**複素フーリエ級数**，(10.20) をその**複素フーリエ係数**という．その上に，展開に使った指数関数 $e^{i\frac{n\pi}{L}x}$ $(n = \cdots, -2, -1, 0, 1, 2, \cdots)$ には (10.2) ～ (10.4) と等価な直交関係

$$\int_{-L}^{L} e^{i\frac{n\pi}{L}x}\left(e^{i\frac{m\pi}{L}x}\right)^{*} dx = \int_{-L}^{L} e^{i(n-m)\frac{\pi}{L}x}\,dx = 2L\delta_{nm} \tag{10.21}$$

がある．これも 1 つの式にまとめられたことに注意しよう．

［**問題 9**］ (10.21) を示せ．

複素フーリエ級数 (10.19) では与えられた周期 $2L$ の関数 $f(x)$ を三角関数と等価な，周期 $2L$ の性質のよく知られた関数 $e^{i\frac{n\pi}{L}x}$ $(n = \cdots, -2, -1, 0, 1, 2, \cdots)$ を使って展開したにすぎない．しかし，(10.2) ～ (10.4)，(10.12) ～ (10.14) と (10.19) ～ (10.21) とを比較すれば，理論的な計算を進めるのに三角関数を使った通常の繁雑なフーリエ級数より複素フーリエ級数の方がはるかに計算が簡潔に済み，便利なことがわかるであろう．物理学ではフーリエ級数展開といえば，ほとんどの場合，(10.19) ～ (10.21) を指し，これを使う．以下ではこれを出発点として，フーリエ変換を議論する．

§10.4 フーリエ変換

(10.1) のフーリエ級数では周期 2π をもつ任意の与えられた関数 $f(x)$ を

周期 2π の三角関数 $\cos nx$, $\sin nx$ で展開した．より一般的に，(10.19) では周期 $2L$ の与えられた関数 $f(x)$ を周期 $2L$ の三角関数と等価な $e^{i\frac{n\pi}{L}x}$ で展開している．いずれにしても，フーリエ級数展開はある任意の周期関数を，同じ周期をもち直交関係を満たす性質のよく知られた関数群で展開することである．それならば (10.19) で $L\to\infty$ の極限をとれば，別に周期的でないごく普通の関数もフーリエ級数で表されることになる．われわれが通常出会う関数 (実験で得られる時間的に変化する測定値など) はほとんどの場合非周期的なのだから，これは非常に便利なことである．しかし，(10.20) の積分の前に $1/2L$ があるので，単純に $L\to\infty$ の極限をとるわけにはいかない．フーリエ級数を非周期関数の場合に拡張するには (10.19) と (10.20) の両式を組み合わせて和を積分に変え，フーリエ係数を定義し直す必要がある．

フーリエ積分表示

(10.20) の積分変数を x' にしておいて，それを (10.19) に代入すると，周期 $2L$ の関数 $f(x)$ は

$$f(x)=\sum_{n=-\infty}^{\infty}\frac{1}{2L}\int_{-L}^{L}f(x')e^{i\frac{n\pi}{L}(x-x')}\,dx' \tag{10.22}$$

と表される．この式の積分の中には n によって変わる因子 $n\pi/L$ が含まれているので，差し当って x を固定しておくと，この積分は $n\pi/L$ の関数

$$g\left(\frac{n\pi}{L}\right)=\int_{-L}^{L}f(x')e^{i\frac{n\pi}{L}(x-x')}\,dx'$$

と見なすことができる．$n\pi/L$ $(n=\cdots,-2,-1,0,1,2,\cdots)$ を横軸に，$g(n\pi/L)$ を縦軸にプロットすると，これは一般に図 10.5 のように幅 π/L，高さ $g(n\pi/L)$ の棒グラフとして描かれる．そこで 1 つの棒の面積 $(\pi/L)g(n\pi/L)$ を作って n について和をとり，$L\to\infty$ の極限 (棒の幅を限りなく小さくする) をとれば，これは取りも直さず変数 $k=n\pi/L$ による関数 $g(k)$ の $-\infty$ から $+\infty$ までの積分にほかならない：

$$\sum_{n=-\infty}^{\infty}\frac{\pi}{L}\,g\left(\frac{n\pi}{L}\right)\ \xrightarrow[L\to\infty]{}\ \int_{-\infty}^{\infty}g(k)\,dk$$

変数 k は L が有限のときはとびとびの値をとる離散変数であるが，$L\to\infty$ で連続変数と見なすことができる．(10.22) は

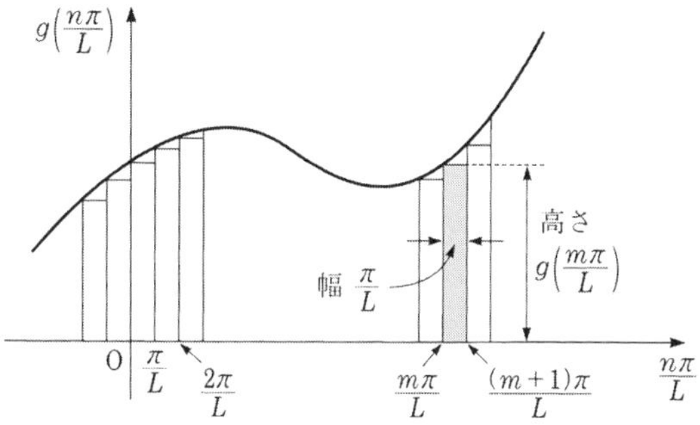

図 10.5

$$f(x) = \sum_{n=-\infty}^{\infty} \frac{1}{2L}\, g\left(\frac{n\pi}{L}\right) = \frac{1}{2\pi} \sum_{n=-\infty}^{\infty} \frac{\pi}{L}\, g\left(\frac{n\pi}{L}\right) \xrightarrow[L\to\infty]{} \frac{1}{2\pi}\int_{-\infty}^{\infty} g(k)\, dk$$

なので，結局，$L \to \infty$ の極限で関数 $f(x)$ は

$$f(x) = \frac{1}{2\pi}\int_{-\infty}^{\infty} dk \int_{-\infty}^{\infty} dx'\, e^{ik(x-x')}\, f(x') \qquad (10.23)$$

と表される．これを関数 $f(x)$ の**フーリエ積分表示**という．$L \to \infty$ の極限をとっているので，上式の $f(x)$ はこれまでのように周期関数である必要はなく，一般の非周期関数で成り立つことに注意しよう．ただし，数学的な細かいことは記さないが，ここでは $f(x)$ が積分可能であることを前提にしている．

フーリエ変換

(10.23) を少し書きかえて

$$f(x) = \frac{1}{2\pi}\int_{-\infty}^{\infty} dk\, e^{ikx}\left(\int_{-\infty}^{\infty} dx'\, e^{-ikx'} f(x')\right) \qquad (10.24)$$

とおくと，(　) 内は x' で積分されているので k の関数と見なすことができる．しかもこれは関数 $f(x)$ から作られる関数なので，$\hat{f}(k)$ とおこう：

$$\hat{f}(k) = \int_{-\infty}^{\infty} dx'\, e^{-ikx'} f(x') \qquad (10.25)$$

これは関数 $f(x')$ を，指数関数 $e^{-ikx'}$ を掛け，x' について積分することによって k の関数 $\hat{f}(k)$ に変換していることになる．この変換を**フーリエ変換**という．上式の積分変数 x' は別に何にしてもよいので，再び x' を x におきかえる．関数 $f(x)$ をフーリエ変換するという操作あるいは演算を $\mathcal{F}[f(x)]$

とおくと，$f(x)$ のフーリエ変換は

$$\hat{f}(k) = \mathcal{F}[f(x)] = \int_{-\infty}^{\infty} dx\, e^{-ikx} f(x) \tag{10.26}$$

と表すことができる．

［**問題 10**］　図のような幅 $2a$，高さ b の矩形パルス $f(x)$ のフーリエ変換 $\hat{f}(k)$ を求めよ．

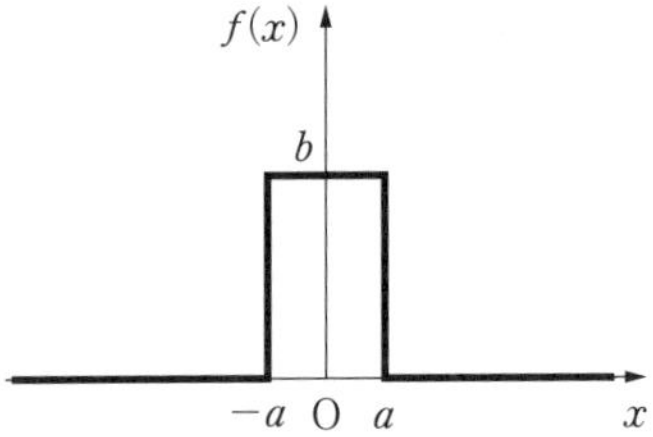

また，(10.25)（あるいは (10.26) でも同じこと）を (10.24) に代入すると，これはフーリエ変換したものを逆にもとへ戻すことになる．そこでこれを**フーリエ逆変換**といい，記号 $\mathcal{F}^{-1}[\hat{f}(k)]$ で表す．すなわち，$\hat{f}(k)$ のフーリエ逆変換は

$$f(x) = \mathcal{F}^{-1}[\hat{f}(k)] = \frac{1}{2\pi}\int_{-\infty}^{\infty} dk\, e^{ikx}\, \hat{f}(k) \tag{10.27}$$

と表される．

(10.27) にある記号 $\mathcal{F}^{-1}$ の肩付き -1 は逆の変換をする演算子であることを表す．したがって，(10.26), (10.27) を図式的に表すと図のようになる．この図からわかるように，ある関数 $f(x)$ をまずフーリエ変換（$\mathcal{F}$）して次にフーリエ逆変換（$\mathcal{F}^{-1}$）するともとの $f(x)$ が得られ，$\hat{f}(k)$ をまずフーリエ逆変換して次にフーリエ変換するともとの $\hat{f}(k)$ が得られる．この事実を演算子 $\mathcal{F}$ と $\mathcal{F}^{-1}$ で $\mathcal{F}^{-1}\mathcal{F} = \mathcal{F}\mathcal{F}^{-1} = 1$ と表現することができる．また，教科書によっては (10.26), (10.27) の積分の前の係数を $1/\sqrt{2\pi}$ としているが，これは全く便宜上の約束事であって，どちらの定義に従っても本質は変わらない．しかし，上のように定義しておくと，後で議論するデルタ関数やたたみ込み積分のフーリエ変換がきれいになる．

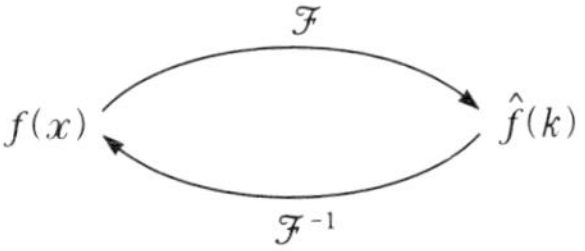

ここで注意を１つ述べておこう．(10.27) で両辺に 2π を掛けて x を $-x$ におきかえると

$$2\pi f(-x) = \int_{-\infty}^{\infty} dk\, e^{-ikx}\, \hat{f}(k) \qquad (10.28)$$

が得られる．この右辺と (10.26) の右辺を比較してみればわかるように，これは関数 $\hat{f}(k)$ のフーリエ変換にほかならない．すなわち，フーリエ逆変換といっても，本質的にはフーリエ変換しているに過ぎないのである．したがって，いろいろな関数のフーリエ変換表があって，左欄の関数のフーリエ変換が右欄に記されているような場合には，右欄に載っている関数のフーリエ変換が左欄の関数に相当することになる．

［**問題 11**］ 関数 $\dfrac{\sin ax}{x}$ $(a > 0)$ のフーリエ変換を求めよ．［ヒント：前問の結果を参照せよ．］

例題 10.6

ガウス型関数 $f(x) = e^{-a^2x^2}$ $(a > 0)$ のフーリエ変換 $\hat{f}(k)$ を求めよ．

［**解**］ (10.26) より

$$\hat{f}(k) = \int_{-\infty}^{\infty} dx\, e^{-ikx-a^2x^2} = e^{-k^2/4a^2}\int_{-\infty}^{\infty} dx\, e^{-a^2\left(x+\frac{ik}{2a^2}\right)^2} \qquad (1)$$

となるが，変数変換 $z = x + ik/2a^2$ $(dz = dx)$ とおくと，(1) の中の積分は

$$I = \int_{-R+ik/2a^2}^{+R+ik/2a^2} e^{-a^2z^2}\, dz \qquad (R \to \infty) \qquad (2)$$

という複素積分で表される．そこで図のような積分路 C $(= \mathrm{C}_1 + \mathrm{C}_2 + \mathrm{C}_3 + \mathrm{C}_4)$ の複素積分 I'：

$$I' = \oint_{\mathrm{C}} e^{-a^2z^2}\, dz = \left(\int_{\mathrm{C}_1} + \int_{\mathrm{C}_2} + \int_{\mathrm{C}_3} + \int_{\mathrm{C}_4}\right) e^{-a^2z^2}\, dz \qquad (3)$$

を定義する．C_2 の積分路では $z = R + iy$ $(dz = i\,dy)$ なので

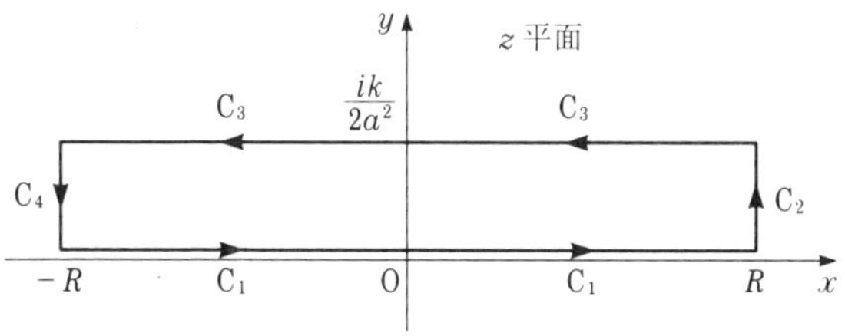

$$\left|\int_{C_2} e^{-a^2z^2}\,dz\right| = \left|\int_0^{k/2a^2} e^{-a^2(R+iy)^2}\,i\,dy\right| = \left|\int_0^{k/2a^2} e^{-a^2R^2-2ia^2Ry+a^2y^2}\,dy\right|$$
$$\leqq e^{-a^2R^2}\int_0^{k/2a^2}\left|e^{-2ia^2Ry\,+\,a^2y^2}\right|dy = e^{-a^2R^2}\int_0^{k/2a^2} e^{a^2y^2}\,dy \xrightarrow[R\to\infty]{} 0$$

となる．ここで不等号のところで三角不等式を，最後の y についての積分は有限値を与えることを使った．同様にして C_4 に沿った積分も $z = -R + iy$ $(dz = i\,dy)$ であり，$R \to \infty$ とするとゼロになる．また，積分路 C 内に特異点がないので，$I' = 0$ である．こうして（2）で $R\to\infty$ の極限をとると，C_1 上で $z = x$ $(dz = dx)$ だから

$$I' = 0 = \int_{-\infty}^{\infty} e^{-a^2x^2}\,dx + \int_{+\infty+ik/a^2}^{-\infty+ik/a^2} e^{-a^2z^2}\,dz$$

となる．第 2 項は（2）より $-I$ なので，I は

$$I = \int_{-\infty}^{\infty} e^{-a^2x^2}\,dx = 2\int_0^{\infty} e^{-a^2x^2}\,dx = \frac{\sqrt{\pi}}{a} \tag{4}$$

と求められる．これを（1）に代入すると

$$\hat{f}(k) = \frac{\sqrt{\pi}}{a} e^{-k^2/4a^2} \tag{5}$$

が得られる．この結果から，ガウス型関数のフーリエ変換もガウス型関数であることがわかる．¶

［**問題 12**］ ローレンツ型関数 $f(x) = 1/(x^2 + a^2)$ $(a > 0)$ のフーリエ変換を求めよ．（ヒント：前章の例題 9.9 を参照せよ．）

パワー・スペクトル

フーリエ変換に現れる関数 e^{ikx} は三角関数と等価なので x 方向に進む波を表す．そこでこれを正弦波とよぶことにしよう．この正弦波の波長を λ とすると，$e^{ik(x+\lambda)} = e^{ikx}$ より $k\lambda = 2\pi$ となる．すなわち，e^{ikx} は波長 $\lambda = 2\pi/k$ の正弦波を表す．$k = 2\pi/\lambda$ を物理学では**波数**という．x は普通には空間の 1 つの変数とみられるので，$f(x)$ を**実空間**での関数とすると，それをフーリエ変換した $\hat{f}(k)$ は**波数空間**での関数ということができる．フーリエ変換 (10.26) は実空間での関数を波数空間での関数に変換しており，フーリエ逆変換 (10.27) はその逆を行っているのである．

周期 $2L$ のフーリエ級数 (10.19) から一般の関数のフーリエ逆変換

(10.27) への移り変りを振り返ってみると，(10.19) で $k = n\pi/L$ とおいて $L \to \infty$ の極限をとり，n についての和を k についての積分におきかえたのである．したがって，(10.27) の積分の中にある $\hat{f}(k)$ は (10.19) のフーリエ係数 c_n に対応する．すなわち，フーリエ逆変換 (10.27) はいろいろな波数 k（波長 $\lambda = 2\pi/k$）をもつ正弦波 e^{ikx} による関数 $f(x)$ の展開あるいは重ね合せであり，ある k についての $\hat{f}(k)$ は $f(x)$ に含まれるその k での正弦波 e^{ikx} の振幅と見なすことができる．振幅の 2 乗は波の強度を表すので，

$$S(k) = |\hat{f}(k)|^2 \tag{10.29}$$

を関数 $f(x)$ の**パワー・スペクトル**という．$S(k)$ は波数 k をもつ正弦波 e^{ikx} がどの程度強く $f(x)$ に含まれているかを与える重要な量である．与えられた関数 $f(x)$ のパワー・スペクトルを求めるには，(10.26) に従って $f(x)$ のフーリエ変換 $\hat{f}(k)$ を求め，(10.29) に代入すればよい．

直交関数系，ディラックのデルタ関数

周期 $2L$ のフーリエ級数を求めるときに必要な直交関係は (10.21) で与えられた．この式で $k = n\pi/L$，$k' = m\pi/L$ とおくと

$$\int_{-L}^{L} e^{i(k-k')x}\, dx = 2L\delta_{kk'} \tag{10.30}$$

となる．ここで $n = m$ のとき $k = k'$ なので δ_{nm} を $\delta_{kk'}$ とおいた．しかし，$L \to \infty$ の極限では左辺はいいとして，右辺の意味がはっきりしなくなる．ところで，$\delta_{kk'}$ は有限な L では $k = k'$ のときだけ 1 とおき，そのほかのときは 0 とするクロネッカーのデルタである．また，k の値を変えたとき，k が k' に等しいかどうかを判定する k の幅は，その定義 $k = n\pi/L$ より π/L であることがわかる．そこで，$2L\delta_{kk'} = 2\pi\cdot\left(\dfrac{L}{\pi}\delta_{kk'}\right)$ とおいて $\dfrac{L}{\pi}\delta_{kk'}$ を k の関数と見なすと，これは図 10.6 に示したように，$k = k'$ を中心とする高さ L/π，幅

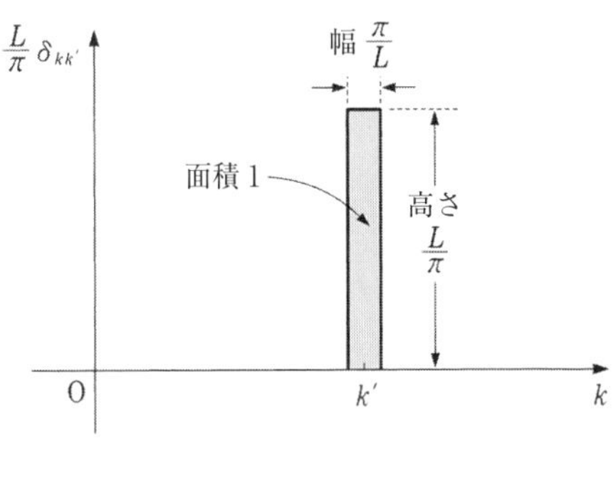

図 10.6

π/L の1本の棒（面積1）で表される．

$L \to \infty$ の極限をとると，この $(L/\pi)\delta_{kk'}$ は $k = k'$ で高さが $L/\pi \to \infty$，幅が $\pi/L \to 0$（面積は相変らず1），$k \neq k'$ では至るところゼロである不思議な関数になる．すなわち，$k = k'$ 以外ではどこでもゼロなのに $k = k'$ では一度だけ激しく上下し，横軸との間の面積は1なのである．そこでこの性質をもつ関数として

$$\delta(x) = \begin{cases} \infty & (x = 0) \\ 0 & (x \neq 0) \end{cases} \tag{10.31}$$

$$\int_{-\infty}^{\infty} \delta(x)\, dx = 1 \tag{10.32}$$

を定義しよう．これを**ディラックのデルタ関数**といい，ディラック（Dirac）が量子力学を発展させる際に導入した，不思議ではあるが非常に便利な関数（実は超関数）である．

$\delta(x-a)$ は $x = a$ で一度激しく上下する関数なので，$f(x)$ が $x = a$ で連続な関数であれば，$f(x)\delta(x-a)$ は $x \neq a$ でゼロである．したがって，これを x で積分すると

$$\int_{-\infty}^{\infty} f(x)\delta(x-a)\, dx = f(a) \tag{10.33}$$

が得られる．$\delta(x)$ のいくつかの性質を以下に記す：

（i）　$\delta(x) = \delta(-x)$　　（$\delta(x)$ は偶関数）　　(10.34)

（ii）　$x\,\delta(x) = 0$　　(10.35)

（iii）　$\delta(ax) = \dfrac{1}{|a|}\delta(x)$　　$(a \neq 0)$　　(10.36)

［**問題 13**］　(10.35)，(10.36) を示せ．

ところで，図10.6に示した $(L/\pi)\delta_{kk'}$ は $L \to \infty$ の極限では $k = k'$ を中心にして激しく上下し，かつ面積が1なのでデルタ関数 $\delta(k-k')$ に等しいとおくことができる．したがって，(10.30) で $L \to \infty$ とすると

$$\int_{-\infty}^{\infty} e^{i(k-k')x}\, dx = 2\pi\,\delta(k-k') \tag{10.37}$$

となる．これが$L \to \infty$のときの関数e^{ikx}の直交関係である．こうして，フーリエ逆変換 (10.27) は，直交関係 (10.37) を満たす**直交関数系** $\{e^{ikx}\}$による関数$f(x)$の表現とみることができる．このような見方は量子力学で重要になる．上式で$k'=0$とおいても一般性を失わないし，e^{ikx}の中でkとxは全く対等なのでそれらを入れかえると，上式は

$$\frac{1}{2\pi}\int_{-\infty}^{\infty} e^{ikx}\,dk = \delta(x) \tag{10.38}$$

と表すことができる．

［**問題 14**］ $\delta(x)$ のフーリエ変換は $\hat{\delta}(k) = 1$ であることを示せ．

［**問題 15**］ 問題 10 で矩形波の面積を $2ab = 1$，幅 $2a \to 0$ としても，デルタ関数 $\delta(x)$ のフーリエ変換が $\hat{\delta}(k) = 1$ となることを示せ．

フーリエ変換の公式

物理学ではしばしば

$$F(x) = \int_{-\infty}^{\infty} f(x-x')\,g(x')\,dx' \tag{10.39}$$

の形の積分が現れる．たとえば，場所xでの力などの物理量が，x'にあるものによって距離$x-x'$に依存した影響を受ける場合などである．このような形の積分を**たたみ込み積分**という．この$F(x)$のフーリエ変換を求めてみよう．(10.26) より

$$\begin{aligned}
\widehat{F}(k) &= \mathcal{F}[F(x)] = \int_{-\infty}^{\infty} dx\, e^{-ikx}\int_{-\infty}^{\infty} f(x-x')\,g(x')\,dx' \\
&= \int_{-\infty}^{\infty} dx \int_{-\infty}^{\infty} dx'\, e^{-ik(x-x')}\, f(x-x')\ \ e^{-ikx'}\,g(x') \\
&= \int_{-\infty}^{\infty} dx' e^{-ikx'}\,g(x') \int_{-\infty}^{\infty} dx\, e^{-ik(x-x')}\, f(x-x') \\
&= \int_{-\infty}^{\infty} dx' e^{-ikx'}\,g(x') \int_{-\infty}^{\infty} dx''\, e^{-ikx''}\, f(x'') \\
&= \hat{f}(k)\hat{g}(k) = \mathcal{F}[f(x)]\mathcal{F}[g(x)]
\end{aligned} \tag{10.40}$$

となる．上の 4 段目の積分で変数変換 $x'' = x - x'$ を行った．こうして，たたみ込み積分のフーリエ変換はそれぞれのフーリエ変換の積であることがわかる．これだけをみても，問題によっては実空間で議論するより，波数空間

に移って議論する方が便利なこともあるということがわかるであろう．以下に，フーリエ変換の他のいくつかの公式を記す．ここで a, b は定数である．

(i)　$\mathcal{F}[a\,f(x) + b\,g(x)] = a\,\hat{f}(k) + b\,\hat{g}(k)$　(10.41)

(ii)　$\mathcal{F}[f(x+a)] = e^{ika}\,\hat{f}(k)$　(10.42)

(iii)　$\mathcal{F}[e^{iax}\,f(x)] = \hat{f}(k-a)$　(10.43)

(iv)　$\mathcal{F}^*[f(x)] \equiv \hat{f}^*(k) = \hat{f}(-k)$　(10.44)

(v)　$\mathcal{F}\left[\dfrac{d^n f(x)}{dx^n}\right] = (ik)^n\,\hat{f}(k)$　(10.45)

(i) は自明であろう．(iv) は (10.26) の両辺の複素共役をとればただちに示される．ただし，$f(x)$ は実関数とする．(v) は部分積分によって示すことができる．ただし，関数 $f(x)$ は $x \to \pm\infty$ で十分速くゼロに近づくことを仮定する．

［**問題 16**］ (10.42), (10.43) を示せ．

時間フーリエ変換，高次元フーリエ変換

実際にフーリエ解析が使われるのは時間を変数とする場合が多い．科学，工学を問わず，ほとんどあらゆる現象の解析にはその現象に関連した測定値を時間的にモニターすることから始まるからである．この測定値を時間の関数として $f(t)$ とおく．$f(t)$ の中に特に強い振動数成分が含まれることがわかれば，その現象の原因を調べるための有力な手掛りが得られたことになるであろう．

これまでの空間変数 x に対する正弦波は e^{ikx} で表されたのに対して，時間 t を変数とする正弦波は $e^{i\omega t}$ で表される．周期を T とすると，$e^{i\omega(t+T)} = e^{i\omega t}$ より $\omega T = 2\pi$，したがって，$T = 2\pi/\omega$ である．この ω を角周波数（通常の周波数は $\nu = 1/T = \omega/2\pi$）という．これでわかるように，時間フーリエ変換はこれまでの空間変数 x を時間 t に，波数 k を角周波数 ω におきかえるだけで，本質的には全く違いがない．しかし，時間信号 $f(t)$ のフーリエ解析では

$$\hat{f}(\omega) = \int_{-\infty}^{\infty} e^{-i\omega t}\,f(t)\,dt \tag{10.46}$$

$$S(\omega) = |\hat{f}(\omega)|^2 \tag{10.47}$$

の 2 式が非常に重要である．(10.29) と同じく，$S(\omega)$ は $f(t)$ のパワー・スペクトルとよばれ，ある値の角周波数 ω の正弦波 $e^{i\omega t}$ が信号 $f(t)$ の中にどれくらい強く含まれているかを表す重要な量である．

物理現象の多くは 3 次元空間で起こる．この場合の物理量は一般に $f(x, y, z)$ と表されるが，これをフーリエ解析するためには多変数の取扱いが必要となる．しかし，これはこれまでの方法の単純な拡張で行うことができる．

例として 3 次元の場合を考えてみよう．x, y, z 方向の波数をそれぞれ k_x, k_y, k_z とおくと，それぞれの方向の正弦波は $e^{ik_x x}$, $e^{ik_y y}$, $e^{ik_z z}$ と表される．そこで $f(x, y, z)$ をそれぞれの正弦波を使って次のようにフーリエ変換する：

$$\begin{aligned}\hat{f}(k_x, k_y, k_z) &= \mathcal{F}[f(x, y, z)] \\ &= \int_{-\infty}^{\infty} dx\, e^{-ik_x x} \int_{-\infty}^{\infty} dy\, e^{-ik_y y} \int_{-\infty}^{\infty} dz\, e^{-ik_z z} f(x, y, z) \\ &= \int_{-\infty}^{\infty}\int_{-\infty}^{\infty}\int_{-\infty}^{\infty} dx\, dy\, dz\, e^{-i(k_x x + k_y y + k_z z)} f(x, y, z)\end{aligned} \tag{10.48}$$

ベクトル解析で学んだベクトルの内積を思い出すと，上式はもっとすっきりした形に表現できることがわかる．$\boldsymbol{r} = (x, y, z)$, $\boldsymbol{k} = (k_x, k_y, k_z)$ とおくと，内積の定義 (4.11) より $k_x x + k_y y + k_z z = \boldsymbol{k}\cdot\boldsymbol{r}$ である．簡単のため $dx\, dy\, dz \equiv d^d\boldsymbol{r}$ $(d = 3)$ と表すと，結局上式は

$$\hat{f}(\boldsymbol{k}) = \mathcal{F}[f(\boldsymbol{r})] = \int_{-\infty}^{\infty} d^d\boldsymbol{r}\, e^{-i\boldsymbol{k}\cdot\boldsymbol{r}} f(\boldsymbol{r}) \tag{10.49}$$

と表される．積分にある $d^d\boldsymbol{r}$ の肩付き d が空間の次元数 (あるいは多変数の独立変数の数) を与え，2 次元空間では $d = 2$, 3 次元では $d = 3$ とおけばよい．したがって，フーリエ逆変換は (10.27) より

$$f(\boldsymbol{r}) = \mathcal{F}^{-1}[\hat{f}(\boldsymbol{k})] = \frac{1}{(2\pi)^d} \int_{-\infty}^{\infty} d^d\boldsymbol{k}\, e^{i\boldsymbol{k}\cdot\boldsymbol{r}} \hat{f}(\boldsymbol{k}) \tag{10.50}$$

と表される．積分の前の係数が $1/(2\pi)^d$ に変わっていることに注意しよう．

(10.50) に現れる関数 $e^{i\boldsymbol{k}\cdot\boldsymbol{r}}$ は d 次元空間の**平面波**を表し，ベクトル $\boldsymbol{k}$ を

平面波の**波数ベクトル**という．平面波の波長を λ とすると，$\boldsymbol{k}$ の大きさ k（3 次元 $(d=3)$ では $k=|\boldsymbol{k}|=\sqrt{k_x{}^2+k_y{}^2+k_z{}^2}$）は前と同じく $k=2\pi/\lambda$ で与えられる．また，平面波の直交関係は (10.37) を拡張して

$$\int_{-\infty}^{\infty} d^d\boldsymbol{r}\, e^{i(\boldsymbol{k}-\boldsymbol{k}')\cdot\boldsymbol{r}} = (2\pi)^d\, \delta^d(\boldsymbol{k}-\boldsymbol{k}') \tag{10.51}$$

と表される．ここで $\delta^d(\boldsymbol{k}-\boldsymbol{k}')$ は d 次元空間でのディラックのデルタ関数であり，3 次元空間の場合には

$$\delta^3(\boldsymbol{k}-\boldsymbol{k}') = \delta(k_x-k_x{}')\,\delta(k_y-k_y{}')\,\delta(k_z-k_z{}') \tag{10.52}$$

という意味である．(10.50) で $\boldsymbol{k}'=0$ とおいた上で $\boldsymbol{k}$ と $\boldsymbol{r}$ をとりかえると，(10.38) を d 次元の場合に拡張した式

$$\frac{1}{(2\pi)^d}\int_{-\infty}^{\infty} d^d\boldsymbol{k}\, e^{i\boldsymbol{k}\cdot\boldsymbol{r}} = \delta^d(\boldsymbol{r}) \tag{10.53}$$

が得られる．

さらに (10.29) のパワー・スペクトルを高次元の場合に拡張すると

$$S(\boldsymbol{k}) = |\,\hat{f}(\boldsymbol{k})\,|^2 \tag{10.54}$$

が定義できる．これは，たとえば 3 次元空間の中で与えられた関数 $f(\boldsymbol{r})$ がどの方向にどの波数ベクトルの成分がより強いかを表す．X 線解析で調べられる結晶構造が問題になるような場合では，$f(\boldsymbol{r})$ は原子配列による電子の密度分布関数であり，$S(\boldsymbol{k})$ は電子がどの波数ベクトルで周期的に分布するかを与える重要な量であって，特に構造因子とよばれる．

§10.5　ラプラス変換

前節で学んだフーリエ (逆) 変換は周期 $2L$ の周期関数のフーリエ級数を $L\to\infty$ の極限をとったときの自然な拡張として導入された．さらに，それは直交関係にある直交関数系 $\{e^{ikx}\}$ による，関数 $f(x)$ の重ね合せであるという意味をもっていた．しかし，結果として見ると，フーリエ変換は関数を実空間から波数空間へ積分変換することである．そしてたたみ込み積分の例に見られたように，実空間では複雑にからみ合った二つの関数の積分が波数空間では単なる積になっていて，フーリエ変換は非常に便利である．応用上便利かどうかという観点に立つと，変換のための基準の関数 (フーリエ変換

では正弦波 e^{ikx}) が直交関係にあるかどうかは問題ではない．こうして導入された，フーリエ変換に代る積分変換の代表例がラプラス変換であり，微分方程式の初期値問題などに威力を発揮する．

ラプラス変換

$0 \leqq x < \infty$ で定義されている関数 $f(x)$ に対して**ラプラス変換**は

$$\tilde{f}(s) = \mathscr{L}[f(x)] = \int_0^\infty e^{-sx} f(x)\, dx \tag{10.55}$$

で定義される．s は一般に複素数 ($s = s_r + is_i$; $s_r = \mathrm{Re}\, s$, $s_i = \mathrm{Im}\, s$) であり，このことと積分範囲が，フーリエ変換 (10.26) と違う点である．記号 $\mathscr{L}$ は前節の $\mathscr{F}$ と同様に，[　] 内の関数をラプラス変換するという操作を表す演算子である．

例題 10.7

1，x および x^2 のラプラス変換を求めよ．

［**解**］

$$\mathscr{L}[1] = \int_0^\infty e^{-sx}\, dx = \left[-\frac{e^{-sx}}{s}\right]_0^\infty = \frac{1}{s}$$

$$\mathscr{L}[x] = \int_0^\infty x\, e^{-sx}\, dx = \left[-\frac{x}{s} e^{-sx}\right]_0^\infty + \frac{1}{s}\int_0^\infty e^{-sx}\, dx = \left[-\frac{1}{s^2} e^{-sx}\right]_0^\infty = \frac{1}{s^2}$$

ただし，$x \to \infty$ で e^{-sx} が有限の値をもつ条件として $s_r > 0$ を仮定した．次の積分でも同じ仮定をする．

$$\mathscr{L}[x^2] = \int_0^\infty x^2 e^{-sx}\, dx = \left[-\frac{x^2}{s} e^{-sx}\right]_0^\infty + \frac{2}{s}\int_0^\infty x e^{-sx}\, dx = \frac{2}{s}\mathscr{L}[x] = \frac{2}{s^3} \quad ¶$$

［**問題 17**］ n を正の整数として，x^n のラプラス変換は $\mathscr{L}[x^n] = n!/s^{n+1}$ であることを示せ．

例題 10.8

（1） e^{cx} ($c = c_r + ic_i$：複素定数)，（2） $\cos ax$ (a：実定数) のラプラス変換を求めよ．

［**解**］（1）

$$\mathscr{L}[e^{cx}] = \int_0^\infty e^{-(s-c)x}\, dx = \left[-\frac{e^{-(s-c)x}}{s-c}\right]_0^\infty$$

ここで $x \to \infty$ で $e^{-(s-c)x}$ が有限の値をとる条件として $s_r > c_r$ を仮定すると $\mathscr{L}[e^{cx}] = 1/(s-c)$ となる．

（2） 上で $c = \pm ia$ とおくと，このとき $c_r = 0$ だから $s_r > 0$．この条件の下で $\mathscr{L}[e^{\pm iax}] = 1/(s \mp ia)$ となる．したがって

$$\mathscr{L}[\cos ax] = \mathscr{L}\left[\frac{1}{2}e^{iax} + \frac{1}{2}e^{-iax}\right] = \frac{1}{2}\left(\frac{1}{s - ia} + \frac{1}{s + ia}\right) = \frac{s}{s^2 + a^2} \qquad ¶$$

［**問題 18**］（1） xe^{ax}，（2） $\sin ax$ のラプラス変換を求めよ．

これまでの例題や問題でみてきたように，関数 $f(x)$ のラプラス変換 $\tilde{f}(s) = \mathscr{L}[f(x)]$ が存在するためには常に s の実部 $\mathrm{Re}\, s$ に制限がつく．実際，$0 \leqq x < \infty$ で関数 $f(x)$ が $|f(x)| \leqq Me^{ax}$ (M，a：実定数) という制限を満たすとき，三角不等式 (7.17) を使うと

$$\begin{aligned}|\tilde{f}(s)| &= \left|\int_0^\infty f(x)e^{-sx}\,dx\right| \leqq \int_0^\infty |f(x)||e^{-(s_r+is_i)x}|\,dx \\ &\leqq M\int_0^\infty e^{ax}e^{-s_rx}\,dx = M\int_0^\infty e^{-(s_r-a)x}\,dx = \left[-\frac{e^{-(s_r-a)x}}{s_r - a}\right]_0^\infty\end{aligned}$$

となり，ラプラス変換 $\tilde{f}(s) \equiv \mathscr{L}[f(x)]$ が存在し得るのは $s_r > a$ という条件を満たす場合に限ることがわかる．

ラプラス変換の公式

フーリエ変換の節でたたみ込み積分 (10.39) をとり上げたが，物理学の世界ではそれとは少し異なった

$$\varphi(x) = \int_0^x f(x - x')\ g(x')\ dx' \qquad (x \geqq 0) \qquad (10.56)$$

という形のたたみ込み積分にもしばしば出会う．たとえば，x, x' を時間と見なして，ある物理量の現在の値が過去のある時間までの影響を受けているような場合で，現象の記憶効果などが上式で表現できる．その場合には $f(x)$ は過去にさかのぼっての記憶がどのように減衰するかを表現する関数である．

$f(x)$，$g(x)$ はラプラス変換可能な関数としよう．(10.56) において $f(x - x')$ は $x < x'$ では定義されていない．しかし，記憶効果の視点では $x = x'$ は現在を，

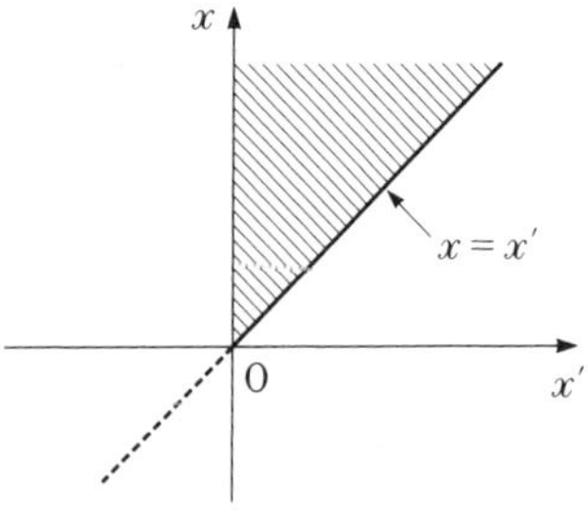

図 10.7

$x < x'$ は将来を表しており，$f(x) \neq 0\ (x < 0)$ だと因果律を破ることになる．したがって，$f(x) = 0\ (x < 0)$ としておくのが妥当である．他方，$g(x)$ の方は (10.56) において $x < 0$ では任意の値を仮定することができる．そこで $g(x) = 0\ (x < 0)$ としよう．$\varphi(x)$ のラプラス変換は

$$\tilde{\varphi}(s) = \mathscr{L}[\varphi(x)] = \int_0^\infty e^{-sx}\,dx \int_0^x f(x - x')\,g(x')\,dx'$$

と表されるが，被積分関数がゼロでないのは $x \geqq x'$，$x' \geqq 0$ (図 10.7 の斜線部分) だけで，そのほかの領域ではすべてゼロである．この意味で上の積分範囲は $-\infty < x < \infty$，$-\infty < x' < \infty$ に拡げてもよい．こうして $\tilde{\varphi}(s)$ は

$$\begin{aligned}\tilde{\varphi}(s) &= \int_{-\infty}^\infty e^{-sx}\,dx \int_{-\infty}^\infty f(x - x')\,g(x')\,dx' \\ &= \int_{-\infty}^\infty dx \int_{-\infty}^\infty dx'\,e^{-s(x-x')}\,f(x - x')\,e^{-sx'}\,g(x')\end{aligned}$$

と表される．ここで変数変換 $x - x' = x''$ とおくと，フーリエ変換のときと同じようにして

$$\tilde{\varphi}(s) = \int_{-\infty}^\infty dx''\,e^{-sx''}\,f(x'') \int_{-\infty}^\infty dx'\,e^{-sx'}\,g(x')$$

となる．しかし，$f(x'') = 0\ (x'' < 0)$ と $g(x') = 0\ (x' < 0)$ なので，

$$\tilde{\varphi}(s) = \int_0^\infty dx''\,e^{-sx''}\,f(x'') \int_0^\infty dx'\,e^{-sx'}\,g(x') = \tilde{f}(s)\,\tilde{g}(s)$$

が得られる．すなわち，(10.56) の形のたたみ込み積分のラプラス変換も，フーリエ変換のときと同様，被積分関数の 2 つの関数のそれぞれのラプラス変換の積で

$$\tilde{\varphi}(s) = \mathscr{L}[\varphi(x)] = \mathscr{L}[f(x)]\,\mathscr{L}[g(x)] = \tilde{f}(s)\,\tilde{g}(s) \qquad (10.57)$$

と表される．

例題 10.9

(1) $\dfrac{df}{dx}$，　(2) $\dfrac{d^2 f}{dx^2}$　のラプラス変換を求めよ．

［**解**］(1) 部分積分を使って

$$\mathscr{L}\left[\frac{df}{dx}\right] = \int_0^\infty e^{-sx}\frac{df}{dx}\,dx = [e^{-sx} f(x)]_0^\infty + s\int_0^\infty e^{-sx} f(x)\,dx = s\,\mathscr{L}[f] - f(0)$$

(10.58)

ただし，$x \to \infty$ で $e^{-sx}f(x) \to 0$ とする．

（2）
$$\mathscr{L}\left[\frac{d^2f}{dx^2}\right] = \int_0^\infty e^{-sx}\frac{d^2f}{dx^2}\,dx = \left[e^{-sx}\frac{df}{dx}\right]_0^\infty + s\int_0^\infty e^{-sx}\frac{df}{dx}\,dx$$
$$= -\frac{df(0)}{dx} + s\,\mathscr{L}\left[\frac{df}{dx}\right] = s^2\,\mathscr{L}[f(x)] - \left\{s\,f(0) + \frac{df(0)}{dx}\right\} \tag{10.59}$$

ここで（1）の結果を使った．また $df(0)/dx$ は $df(x)/dx$ の $x=0$ での値である．

¶

［**問題 19**］　n を正の整数として

$$\mathscr{L}\left[\frac{d^nf}{dx^n}\right]$$
$$= s^n\,\mathscr{L}[f(x)] - \left\{s^{n-1}f(0) + s^{n-2}\frac{df(0)}{dx} + \cdots + s\frac{d^{n-2}f(0)}{dx^{n-2}} + \frac{d^{n-1}f(0)}{dx^{n-1}}\right\} \tag{10.60}$$

であることを示せ．

例題 10.10

$$\mathscr{L}\left[\int_0^x f(x')\,dx'\right] = \frac{\mathscr{L}[f]}{s} \tag{10.61}$$

であることを示せ．

［**解**］　部分積分を使うと，

$$\mathscr{L}\left[\int_0^x f(x')\,dx'\right] = \int_0^\infty e^{-sx}\left\{\int_0^x f(x')\,dx'\right\}dx$$
$$= \left[-\frac{e^{-sx}}{s}\int_0^x f(x')\,dx'\right]_0^\infty + \frac{1}{s}\int_0^\infty e^{-sx}f(x)\,dx = \frac{1}{s}\mathscr{L}[f]$$ ¶

ラプラス変換の他の公式をいくつか記しておく．ただし，a, b は定数（複素数を含む）である．

（1）　$\mathscr{L}[a\,f(x) + b\,g(x)] = a\,\tilde{f}(s) + b\,\tilde{g}(s)$　　(10.62)

（2）　$\mathscr{L}[e^{ax}f(x)] = \tilde{f}(s-a)$　　(10.63)

（3）　$\mathscr{L}[f(ax)] = \dfrac{1}{a}\tilde{f}\left(\dfrac{s}{a}\right)$　　$(a \neq 0)$　　(10.64)

［**問題 20**］　(10.62) は自明なので，(10.63), (10.64) を示せ．

微分方程式の初期値問題

ラプラス変換の定義 (10.55) で $s = s_r + is_i$ とおき，$x < 0$ では $f(x)$ はどんな値を仮定してもよいので $f(x) = 0$ $(x < 0)$ としよう．すると (10.55) は積分範囲を $-\infty < x < \infty$ に拡張できて，

$$\tilde{f}(s_r + is_i) = \int_{-\infty}^{\infty} e^{-s_r x} f(x)\, e^{-is_i x}\, dx$$

と表される．(10.26) と比較すると，これは関数 $e^{-s_r x} f(x)$ のフーリエ変換と見なすことができる．したがって，上式のフーリエ逆変換は (10.27) より

$$e^{-s_r x} f(x) = \frac{1}{2\pi} \int_{-\infty}^{\infty} \tilde{f}(s_r + is_i)\, e^{is_i x}\, ds_i$$

である．この式で積分変数が s_i であって s_r は一定と見なされる．そこで左辺の $e^{-s_r x}$ を右辺の積分の中に入れ，積分変数を s_i から $s_r + is_i = s$ に変えると，$i\, ds_i = ds$ で s の積分範囲が $(s_r - i\infty,\ s_r + i\infty)$ であることに注意して

$$f(x) = \frac{1}{2\pi i} \int_{s_r - i\infty}^{s_r + i\infty} e^{sx}\, \tilde{f}(s)\, ds \qquad (10.65)$$

が得られる．これを**ラプラス逆変換**といい，$f(x) = \mathscr{L}^{-1}[\tilde{f}(s)]$ と表す．

たたみ込み積分 (10.56) をラプラス変換すると確かに (10.57) のように積分が積で表されており，計算がずっと簡単になる．しかし，そうして求めた $\tilde{\varphi}(s)$ からもとの $\varphi(x)$ を得ようとすると，(10.65) によって複素積分をしなければならない．これはそれほど容易なことではないが，求められたラプラス変換 $\tilde{f}(s)$ がよく知られた関数のラプラス変換の組合せで表されることも多い．また，フーリエ変換やラプラス変換の公式集もいろいろ出版されており，それらを参照することで $\tilde{f}(s)$ から $f(x)$ を割り出すことができる．たとえば，『岩波 数学公式Ⅱ』(森口，他 著，岩波書店，Ⅰは微分・積分の公式集) は非常に便利である．

ここで記したことについての例として，微分方程式の初期値問題を考えてみよう．

例題 10.11

次の微分方程式の解を求めよ．

$$\frac{d^2 y}{dx^2} - 4\frac{dy}{dx} + 4y = x; \quad y(0) = 0, \quad y'(0) = 1$$

［**解**］ 微分方程式の両辺をラプラス変換し，(10.58), (10.59) などを使うと

$$\mathscr{L}\left[\frac{d^2y}{dx^2}\right] - 4\,\mathscr{L}\left[\frac{dy}{dx}\right] + 4\,\mathscr{L}[y] = \mathscr{L}[x]$$

$$\therefore\quad [s^2\,\mathscr{L}[y] - \{s\,y(0) + y'(0)\}] - 4\{s\,\mathscr{L}[y] - y(0)\} + 4\,\mathscr{L}[y] = \frac{1}{s^2}$$

$$\therefore\quad (s^2 - 4s + 4)\,\mathscr{L}[y] = 1 + \frac{1}{s^2}$$

$$\therefore\quad \mathscr{L}[y] = \frac{1}{(s-2)^2} + \frac{1}{s^2(s-2)^2}$$

$y(x)$ を求めるにはこの $\mathscr{L}[y]$ のラプラス逆変換を行うことになるが，次のように，右辺第2項の部分分数展開をすると容易に求められる．$\dfrac{1}{s^2(s-2)^2} = \dfrac{a}{s} + \dfrac{b}{s^2} + \dfrac{c}{s-2} + \dfrac{d}{(s-2)^2}$ とおいて a, b, c, d の値を求めると，$a = b = -c = d = 1/4$ となるので

$$\mathscr{L}[y] = \frac{1/4}{s} + \frac{1/4}{s^2} - \frac{1/4}{s-2} + \frac{5/4}{(s-2)^2}$$

となる．ここで $\mathscr{L}[1] = 1/s$，$\mathscr{L}[x] = 1/s^2$，$\mathscr{L}[e^{2x}] = 1/(s-2)$，$\mathscr{L}[xe^{2x}] = 1/(s-2)^2$ であることを思い出すと，上の $\mathscr{L}[y]$ より

$$y(x) = \frac{1}{4} + \frac{1}{4}x - \frac{1}{4}e^{2x} + \frac{5}{4}xe^{2x}$$

が得られる．

このように，ラプラス変換を使うと，もとの微分方程式の一般解を求めることもなく初期値問題の解がストレートに求められる．しかし，解を求める手続きの最終段階で行うラプラス逆変換は一般に容易ではなく，前掲のようなラプラス変換の公式集を手元に用意しておくほうが無難である． ¶

［**問題 21**］（1） $y'' - 3y' + 2y = 1$，$y(0) = y'(0) = 0$，（2） $y'' - 4y' + 3y = 10\sin x$，$y(0) = y'(0) = 0$ をラプラス変換によって求めよ．

演習問題

［**1**］ 周期 2π の周期関数：

$$f(x) = \begin{cases} 0 & (-\pi < x < 0) \\ 1 & (0 \leqq x \leqq \pi) \end{cases}$$

のフーリエ級数を求めよ．

［**2**］ 周期 2π の周期関数

$$f(x) = \begin{cases} 0 & (-\pi < x < 0) \\ x & (0 \leqq x \leqq \pi) \end{cases}$$

のフーリエ級数を求めよ．

［**3**］ 周期 4 $(L = 2)$ の周期関数

$$f(x) = \begin{cases} -x - 2 & (-2 < x < 0) \\ 0 & (x = 0) \\ 2 - x & (0 < x \leqq 2) \end{cases}$$

のフーリエ級数を求めよ．

［**4**］（1） 周期 2 $(L = 1)$ の周期関数

$$f(x) = x^2 \qquad (-1 < x \leqq 1)$$

のフーリエ級数を求めよ．

（2） $x = 0$ および 1 での $f(x) = x^2$ の値とフーリエ級数での値の比較から

$$\sum_{n=1}^{\infty} \frac{(-1)^{n-1}}{n^2} = 1 - \frac{1}{2^2} + \frac{1}{3^2} - \frac{1}{4^2} + \cdots = \frac{\pi^2}{12}$$

$$\sum_{n=1}^{\infty} \frac{1}{n^2} = 1 + \frac{1}{2^2} + \frac{1}{3^2} + \frac{1}{4^2} + \cdots = \frac{\pi^2}{6}$$

であることを示せ．

［**5**］ 関数 $f(x) = e^{-ax}$ $(x \geqq 0)$，0 $(x < 0)$ $(a > 0)$ のフーリエ変換を求めよ．

［**6**］ 関数 $f(x) = e^{-a|x|}$ $(-\infty < x < \infty\,;\, a > 0)$ のフーリエ変換を求めよ．

［**7**］ たたみ込み積分のフーリエ変換を使って，関数

$$F(x) = \int_{-\infty}^{\infty} dx' \int_{-\infty}^{\infty} dx''\, f(x - x')\, g(x' - x'')\, h(x'')$$

のフーリエ変換は

$$\mathcal{F}[F] = \mathcal{F}[f]\, \mathcal{F}[g]\, \mathcal{F}[h]$$

で与えられることを示せ．

［**8**］ $\cosh ax$，$\sinh ax$ (a：実定数) のラプラス変換を求めよ．

［**9**］ $x \cos ax$，$x \sin ax$ (a：実定数) のラプラス変換を求めよ．

［**10**］ ディラックのデルタ関数 $\delta(x)$ を積分した $\theta(x)$：

$$\theta(x) = \int_{-\infty}^{x} \delta(x')\, dx'$$

は $\theta(x) = 1$ $(x > 0)$，0 $(x < 0)$ であることを示せ．この $\theta(x)$ は**ヘビサイド** (Heaviside) **の階段関数**とよばれる．次に，$\theta(x - a)$ $(a > 0)$ のラプラス変換を求めよ．

［**11**］ 誘電体は電場をかけると分極する．しかし，電場をある時刻に急に加えても誘電体を構成する分子が電場の強さに応じて電場の向きに配向するまでには

時間がかかる．電場も分極もベクトル量だが，ここでは簡単のためスカラーとし，それぞれ $E(t)$，$P(t)$ とおくと，時刻 t での分極 $P(t)$ は一般に

$$P(t) = \int_{-\infty}^{t} \chi(t-t')\, E(t')\, dt'$$

と表される．ここで χ は帯電率を表す関数である．この式は時刻 t での分極が，過去にさかのぼっての電場の影響が蓄積されて生じていることを表す．関数 χ として通常

$$\chi(t) = \begin{cases} \chi_0 e^{-t/\tau} & (t \geqq 0\,;\ \chi_0, \tau \text{ は定数}) \\ 0 & (t < 0) \end{cases}$$

とおかれる．すなわち，過去にさかのぼって現れる影響が指数関数的に弱くなることを示す．この χ を使うと $t' > t$ で $\chi(t-t') = 0$ なので，上の $P(t)$ の式は

$$P(t) = \int_{-\infty}^{\infty} \chi(t-t') E(t')\, dt'$$

となって，フーリエ変換でのたたみ込み積分の形をしている．いま，この誘電体に電場 E を

$$E(t) = \begin{cases} E_0 e^{-\varepsilon t} & (t \geqq 0,\ \varepsilon \to 0_+) \\ 0 & (t < 0) \end{cases}$$

のように加えてみよう．$\varepsilon \to 0_+$ なのでこれは $t = 0$ でほとんど階段関数的に電場を加えた $(E(t) = E_0\theta(t))$ ことに相当する．$t \geqq 0$ での分極 $P(t)$ の振舞をフーリエ変換によって求め，おおまかな様子を図示せよ．

57 フーリエ解析，量子力学，デルタ関数との出会い

筆者が学部学生だったのは1960年代初めから中頃のことで，60年近くも前である．その学部時代に正規の授業の中でフーリエ解析を習った覚えがない．それどころか，物理学も現在のように細分化されていたようにも見えず，したがって，現在とは違ってそれぞれの入門書のようなものは見当たらない時代であった．しかし，当時でも物理学の勉強にはまりこむと，フーリエ解析がいろいろなところに当たり前のように出て来た．これではしようがないと一念発起してフーリエ解析の入門書を探したが見つからず，難しそうな『スミルノフ　高等数学教程』のうちのフーリエ解析が入っている分冊を買い込んで，必死に勉強したことを覚えている．

ところが情けないことに，そんなに頑張って勉強したはずなのに，現在かすかに覚えているのは，

$$\sum_{n=1}^{\infty}\frac{1}{n^2}=1+\frac{1}{2^2}+\frac{1}{3^2}+\frac{1}{4^2}+\cdots=\frac{\pi^2}{6} \tag{1}$$

$$\sum_{n=1}^{\infty}\frac{1}{n^4}=1+\frac{1}{2^4}+\frac{1}{3^4}+\frac{1}{4^4}+\cdots=\frac{\pi^4}{90} \tag{2}$$

が x^2 や x^4 のフーリエ級数展開を使って求められることぐらいのものである．そして，自然数に関する級数の和に無理数の π が現れることを不思議に感じた覚えがある．(1)は本章の章末の演習問題に入れておいた．また，(2)は量子力学を勉強し始めた頃に，空洞放射の実験結果を光量子仮説で説明する際に出会ったことが思い出される（例えば，拙著『物理学講義 量子力学入門』(裳華房) の第5章を参照)．

量子力学といえば，ミクロな世界，例えば電子の振舞を記述するためにはこれは必須である．そのために，当時も量子力学は物理学を学ぶ際の重要な科目であった．現在では化学は言うに及ばず，電子工学，生物学，情報科学など，理工学のほとんどすべての分野で学ぶことが推奨されている科目の一つとなっている．

その量子力学を60年近くも前に勉強し始めてまず戸惑ったのは，波として疑ったことのない光が光子という粒子として振舞ったり，粒子であるはずの電子が干渉という波の性質を示したりすることであろうか．不思議ではあっても実験事実を疑うべくもなく無理やり自分を納得させて，なんとか量子力学を勉強していくうちに出会ったディラックのデルタ関数には，さらに頭を悩ますことになった．

デルタ関数は電子などの状態を表す波動関数の規格直交性を表すのに必要だと思われるし，何しろ量子力学を展開する際の計算にはとても便利である．しかし，

関数といえば，その引数にある値を入れると自動的にその関数固有の値が出て来るものとしか考えていなかった筆者には，いたるところでゼロでありながら，ある一点だけで無限大になり，積分すると1になるというデルタ関数が普通の関数だとはとても思えない．このもやもやした気分の原因は，デルタ関数の導入が「量子力学の展開にはぜひとも必要だから，ともかく受け入れよ」という，有無を言わせない上意下達のように思われてしまい，その導入の理由がよくわからなかったせいかもしれない．

そうこうしているうちに大学院時代だったか，フーリエ解析の専門書を読んでもっと系統的に勉強する機会があり，周期 2π の周期関数のフーリエ級数展開から始まって任意の周期 $2L$ の周期関数のフーリエ級数展開に進み，さらに周期を $L \to \infty$ とする一般の関数のフーリエ変換に至って，遅ればせながらもようやくフーリエ解析が量子力学の構成と非常によく似ていることに気づいたのである．そのうえ，フーリエ変換には必須の変換関数 e^{ikx} の直交性から，デルタ関数がごく自然に出て来たではないか．事ここに至って初めて，その不思議さはともかく，デルタ関数の必然性に納得した次第である．

天才的物理学者であったディラックには，初めから量子力学の構成とフーリエ解析との類似性は見えていたのであろう．残念ながら，薄学駄才な筆者はえらく遠回りしたものである．しかし，本章でフーリエ解析を学んだ読者にとって，理解しにくいといわれている量子力学もかなりとっつきやすいものになっているであろう．そんなことであればと，もう一度本章を読み返せば，量子力学の理解にさらに一歩近づくこと請け合いである．

V. 偏微分方程式

本章では，広く自然現象の変化を記述する偏微分方程式のごく初歩的な知識について学ぶ．自然現象は時間的にも空間的にも連続的に変化することが多いので，微分方程式で表されることが大いに期待される．第1章 ～ 第3章にかけて学んだ微分方程式は，独立変数がただ1個の常微分方程式であった．しかし，自然界は3次元空間にあり，ほとんどの自然現象は時間的に変化する．したがって，自然界で観測される物理量の空間変化を調べるにも，x, y, z の3個の独立変数が必要となる．たとえ空間変化が x だけの1次元に限定されている場合であっても，注目する物理量が時刻 t に従って時間変化するような場合には，物理量の変化を微分方程式で表すためには2個の独立変数 x, t が必要となる．

このように，1個の独立変数で表される微分方程式を常微分方程式とよぶのに対して，2個以上の複数個の独立変数をもつ微分方程式を偏微分方程式という．ここでは自然科学だけでなく，時には社会科学にも現れるごく典型的な偏微分方程式を紹介し，それが現れる理由と意義をわかりやすく説明するとともに，初歩的な解の求め方について学ぶ．

11 偏微分方程式

初歩的な物理学の理解に必要な偏微分方程式の型（タイプ）は限られており，それらは

(1) 拡散方程式

(2) 波動方程式

(3) ラプラス方程式と，それに非同次項が加わったポアソン方程式

である．本章では，関連する重要な現象からこれらの方程式を導き，典型的な解法を紹介するとともに，解の性質や特徴を議論する．

§11.1　1次元拡散方程式

1次元の連続の式

日常的な世界では，物質は突然消えてなくなったり，どこかにこつ然と現れたりすることはない．あるところで消えた物質の粒子が別のところで現れても，広い領域で見たら物質が保存されることになるが，そのようなことも起きない．すなわち，物質の粒子は局所的に保存されるのである．このことを簡単のために，1次元の場合について方程式で表してみよう．

具体的に考える物質は空気や水のような流体であってもよいし，溶媒である水に溶けた砂糖や塩のような溶質でもよい．空気や水のような流体の密度，または砂糖や塩のような溶質の濃度（単位体積当たりの物質の質量）を ρ とし，それらの移動は差し当たって1次元 x 方向に限られているとしよう．したがって，位置 x，時刻 t での物質の密度または濃度は $\rho(x,t)$ と表される．ただし，誤解の恐れがないようなときには，記述が煩雑になるのを避

けるために，どちらかの変数あるいは両方とも省略する場合もあることを注意しておく．

いま，図 11.1 の矢印で示されているように，注目する物質が x 方向だけに移動しているので，位置 x での物質の流れ密度（単位断面積，単位時間当たりの物質の流れの量）を $j(x)$ としよう．そして，位置 x と位置 $x + \Delta x$ で挟まれた，断面積 S で厚さ Δx の薄くて狭い領域（図 11.1 で灰色の領域；その体積は $S\,\Delta x$）での物質の移動量を考える．

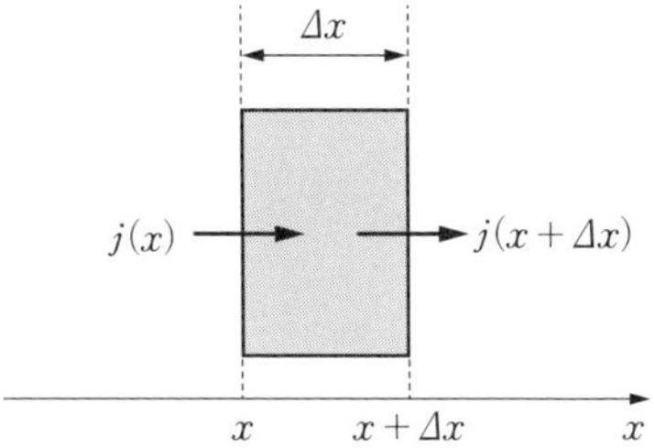

図 11.1

まず，ある時刻 t とそれから短い時間 Δt だけ経った時刻 $t + \Delta t$ との間にこの領域で増加した物質の量を

$$\Delta\rho(x)\cdot S\,\Delta x \tag{11.1}$$

とおく．$\Delta\rho(= \rho(t + \Delta t) - \rho(t))$ は微小な量であり，$\Delta\rho(x)$ と $\Delta\rho(x + \Delta x)$ の差は 2 次の微小量なので，それぞれの位置座標は x とおいて構わない．

次に，短い時間 Δt の間にこの領域を移動する物質の量を考えてみよう．図 11.1 の矢印でわかるように，Δt の間に位置 x から断面積 S を通してこの領域に流れ込む物質の量は $j(x)S\,\Delta t$ と表される．他方，位置 $x + \Delta x$ では物質は流れ出ており，その流出量は $j(x + \Delta x)S\,\Delta t$ と表される．したがって，この領域での短い時間 Δt の間の物質の流れによる増加量は

$$\begin{aligned}\{j(x)\,S\,\Delta t - j(x + \Delta x)\,S\,\Delta t\} &= -\{j(x + \Delta x) - j(x)\}S\,\Delta t \\ &\cong -\frac{\partial j(x)}{\partial x}\Delta x\,S\,\Delta t \end{aligned} \tag{11.2}$$

となる．ここで，物質の流入は物質の増加であるが，流出は減少なので，それには負号を付けた．また，$j(x + \Delta x)$ を微小量 Δx の 1 次の近似で $j(x + \Delta x) = j(x) + \{\partial j(x)/\partial x\}\Delta x$ とおいた．ここで偏微分記号を使った理由は，物質密度 ρ と流れ密度 j はともに，位置 x だけでなく時間 t の関数でもあるからである．

物質の粒子は決してどこかに突然現れたり消えたりしないので，注目する

領域での物質の流れによる増加分 (11.2) はそのまま，そこでの物質の量の増加分 (11.1) に等しくなければならない．したがって，

$$\Delta\rho\cdot S\,\Delta x = -\frac{\partial j(x)}{\partial x}\Delta x\,S\,\Delta t, \qquad \therefore\quad \frac{\Delta\rho}{\Delta t} = -\frac{\partial j(x)}{\partial x}$$

が成り立つ．上の右の式で $\Delta t \to 0$ の極限をとると，$\lim_{\Delta t\to 0}\dfrac{\Delta\rho}{\Delta t} = \dfrac{\partial\rho}{\partial t}$ と表されるので，

$$\frac{\partial\rho(x,t)}{\partial t} + \frac{\partial j(x,t)}{\partial x} = 0 \tag{11.3}$$

が得られる．ここで，この場合の独立変数は x, t の 2 つであることを明記した．これは粒子数の保存則を表す厳密な式で，**連続の式**，あるいは**連続方程式**とよばれる重要な式である．

1 次元拡散方程式

(11.3) では粒子密度（または濃度）$\rho(x,t)$ と粒子の流れ密度 $j(x,t)$ の 2 つの物理量があるので，どちらか一方をこの方程式だけで決めることはできない．$\rho(x,t)$ と $j(x,t)$ の関係がもう 1 つ必要である．そこで，注目する物質の粒子の集団的な移動（巨視的な流れ）がない場合の粒子の動きである**拡散**を考えてみよう．

拡散の場合には，各粒子は熱運動によってランダムに動き回っており (**ブラウン運動**という)，粒子は密度や濃度の高い方から低い方に移動する．このとき，密度差が小さければ，流れは密度勾配に比例して起きるであろう．その比例係数を D（定数）とすれば，流れ密度 $j(x,t)$ は

$$j(x,t) = -D\frac{\partial\rho(x,t)}{\partial x} \tag{11.4}$$

と表される．ここで，右辺の負号は粒子密度の高い方から低い方に流れが起きることから付いている．もちろん，密度勾配が大きくなると，流れ密度がそれに比例するとは限らず，(11.3) とは違って，(11.4) は現象論的な近似式であることに注意しなければならない．

(11.4) を (11.3) に代入すると，

$$\frac{\partial\rho(x,t)}{\partial t} = D\frac{\partial^2\rho(x,t)}{\partial x^2} \tag{11.5}$$

が導かれる．これは物質の粒子が拡散するときの粒子数密度ρの空間的，時間的変化を表す偏微分方程式であり，**拡散方程式**とよばれる．また，比例係数Dは粒子の拡散の度合いを表す定数であり，**拡散係数**という．

熱エネルギーの移動には，熱をもつ物質の移動を伴わずに熱エネルギーの拡散だけで起きる熱伝導，エアコンで暖かい空気を流すなどのように流体の移動を伴う熱対流，そして，赤熱した電気ストーブが遠くでも暖かく感じる熱放射，の3つがある．ここでは熱伝導の場合にどのような関係式が得られるかを考えてみよう．

例題 11.1

物体中の単位体積当たりの熱エネルギー（熱エネルギー密度）をεとし，x方向だけに変化するものとする．熱エネルギーの流れ密度をj_εとすると，(11.3) と同型の

$$\frac{\partial \varepsilon(x,t)}{\partial t} + \frac{\partial j_\varepsilon(x,t)}{\partial x} = 0 \tag{11.6}$$

が成り立つことを示せ．

［**解**］　物理学の最も重要な法則として，エネルギーは保存する，というものがある．したがって，図11.1および本文での説明において，物質密度ρとその流れ密度jを，それぞれεとj_εにおきかえれば，容易に(11.6)が得られる．この式はエネルギーの保存則を表す厳密な式であり，熱伝導の場合に限らずエネルギーに関して普遍的に成り立つ重要な関係式である．　¶

［**問題1**］　物体の温度をT，単位体積当たりの比熱をcとすると，物体の熱エネルギー密度は$\varepsilon = cT$と表される．物体中のx方向だけに温度の勾配があって熱伝導が起きているとし，その温度勾配が小さく，熱エネルギーの流れ密度j_εには$j_\varepsilon = -\kappa_\varepsilon(\partial T/\partial x)$（$\kappa_\varepsilon$：熱エネルギー伝導率）という近似式が成り立つとしよう．このとき，物体の温度$T(x,t)$には(11.5)と同型の

$$\frac{\partial T(x,t)}{\partial t} = \kappa_T \frac{\partial^2 T(x,t)}{\partial x^2} \qquad \left(\kappa_T = \frac{\kappa_\varepsilon}{c}\right) \tag{11.7}$$

が成り立つことを示せ．これは熱の拡散現象を表す式であり，**熱伝導方程式**とよばれる．係数κ_Tは**熱伝導率**である．

ランダムウォーク

物質の粒子の拡散は，前項で述べたように，各粒子がランダムに動き回るブラウン運動によって起きるが，この運動をコンピュータで容易に計算できるようにモデル化してみよう．簡単のためにまず1次元で考えることにして，図11.2のように，粒子はx軸上で短い間隔aの離散的な格子（格子定数a）の上だけに存在できるものとする．そして，短い時間間隔τごとに左右どちらかの格子点に確率1/2で移動するものとしよう．すなわち，空間だけでなく，時間も間隔τで離散化されていると考えるのである．

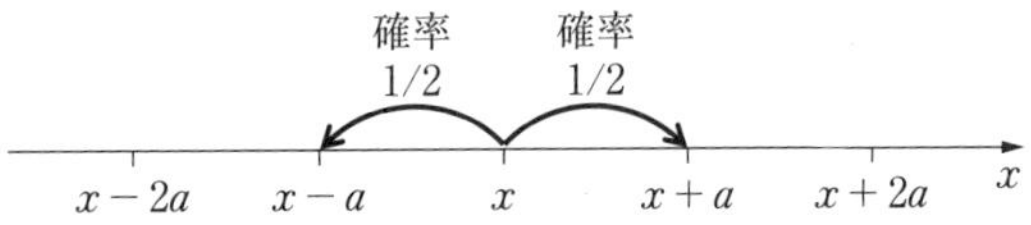

図 11.2

位置x，時刻tでの粒子密度を$\rho(x,t)$とし，時間τだけ経った後の同じ位置xでの粒子密度$\rho(x,t+\tau)$を考えてみよう．時刻tにxにいた粒子は時間τ後に確実に左右のどちらかの格子点に移るので，$\rho(x,t)$は$\rho(x,t+\tau)$に寄与しない．しかし，時刻tに左右の格子点$x \pm a$にいた粒子は時間τ後に確率1/2で位置xに移動してくる．したがって，

$$\rho(x, t + \tau) = \frac{1}{2}\rho(x + a, t) + \frac{1}{2}\rho(x - a, t) \tag{11.8}$$

が成り立つ．上式で粒子密度ρを短い時間τについて1次まで，短い距離aについて2次までの近似で展開すると，

$$\rho(x,t) + \frac{\partial \rho}{\partial t}\tau \cong \frac{1}{2}\left\{\rho(x,t) + \frac{\partial \rho}{\partial x}a + \frac{1}{2}\frac{\partial^2 \rho}{\partial x^2}a^2\right\} + \frac{1}{2}\left\{\rho(x,t) - \frac{\partial \rho}{\partial x}a + \frac{1}{2}\frac{\partial^2 \rho}{\partial x^2}a^2\right\}$$

となるので，これを整理すると

$$\frac{\partial \rho}{\partial t} = D\frac{\partial^2 \rho}{\partial x^2} \qquad \left(D = \frac{a^2}{2\tau}\right) \tag{11.9}$$

が導かれる．

(11.9) は (11.5) や (11.7) と同型の拡散方程式であり，図11.2のような離散的な粒子の移動は，確かに粒子の拡散を表すモデルであることがわかる．

このような粒子の拡散モデルを**ランダムウォーク**または**酔歩**という．また，(11.9)の導出の際に a について1次までの近似に留まらず，2次まで展開した理由もわかるであろう．

［**問題2**］　図11.3のような2次元 xy 平面上の正方格子（格子定数 a）で，格子点上にある粒子は時間間隔 τ ごとに上下左右どちらかの格子点にそれぞれ確率1/4で移動するものとしよう．粒子のこの運動は2次元ランダムウォーク（正方格子上の粒子のランダムウォーク）を表す．時刻 t，格子点 (x, y) 上での粒子密度を $\rho(x, y, t)$ と表し，a と τ は微小な量であるとすると，ρ は2次元拡散方程式

$$\frac{\partial \rho}{\partial t} = D\left(\frac{\partial^2 \rho}{\partial x^2} + \frac{\partial^2 \rho}{\partial y^2}\right) \qquad \left(D = \frac{a^2}{4\tau}\right) \tag{11.10}$$

に従うことを示せ．

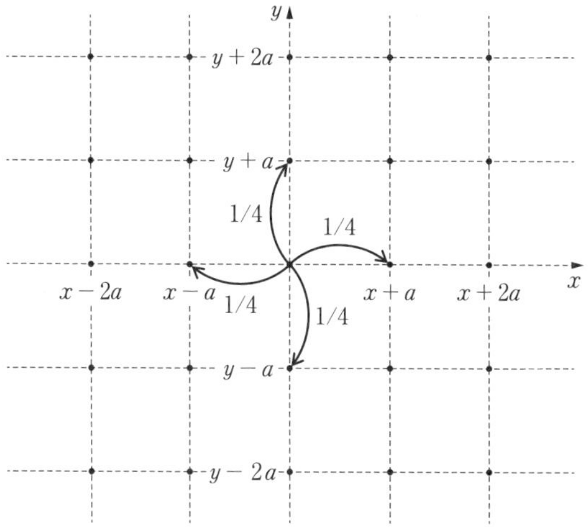

図 11.3

例題 11.2

図11.4のように，粒子が x 軸上の格子点（格子定数 a）を時間間隔 τ ごとにランダムウォークする際に，正方向に移動する確率が1/2より $\varepsilon(0 < \varepsilon \leq 1/2)$ だけ大きいとしよう．この場合に，a と τ が微小な量であるとして，粒子密度 $\rho(x, t)$ が満たす偏微分方程式を導け．

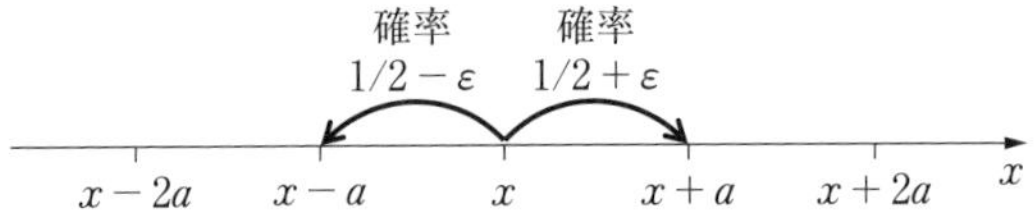

図 11.4

［**解**］　この場合には，時刻 t に右の格子点 $x+a$ にいた粒子は時間 τ 後に確率 $(1/2-\varepsilon)$ で位置 x に移動し，時刻 t に左の格子点 $x-a$ にいた粒子は時間 τ 後に確率 $(1/2+\varepsilon)$ で位置 x に移動してくる．したがって，図 11.2 の場合の (11.8) に対して，位置 x，時刻 $t+\tau$ での粒子密度 $\rho(x, t+\tau)$ は

$$\rho(x, t+\tau) = \left(\frac{1}{2}-\varepsilon\right)\rho(x+a, t) + \left(\frac{1}{2}+\varepsilon\right)\rho(x-a, t) \qquad (11.11)$$

を満たす．上式で ρ を微小量 τ について 1 次まで，a について 2 次までの近似で展開すると，

$$\begin{aligned}\rho(x, t) + \frac{\partial\rho}{\partial t}\tau &\cong \left(\frac{1}{2}-\varepsilon\right)\left\{\rho(x, t) + \frac{\partial\rho}{\partial x}a + \frac{1}{2}\frac{\partial^2\rho}{\partial x^2}a^2\right\} \\ &\quad + \left(\frac{1}{2}+\varepsilon\right)\left\{\rho(x, t) - \frac{\partial\rho}{\partial x}a + \frac{1}{2}\frac{\partial^2\rho}{\partial x^2}a^2\right\} \\ &= \rho(x, t) - 2\varepsilon a\frac{\partial\rho}{\partial x} + \frac{a^2}{2}\frac{\partial^2\rho}{\partial x^2}\end{aligned}$$

となる．これを整理すると

$$\frac{\partial\rho}{\partial t} + v_x\frac{\partial\rho}{\partial x} = D\frac{\partial^2\rho}{\partial x^2} \qquad \left(v_x = \frac{2\varepsilon a}{\tau},\ D = \frac{a^2}{2\tau}\right) \qquad (11.12)$$

が導かれる．上式の左辺第 2 項は**ドリフト項**とよばれ，粒子が x 軸の正方向に集団的に移動する巨視的な流れを表し，v_x がその流れ速度である．　¶

［**問題 3**］　図 11.3 のような正方格子上のランダムウォークで，x の正負方向にはそれぞれ確率 1/4 で移動するが，y の正方向には確率 $1/4+\varepsilon$ で，y の負方向には確率 $1/4-\varepsilon$ で移動する場合に，格子定数 a と時間間隔 τ が微小だとして，粒子密度 $\rho(x, y, t)$ が満たす偏微分方程式

$$\frac{\partial\rho}{\partial t} + v_y\frac{\partial\rho}{\partial y} = D\left(\frac{\partial^2\rho}{\partial x^2} + \frac{\partial^2\rho}{\partial y^2}\right) \qquad \left(v_y = \frac{2\varepsilon a}{\tau},\ D = \frac{a^2}{4\tau}\right) \qquad (11.13)$$

を導け．

これは y の正の向きに流れ速度 v_y のドリフト項があることを示しており，平面

上でブラウン運動する粒子に y の正方向に何らかの力がかかってドリフトするような現象の記述に使われる.

§11.2　1次元拡散方程式の解

前節で導いた1次元拡散方程式

$$\frac{\partial \rho(x,t)}{\partial t} = D\frac{\partial^2 \rho(x,t)}{\partial x^2} \qquad (D>0) \tag{11.5}$$

について，区間 $0 \leq x \leq L$ で模式的に図11.5で表されるような

$$\begin{cases} \text{境界条件：} \rho(0,t) = \rho(L,t) = 0 & (11.14\text{a}) \\ \text{初期条件：} \rho(x,0) = f(x) & (11.14\text{b}) \end{cases}$$

を満たす解を求めてみよう.

これは具体的には，細い棒の両端 $x=0$ と $x=L$ では温度がゼロに固定されていて，初期時刻 $t=0$ での区間 $0 \leq x \leq L$ 内の温度分布が $f(x)$ で与えられるときの熱伝導方程式 (11.7) の解を求めることに相当する.

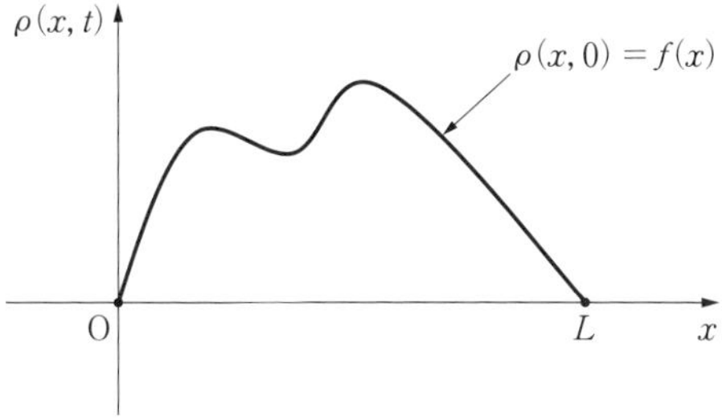

図 11.5

変数分離法

このような解を求める場合によく使われる方法である変数分離法を適用し，$\rho(x,t) = X(x)\,T(t)$ とおいて (11.5) に代入すると，

$$X(x)\,\dot{T}(t) = D\,X''(x)\,T(t), \qquad \therefore\ \frac{1}{D}\frac{\dot{T}(t)}{T(t)} = \frac{X''(x)}{X(x)} \tag{11.15}$$

が得られる．ここで，ドットは時間変数 t による微分，ダッシュは空間変数 x による微分を表す．D は定数なので，(11.15) の右の式の左辺は t だけの関数，右辺は x だけの関数であり，それらが等しいということは，この両辺が x にも t にもよらない，ある定数 α に等しい以外にあり得ない．したがって，

$$X''(x) - \alpha X(x) = 0 \tag{11.16}$$

$$\dot{T}(t) - \alpha D\, T(t) = 0 \tag{11.17}$$

が成り立つことになる.

(11.16) と (11.17) は，それぞれの変数についての簡単な常微分方程式である．境界条件 (11.14a) を満たすようにこれらの常微分方程式を解いてみよう．$\rho(x, t) = X(x)T(t)$ を (11.14a) に代入すると

$$X(0)\ T(t) = 0, \qquad X(L)\ T(t) = 0$$

が得られるが，$T(t) = 0$ は意味がないので，$X(x)$ に関する境界条件は

$$X(0) = 0, \qquad X(L) = 0 \tag{11.18}$$

となる.

次に，この境界条件 (11.18) を満たす微分方程式 (11.16) の解を求めたいのだが，この微分方程式の一般解の性質は定数 α の正負によって大きく異なることに注意しなければならない．そこで $\alpha = k^2\ (k > 0)$ とおき，まずは α が正の場合を考えてみよう．このときの (11.16) の一般解は

$$X(x) = c_1 e^{kx} + c_2 e^{-kx}$$

であり (2.4 節を参照)，境界条件 (11.18) より

$$c_1 + c_2 = 0, \qquad c_1 e^{kL} + c_2 e^{-kL} = 0, \qquad \therefore\quad c_1 = c_2 = 0$$

となって，結局，意味のない結果 $X(x) = 0$ が得られる．次に $\alpha = 0$ とすると，(11.16) の一般解は

$$X(x) = a + bx$$

であり，この場合も (11.18) から $a = b = 0$ が得られ，意味のない結果 $X(x) = 0$ となる.

最後に，α が負の場合 $\alpha = -k^2 < 0\ (k > 0)$ を考えると，(11.16) の一般解は

$$X(x) = C_1 \cos kx + C_2 \sin kx \tag{11.19}$$

となり，境界条件 (11.18) から

$$C_1 = 0, \qquad C_2 \sin kL = 0$$

が得られる．このとき，$X(x)$ が意味のある解であるためには $C_2 \neq 0$ でなければならず，結局，$\sin kL = 0$ となって $kL = n\pi$，すなわち，定数 k は

$$k_n = \frac{n\pi}{L} \qquad (n = 1, 2, 3, \cdots) \tag{11.20}$$

を満たさなければならないことがわかる．

こうして，境界条件 (11.18) を満たす微分方程式 (11.16) の解は

$$X(x) = X_n(x) = C_n \sin k_n x = C_n \sin \frac{n\pi}{L} x \qquad (n = 1, 2, 3, \cdots) \tag{11.21}$$

と表される．

ここで注意しなければならないのは，$\alpha = -k^2$ で導入された定数 k は任意の定数ではなく，(11.20) で与えられるような，とびとびの値をとることである．そこで，この定数をもう1つの微分方程式(11.17)に代入すると，それは容易に解くことができて，その解は

$$T(t) = T_n(t) = T(0)\, e^{-Dk_n^2 t} \qquad (n = 1, 2, 3, \cdots) \tag{11.22}$$

と表される．ここで，$T(0)$ は $T(t)$ の初期値である．

1次元拡散方程式の解

1次元拡散方程式(11.5)の解 $\rho(x, t) = X(x)\, T(t)$ は，(11.21) と (11.22) より

$$\rho(x, t) = \rho_n(x, t) = X_n(x)\, T_n(t) = A_n e^{-Dk_n^2 t} \sin k_n x \qquad (n = 1, 2, 3, \cdots) \tag{11.23}$$

と求められる．ここで，k_n は (11.20) で与えられるとびとびの値をとり，係数 A_n は $A_n = C_n\, T(0)$ である．(11.23) で与えられる $\rho_n(x, t)\,(n = 1, 2, 3, \cdots)$ は，いずれも1次元拡散方程式 (11.5) の解なので，その重ね合わせである

$$\rho(x, t) = \sum_{n=1}^{\infty} \rho_n(x, t) = \sum_{n=1}^{\infty} A_n e^{-Dk_n^2 t} \sin k_n x \tag{11.24}$$

も1次元拡散方程式 (11.5) の解であり，その初期条件は (11.14b) より

$$\rho(x, 0) = \sum_{n=1}^{\infty} A_n \sin k_n x = \sum_{n=1}^{\infty} A_n \sin \frac{n\pi}{L} x = f(x) \tag{11.25}$$

を満たさなければならない．もちろん，境界条件 (11.14a) の方は関数 $X_n(x)$ がそれを満たすように決められたので，(11.24) では自動的に満たされている．

ここで注目すべきことは，(11.25) が区間 $(-L, L)$ の奇関数 $f(x)$ のフーリエ級数展開であるフーリエ正弦級数 (10.17) と正確に一致していることである．したがって，(11.25) の A_n は，そのフーリエ係数である (10.18) より決定できる．

例題 11.3

境界条件が $\rho(0,t) = \rho(L,t) = 0$ で，初期条件が図のように $\rho(x,0) = f(x) = \sin\dfrac{\pi}{L}x$ と与えられるとき，1 次元拡散方程式 (11.5) の解を求めよ．

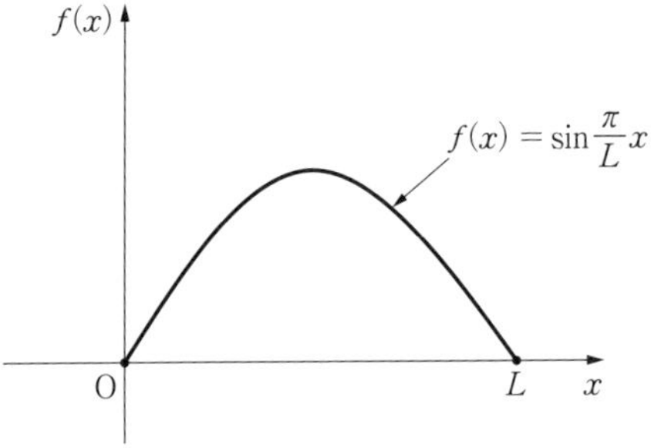

[**解**]　1 次元拡散方程式 (11.5) の解は (11.24) であるが，その中の係数 A_n は (11.25) より，初期条件である関数 $f(x) = \sin\dfrac{\pi}{L}x$ のフーリエ正弦級数の展開係数 (10.18) から求められ，

$$A_n = \frac{2}{L}\int_0^L f(x)\sin\frac{n\pi}{L}x\,dx = \frac{2}{L}\int_0^L \sin\frac{\pi}{L}x\sin\frac{n\pi}{L}x\,dx = \frac{2}{\pi}\int_0^\pi \sin y\sin ny\,dy$$

$$= \frac{1}{\pi}\int_0^\pi [\cos\{(n-1)y\} - \cos\{(n+1)y\}]\,dy = \delta_{n1} \quad (n = 1, 2, 3, \cdots)$$

となる．上の計算の途中で $\pi x/L = y$ と変数変換した．また，δ_{n1} はクロネッカーのデルタで，$n = 1$ のときは 1，それ以外では 0 であることを表す．この A_n を (11.24) に代入すると，この場合の 1 次元拡散方程式 (11.5) の解として

$$\rho(x,t) = \sum_{n=1}^{\infty}\delta_{n1}e^{-Dk_n^2t}\sin k_nx = e^{-(\pi^2D/L^2)t}\sin\frac{\pi}{L}x \tag{11.26}$$

が得られる．これは正弦関数の形は保ったまま，振幅が指数関数的に減衰することを表す．　¶

［**問題 4**］ 上の例題の解 (11.26) が 1 次元拡散方程式 (11.5) を満たすことを，その両辺に代入し，偏微分の計算を実行して確かめよ．

これまでの境界条件はすべて，(11.14a) や例題 11.3 にあるように，考えている領域の両端で同じ値をとるものとした．しかし，一端で粒子密度や濃度が高く，他端で低い値に固定されている場合に粒子の拡散がどのように起こるかとか，一端で温度が高く，他端で低い値に固定されているときに熱伝導がどのようになるかといった問題のほうがより一般的である．次の例題で，この問題を考えてみよう．

例題 11.4

1 次元拡散方程式 (11.5) で，初期条件 (11.14b) はそのままにして，境界条件を図 11.6 のように，

$$\rho(0,t) = \rho_0, \qquad \rho(L,t) = 0 \tag{11.27}$$

とした場合の 1 次元拡散方程式 (11.5) の解を求めよ．

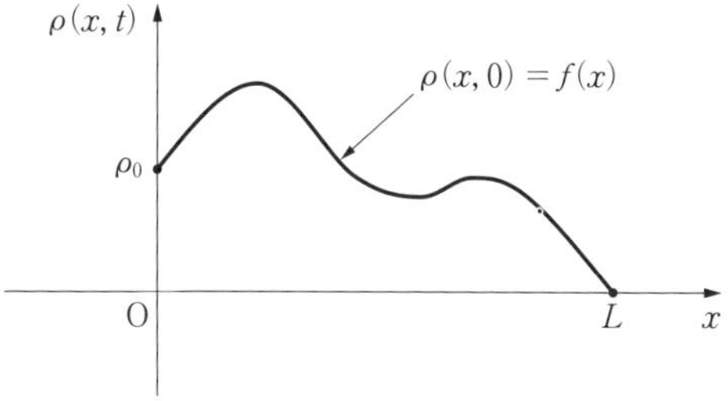

図 11.6

［**解**］ 1 次元拡散方程式 (11.5) の解 $\rho(x,t)$ が (11.24) のように表されたのは，境界条件が (11.14a) であったために，それを満たす周期関数 $\sin\dfrac{n\pi}{L}x$ $(n=1,2,3,\cdots)$ で解を級数展開できたことがポイントである．そこで新たな関数

$$u(x,t) = \rho(x,t) - \rho_0\frac{L-x}{L} \tag{1}$$

を導入すると，この関数は

$$u(0,t) = \rho(0,t) - \rho_0 = \rho_0 - \rho_0 = 0, \qquad u(L,t) = \rho(L,t) = 0 \tag{2}$$

となって，(11.14a) と同じ形の境界条件を満たす．しかも (1) より

$$\frac{\partial u(x,t)}{\partial t} = \frac{\partial \rho(x,t)}{\partial t}, \qquad \frac{\partial u(x,t)}{\partial x} = \frac{\partial \rho(x,t)}{\partial x} + \frac{\rho_0}{L}$$

$$\therefore \quad \frac{\partial^2 u(x,t)}{\partial x^2} = \frac{\partial^2 \rho(x,t)}{\partial x^2}$$

となって，この関数 $u(x,t)$ は 1 次元拡散方程式 (11.5) を満たす．ただし，この関数の初期条件 $u(x,0) = g(x)$ は (1) より

$$u(x,0) = g(x) = \rho(x,0) - \rho_0 \frac{L-x}{L} = f(x) - \rho_0 \frac{L-x}{L} \qquad (3)$$

であることに注意しなければならない．したがって，この場合，(11.24) と (11.25) より

$$u(x,t) = \sum_{n=1}^{\infty} B_n e^{-Dk_n^2 t} \sin k_n x, \qquad \sum_{n=1}^{\infty} B_n \sin \frac{n\pi}{L} x = g(x) = f(x) - \rho_0 \frac{L-x}{L} \qquad (4)$$

から関数 $u(x,t)$ が決まり，これを (1) に代入すれば，この場合の 1 次元拡散方程式 (11.5) の解 $\rho(x,t)$ が求められる．

初期条件 $\rho(x,0) = f(x)$ がどうであれ，時間が十分に経つ $(t \to \infty)$ と，(4) より $u(x,t)$ は指数関数的に減少してゼロに接近し，(1) より

$$\rho(x, t\to\infty) = u(x, t\to\infty) + \rho_0 \frac{L-x}{L} = \rho_0 \frac{L-x}{L} \qquad (5)$$

という線形の形をとることになる．これは棒の一端を高温に，他端を低温に固定したときの最終状態の温度分布を考えると，もっともな結果である．　¶

[問題 5]　上の例題 11.4 で，境界条件を

$$\rho(0,t) = 0, \qquad \rho(L,t) = \rho_0$$

とした場合，新しく導入する関数 $u(x,t)$ をどう選べばよいか．

無限に長い領域での拡散

非常に長くて細いガラス管に水を入れておき，管の中の 1 点に赤インクを 1 滴だけ静かにたらしたとき，赤インクは管中をどのように広がるであろうか．また，非常に長くて細い棒の 1 点を瞬時に高温にしたとき，棒に沿ってその温度はどのように変化するであろうか．

これらは，1 次元的な物質の粒子の拡散あるいは熱エネルギーの拡散の問

題に相当する．以下では，このような問題を考えてみよう．

このとき，1次元拡散方程式

$$\frac{\partial \rho(x,t)}{\partial t} = D\frac{\partial^2 \rho(x,t)}{\partial x^2} \quad (D>0) \tag{11.5}$$

は変わらないが，変数 x の変域は $-\infty < x < \infty$ であり，境界条件は (11.14a) の代わりに

$$\rho(x \to \pm\infty, t) : \text{有界（発散しない）} \tag{11.28a}$$

とする．また，初期条件は (11.14b) と同様，

$$\rho(x,0) = f(x) \tag{11.28b}$$

とおく．

この場合も拡散という問題の本質は変わらないので，前と同様に，変数分離法を適用して $\rho(x,t) = X(x)\,T(t)$ とおいて (11.5) の解を求めてみよう．今度の場合も，(11.15) から (11.17) までが成り立つことは容易に確かめられる．さらに，(11.28a) から $X(x \to \pm\infty)$ は有界である．このことから，(11.16) に含まれる定数 α が以前と同様に $\alpha = -k^2 < 0$ $(k>0)$ でなければならないこともわかる．

［**問題 6**］ $\alpha = k^2 > 0$ $(k>0)$ および $\alpha = 0$ が $X(x \to \pm\infty)$ の有界性を満たさないことを示せ．

こうして，いまの場合，$X(x)$ が満たす常微分方程式は

$$X''(x) + k^2 X(x) = 0 \tag{11.29}$$

となり，この微分方程式の一般解は容易に求められて，

$$X(x) = c_1 e^{ikx} + c_2 e^{-ikx} \tag{11.30}$$

が得られる．これは確かに，$x \to \pm\infty$ で有界である．ここで注意すべきことは，変数 x の変域が $-\infty < x < \infty$ であるために，定数 k の値には (11.20) のような制限がつかず，正の実数値をとることである．また，$X(x)$ が実数なので，

$$X^*(x) = c_1{}^* e^{-ikx} + c_2{}^* e^{ikx} = X(x) = c_1 e^{ikx} + c_2 e^{-ikx}$$

であり，$c_2 = c_1{}^*$ でなければならない．

そこで，改めて (11.30) の係数 c_1 を c とおき，(11.21) で係数を C_n のよ

うに n でラベル付けしたように，定数 k が任意の正の実数値をとることに注意して，係数 c を $c(k)$ とおくと，$X(x)$ は

$$X(x) = c(k)\,e^{ikx} + c^*(k)\,e^{-ikx} \tag{11.31}$$

と表される．

$T(t)$ は (11.17) に $\alpha = -k^2$ を代入すれば容易に得られ，

$$T(t) = T(0)\,e^{-Dk^2t} \tag{11.32}$$

と求められる．ここで，$T(0)$ は $T(t)$ の初期値である．

こうして，この場合の1次元拡散方程式 (11.5) の解は (11.31) と (11.32) より

$$\rho(x,t) = X(x)\,T(t) = \frac{1}{2\pi}e^{-Dk^2t}\{C(k)\,e^{ikx} + C^*(k)\,e^{-ikx}\} \tag{11.33}$$

と表される．ただし，改めて係数を $T(0)\,c(k) = (1/2\pi)\,C(k)$ とおいた．上式は，任意の正の実数 k で (11.5) を満たす．したがって，k についての重ね合わせである

$$\rho(x,t) = \frac{1}{2\pi}\int_0^\infty e^{-Dk^2t}\{C(k)\,e^{ikx} + C^*(k)\,e^{-ikx}\}\,dk \tag{11.34}$$

も1次元拡散方程式 (11.5) の解である（［問題7］を参照）．

(11.34) の被積分関数の { } 内の第2項だけを取り上げて積分変数 k を $-k$ とおき，積分を少し書き直すと，

$$\int_0^\infty e^{-Dk^2t}\,C^*(k)\,e^{-ikx}\,dk = -\int_0^{-\infty} e^{-Dk^2t}\,C^*(-k)\,e^{ikx}\,dk$$
$$= \int_{-\infty}^0 e^{-Dk^2t}\,C^*(-k)\,e^{ikx}\,dk$$

が得られる．ここで $C^*(-k) = C(k)$ とおいて上式に代入し，それを (11.34) に代入すると，積分はきれいな形にまとめることができて，1次元拡散方程式 (11.5) の解は

$$\rho(x,t) = \frac{1}{2\pi}\int_{-\infty}^\infty e^{-Dk^2t}\,C(k)\,e^{ikx}\,dk \tag{11.35}$$

と表される．解をこのようにコンパクトな形にできた訳は，k が正の実数であったのを $C^*(k) = C(-k)$ として k を実数全体に広げたためであり，

このようにしても $\rho(x,t)$ が実数であることに変わりがないことは容易に示される．また，このときの初期条件は (11.28b) と (11.35) より

$$\rho(x,0) = f(x) = \frac{1}{2\pi}\int_{-\infty}^{\infty} C(k)\, e^{ikx}\, dk \qquad (11.36)$$

と表される．

［問題 7］　(11.34), (11.35) が 1 次元拡散方程式 (11.5) の解であることを示せ．

(11.36) を見てすぐに思い出されるのは，これがフーリエ変換の形をしていることである．このことは，(11.25) がフーリエ正弦級数展開であったことからも十分に予想される．実際，初期条件を与える関数 $f(x)$ のフーリエ変換を $\hat{f}(k)$ とすると，(10.27) と (11.36) を比較することによって，解 (11.35) に含まれる係数 $C(k)$ は

$$C(k) = \hat{f}(k) \qquad (11.37)$$

から決定することができ，これを (11.35) に代入して積分すれば，1 次元拡散方程式の解を具体的に求めることができる．

例題 11.5

初期条件を $\rho(x,0) = f(x) = \delta(x)$ として，1 次元拡散方程式(11.5)の解 $\rho(x,t)$ を求めよ．

［解］　デルタ関数 $\delta(x)$ のフーリエ変換は，(10.26) の右辺の $f(x)$ に $\delta(x)$ を代入すれば，デルタ関数の性質から直ちにわかるように（第 10 章の［問題 14］の解答を参照），$\hat{\delta}(k) = 1$ である．したがって，この場合，(11.37) より $C(k) = 1$ であり，これを (11.35) に代入すると

$$\rho(x,t) = \frac{1}{2\pi}\int_{-\infty}^{\infty} e^{-Dk^2t} e^{ikx}\, dk$$

となる．この積分はガウス型関数のフーリエ変換と同じ形であり（例題 10.5 の解の(1)で x と $-k$ を取りかえて積分をかえ，$a^2 = Dt$ とおけば，上の積分と全く同じになる），例題 10.5 の結果(5)で k を $-x$ におきかえ，$a^2 = Dt$ にすると

$$\rho(x,t) = \frac{1}{\sqrt{4\pi Dt}}\, e^{-x^2/4Dt} \qquad (11.38)$$

が得られる．これが，この場合の 1 次元拡散方程式 (11.5) の解である．

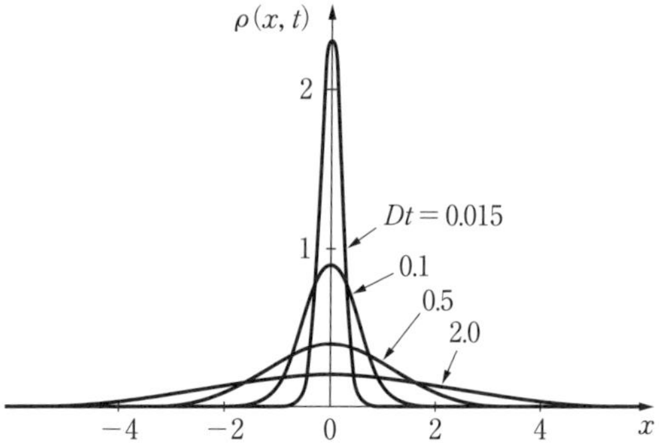

図 11.7

図 11.7 に，Dt の値をパラメータにして $\rho(x, t)$ の時間変化を図示する．この図から，水を入れた細長い管の中に赤インクを 1 滴静かに入れたときに，インクが次第に広がる様子が想像できるであろう．(11.38) の右辺はガウス関数であり，正規分布あるいはガウス分布として知られているものである．¶

［**問題 8**］ (11.38) が (11.5) を満たすことを，実際に代入し偏微分して確かめよ．

［**問題 9**］ (11.38) が規格化条件（変数 x の全域にわたって積分すると 1 になる）を満たすことを示せ．これは図 11.7 の曲線 $\rho(x, t)$ と x 軸との間の面積が時間が経っても変わらないことを表し，$\rho(x, t)$ が粒子数の保存則を表す厳密な式である連続の式 (11.3) を満たすことによる必然的な結果である．

ここで 1 次元拡散方程式の一般解 $\rho(x, t)$ を求める過程を振り返ってみると，その出発点で変数分離法を適用するために $\rho(x, t) = X(x)\,T(t)$ とおいた．それなのに，例えば例題 11.5 の解は (11.38) であって，これは変数が分離しておらず，不思議だと思うかもしれない．確かに，(11.23) あるいは (11.33) までの段階では変数分離した形で 1 つの解が求められている．しかし，次の段階で変数分離した 1 次独立な解を重ね合わせることによって，変数分離しない一般解 (11.24) あるいは (11.34) を構成しているのである．

すなわち，変数分離法というのは，変数分離した解を仮定することでより簡単な常微分方程式を解き，その解を使って偏微分方程式の変数分離した特解を1つ求め，それと同型の1次独立な解を重ね合わせることによって，変数分離するとは限らない一般解を求める方法なのである．そして，重ね合わせをした一般解 (11.24) がフーリエ級数展開に，(11.34) がフーリエ積分に類似しており，解を求める最後の段階でフーリエ解析が重要な役割を果たすことがわかるであろう．

この節の最後に，3次元空間での拡散方程式を見ておこう．具体的には，例えば大きな容器に入った水の中の1点に極細の長い注射針で赤いインクを1滴だけ静かに注入したときに，インクが水中をどのように拡散するかという問題を議論する際に，これが必要となる．

1次元拡散方程式 (11.5)，2次元拡散方程式 (11.10) から容易にわかるように，3次元拡散方程式は

$$\frac{\partial \rho}{\partial t} = D\left(\frac{\partial^2 \rho}{\partial x^2} + \frac{\partial^2 \rho}{\partial y^2} + \frac{\partial^2 \rho}{\partial z^2}\right) = D\,\nabla^2 \rho = D\,\Delta\rho \qquad (11.39)$$

と表される．$\nabla^2 = \Delta$ は (6.9) で導入されたラプラシアンである．また，この式を3次元空間のランダムウォークから導くにはどうすればよいかも，1次元，2次元のランダムウォークの議論を思い出せば容易に理解できるであろう．

§11.3 波動方程式

弦の振動と1次元波動方程式

弦を張って両端を固定し，その中央付近の1点をつまみ上げて離すと，弦は振動する．これは，弦を張ったときに弦は少し伸びて引っ張りの力 (張力) が弦の各点にはたらき，もとに戻ろうとする復元力がはたらくからである．

初めに弦は x 軸上に張られているとし，弦を固定する両端点は x 軸上で動かないものとする．そして，図11.8のように，弦は x 軸に直交する ξ 方向にのみずれるものとし，x 軸上の点 x での弦の x 軸からのずれを $\xi(x)$ と表す．これは弦の運動に対する点 x での弦の振幅である．ここで弦の運動を力学的に調べるために，図11.8に示したように，細い弦を長さ Δx の短い要素に分け，その中心 (点で示されている) をそれぞれの要素の位置とみなす．弦が x 軸からずれているとき，厳密には各要素の長さは Δx からずれ

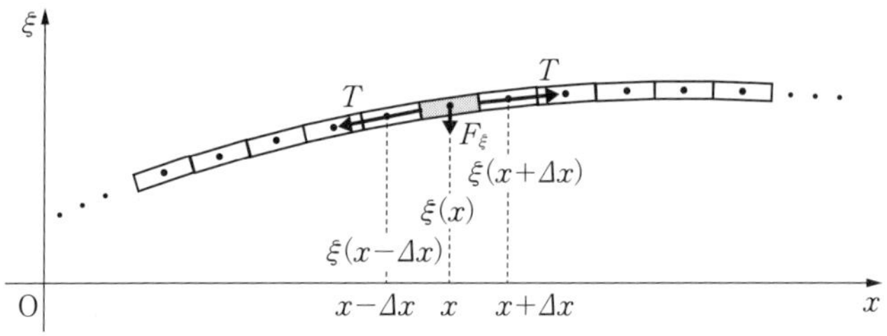

図 11.8

るが，振幅 $\xi(x)$ が小さいときにはこのずれは無視でき，各要素の長さは $\varDelta x$ としてよい．また，弦の張力を T とすると，同じ理由で T は弦の至るところで一定とみなされる．したがって，位置 x での微小な要素（図 11.8 で灰色の部分）にはたらく張力 T は，矢印で示されているように，その要素の両端で弦に沿ってはたらく．

ここで，位置 x でのこの微小な要素の運動方程式を考えよう．弦の振幅が小さい場合にはこの要素の x 方向の運動は無視できるので，ξ 方向の運動だけを考えればよい．弦の線密度（単位長さ当たりの質量）を ρ とすると，この要素の質量は $\rho\,\varDelta x$ なので，この要素の ξ 方向の運動方程式は

$$\rho\,\varDelta x\,\ddot{\xi} = F_\xi \tag{11.40}$$

である．ここで，ξ の上の 2 つのドットは時間の 2 階偏微分を表し，F_ξ は弦の張力によってこの要素にはたらく力の ξ 方向の成分である．この要素の右端にはたらく張力の ξ 方向の成分は，T にそこでの正弦（サイン）を掛ければよいので，

$$T\frac{\xi(x+\varDelta x)-\xi(x)}{\sqrt{\{\xi(x+\varDelta x)-\xi(x)\}^2+(\varDelta x)^2}} \cong T\frac{\xi(x+\varDelta x)-\xi(x)}{\varDelta x}$$

となる．ここでも弦の振幅は小さく，隣同士の要素間の振幅 ξ の差はさらに微小であるとする近似を使った．

注目している要素の左端にはたらく張力の ξ 方向の成分も同様にして得られるので，F_ξ は

$$F_\xi = T\left\{\frac{\xi(x+\varDelta x)-\xi(x)}{\varDelta x} - \frac{\xi(x)-\xi(x-\varDelta x)}{\varDelta x}\right\}$$

$$= \frac{T}{\Delta x}\{\xi(x+\Delta x) - 2\xi(x) + \xi(x-\Delta x)\} \cong T\,\Delta x \frac{\partial^2 \xi}{\partial x^2}$$

となる．ここでは $\xi(x \pm \Delta x)$ を微小な量 Δx について 2 次までの展開で近似した．上式を(11.40)の右辺に代入して整理すると，

$$\frac{\partial^2 \xi(x,t)}{\partial t^2} = c^2 \frac{\partial^2 \xi(x,t)}{\partial x^2} \tag{11.41}$$

$$c = \sqrt{\frac{T}{\rho}} \quad (>0) \tag{11.42}$$

が得られる．

(11.41) は弦の振動を表す偏微分方程式として導かれたが，より一般的に波動を表す方程式であり，**1 次元波動方程式**とよばれている．また，定数 c は波動の速度を与えることが後でわかる．(11.5) の拡散方程式では時間微分が 1 階であったのに対して，(11.41) の波動方程式では時間も空間と同じく 2 階微分であることに注意しよう．このことが両者の解の振舞の大きな違いに端的に現れることを次に見てみよう．

有限領域（$0 \leq x \leq L$）での波動方程式の解

有限領域での 1 次元波動方程式 (11.41) の解を考えてみよう．これは (11.41) の境界値問題であり，具体的には両端が固定された弦の振動を想像すればよい．この場合の境界条件および初期条件は，1 次元拡散方程式の場合の (11.14) と同様に

$$\begin{cases} \text{境界条件}：\xi(0,t) = \xi(L,t) = 0 & (11.43\text{a}) \\ \text{初期条件}：\xi(x,0) = f(x), \quad \xi_t(x,0) = g(x) & (11.43\text{b}) \end{cases}$$

とし，やはり前と同じように変数分離法を使って $\xi(x,t) = X(x)\,T(t)$ とおき，解を見出してみよう．(11.41) を見てわかるように，波動方程式の場合には時間の 2 階微分が含まれるので，初期条件は独立な 2 式が必要で，(11.43b) にはそれが記されており，ξ_t の下付きの t は時間についての偏微分を表す．

(11.16) が意味のある解をもつための条件だった $\alpha = -k^2 < 0\ (k > 0)$ がいまの場合にもそのまま成り立つことは，そのときの議論を繰り返せば直ちに理解できる．したがって，いまの場合に成り立つ常微分方程式は

$$X''(x) + k^2 X(x) = 0 \tag{11.44}$$

$$\ddot{T}(t) + c^2k^2 T(t) = 0 \tag{11.45}$$

となる．(11.45) と (11.17) の違いに注意しよう．

$X(x)$ に関しては，その常微分方程式 (11.44) も境界条件 $X(0) = X(L) = 0$ も，1 次元拡散方程式の場合の (11.16), (11.18) と全く同じである．したがって，k が

$$k_n = \frac{n\pi}{L} \qquad (n = 1, 2, 3, \cdots) \tag{11.46}$$

のような，とびとびの値をとることは (11.20) と同様であり，波動現象における波数の意味をもつ．また，そのときの解 (11.21) がそのまま使えて，$X(x)$ は

$$X(x) = X_n(x) = A_n \sin k_n x = A_n \sin \frac{n\pi}{L} x \qquad (n = 1, 2, 3, \cdots) \tag{11.47}$$

と表される．

一方，$T(t)$ の満たす常微分方程式 (11.45) は $X(x)$ の (11.44) と同型であるが，境界条件がないので，その解は

$$T(t) = T_n(t) = B_n \cos \omega_n t + C_n \sin \omega_n t \qquad (n = 1, 2, 3, \cdots) \tag{11.48}$$

と表される．ただし，(11.45) で $c^2k^2 = \omega^2$ とし，この k に (11.46) を代入したので，上式の ω_n は

$$\omega_n = ck_n = \frac{cn\pi}{L} \qquad (n = 1, 2, 3, \cdots) \tag{11.49}$$

という，とびとびの値をとる．これは振動現象の角振動数の意味をもつ．

以上により，この場合の 1 次元波動方程式 (11.41) の解 $\xi(x, t) = X(x)\, T(t)$ は，(11.47) と (11.48) より

$$\begin{aligned} \xi(x, t) &= \xi_n(x, t) = X_n(x)\, T_n(t) \\ &= (a_n \cos \omega_n t + b_n \sin \omega_n t) \sin k_n x \qquad (n = 1, 2, 3, \cdots) \end{aligned} \tag{11.50}$$

と求められる．ここで，初期条件で決められる係数を改めて a_n，b_n とおいた．$\xi_n(x, t)$ $(n = 1, 2, 3, \cdots)$ は角振動数 $\omega_n = cn\pi/L$（振動数は $\omega_n/2\pi$）の

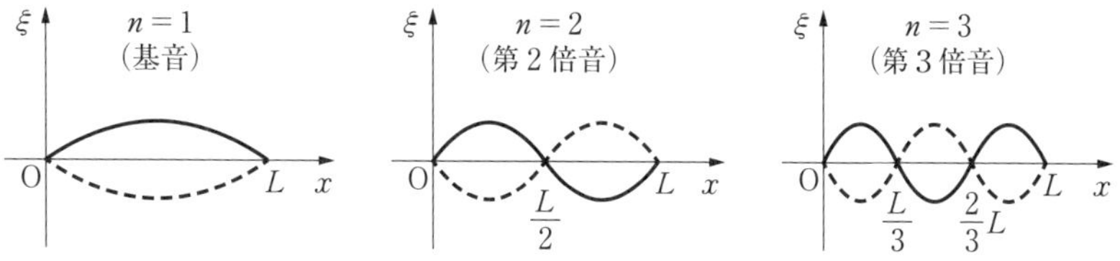

図 11.9

調和振動を表し，この振動は弦の n 番目の**固有モード**とよばれる．その初めの 3 つを図 11.9 に示す．また，音響学では，図中に記してあるように，$n = 1$ の場合の振動を基音，それ以上の場合を第 n 倍音という．n 番目の固有モードには両端を除いて $n - 1$ 個の節（振動しない点）があることも，図から容易にわかるであろう．

(11.50) で与えられる $\xi_n(x, t)$ $(n = 1, 2, 3, \cdots)$ はいずれも 1 次元波動方程式 (11.41) の解なので，その重ね合わせである

$$\xi(x, t) = \sum_{n=1}^{\infty} \xi_n(x, t) = \sum_{n=1}^{\infty} (a_n \cos \omega_n t + b_n \sin \omega_n t) \sin k_n x \tag{11.51}$$

も 1 次元波動方程式 (11.41) の解である．その初期条件は (11.43b) より

$$\xi(x, 0) = \sum_{n=1}^{\infty} a_n \sin k_n x = \sum_{n=1}^{\infty} a_n \sin \frac{n\pi}{L} x = f(x) \tag{11.52}$$

$$\xi_t(x, 0) = \sum_{n=1}^{\infty} b_n \omega_n \sin k_n x = \sum_{n=1}^{\infty} b_n \omega_n \sin \frac{n\pi}{L} x = g(x) \tag{11.53}$$

を満たさなければならない．境界条件 (11.43a) は関数 $X_n(x)$ がそれを満たすように決められたので，(11.51) では自動的に満たされている．

やはり 1 次元拡散方程式の場合と同じく，(11.52) と (11.53) はいずれも，周期が $2L$ の場合のフーリエ正弦級数 (10.17) の形をしており，それらにある係数 a_n, b_n は

$$a_n = \frac{2}{L} \int_0^L f(x) \sin \frac{n\pi}{L} x \, dx \tag{11.54}$$

$$b_n = \frac{2}{L\omega_n} \int_0^L g(x) \sin \frac{n\pi}{L} x \, dx \tag{11.55}$$

から決定される．このように，初期条件を与える関数 $f(x), g(x)$ のフーリエ解析によって求められる係数 a_n, b_n を (11.51) に代入すれば，境界条件，初期条件を共に満たす1次元波動方程式 (11.41) の解が得られることになる．

例題 11.6

境界条件は $\xi(0,t)=\xi(L,t)=0$ で，初期条件が $\xi(x,0)=f(x)=\sin\dfrac{\pi}{L}x$，$\xi_t(x,0)=g(x)=0$ のとき，1次元波動方程式 (11.41) の解を求めよ．

［**解**］　この場合の係数 a_n の計算は例題 11.3 の係数 A_n と全く同じであり，

$$
\begin{aligned}
a_n &= \frac{2}{L}\int_0^L f(x)\sin\frac{n\pi}{L}x\,dx = \frac{2}{L}\int_0^L \sin\frac{\pi}{L}x\sin\frac{n\pi}{L}x\,dx \\
&= \delta_{n1} \qquad (n=1,2,3,\cdots)
\end{aligned}
$$

となる．また，(11.55) より $b_n=0$．この a_n, b_n を (11.51) に代入すると，この場合の1次元波動方程式 (11.41) の解として

$$
\xi(x,t)=\sum_{n=1}^{\infty}\delta_{n1}\cos\omega_n t\sin k_n x=\cos\omega_1 t\sin k_1 x=\cos\frac{\pi c}{L}t\sin\frac{\pi}{L}x
$$

が得られる．これは図 11.9 の基音を表す．　¶

［**問題 10**］　上の例題の境界条件はそのままにして，初期条件を $\xi(x,0)=f(x)=0$，$\xi_t(x,0)=g(x)=\sin\dfrac{\pi}{L}x$ としたとき，1次元波動方程式 (11.41) の解を求めよ．

無限に長い領域 $(-\infty<x<\infty)$ での一般解

次に，1次元波動方程式 (11.41) の，無限に広い領域 $(-\infty<x<\infty)$ での一般解を考えてみよう．無限に広い領域で1次元拡散方程式を取り扱った方法，特に (11.29) ～ (11.35) で行った計算を参考にして議論を進めるので，随時復習してほしい．

まず，$\xi(x,t)=X(x)\,T(t)$ と変数分離すると，$X(x)$ と $T(t)$ はそれぞれ，常微分方程式 (11.44), (11.45) を満たすことは以前と同様である．特に (11.44) は1次元拡散方程式の場合の (11.29) と全く同じなので，$X(x)$ は

$$
X(x)=c(k)\,e^{ikx}+c^*(k)\,e^{-ikx}
$$

と表される．$T(t)$ も $X(x)$ と同じ形の常微分方程式に従うので，その解は

$$T(t) = d(k)\, e^{ickt} + d^*(k)\, e^{-ickt}$$

である．したがって，これら両式より

$$\begin{aligned}
\xi(x,t) &= X(x)\, T(t) \\
&= \{c(k)\, e^{ikx} + c^*(k)\, e^{-ikx}\}\{d(k)\, e^{ickt} + d^*(k)\, e^{-ickt}\} \\
&= \{c(k)\, d^*(k)\, e^{ik(x-ct)} + c^*(k)\, d(k)\, e^{-ik(x-ct)}\} \\
&\quad + \{c(k)\, d(k)\, e^{ik(x+ct)} + c^*(k)\, d^*(k)\, e^{-ik(x+ct)}\}
\end{aligned}$$

となるが，{　} 内の第 1 項と第 2 項は互いに複素共役の関係にあるので，

$$c(k)\, d^*(k) = \frac{1}{2\pi} F(k), \qquad c(k)\, d(k) = \frac{1}{2\pi} G(k)$$

とおくと，$\xi(x,t)$ は

$$\begin{aligned}
\xi(x,t) &= \frac{1}{2\pi}\{F(k)\, e^{ik(x-ct)} + F^*(k)\, e^{-ik(x-ct)}\} \\
&\quad + \frac{1}{2\pi}\{G(k)\, e^{ik(x+ct)} + G^*(k)\, e^{-ik(x+ct)}\}
\end{aligned}$$

と表される．k は任意の正定数であり，上式の k についての重ね合わせも解なので，解は一般的に

$$\begin{aligned}
\xi(x,t) &= \frac{1}{2\pi}\int_0^\infty \{F(k)\, e^{ik(x-ct)} + F^*(k)\, e^{-ik(x-ct)}\}\, dk \\
&\quad + \frac{1}{2\pi}\int_0^\infty \{G(k)\, e^{ik(x+ct)} + G^*(k)\, e^{-ik(x+ct)}\}\, dk
\end{aligned} \tag{11.56}$$

と表される．

ここで，例えば (11.56) の第 1 の積分の中の被積分関数 $F^*(k)\, e^{-ik(x-ct)}$ において k を $-k$ とおき，(11.35) を導いたときと同じ理由で $F^*(k)$ を $F(-k)$ とおくと，第 1 の積分は 1 つにまとめられて $\int_{-\infty}^{\infty} F(k)\, e^{ik(x-ct)} dk$ となり，第 2 の積分も同様なので，結局，(11.56) は

$$\xi(x,t) = \frac{1}{2\pi}\int_{-\infty}^{\infty} F(k)\, e^{ik(x-ct)}\, dk + \frac{1}{2\pi}\int_{-\infty}^{\infty} G(k)\, e^{ik(x+ct)}\, dk \tag{11.57}$$

のような簡潔な形となる．これを (10.27) と比較すればわかるように，

$F(k), G(k)$ はそれぞれ，$x-ct$，$x+ct$ を引数とする関数のフーリエ変換である．したがって，それぞれの関数を f, g とすれば，(11.57) は

$$\xi(x,t) = f(x-ct) + g(x+ct) \tag{11.58}$$

と表される．

(11.58) で注意しなければならないのは，関数 f と g には関数の形に制限がついておらず，任意の関数であることである．(11.58) は境界条件，初期条件によらない一般解であり，**ダランベール（d'Alembert）の解**とよばれる．この解の全く別な求め方は，章末の演習問題［5］で考えることにしよう．

［**問題 11**］ (11.58) が 1 変数関数 f, g の関数形によらず，1 次元波動方程式 (11.41) を満たすことを示せ．

ダランベールの解 (11.58) の性質を調べるために，関数 f の引数がゼロとなる点 ($x-ct=0$)，すなわち，関数 f が $f(0)$ という値をもつ点がどのように振舞うかを考えてみよう．この点の x 座標は $x=ct$ なので，x 軸上を正の向きに速さ c で移動する．同じように考えると，(11.58) の関数 g が $g(0)$ という値をもつ点は x 軸上を負の向きに速さ c で移動することから，1 次元波動方程式 (11.41) にある定数 c は波動の速さを表すことがわかる．以上のことを図示したのが，図 11.10（ダランベールの解 f, g の振舞）である．

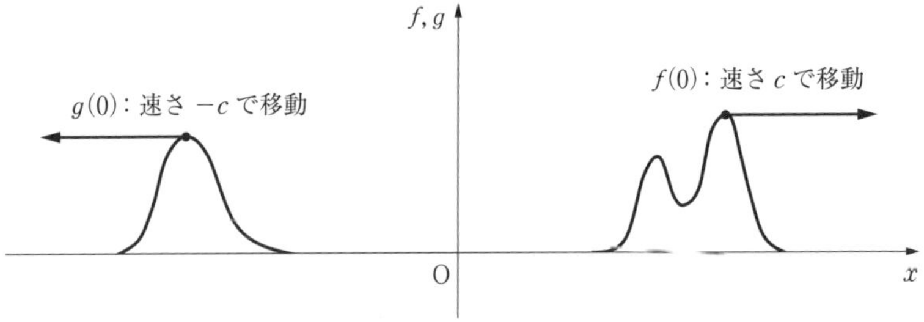

図 11.10

例題 11.7

初期条件を

$$\xi(x,0) = \sqrt{\frac{a}{\pi}}e^{-ax^2} \quad (a>0), \qquad \frac{\partial\xi(x,0)}{\partial t} = 0$$

として，1次元波動方程式 (11.41) の解 $\xi(x,t)$ を求めよ．(波動方程式は時間について2階微分なので，独立な初期条件が2つ必要である．)

［**解**］　この初期条件では，$t=0$ での変位 $\xi(x,0)$ が規格化されたガウス分布 ((11.38) で $4Dt = 1/a$ とおいた) で与えられている．このとき，ダランベールの解 (11.58) で $t=0$ とおくと

$$\xi(x,0) = f(x) + g(x) = \sqrt{\frac{a}{\pi}}e^{-ax^2} \tag{1}$$

次に，(11.58) の両辺を t で偏微分すると，

$$\frac{\partial\xi(x,t)}{\partial t} = f'\frac{\partial(x-ct)}{\partial t} + g'\frac{\partial(x+ct)}{\partial t} = -cf' + cg' \tag{2}$$

となる．ここで，f', g' は1変数関数 f, g のそれぞれの引数による微分を表す．(2)で $t=0$ とすると，関数 f, g の引数はともに x となり，f', g' は x による微分に他ならない．よって，もう1つの初期条件から，

$$\frac{\partial\xi(x,0)}{\partial t} = -c\frac{df(x)}{dx} + c\frac{dg(x)}{dx} = 0$$

これを x で積分すると，

$$f(x) - g(x) = B \qquad (B：定数) \tag{3}$$

(1)と(3)より

$$f(x) = \frac{1}{2}\left(\sqrt{\frac{a}{\pi}}e^{-ax^2} + B\right), \qquad g(x) = \frac{1}{2}\left(\sqrt{\frac{a}{\pi}}e^{-ax^2} - B\right)$$

これをダランベールの解(11.58)に代入すると，定数 B がちょうど打ち消されて，結局，(11.58) の解として

$$\xi(x,t) = \frac{1}{2}\sqrt{\frac{a}{\pi}}e^{-a(x-ct)^2} + \frac{1}{2}\sqrt{\frac{a}{\pi}}e^{-a(x+ct)^2}$$

が得られる．これは初め $x=0$ を中心にしていた規格化されたガウス分布が，2つに分裂して一方は右に，他方は左に同じ速さ c で移動することを表す．拡散方程式の場合の (11.38) と違って，この場合には波形が減衰しないことに注意しよう．

¶

§11.4 ラプラス方程式とポアソン方程式

例題 11.4 で見たように，十分に時間が経つと，拡散方程式の解は時間的に変化しない状態に落ち着く．拡散現象そのものは起きているが，時間的に変化しないこのような状態を**定常状態**といい，物質の拡散や熱伝導ではよくみられる状態である．3 次元空間での拡散方程式は，(11.39) ですでに示したように，

$$\frac{\partial\rho}{\partial t} = D\left(\frac{\partial^2\rho}{\partial x^2} + \frac{\partial^2\rho}{\partial y^2} + \frac{\partial^2\rho}{\partial z^2}\right) = D\,\nabla^2\rho = D\,\Delta\rho \qquad (11.59)$$

と表される．

定常状態では時間変化がないので上式の時間微分はゼロとなり，求めたい関数 ρ を電磁気学との関連で改めて ϕ とおくと，

$$\left(\frac{\partial^2\phi}{\partial x^2} + \frac{\partial^2\phi}{\partial y^2} + \frac{\partial^2\phi}{\partial z^2}\right) = \nabla^2\phi(\boldsymbol{r}) = \Delta\phi(\boldsymbol{r}) = 0 \qquad (11.60)$$

が得られ，これを**ラプラス方程式**という．このとき，ϕ は位置 (x, y, z) の関数であるが，簡単のため位置座標ベクトル $\boldsymbol{r} = (x, y, z)$ を使い，$\phi(\boldsymbol{r})$ と表した．

例題 11.8

関数

$$\phi(\boldsymbol{r}) = \frac{\beta}{r} \qquad (\beta : \text{定数},\ r = |\boldsymbol{r}|) \qquad (11.61)$$

は原点 $(\boldsymbol{r} = \boldsymbol{0})$ 以外でラプラス方程式 (11.60) を満たすことを示せ．

[解]　$r = \sqrt{x^2 + y^2 + z^2} = (x^2 + y^2 + z^2)^{1/2}$ に注意して，

$$\frac{\partial r}{\partial x} = \frac{1}{2}(x^2 + y^2 + z^2)^{-\frac{1}{2}}\cdot 2x = \frac{x}{r}, \qquad \text{同様にして}\ \frac{\partial r}{\partial y} = \frac{y}{r}, \qquad \frac{\partial r}{\partial z} = \frac{z}{r}$$

となるので，

$$\frac{\partial\phi(\boldsymbol{r})}{\partial x} = \frac{\partial r}{\partial x}\frac{d\phi(\boldsymbol{r})}{dr} = \frac{x}{r}\left(-\frac{\beta}{r^2}\right) = -\beta\frac{x}{r^3}$$

$$\therefore \quad \frac{\partial^2\phi(\boldsymbol{r})}{\partial x^2} = -\beta\frac{\partial}{\partial x}\left(\frac{x}{r^3}\right) = -\beta\left(\frac{1}{r^3} - \frac{3x^2}{r^5}\right)$$

同様にして，

$$\frac{\partial^2\phi(\boldsymbol{r})}{\partial y^2} = -\beta\left(\frac{1}{r^3} - \frac{3y^2}{r^5}\right), \qquad \frac{\partial^2\phi(\boldsymbol{r})}{\partial z^2} = -\beta\left(\frac{1}{r^3} - \frac{3z^2}{r^5}\right)$$

これらの結果を使うと，

$$\nabla^2\phi(\boldsymbol{r}) = \frac{\partial^2\phi(\boldsymbol{r})}{\partial x^2} + \frac{\partial^2\phi(\boldsymbol{r})}{\partial y^2} + \frac{\partial^2\phi(\boldsymbol{r})}{\partial z^2} = -3\beta\left(\frac{1}{r^3} - \frac{x^2+y^2+z^2}{r^5}\right) = 0$$

以上によって，関数 (11.61) は原点以外でラプラス方程式 (11.60) を満たすことが示された．原点ではこの関数は発散し，微分が定義できない．電磁気学では，(11.61) は原点に置かれた点電荷がつくる静電ポテンシャルに比例することが知られており，この例題により，点電荷のつくる静電ポテンシャルはラプラス方程式を満たすことがわかる．　¶

［**問題 12**］　関数

$$\phi(\boldsymbol{r}) = \beta\frac{\boldsymbol{p}\cdot\boldsymbol{r}}{r^3} \qquad (\beta：定数，\ \boldsymbol{p}：定ベクトル) \qquad (11.62)$$

は，原点以外でラプラス方程式 (11.60) を満たすことを示せ．この関数は電磁気学における電気双極子がつくる静電ポテンシャルに相当する．

ラプラス方程式 (11.60) に非同次項 $f(\boldsymbol{r})$ を付け加えると，

$$\nabla^2\phi(\boldsymbol{r}) = f(\boldsymbol{r}) \qquad (11.63)$$

が得られ，この偏微分方程式を**ポアソン方程式**という．例えば，電磁気学によると，電荷が空間に分布しており，その電荷密度が $\rho(\boldsymbol{r})$ で与えられるとき，静電ポテンシャル $\phi(\boldsymbol{r})$ はポアソン方程式

$$\nabla^2\phi(\boldsymbol{r}) = -\frac{1}{\varepsilon_0}\rho(\boldsymbol{r}) \qquad (11.64)$$

を満たすことが知られている（例えば，拙著『物理学講義 電磁気学』（裳華房，第 3 章）を参照）．ここで，ε_0 は真空の誘電率である．

例題 11.9

原点に点電荷 q があるとき，電荷密度は $\rho(\boldsymbol{r}) = q\,\delta(\boldsymbol{r})$ で与えられるので，これを(11.64)に代入すれば，この場合の静電ポテンシャル $\phi(\boldsymbol{r})$ に対するポアソン方程式は

$$\nabla^2\phi(\boldsymbol{r}) = -\frac{q}{\varepsilon_0}\,\delta(\boldsymbol{r}) \qquad (11.65)$$

となる．ここで，$\delta(\boldsymbol{r}) = \delta(x)\,\delta(y)\,\delta(z)$ は3次元のデルタ関数である．このポアソン方程式の解は

$$\phi(\boldsymbol{r}) = \frac{q}{4\pi\varepsilon_0}\frac{1}{r} \qquad (11.66)$$

であることを示せ．

［**解**］　まず，(11.66) は (11.61) と同じ形をしているので，原点以外ではラプラス方程式を満たし，確かに (11.65) の解になっている．問題は原点における振舞であり，それを調べるために $\nabla^2(1/r)$ を，図11.11に示したような原点を中心とする半径 a の球V（その表面をSとする）内で体積積分する．

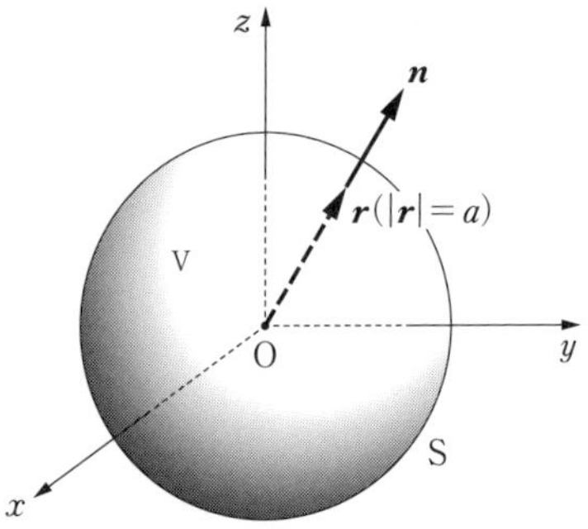

図 11.11

このとき，

$$\nabla^2\left(\frac{1}{r}\right) = \nabla\cdot\nabla\left(\frac{1}{r}\right) = -\nabla\cdot\left(\frac{\boldsymbol{r}}{r^3}\right)$$

である（第6章の例題6.1を参照）ことに注意して，ガウスの定理 (6.29) を適用すると，

$$\iiint_V \nabla^2\left(\frac{1}{r}\right) d\tau = -\iiint_V \nabla\cdot\left(\frac{\boldsymbol{r}}{r^3}\right) d\tau = -\iint_S \frac{\boldsymbol{n}\cdot\boldsymbol{r}}{r^3}\, d\sigma = -4\pi \qquad (1)$$

が得られる．上式で $\boldsymbol{n}$ は，図11.11に示されているように，半径 a の球面Sの法線ベクトルなので，$\boldsymbol{n}\cdot\boldsymbol{r} = a$ であることを使った．$\nabla^2(1/r)$ は原点以外ではゼロであり，しかも（1）により原点を中心とする任意の球内で積分すると -4π になるというわけであるから，デルタ関数の性質から，

$$\nabla^2\left(\frac{1}{r}\right) = -4\pi\,\delta(\boldsymbol{r}) \qquad (11.67)$$

でなければならない．この式をポアソン方程式 (11.65) と比較することによって (11.66) が得られ，確かにそれがポアソン方程式 (11.65) の解であることがわかる．(11.67) は重要な関係式である．　¶

演習問題

［**1**］ 3 次元 xyz 空間中の立方格子（格子定数 a）で，格子点上にある粒子は時間間隔 τ ごとに前後左右上下どちらかの格子点にそれぞれ確率 1/6 で移動するものとしよう．粒子のこの運動は 3 次元ランダムウォークを表す．時刻 t，格子点 (x, y, z) 上での粒子密度を $\rho(x, y, z, t)$ と表し，a と τ は微小な量であるとすると，ρ は 3 次元拡散方程式

$$\frac{\partial \rho}{\partial t} = D\left(\frac{\partial^2 \rho}{\partial x^2} + \frac{\partial^2 \rho}{\partial y^2} + \frac{\partial^2 \rho}{\partial z^2}\right) \qquad \left(D = \frac{a^2}{6\tau}\right)$$

を満たすことを示せ．

［**2**］ 前問［1］のような立方格子上のランダムウォークで，x, y の正負方向にはそれぞれ確率 1/6 で移動するが，z の正方向には確率 $1/6 - \varepsilon$ で，z の負方向には確率 $1/6 + \varepsilon$ で移動する場合に，格子定数 a と時間間隔 τ が微小だとして，粒子密度 $\rho(x, y, z, t)$ が満たす偏微分方程式

$$\frac{\partial \rho}{\partial t} - v_z \frac{\partial \rho}{\partial z} = D\left(\frac{\partial^2 \rho}{\partial x^2} + \frac{\partial^2 \rho}{\partial y^2} + \frac{\partial^2 \rho}{\partial z^2}\right) \qquad \left(v_z = \frac{2\varepsilon a}{\tau},\ D = \frac{a^2}{6\tau}\right)$$

が成り立つことを示せ．これは z の負の向きのドリフト項があることを示しており，水中のブラウン粒子に鉛直下方の重力がかかって少し沈降するような現象を表す偏微分方程式である．

［**3**］ 境界条件は $\xi(0, t) = \xi(L, t) = 0$，初期条件が $\xi(x, 0) = f(x) = \sin \dfrac{2\pi}{L}x$，$\xi_t(x, 0) = g(x) = 0$ のとき，1 次元波動方程式 (11.41) の解を求めよ．

［**4**］ 境界条件は $\xi(0, t) = \xi(L, t) = 0$，初期条件を $\xi(x, 0) = f(x) = 0$，$\xi_t(x, 0) = g(x) = \sin \dfrac{2\pi}{L}x$ としたとき，1 次元波動方程式(11.41)の解を求めよ．

［**5**］ 1 次元波動方程式 (11.41) の無限に広い領域（$-\infty < x < \infty$）での一般解であるダランベールの解(11.58)を別の見方で考えてみよう．1 次元波動方程式 (11.41) の右辺の c^2 を左辺に移すと，両辺の分母に x^2 と c^2t^2 が対等に現れるので，x と t の代わりに新しい変数として $\eta = x - ct$，$\zeta = x + ct$ を導入する．この新しい変数で (11.41) を書き直すことによって，$\partial^2\xi(\eta, \zeta)/\partial\eta\,\partial\zeta = 0$ が成り立つことを示し，次に，この式を積分することによってダランベールの解 (11.58) を導け．

［**6**］ 電磁気学の最も基本的なマクスウェル方程式は，真空中では

$$\nabla \cdot \boldsymbol{E} = 0 \quad (1) \qquad \nabla \cdot \boldsymbol{B} = 0 \quad (2)$$

$$\nabla \times \boldsymbol{E} = -\frac{\partial \boldsymbol{B}}{\partial t} \quad (3) \qquad \nabla \times \boldsymbol{B} = \varepsilon_0 \mu_0 \frac{\partial \boldsymbol{E}}{\partial t} \quad (4)$$

となることが知られている．ここでベクトル $\boldsymbol{E}, \boldsymbol{B}$ はそれぞれ，電場，磁場を表す（例えば，拙著『物理学講義 電磁気学』（裳華房，第11章）を参照）．

（1）式 (3) の両辺の回転（$\nabla\times$）をとり，その右辺に (4) を代入し，第6章の演習問題［4］と式 (1) を考慮することによって，

$$\frac{\partial^2}{\partial t^2}\boldsymbol{E} = \frac{1}{\varepsilon_0\mu_0}\nabla^2\boldsymbol{E} \tag{5}$$

を導け．(11.41) と比較すると，これは3次元波動方程式であり，波動の速度は

$$c = \frac{1}{\sqrt{\varepsilon_0\mu_0}} \cong 2.99792\times 10^8\ [\mathrm{m/s}]$$

となって，真空中の光速にぴったり一致する．（実は磁場 $\boldsymbol{B}$ についても (5) と全く同じ3次元波動方程式が導かれる．各自試してみよ．）すなわち，連立偏微分方程式 (1) ～ (4) は真空中の電磁波の振舞を記述する基本方程式なのである．

（2）電場ベクトル $\boldsymbol{E}(\boldsymbol{r}, t)$ を

$$\boldsymbol{E}(\boldsymbol{r}, t) = \boldsymbol{E}_0 e^{i(\boldsymbol{k}\cdot\boldsymbol{r}-\omega t)} \tag{6}$$

とすると，これは3次元波動方程式 (5) を満たすことを示せ．このとき，

$$\omega = ck \qquad \left(c = \frac{1}{\sqrt{\varepsilon_0\mu_0}},\ k = |\boldsymbol{k}|\right)$$

が成り立つこともわかる．これを電磁波の**分散関係**という．(6) にあるベクトル $\boldsymbol{k}$ を x 方向にとって $\boldsymbol{k} = (k, 0, 0)$ とおくと，(6) の指数関数の部分は $e^{ik(x-ct)}$ となって，(6) はダランベールの解 (11.58) の形をしており，x 方向に進む波動であることがわかる．すなわち，$\boldsymbol{k}$ は波動の進行方向を表すベクトルであり，**波数ベクトル**とよばれる．

（3）式 (6) を式 (1) に代入することにより，電磁波 (6) は横波であることを示せ．

［**7**］静電ポテンシャルが

$$\phi(r) = \frac{q}{4\pi\varepsilon_0}\frac{e^{-\kappa r}}{r}$$

で与えられるとき，これを**遮蔽されたクーロン・ポテンシャル**という（あるいは**デバイの遮蔽ポテンシャル，湯川ポテンシャル**ともよばれる）．定数 κ の逆数 κ^{-1} は**遮蔽距離**といい，このポテンシャルが作用する大まかな距離を与える．

（1）この静電ポテンシャルがポアソン方程式 (11.64) を満たすとして，空間の電荷密度 $\rho(\boldsymbol{r})$ を求めよ．

（2）上の（1）で求めた電荷密度から得られる全電荷量 Q が，ちょうど $-q$ になることを示せ．これは例えば，電解質溶液中で，原点にある点電荷 q が周囲にちょうど反対の電荷 $-q$ を集めて，遠くから見ると点電荷 q をすっかり遮蔽してしまうことを示している．

（ヒント：この電荷密度は球対称性をもつので，3 次元極座標系 (r, θ, φ) を使うと，体積要素は $r^2 \sin\theta \, dr \, d\theta \, d\varphi$ である（例えば，拙著『力学・電磁気学・熱力学のための 基礎数学』（裳華房，2.7 節）を参照）．しかし，この場合は被積分関数の電荷密度が球対称で r だけによるので，θ と φ についてあらかじめ積分して体積要素を $4\pi r^2 \, dr$ とすれば，さらに計算が容易になる．これは体積要素を半径 r，厚さ dr の薄い球殻にすることに相当する．）

問題・演習問題略解

第 1 章

［**問題 1**］ (1.3) の両辺を t で微分すると $m\dfrac{dx}{dt}\dfrac{d^2x}{dt^2}+\dfrac{dV(x)}{dx}\dfrac{dx}{dt}=0$ (E：一定)． ∴ $\dfrac{dx}{dt}\left(m\dfrac{d^2x}{dt^2}-f(x)\right)=0$．これが常に成立することから (1.2) が導かれる．

［**問題 2**］ 与えられた微分方程式の両辺を積分して $y(x)=\cos x+c$．$y(0)=1+c=1$ より $c=0$．よって，解は $y(x)=\cos x$．

［**問題 3**］ (1) $y=ce^{-3x}$ ($c=e^{c'}$：定数)

(2) $y=-1/(x^2+c)$ (c：定数)

(3) $y=ce^{(1/2)x^2+x}-2$ (c：定数)

［**問題 4**］ (1) $y=2x\ln x+cx$ (c：定数)

(2) $y=2x/(1-cx^2)$ (c：定数)

(3) $y=2(x+1)\ln|x+1|+c(x+1)$ (c：定数)

［**問題 5**］ (1) $y=-(1/2)e^{-x}+ce^{x}$

(2) $y=(6/13)\cos 2x+(4/13)\sin 2x+ce^{-3x}$

(3) $y=x^2-x+1/2+ce^{-2x}$

［**問題 6**］ (1) $y=e^{2x}+c_0e^{x}$

(2) $y=1+c_0e^{x^2}$

［**1**］ $y=e^{\lambda x}$ を同次方程式 $y'+ay$ に代入して $(\lambda+a)e^{\lambda x}=0$． ∴ $\lambda+a=0$．これが特性方程式であり，$\lambda=-a$．これより一般解は $y=ce^{-ax}$ (c：一定)．

［**2**］ (1) $y=ce^{4x}$

(2) 変数分離形で，$e^{y}y'=e^{x}$． ∴ $e^{y}\,dy=e^{x}\,dx$，$e^{y}=e^{x}+c$． ∴ $y=\log(e^{x}+c)$．

(3) 変数分離形で，$y'/y=x$，$dy/y=x\,dx$． ∴ $\log y=(1/2)x^2+c'$． ∴ $y=ce^{(1/2)x^2}$ ($c=e^{c'}$：定数)．

［**3**］ 同次型の微分方程式である．(1) $y'=1+y/x$．$y=xz$ とおいて $y'=z+xz'$．これを代入して $z+xz'=1+z$． ∴ $xz'=1$．$dz=(1/x)\,dx$．

$\therefore\ z = \log|x| + c.$ $\therefore\ y/x = \log|x| + c.$ $\therefore\ y = x\log|x| + cx$ (c：定数).

(2) $y' = -(y/x)^2$. $y = xz$ とおいて $y' = z + xz'$. $\therefore\ z + xz' + z^2 = 0.$ $\therefore\ xz' = -z(z+1).$ $\therefore\ \dfrac{dz}{z(z-1)} = -\dfrac{1}{x}dx.$ $\therefore\ \left(\dfrac{1}{z} - \dfrac{1}{z+1}\right)dz = -\dfrac{1}{x}dx.$ $\log\dfrac{z}{z+1} = -\ln x + c'.$ $\therefore\ \dfrac{z}{z+1} = \dfrac{c}{x},\ z = \dfrac{\dfrac{c}{x}}{1-\dfrac{c}{x}} = \dfrac{y}{x}.$

$\therefore\ y = \dfrac{cx}{x-c}$ (c：定数).

(3) $x+1 = X,\ y+1 = Y$ とおくと $dx = dX,\ dy = dY$. $x + 2y + 3 = X + 2Y$ より，もとの微分方程式は $XY' = X + 2Y$. $\therefore\ Y' = 1 + 2(Y/X)$. これは同次型なので $Y = XZ$ とおくと $Y' = Z + XZ'$. $\therefore\ Z + XZ' = 1 + 2Z.$ $\therefore\ XZ' = 1 + Z.$ $\therefore\ dZ/(1+Z) = (1/X)\,dX.$ $\therefore\ \log(1+Z) = \ln X + c'.$ $\therefore\ 1 + Z = cX$ $(c' = \log c)$. $\therefore\ Y/X = cX - 1.$ $\therefore\ Y = cX^2 - X.$ $\therefore\ y + 1 = c(x+1)^2 - (x+1).$ $\therefore\ y = c(x+1)^2 - x - 2.$

[**4**] (1) (ⅰ) 同次方程式 $y' + 2y/x = 0$ の一般解は $dy/y = -(2/x)\,dx$. $\therefore\ \log y = -2\ln x + c'.$ $\therefore\ y = c/x^2$. (ⅱ) 非同次項が x^2 なので，左辺も x^2 を含むように $y_{\mathrm{p}} = ax^3 + bx^2 + cx$ とおいてもとの式に代入すると $3ax^2 + 2bx + c + 2(ax^2 + bx + c) = x^2$, $5ax^2 + 4bx + 3c = x^2$. $\therefore\ 5a = 1,\ b = 0,\ c = 0.$ $\therefore\ y_{\mathrm{p}} = (1/5)x^3$. 以上により一般解は $y = (1/5)x^3 + c/x^2$.

(2) (ⅰ) 同次方程式 $y' + y = 0$ の一般解は $y = ce^{-x}$. (ⅱ) 特解を $y_{\mathrm{p}} = ae^{2x}$ とおいてもとの式に代入すると $2ae^{2x} + ae^{2x} = e^{2x}$. $\therefore\ 3a = 1,\ a = 1/3.$ $\therefore\ y_{\mathrm{p}} = (1/3)e^{2x}$. 以上により一般解は $y = (1/3)e^{2x} + ce^{-x}$.

(3) (ⅰ) 同次方程式 $y' - 2y = 0$ の一般解は $y = ce^{2x}$. (ⅱ) 特解を $y_{\mathrm{p}} = a\cos 2x + b\sin 2x$ とおいてもとの式に代入すると $-2a\sin 2x + 2b\cos 2x - 2(a\cos 2x + b\sin 2x) = -4\sin 2x$, $-2(a-b)\cos 2x - 2(a+b)\sin 2x = -4\sin 2x$. $\therefore\ a = b,\ a + b = 2.$ $\therefore\ a = b = 1.$ $\therefore\ y_{\mathrm{p}} = \cos 2x + \sin 2x$. 以上より一般解は $y = \cos 2x + \sin 2x + ce^{2x}$.

[**5**] (1) (ⅰ) 同次方程式 $xy' - y = 0$ の一般解は $dy/y = dx/x$. $\therefore\ y = cx$. (ⅱ) $y = c(x)x$. これを (a) とおき，もとの式に代入すると $c'(x)x^2 + c(x)x - c(x)x = x^2$. $\therefore\ c'(x) = 1.$ $\therefore\ c(x) = x + c_0$. これを (b) とおき，(a) に代入して一般解は $y = x^2 + c_0x$ (c_0：定数).

(2) (ⅰ) 同次方程式 $y' + y/x = 0$ の一般解は $y = c/x$. (ⅱ) $y = c(x)/x$. これを (a) と見なしてもとの式に代入すると $\dfrac{c'(x)x - c(x)}{x^2} + \dfrac{c(x)}{x^2}$

$= e^x$. $\therefore$ $c'(x) = xe^x$. $\therefore$ $c(x) = \int^x xe^x\,dx$. 部分積分して，$c(x) = (x-1)e^x + c_0$. これを (b) とおき，(a) に代入して一般解は $y = (1-1/x)e^x + c_0/x$ （c_0：定数）.

［**6**］ $p(x+\Delta x) = p(x) + (dp/dx)\Delta x$（テイラー展開の 1 次項までの近似）. これを力のつり合いの式に代入して $dp/dx + (Mg/RT)p = 0$. $\therefore$ $p(x) = p_0 e^{-(Mg/RT)x}$. 圧力が半減する高さを x とすると $p_0 e^{-(Mg/RT)x} = \dfrac{1}{2}p_0$. $\therefore$ $\dfrac{Mg}{RT}x = \log 2$. $x = \dfrac{RT}{Mg}\log 2 = \dfrac{8.3\times 290}{29\times 9.8}\times 0.69\times 10^3 = 5.9\times 10^3$. $\therefore$ 5.9 km.

［**7**］ (1) の解は $N(t) = N_0 e^{\varepsilon t}$. (2) は変数分離形で $\dfrac{dN}{(\varepsilon - \lambda N)N} = dt$,

$$\left(\frac{1}{\frac{\varepsilon}{\lambda} - N} + \frac{1}{N}\right)dN = \varepsilon\,dt,\quad \log\frac{N}{\frac{\varepsilon}{\lambda} - N} = \varepsilon t + c',\quad \frac{N}{\frac{\varepsilon}{\lambda} - N} = ce^{\varepsilon t}\quad (c =$$

$e^{c'}$). $\therefore$ $N(t) = \dfrac{cKe^{\varepsilon t}}{1 + ce^{\varepsilon t}}$. ただし $\dfrac{\varepsilon}{\lambda} \equiv K$ とおいた. $N(t=0) = N_0$ より $c = \dfrac{N_0}{K - N_0}$ なので $N(t) = \dfrac{N_0 K}{N_0 + (K - N_0)e^{-\varepsilon t}}$ と求められる. $t\to\infty$ で $N(t)\to K$ $(=\varepsilon/\lambda)$ である. このことから K は環境収容力ともよばれる. 解のおおよその振舞を図に示す.

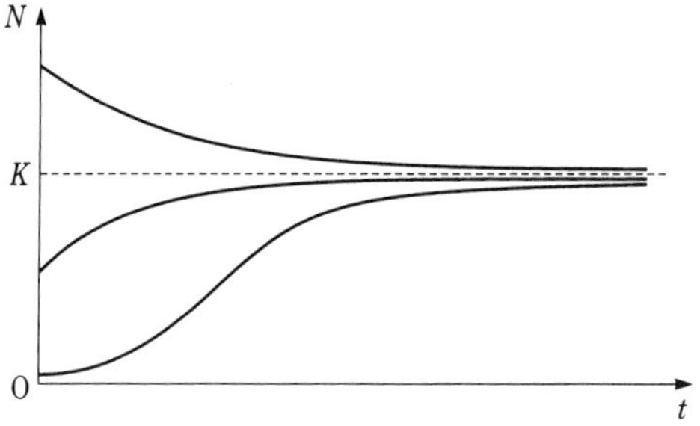

第 2 章

［**問題 1**］ $y_1 = e^x$ と $y_2 = e^{-x}$ がともに $y'' - y = 0$ の解であり，これらは互いに 1 次独立なので，一般解は $y = c_1 e^x + c_2 e^{-x}$. $y(0) = c_1 + c_2 = 1$, $y'(0) = c_1 - c_2 = 1$ より $c_1 = 1$, $c_2 = 0$. よって，この場合の特解は $y = e^x$.

[問題 2]　(1)　$y = c_1 e^{-x} + c_2 e^{-4x}$

(2)　$y = (c_1 + c_2 x)e^{2x}$

(3)　$y = e^{-(3/2)x}\left(c_1 \cos\dfrac{\sqrt{7}}{2}x + c_2 \sin\dfrac{\sqrt{7}}{2}x\right)$

または $y = Ae^{-(3/2)x}\cos\left(\dfrac{\sqrt{7}}{2}x + \delta\right)$

[問題 3]　(1)　$y = 2e^x - e^{2x}$　　(2)　$y = xe^{5x}$

(3)　$y = e^{-(1/2)x}\left(\cos\dfrac{\sqrt{3}}{2}x + \sqrt{3}\sin\dfrac{\sqrt{3}}{2}x\right)$. これは $y = 2e^{-(1/2)x}\cos\left(\dfrac{\sqrt{3}}{2}x - \dfrac{\pi}{3}\right)$ とも表される．確かめてみよ．

[問題 4]　y_{p} と y_{g} はそれぞれ (2.4) の特解およびその同次方程式の一般解だから $y_{\mathrm{p}}'' + ay_{\mathrm{p}}' + by_{\mathrm{p}} = R$, $y_{\mathrm{g}}'' + ay_{\mathrm{g}}' + by_{\mathrm{g}} = 0$ を満たす．これらの 2 式の和をとれば $(y_{\mathrm{p}} + y_{\mathrm{g}})'' + a(y_{\mathrm{p}} + y_{\mathrm{g}})' + b(y_{\mathrm{p}} + y_{\mathrm{g}}) = R$ となる．これは $y = y_{\mathrm{p}} + y_{\mathrm{g}}$ が (2.4) の解であることを表す．

[問題 5]　$y = (1/2)x^2 + (3/2)x + 7/4 + c_1 e^x + c_2 e^{2x}$

[問題 6]　(1)　$y = (1/8)x^2 + (3/16)x + 7/64$

(2)　$y = (1/2)(x-1)e^x$

(3)　$y = (1/2)\cos x$

[問題 7]　$y = (1/8)e^{-x} + c_{10}e^x + c_{20}e^{3x}$

[1]　(1)　特性方程式とその解は $\lambda^2 - 5\lambda + 4 = 0$；$\lambda = 1, 4$．一般解は $y = c_1 e^x + c_2 e^{4x}$.

(2)　特性方程式とその解は $\lambda^2 + 4\lambda + 4 = 0$；$\lambda = -2$ (重解)．一般解は $y = (c_1 + c_2 x)e^{-2x}$.

(3)　特性方程式とその解は $\lambda^2 - 3\lambda + 4 = 0$；$\lambda = (1/2)(3 \pm i\sqrt{7})$．一般解は $y = e^{(3/2)x}\left(c_1 \cos\dfrac{\sqrt{7}}{2}x + c_2 \sin\dfrac{\sqrt{7}}{2}x\right)$.

[2]　(1)　特性方程式とその解は $\lambda^2 + 3\lambda + 2 = 0$；$\lambda = -1, -2$．一般解は $y = c_1 e^{-x} + c_2 e^{-2x}$．これより $y(0) = c_1 + c_2 = 1$, $y'(0) = -c_1 - 2c_2 = 0$.
$\therefore$　$c_1 = 2$, $c_2 = -1$．以上より，解は $y = 2e^{-x} - e^{-2x}$.

(2)　特性方程式とその解は $\lambda^2 + 10\lambda + 25 = 0$；$\lambda = -5$ (重解)．一般解は $y = (c_1 + c_2 x)e^{-5x}$．これより $y(0) = c_1 = 0$, $y'(0) = c_2 = 1$．以上より解は $y = xe^{-5x}$.

(3)　特性方程式とその解は $\lambda^2 - \lambda + 1 = 0$；$\lambda = (1/2)(1 \pm i\sqrt{3})$．一般解は $y = e^{(1/2)x}\left(c_1 \cos\dfrac{\sqrt{3}}{2}x + c_2 \sin\dfrac{\sqrt{3}}{2}x\right)$.

これより $y(0) = c_1 = 1$，$y'(0) = \dfrac{1}{2}c_1 + \dfrac{\sqrt{3}}{2}c_2 = -1$． ∴ $c_2 = -\sqrt{3}$．以上より，解は $y = e^{(1/2)x}\left(\cos\dfrac{\sqrt{3}}{2}x - \sqrt{3}\sin\dfrac{\sqrt{3}}{2}x\right)$．これは $y = 2e^{(1/2)x}\cos\left(\dfrac{\sqrt{3}}{x}x + \dfrac{\pi}{3}\right)$ とも表される．確かめてみよ．

[**3**]　(1)　y は $y = y(t(x))$ と見なすことができるので，合成関数の微分より $dy/dx = (dy/dt)(dt/dx)$．ところが $t = \ln x$ だから $dt/dx = 1/x$．これより $dy/dx = (1/x)(dy/dt)$．これをもう1度 x で微分して

$$\frac{d^2y}{dx^2} = -\frac{1}{x^2}\frac{dy}{dt} + \frac{1}{x}\frac{d}{dx}\left(\frac{dy}{dt}\right) = -\frac{1}{x^2}\frac{dy}{dt} + \frac{1}{x}\frac{dt}{dx}\frac{d}{dt}\left(\frac{dy}{dt}\right)$$
$$= \frac{1}{x^2}\left(\frac{d^2y}{dt^2} - \frac{dy}{dt}\right)$$

これらの結果をもとの微分方程式に代入すると $(d^2y/dt^2 - dy/dt) + a(dy/dt) + by = 0$．これより $d^2y/dt^2 + (a-1)dy/dt + by = 0$．すなわち，オイラー型の微分方程式は独立変数の変換で定係数微分方程式に変形できる．

(2)　$y = x^\lambda$ より $y' = \lambda x^{\lambda-1}$ より $xy' = \lambda x^\lambda$．また，$y'' = \lambda(\lambda-1)x^{\lambda-2}$ より $x^2y'' = \lambda(\lambda-1)x^\lambda$ となり，xy'，x^2y'' はともに x^λ に比例する．これらをもとのオイラー型微分方程式に代入すると $\{\lambda(\lambda-1) + a\lambda + b\}x^\lambda = 0$ となる．したがって，x^λ の形の関数が解であるためには λ は $\lambda^2 + (a-1)\lambda + b = 0$ を満たさなければならない．これがオイラー型微分方程式の特性方程式である．

(3)　解として $y = x^\lambda$ を仮定して代入すると，このときの特性方程式は $\lambda^2 - 2\lambda - 3 = 0$ となって $\lambda = -1, 3$ が得られる．したがって，一般解は $y = c_1/x + c_2x^3$．

[**4**]　(1)　特解の形を $y = Ax + B$ としてもとの微分方程式に代入すると $4Ax + 4B = x$．これより $A = 1/4$，$B = 0$ となり，特解は $y = (1/4)x$．同次方程式の一般解は $y = c_1\cos 2x + c_2\sin 2x$．以上により，もとの微分方程式の一般解は $y = (1/4)x + c_1\cos 2x + c_2\sin 2x$．

(2)　特解の形を $y = Ae^{-x}$ としてもとの微分方程式に代入すると $12Ae^{-x} = e^{-x}$．これより $A = 1/12$ で，特解は $y = (1/12)e^{-x}$．同次方程式の一般解は，特性方程式とその解が $\lambda^2 - 5\lambda + 6 = 0$；$\lambda = 2, 3$ より $y = c_1e^{2x} + c_2e^{3x}$．以上により，もとの微分方程式の一般解は $y = (1/12)e^{-x} + c_1e^{2x} + c_2e^{3x}$．

(3)　特解の形を $y = A\cos x + B\sin x$ としてもとの微分方程式に代入すると，$(A-3B)\cos x + (3A+B)\sin x = \cos x$．これより $A = 1/10$，$B = -3/10$ で，特解は $y = (1/10)\cos x - (3/10)\sin x$．同次方程式の一般解は，特性方程式とその解が $\lambda^2 - 3\lambda + 2 = 0$；$\lambda = 1, 2$ より $y = c_1e^x + c_2e^{2x}$．以上より，もとの微分方程式の一般解は $y = (1/10)\cos x - (3/10)\sin x + c_1e^x + c_2e^{2x}$．

［**5**］ (A) 未定係数法：(ⅰ) 特解の形を $y = (Ax + B)e^x$ と仮定してもとの微分方程式に代入すると $\{6Ax + (5A + 6B)\}e^x = xe^x$．係数の比較から $A = 1/6$, $B = -5/36$ となり，特解は $y = \left(\frac{1}{6}x - \frac{5}{36}\right)e^x$． (ⅱ) 同次方程式の特性方程式とその解は $\lambda^2 + 3\lambda + 2 = 0$；$\lambda = -1, -2$ だから，一般解は $y = c_1 e^{-x} + c_2 e^{-2x}$．以上により，もとの非同次方程式の一般解は $y = \left(\frac{1}{6}x - \frac{5}{36}\right)e^x + c_1 e^{-x} + c_2 e^{-2x}$．

(B) 係数変化法：(ⅰ) 同次方程式の一般解は上と同様にして $y = c_1 e^{-x} + c_2 e^{-2x}$． (ⅱ) 係数 c_1, c_2 を x の関数と見なして $y = c_1(x)e^{-x} + c_2(x)e^{-2x}$．これを (a) とおいて，もとの非同次方程式に代入すると $c_2''(x)e^{-x} + c_1'(x)e^{-x} + c_2''(x)e^{-2x} - c_2'(x)e^{-2x} = xe^x$ となるが，これは $(d/dx)\{c_1'(x)e^{-x} + c_2'(x)e^{-2x}\} + 2c_1'(x)e^{-x} + c_2'(x)e^{-2x} = xe^x$ という形にできる．これより

$$c_1'(x)e^{-x} + c_2'(x)e^{-2x} = 0$$
$$2c_1'(x)e^{-x} + c_2'(x)e^{-2x} = xe^x$$

とおいて $c_1(x), c_2(x)$ を求める．上の連立方程式から $c_1'(x), c_2'(x)$ を求めると

$$c_1'(x) = xe^{2x}$$
$$c_2'(x) = -xe^{3x}$$

これを積分すると（部分積分して）

$$\left.\begin{aligned} c_1(x) &= \left(\frac{1}{2}x - \frac{1}{4}\right)e^{2x} + c_{10} \\ c_2(x) &= -\left(\frac{1}{3}x - \frac{1}{9}\right)e^{3x} + c_{20} \end{aligned}\right\} \qquad \text{(b)}$$

以上により，もとの非同次方程式の一般解は (b) を (a) に代入して $y = \left\{\left(\frac{1}{2}x - \frac{1}{4}\right)e^{2x} + c_{10}\right\}e^{-x} + \left\{\left(-\frac{1}{3}x + \frac{1}{9}\right)e^{3x} + c_{20}\right\}e^{-2x} = \left(\frac{1}{6}x - \frac{5}{36}\right)e^x + c_{10}e^{-x} + c_{20}e^{-2x}$ と求められる．これは確かに (A) で求めた結果と一致する．

［**6**］ 未定係数法により，特解はただちに $x = 1$ であることがわかる．

(ⅰ) $\gamma > 1$ のとき： 同次方程式の一般解は特性方程式とその解 $\lambda^2 + 2\gamma\lambda + 1 = 0$, $\lambda = -\gamma \pm \sqrt{\gamma^2 - 1}$ より $x = c_1 e^{(-\gamma+\sqrt{\gamma^2-1})t} + c_2 e^{(-\gamma-\sqrt{\gamma^2-1})t}$．以上によって，もとの非同次微分方程式の一般解は $x(t) = 1 + c_1 e^{(-\gamma+\sqrt{\gamma^2-1})t} + c_2 e^{(-\gamma-\sqrt{\gamma^2-1})t}$ である．初期条件より $x(0) = 1 + c_1 + c_2 = 0$, $\dot{x}(0) = (-\gamma + \sqrt{\gamma^2 - 1})c_1 - (\gamma + \sqrt{\gamma^2 - 1})c_2 = 0$．よって $c_1 = -\frac{1}{2}\left(1 + \frac{\gamma}{\sqrt{\gamma^2 - 1}}\right)$, $c_2 = -\frac{1}{2}\left(1 - \frac{\gamma}{\sqrt{\gamma^2 - 1}}\right)$．これより $x(t) = 1 - \frac{1}{2}\left(1 + \frac{\gamma}{\sqrt{\gamma^2 - 1}}\right)e^{(-\gamma+\sqrt{\gamma^2-1})t} -$

$\dfrac{1}{2}\left(1-\dfrac{\gamma}{\sqrt{\gamma^2-1}}\right)e^{-(\gamma+\sqrt{\gamma^2-1})t}$. $\gamma\to\infty$ で第３項は無視できるが，第２項は $\sqrt{\gamma^2-1}=\gamma\left(1-\dfrac{1}{\gamma^2}\right)^{1/2}\approx\gamma\left(1-\dfrac{1}{2\gamma^2}\right)$ より $-e^{-(1/2\gamma)t}$ となる．したがって，$\gamma\to\infty$ で $x(t)=1-e^{-(1/2\gamma)t}$ となり，x は非常にゆっくりと極限値１に近づく．

（ii）$\gamma=1$ のとき：同次方程式の特性方程式とその解は $\lambda^2+2\lambda+1=0$；$\lambda=-1$（重解）なので一般解は $x=(c_1+c_2t)e^{-t}$．したがって，もとの非同次方程式の一般解は $x(t)=1+(c_1+c_2t)e^{-t}$．初期条件より $x(0)=1+c_1=0$，$c_1=-1$；$\dot{x}(0)=c_2-c_1=0$，$c_2=-1$．以上により $x(t)=1-(1+t)e^{-t}$．

（iii）$0<\gamma<1$ のとき：同次方程式の特性方程式の解は $\lambda=-\gamma\pm i\sqrt{1-\gamma^2}$ なので，もとの非同次方程式の一般解は $x(t)=1+e^{-\gamma t}(c_1\cos\sqrt{1-\gamma^2}t+c_2\sin\sqrt{1-\gamma^2}t)$．初期条件より $x(0)=1+c_1=0$，$c_1=-1$；$\dot{x}(0)=-\gamma c_1+\sqrt{1-\gamma^2}c_2=0$，$c_2=-\gamma/\sqrt{1-\gamma^2}$．よって，$x(t)=1-e^{-\gamma t}(\cos\sqrt{1-\gamma^2}t+(\gamma/\sqrt{1-\gamma^2})\sin\sqrt{1-\gamma^2}t)=1-(1/\sqrt{1-\gamma^2})e^{-\gamma t}\cos(\sqrt{1-\gamma^2}t-\delta)$．ただし，$\delta$ は $\cos\delta=\sqrt{1-\gamma^2}$ より決まる定数である．特に $\gamma\to0$ で $x(t)=1-\cos t$ となる．これは１の周りの単振動である．

第 3 章

［問題１］　$y=y_{\mathrm{p}}+c_1y_1+c_2y_2$ を (3.4) の第１式の左辺に代入すると

$$\begin{aligned}\frac{dy}{dx}&=\frac{dy_{\mathrm{p}}}{dx}+c_1\frac{dy_1}{dx}+c_2\frac{dy_2}{dx}\\&=(a_{11}y_{\mathrm{p}}+a_{12}z_{\mathrm{p}}+R_1)+c_1(a_{11}y_1+a_{12}z_1)+c_2(a_{11}y_2+a_{12}z_2)\\&=a_{11}(y_{\mathrm{p}}+c_1y_1+c_2y_2)+a_{12}(z_{\mathrm{p}}+c_1z_1+c_2z_2)+R_1\\&=a_{11}y+a_{12}z+R_1\end{aligned}$$

となるが，この最後の結果は (3.4) の第１式右辺にほかならない．同様にして (3.4) の第２式も成立する．よって，(3.8) は (3.4) の一般解である．

［問題２］　(1)　$\begin{pmatrix}y\\z\end{pmatrix}=c_1\begin{pmatrix}1\\-\dfrac{1}{2}\end{pmatrix}e^{-x}+c_2\begin{pmatrix}1\\\dfrac{1}{2}\end{pmatrix}e^{3x}$

(2)　$\begin{pmatrix}y\\z\end{pmatrix}=\begin{pmatrix}c_1+c_2x\\c_1-\dfrac{1}{2}c_2-c_2x\end{pmatrix}e^{-x}$

［問題３］　$\begin{pmatrix}y\\z\end{pmatrix}=\begin{pmatrix}-\dfrac{3}{2}\\1\end{pmatrix}e^{x}+\begin{pmatrix}\dfrac{1}{2}\\\dfrac{1}{2}x-\dfrac{3}{4}\end{pmatrix}+c_1\begin{pmatrix}1\\-2\end{pmatrix}e^{-x}+c_2\begin{pmatrix}1\\-\dfrac{1}{2}\end{pmatrix}e^{2x}$

［**1**］ (1)　$D=d/dx$ を使うと

$$Dy-z=0 \tag{1}$$

$$25y+(D-10)z=0 \tag{2}$$

（1）より $z=Dy$ なので，これを（2）に代入して $(D-10)Dy+25y=0$.

$$\therefore\quad (D^2-10D+25)y=0 \tag{3}$$

（3）の特性方程式およびその解は $\lambda^2-10\lambda+25=0$；$\lambda=5$ (重解) なので（3）の一般解は

$$y=(c_1+c_2x)e^{5x} \tag{4}$$

これを (1) に代入して

$$z=(5c_1+c_2+5c_2x)e^{5x} \tag{5}$$

以上により $\begin{pmatrix} y \\ z \end{pmatrix}=\begin{pmatrix} c_1+c_2x \\ 5c_1+c_2+5c_2x \end{pmatrix}e^{5x}$.

(2)　変形して

$$(D-1)y-z=0 \tag{1}$$

$$2y+(D+1)z=0 \tag{2}$$

（1）+（2）より

$$(D+1)y+Dz=0 \tag{3}$$

（1）を微分して (左から D を作用させて)

$$D(D-1)y-Dz=0 \tag{4}$$

（3）+（4）より

$$(D^2+1)y=0 \tag{5}$$

これの特性方程式とその解は $\lambda^2+1=0$；$\lambda=\pm i$ なので，（5）の一般解は

$$y=c_1\cos x+c_2\sin x \tag{6}$$

これを (1) に代入して

$$z=-(c_1-c_2)\cos x-(c_1+c_2)\sin x \tag{7}$$

以上をまとめて $\begin{pmatrix} y \\ z \end{pmatrix}=\begin{pmatrix} c_1 \\ -c_1+c_2 \end{pmatrix}\cos x+\begin{pmatrix} c_2 \\ -c_1-c_2 \end{pmatrix}\sin x$.

［**2**］ 変形して

$$(D-4)y-z=4\sin x \tag{1}$$

$$3y+Dz=6\cos x \tag{2}$$

（i）（1）を微分して (左から D を作用させて)

$$D(D-4)y-Dz=4\cos x \tag{3}$$

（2）+（3）より

$$(D^2-4D+3)y=10\cos x \tag{4}$$

（ii） a.（4）の同次方程式の一般解はその特性方程式とその解 $\lambda^2-4\lambda+3=0$；$\lambda=1,3$ より

$$y_g = c_1 e^x + c_2 e^{3x} \qquad (5)$$

b.　非同次方程式（4）の特解を $y_p = A\cos x + B\sin x$ とおいて（4）に代入すると $(2A - 4B)\cos x + (4A + 2B)\sin x = 10\cos x$. 両辺の係数の比較より $A = 1$, $B = -2$. よって

$$y_p = \cos x - 2\sin x \qquad (6)$$

c.（5）,（6）より（4）の一般解は

$$y = y_g + y_p = \cos x - 2\sin x + c_1 e^x + c_2 e^{3x} \qquad (7)$$

（iii）z は（1）と（7）より

$$z = (D-4)y - 4\sin x = -6\cos x + 3\sin x - 3c_1 e^x - c_2 e^{3x} \qquad (8)$$

以上をまとめると

$$\begin{pmatrix} y \\ z \end{pmatrix} = \begin{pmatrix} 1 \\ -6 \end{pmatrix}\cos x + \begin{pmatrix} -2 \\ 3 \end{pmatrix}\sin x + c_1\begin{pmatrix} 1 \\ -3 \end{pmatrix}e^x + c_2\begin{pmatrix} 1 \\ -1 \end{pmatrix}e^{3x}$$

［**3**］ 変形して

$$(D-1)y + 2z = e^x \qquad (1)$$

$$3y + (D-2)z = 0 \qquad (2)$$

（i）（1）+（2）より z を消去して

$$(D+2)y + Dz = e^x \qquad (3)$$

（1）を微分して（左から D を作用させて）

$$D(D-1)y + 2Dz = e^x \qquad (4)$$

（4）$- 2\times$（3）より

$$(D^2 - 3D - 4)y = -e^x \qquad (5)$$

（ii）a.　非同次方程式（5）の特解を $y_p = Ae^x$ とおいて（5）に代入すると，$-6Ae^x = -e^x$ より $A = 1/6$ が得られる．したがって，

$$y_p = \frac{1}{6}e^x \qquad (6)$$

b.（5）に対する同次方程式の一般解 y_g はその特性方程式とその解 $\lambda^2 - 3\lambda - 4 = 0$；$\lambda = -1, 4$ より

$$y_g = c_1 e^{-x} + c_2 e^{4x} \qquad (7)$$

c.（5）の一般解は（6）と（7）より

$$y = y_p + y_g = \frac{1}{6}e^x + c_1 e^{-x} + c_2 e^{4x} \qquad (8)$$

（1）と（8）より z は

$$z = \frac{1}{2}e^x + c_1 e^{-x} - \frac{3}{2}c_2 e^{4x} \qquad (9)$$

（iii）（8）と（9）より $y(0) = 1/6 + c_1 + c_2 = 1/6$, $z(0) = 1/2 + c_1 - (3/2)c_2 = -2$. これより $c_1 + c_2 = 0$, $c_1 - (3/2)c_2 = -5/2$ を解いて $c_1 = 1$, $c_2 = -1$.

これを（8），（9）に代入して，求める解は

$$\begin{pmatrix} y \\ z \end{pmatrix} = \begin{pmatrix} \dfrac{1}{6} \\ \dfrac{1}{2} \end{pmatrix} e^{x} + \begin{pmatrix} 1 \\ 1 \end{pmatrix} e^{-x} + \begin{pmatrix} -1 \\ \dfrac{3}{2} \end{pmatrix} e^{4x}$$

［**4**］ $X = x_1 + x_2$ は2つの質点の重心座標に，$Y = x_1 - x_2$ は相対座標に対応する．運動方程式から $m\ddot{X} = m(\ddot{x}_1 + \ddot{x}_2) = 0$．これは2つの質点の重心が等速運動することを示す．他方 $m\ddot{Y} = m(\ddot{x}_1 - \ddot{x}_2) = -2kY$．　∴　$\ddot{Y} + \omega^2 Y = 0$，$\omega = \sqrt{2}\omega_0$ $(\omega_0 = \sqrt{k/m})$．これは角周波数 $\omega = \sqrt{2}\omega_0$ の単振動を表す．すなわち，等速運動する重心に固定した座標系でみると2つの質点は互いに近づいたり離れたりする単振動を行う．このときの角周波数 ω はバネの自然な角周波数(固有振動数) ω_0 の $\sqrt{2}$ 倍である．

［**5**］ (1)　質点1は左のバネから $-kx_1$ の力を受け，中央のバネから $+k(x_2 - x_1)$ の力を受ける．したがって，その運動方程式は $m\ddot{x}_1 = -kx_1 + k(x_2 - x_1)$ となる．質点2についても同様．

(2)　$m\ddot{X} = m(\ddot{x}_1 + \ddot{x}_2) = -k(x_1 + x_2) = -kX$．　∴　$\ddot{X} + {\omega_0}^2 X = 0$，$\omega_0 = \sqrt{k/m}$．これは角周波数 $\omega_0 = \sqrt{k/m}$ の単振動．ω_0 はまた1つのバネの固有振動でもある．X は2つの質点の重心に対応する．したがって，この運動は中央のバネが伸び縮みせず，あたかも存在しないかのように，2つの質点が同じ向きに振動するような運動である．これに対して $m\ddot{Y} = m(\ddot{x}_1 - \ddot{x}_2) = -3kY$．∴　$\ddot{Y} + 3{\omega_0}^2 Y = 0$．これは角振動数 $\omega = \sqrt{3}\omega_0$ の単振動．Y は2つの質点の相対座標に対応する．すなわち，重心 X が動かなくても，2つの質点が常に反対向きに動くような運動で，このとき当然，中央のバネも伸び縮みする．

［**6**］ (1)　Q の従う方程式は $R(dQ/dt) + Q/C = 0$．　∴　$dQ/dt + \alpha Q = 0$ $(\alpha = 1/RC)$．これは定係数の1階微分方程式．したがって，その解は $Q = Ae^{-\alpha t}$．$t = 0$ で $Q = Q_0$ より $A = Q_0$．　∴　$Q = Q_0 e^{-\alpha t}$．すなわち，スイッチを閉じると電荷 Q は指数関数的に減少する．

(2)　$\alpha = 1/RC$ とおいて

$$\frac{dQ_1}{dt} - \frac{dQ_2}{dt} + \alpha Q_1 = 0$$

$$-\frac{dQ_1}{dt} + 2\frac{dQ_2}{dt} + \alpha Q_2 = 0$$

が得られる．$D = d/dt$ とおいて上式を整理すると

$$(D + \alpha)Q_1 - DQ_2 = 0 \qquad (1)$$

$$-DQ_1 + (2D + \alpha)Q_2 = 0 \qquad (2)$$

$2\times$（1）+（2）より DQ_2 を消去して

$$(D + 2\alpha)Q_1 + \alpha Q_2 = 0 \qquad (3)$$

（3）を微分して（左から D を作用させて）

$$D(D+2\alpha)Q_1+\alpha DQ_2=0 \tag{4}$$

$\alpha\times$（1）+（4）より DQ_2 を消去して

$$(D^2+3\alpha D+\alpha^2)Q_1=0 \tag{5}$$

これの特性方程式とその解は $\lambda^2+3\alpha\lambda+\alpha^2=0$，$\lambda=\dfrac{1}{2}(-3\alpha\pm\sqrt{9\alpha^2-4\alpha^2})$ $=\dfrac{\alpha}{2}(-3\pm\sqrt{5})$．この解を $-\alpha_1$，$-\alpha_2$ $(\alpha_1=(\alpha/2)(3+\sqrt{5})>0$，$\alpha_2=(\alpha/2)(3-\sqrt{5})>0)$ とおくと（5）の一般解は

$$Q_1=c_1e^{-\alpha_1 t}+c_2e^{-\alpha_2 t} \tag{6}$$

（3）より Q_2 は

$$Q_2=\left(\frac{\alpha_1}{\alpha}-2\right)c_1e^{-\alpha_1 t}+\left(\frac{\alpha_2}{\alpha}-2\right)c_2e^{-\alpha_2 t} \tag{7}$$

初期条件より

$$Q_1(0)=c_1+c_2=Q_0$$
$$Q_2(0)=\left(\frac{\alpha_1}{\alpha}-2\right)c_1+\left(\frac{\alpha_2}{\alpha}-2\right)c_2=0$$

これを解いて $c_1=(5+\sqrt{5})Q_0/10$，$c_2=(5-\sqrt{5})Q_0/10$．以上により

$$Q_1=\frac{5+\sqrt{5}}{10}Q_0e^{-\alpha_1 t}+\frac{5-\sqrt{5}}{10}Q_0e^{-\alpha_2 t}$$
$$Q_2=\frac{\sqrt{5}}{5}Q_0e^{-\alpha_1 t}-\frac{\sqrt{5}}{5}Q_0e^{-\alpha_2 t}=\frac{\sqrt{5}}{5}Q_0(e^{-\alpha_1 t}-e^{-\alpha_2 t})$$

第 4 章

[問題 1]　$\boldsymbol{A}\cdot\boldsymbol{B}=8$

[問題 2]　$\boldsymbol{A}\cdot(\boldsymbol{B}+\boldsymbol{C})=A_x(B_x+C_x)+A_y(B_y+C_y)+A_z(B_z+C_z)$ $=(A_xB_x+A_yB_y+A_zB_z)+(A_xC_x+A_yC_y+A_zC_z)=\boldsymbol{A}\cdot\boldsymbol{B}+\boldsymbol{A}\cdot\boldsymbol{C}$

[問題 3]　$\boldsymbol{A}\times\boldsymbol{B}=10\,\boldsymbol{i}+9\,\boldsymbol{j}+7\,\boldsymbol{k}$

$(\boldsymbol{A}+\boldsymbol{B})\times(\boldsymbol{A}-\boldsymbol{B})=-20\,\boldsymbol{i}-18\,\boldsymbol{j}-14\,\boldsymbol{k}$

[問題 4]　$\boldsymbol{A}\times(\boldsymbol{B}+\boldsymbol{C})=\{A_y(B_z+C_z)-A_z(B_y+C_y)\}\,\boldsymbol{i}+\{A_z(B_x+C_x)-A_x(B_z+C_z)\}\,\boldsymbol{j}+\{A_x(B_y+C_y)-A_y(B_x+C_x)\}\,\boldsymbol{k}=(A_yB_z-A_zB_y)\,\boldsymbol{i}+(A_yC_z-A_zC_y)\,\boldsymbol{i}+(A_zB_x-A_xB_z)\,\boldsymbol{j}+(A_zC_x-A_xC_z)\,\boldsymbol{j}+(A_xB_y-A_yB_x)\,\boldsymbol{k}+(A_xC_y-A_yC_x)\,\boldsymbol{k}=\{(A_yB_z-A_zB_y)\,\boldsymbol{i}+(A_zB_x-A_xB_z)\,\boldsymbol{j}+(A_xB_y-A_yB_x)\,\boldsymbol{k}\}+\{(A_yC_z-A_zC_y)\boldsymbol{i}+(A_zC_x-A_xC_z)\boldsymbol{j}+(A_xC_y-A_yC_x)\boldsymbol{k}\}=\boldsymbol{A}\times\boldsymbol{B}+\boldsymbol{A}\times\boldsymbol{C}$

［**問題 5**］ $\boldsymbol{b} = \overrightarrow{\mathrm{AB}} = (-1, 1, 0)$，$\boldsymbol{c} = \overrightarrow{\mathrm{AC}} = (-1, 0, 1)$ より $\boldsymbol{d} \equiv \boldsymbol{b} \times \boldsymbol{c} = (1, 1, 1)$，$d \equiv |\boldsymbol{d}| = \sqrt{3}$．$d$ は $\overrightarrow{\mathrm{AB}}$ と $\overrightarrow{\mathrm{AC}}$ が作る平行四辺形の面積に等しく，これは△ABC の面積の 2 倍なので，△ABC の面積は $\sqrt{3}/2$．また，$\boldsymbol{d}$ は $\boldsymbol{b}$ と $\boldsymbol{c}$ に垂直なので，△ABC に垂直である．したがって，△ABC の法線 $\boldsymbol{n}$ は $\boldsymbol{n} = \dfrac{\boldsymbol{d}}{d} = \dfrac{1}{\sqrt{3}}(1, 1, 1)$．

［**問題 6**］ $[\boldsymbol{A}, \boldsymbol{B}, \boldsymbol{C}] = 10$

［**問題 7**］ (4.25) を使って，第 1 の $\boldsymbol{A}$ と第 2 の $\boldsymbol{A}$ を交換すると $[\boldsymbol{A}, \boldsymbol{A}, \boldsymbol{C}] = -[\boldsymbol{A}, \boldsymbol{A}, \boldsymbol{C}]$．　∴　$[\boldsymbol{A}, \boldsymbol{A}, \boldsymbol{C}] = 0$.

［**1**］ (1)

$$\boldsymbol{A} \times \boldsymbol{B} = \begin{vmatrix} \boldsymbol{i} & \boldsymbol{j} & \boldsymbol{k} \\ 2 & 3 & -1 \\ 1 & -4 & 2 \end{vmatrix} = 2\boldsymbol{i} - 5\boldsymbol{j} - 11\boldsymbol{k}$$

(2) $(2\boldsymbol{A} + \boldsymbol{B}) \times (\boldsymbol{A} - 2\boldsymbol{B}) = 2\boldsymbol{A} \times \boldsymbol{A} - 4\boldsymbol{A} \times \boldsymbol{B} + \boldsymbol{B} \times \boldsymbol{A} - 2\boldsymbol{B} \times \boldsymbol{B}$
$= -4\boldsymbol{A} \times \boldsymbol{B} + \boldsymbol{B} \times \boldsymbol{A} = -5\boldsymbol{A} \times \boldsymbol{B} = -10\boldsymbol{i} + 25\boldsymbol{j} + 55\boldsymbol{k}$

［**2**］ (1) $\boldsymbol{B} \cdot \boldsymbol{C} = -3 + 6 + 4 = 7$，$\boldsymbol{C} \cdot \boldsymbol{A} = -6 + 2 - 3 = -7$，$\boldsymbol{A} \cdot \boldsymbol{B} = 2 + 3 - 12 = -7$

(2)

$$\boldsymbol{B} \times \boldsymbol{C} = \begin{vmatrix} \boldsymbol{i} & \boldsymbol{j} & \boldsymbol{k} \\ 1 & 3 & 4 \\ -3 & 2 & 1 \end{vmatrix} = -5\boldsymbol{i} - 13\boldsymbol{j} + 11\boldsymbol{k},$$

$$\boldsymbol{C} \times \boldsymbol{A} = \begin{vmatrix} \boldsymbol{i} & \boldsymbol{j} & \boldsymbol{k} \\ -3 & 2 & 1 \\ 2 & 1 & -3 \end{vmatrix} = -7\boldsymbol{i} - 7\boldsymbol{j} - 7\boldsymbol{k},$$

$$\boldsymbol{A} \times \boldsymbol{B} = \begin{vmatrix} \boldsymbol{i} & \boldsymbol{j} & \boldsymbol{k} \\ 2 & 1 & -3 \\ 1 & 3 & 4 \end{vmatrix} = 13\boldsymbol{i} - 11\boldsymbol{j} + 5\boldsymbol{k}$$

(3)

$$\boldsymbol{A} \cdot (\boldsymbol{B} \times \boldsymbol{C}) = (2\boldsymbol{i} + \boldsymbol{j} - 3\boldsymbol{k}) \cdot (-5\boldsymbol{i} - 13\boldsymbol{j} + 11\boldsymbol{k})$$
$$= -10 - 13 - 33 = -56$$

［**3**］ (1) $\overrightarrow{\mathrm{AB}} = (0, k, 0) - (h, 0, 0) = (-h, k, 0)$，$\overrightarrow{\mathrm{AC}} = (0, 0, l) - (h, 0, 0) = (-h, 0, l)$，$\overrightarrow{\mathrm{AB}} \times \overrightarrow{\mathrm{AC}} = (-h, k, 0) \times (-h, 0, l) = (kl, lh, hk)$

(2) △ABC の面積は $\overrightarrow{\mathrm{AB}}$，$\overrightarrow{\mathrm{AC}}$ が作る平行四辺形の面積の半分だから，$(1/2)|\overrightarrow{\mathrm{AB}} \times \overrightarrow{\mathrm{AC}}| = (1/2)\sqrt{k^2l^2 + l^2h^2 + h^2k^2}$.

(3) 法線 $\boldsymbol{n}$ は $\overrightarrow{\mathrm{AB}} \times \overrightarrow{\mathrm{AC}}$ の向きにあり，単位の長さをもつので，$\boldsymbol{n} = (1/\sqrt{k^2l^2 + l^2h^2 + h^2k^2})(kl, lh, hk)$.

(4)

$$\overline{\mathrm{OH}} = \boldsymbol{n} \cdot \overrightarrow{\mathrm{OC}} = (1/\sqrt{k^2l^2 + l^2h^2 + h^2k^2})(kl, lh, hk) \cdot (0, 0, l)$$
$$= hkl/\sqrt{k^2l^2 + l^2h^2 + h^2k^2}$$

［4］ (1)　$\boldsymbol{R}_N = \boldsymbol{a}_1 + \boldsymbol{a}_2 + \cdots + \boldsymbol{a}_i + \cdots + \boldsymbol{a}_N = \sum_{i=1}^{N} \boldsymbol{a}_i$

(2)　$\langle \boldsymbol{R}_N \rangle = \sum_{i=1}^{N} \langle \boldsymbol{a}_i \rangle = \boldsymbol{0}$

(3)　$\boldsymbol{R}_N{}^2 = (\boldsymbol{a}_1 + \boldsymbol{a}_2 + \cdots + \boldsymbol{a}_i + \cdots + \boldsymbol{a}_N)^2 = \boldsymbol{a}_1{}^2 + \boldsymbol{a}_2{}^2 + \cdots + \boldsymbol{a}_i{}^2 + \cdots + \boldsymbol{a}_N{}^2 + 2\boldsymbol{a}_1 \cdot \boldsymbol{a}_2 + 2\boldsymbol{a}_1 \cdot \boldsymbol{a}_3 + \cdots = Na^2 + 2\sum_{i \neq j} \boldsymbol{a}_i \cdot \boldsymbol{a}_j.$

$$\therefore \quad \langle \boldsymbol{R}_N{}^2 \rangle = Na^2 + 2\sum_{i \neq j} \langle \boldsymbol{a}_i \cdot \boldsymbol{a}_j \rangle = Na^2.$$

第 5 章

［問題 1］ (1)　$\boldsymbol{A}' = 3\boldsymbol{i} + 5\boldsymbol{j} + 8u\boldsymbol{k}$

(2)　$\boldsymbol{A}' = -2\sin 2u\, \boldsymbol{i} + 2\cos 2u\, \boldsymbol{j} + 3\boldsymbol{k}$

［問題 2］　$\dfrac{d\boldsymbol{b}}{ds} = \dfrac{d\boldsymbol{t}}{ds} \times \boldsymbol{n} + \boldsymbol{t} \times \dfrac{d\boldsymbol{n}}{ds} = \kappa\boldsymbol{n} \times \boldsymbol{n} + \boldsymbol{t} \times (\tau\boldsymbol{b} - \kappa\boldsymbol{t})$

$= \tau\boldsymbol{t} \times \boldsymbol{b} = -\tau\boldsymbol{n}$

［問題 3］　$\xi_1 = \partial\boldsymbol{r}/\partial u_1 = \boldsymbol{i} + 2u_2\boldsymbol{k}, \qquad \xi_2 = \partial\boldsymbol{r}/\partial u_2 = \boldsymbol{j} + 2u_1\boldsymbol{k}$

$\therefore \quad \xi_1 \times \xi_2 = -2u_2\boldsymbol{i} - 2u_1\boldsymbol{j} + \boldsymbol{k}, \qquad |\xi_1 \times \xi_2| = \sqrt{1 + 4u_1{}^2 + 4u_2{}^2}$

$\therefore \quad \boldsymbol{n} = \dfrac{\xi_1 \times \xi_2}{|\xi_1 \times \xi_2|} = \dfrac{1}{\sqrt{1 + 4u_1{}^2 + 4u_2{}^2}}(-2u_2\boldsymbol{i} - 2u_1\boldsymbol{j} + \boldsymbol{k})$

$d\sigma = |\xi_1 \times \xi_2|\, du_1\, du_2 = \sqrt{1 + 4u_1{}^2 + 4u_2{}^2}\, du_1\, du_2$

［1］ (1)　$A' = 2\boldsymbol{i} + 2u\boldsymbol{j}$　　(2)　$A' = -\sin u\, \boldsymbol{i} + \cos u\, \boldsymbol{j} + e^u\boldsymbol{k}$

［2］ 接線ベクトル $\boldsymbol{t}$ は定義により (5.11) で与えられる．ここで曲線に沿っての長さ s の代りにパラメータ u を使うと $s = s(u)$ と表されるので $\boldsymbol{t} = d\boldsymbol{r}/ds = (d\boldsymbol{r}/du)/(ds/du)$．$\boldsymbol{t}$ は単位ベクトルだから $|\boldsymbol{t}| = 1 = |d\boldsymbol{r}/du|/(ds/du)$．$\therefore \quad ds/du = |d\boldsymbol{r}/du|$．これを上式に代入して $\boldsymbol{t} = (d\boldsymbol{r}/du)/|d\boldsymbol{r}/du|$．(5.12) より $\boldsymbol{n} = (1/\kappa)d\boldsymbol{t}/ds$ だから同様にして変形すると $\boldsymbol{n} = (1/\kappa)(d\boldsymbol{t}/du)/(ds/du)$．$|\boldsymbol{n}| = 1 = (1/\kappa)|d\boldsymbol{t}/du|/(ds/du)$．$\therefore \quad ds/du = (1/\kappa)|d\boldsymbol{t}/du|$．$\therefore \quad \boldsymbol{n} = (d\boldsymbol{t}/du)/|d\boldsymbol{t}/du|$．これらを使って

(1)　$d\boldsymbol{r}/du = -a\sin au\, \boldsymbol{i} + a\cos au\, \boldsymbol{j}$．$\therefore \quad |d\boldsymbol{r}/du| = a$．$\therefore \quad \boldsymbol{t} = (d\boldsymbol{r}/du)/|d\boldsymbol{r}/du| = -\sin au\, \boldsymbol{i} + \cos au\, \boldsymbol{j}$．$\therefore \quad d\boldsymbol{t}/du = -a\cos au\, \boldsymbol{i} - a\sin au\, \boldsymbol{j}$．$\therefore \quad |d\boldsymbol{t}/du| = a$．$\therefore \quad \boldsymbol{n} = (d\boldsymbol{t}/du)/|d\boldsymbol{t}/du| = -\cos au\, \boldsymbol{i} - \sin au\, \boldsymbol{j}$．

(2)　$d\boldsymbol{r}/du = -a\sin au\, \boldsymbol{i} + a\cos au\, \boldsymbol{j} + b\boldsymbol{k}$．$\therefore \quad |d\boldsymbol{r}/du| = \sqrt{a^2 + b^2}$．$\therefore \quad \boldsymbol{t} = -(a/\sqrt{a^2 + b^2})\sin au\, \boldsymbol{i} + (a/\sqrt{a^2 + b^2})\cos au\, \boldsymbol{j} + (b/\sqrt{a^2 + b^2})\boldsymbol{k}$．$\therefore \quad d\boldsymbol{t}/du = -(a^2/\sqrt{a^2 + b^2})\cos au\, \boldsymbol{i} - (a^2/\sqrt{a^2 + b^2})\sin au\, \boldsymbol{j}$．

$\therefore$ $|d\boldsymbol{t}/du| = a^2/\sqrt{a^2+b^2}$.　$\therefore$ $\boldsymbol{n} = -\cos au\,\boldsymbol{i} - \sin au\,\boldsymbol{j}$.

［**3**］ $u_1 = x$, $u_2 = y$ と見なして(5.17), (5.18)より $\xi_1 = \partial\boldsymbol{r}/\partial x = \boldsymbol{i} + f_x\boldsymbol{k}$, $\xi_2 = \partial\boldsymbol{r}/\partial y = \boldsymbol{j} + f_y\boldsymbol{k}$.　$\therefore$ $\xi_1\times\xi_2 = -f_x\boldsymbol{i} - f_y\boldsymbol{j} + \boldsymbol{k}$.　$\therefore$ $|\xi_1\times\xi_2| = \sqrt{1+f_x{}^2+f_y{}^2}$.　$\therefore$ $\boldsymbol{n} = (\xi_1\times\xi_2)/|\xi_1\times\xi_2| = (1/\sqrt{1+f_x{}^2+f_y{}^2})(-f_x\boldsymbol{i} - f_y\boldsymbol{j} + \boldsymbol{k})$. また, (5.21)より $S = \iint_{A'} |\xi_1\times\xi_2|\,dx\,dy = \iint_{A'} \sqrt{1+f_x{}^2+f_y{}^2}\,dx\,dy$.

［**4**］ $\boldsymbol{r} = r\cos\omega t\,\boldsymbol{i} + r\sin\omega t\,\boldsymbol{j}$ (r：一定) より, $\boldsymbol{v} = d\boldsymbol{r}/dt = -r\omega\sin\omega t\,\boldsymbol{i} + r\omega\cos\omega t\,\boldsymbol{j}$.　$\boldsymbol{a} = d\boldsymbol{v}/dt = -r\omega^2\cos\omega t\,\boldsymbol{i} - r\omega^2\sin\omega t\,\boldsymbol{j} = -\omega^2\boldsymbol{r}$.　$\therefore$ $|\boldsymbol{a}| = r\omega^2$.

［**5**］ (1)　運動方程式は

$$\frac{d\boldsymbol{v}}{dt} = \frac{q}{m}\boldsymbol{v}\times\boldsymbol{B} \qquad \text{(a)}$$

と表されるので, これと $\boldsymbol{v}$ の内積をとると $\boldsymbol{v}\cdot(d\boldsymbol{v}/dt) = (q/m)\,\boldsymbol{v}\cdot(\boldsymbol{v}\times\boldsymbol{B}) = (q/m)[\boldsymbol{v},\boldsymbol{v},\boldsymbol{B}] = 0 = (1/2)(d/dt)|\boldsymbol{v}|^2$. これより $|\boldsymbol{v}(t)|$ は一定.

(2)　(a)の z 成分をとると $dv_z/dt = (q/m)(\boldsymbol{v}\times\boldsymbol{B})_z = 0$. よって v_z は一定.

(3)　(a)の x, y 成分は $dv_x/dt = (qB/m)v_y$, $dv_y/dt = (qB/m)v_x$.

$\therefore$ $d^2v_x/dt^2 = (qB/m)(dv_y/dt) = -(qB/m)^2v_x$, $d^2v_y/dt^2 = -(qB/m)^2v_y$.

したがって, $v_x = -a\omega\sin\omega t$, $\omega = qB/m$ ($q>0$ とする) とおくと $v_y = -a\omega\cos\omega t$ となり, これより質点の位置 $\boldsymbol{r}$ を xy 平面に投影した点 $\boldsymbol{r}_0$ は $\boldsymbol{r}_0 = a\cos\omega t\,\boldsymbol{i} - a\sin\omega t\,\boldsymbol{j}$ と表され, これは円周を時計回りに回転する運動を表す. (こうして, 磁場中の荷電粒子の運動は磁力線の方向のらせんで表されることがわかった. 本文の例題5.2でのパラメータ u は, ここでは ωt であることに注意. 電子のように電荷が負のときにはらせんの巻き方 (右巻き) まで同じになる.)

第 6 章

［**問題 1**］ (1)　$\nabla\varphi = (x/r)\,\boldsymbol{i} + (y/r)\,\boldsymbol{j} + (z/r)\,\boldsymbol{k} = \boldsymbol{r}/r$

(2)　$\nabla\varphi = (x/r^2)\,\boldsymbol{i} + (y/r^2)\,\boldsymbol{j} + (z/r^2)\,\boldsymbol{k} = \boldsymbol{r}/r^2$

(3)　$\nabla\varphi = (2xy + z^2)\,\boldsymbol{i} + x^2\boldsymbol{j} + 2xz\boldsymbol{k}$

［**問題 2**］ (1)　$\varphi = a_xx + a_yy + a_zz$ より, $\nabla\varphi = a_x\boldsymbol{i} + a_y\boldsymbol{j} + a_z\boldsymbol{k} = a$

(2)　$\nabla\varphi = y\boldsymbol{i} + x\boldsymbol{j} = (y, x, 0)$

(3)　$\nabla\varphi = -x\boldsymbol{i} - y\boldsymbol{j} + z\boldsymbol{k} = (-x, -y, z)$

［**問題 3**］ $\mathrm{div}\,\boldsymbol{A} = 2xy + z^2 - xy = xy + z^2$

［**問題 4**］ $\mathrm{div}\,\boldsymbol{A} = 1$. ベクトル場 $\boldsymbol{A}$ の概略は次頁の左図に示す.

このように, ベクトルが一方向にだけ変化する場合でもその大きさが変化すれば, 拡がりがなくても湧き出しがあり, その発散はゼロではない.

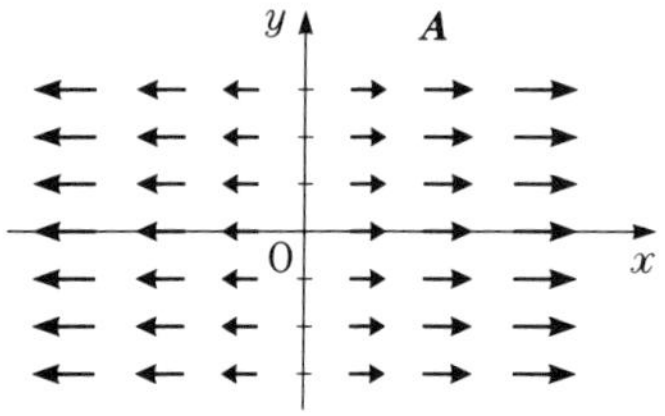

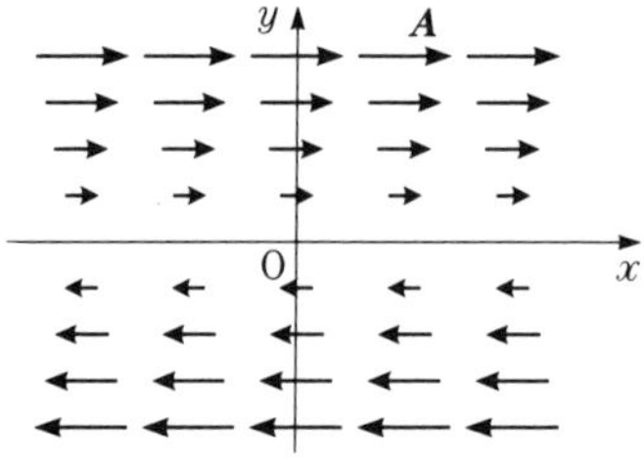

[**問題 5**]　$\boldsymbol{A} = (y, 0, 0)$ だから (6.10) より，$\mathrm{rot}\,\boldsymbol{A} = -\boldsymbol{k}$. ベクトル場 $\boldsymbol{A}$ の概略図は上の右図のようで，これは図 6.6(b)(ii)に対応する.

[**問題 6**]　$\mathrm{rot}\,\boldsymbol{A} = 2y\,\boldsymbol{i} + (xy - z^2)\,\boldsymbol{j} - xz\boldsymbol{k}$

[**問題 7**]　$\mathrm{div}(\mathrm{rot}\,\boldsymbol{A}) = \dfrac{\partial}{\partial x}(\mathrm{rot}\,\boldsymbol{A})_x + \dfrac{\partial}{\partial y}(\mathrm{rot}\,\boldsymbol{A})_y + \dfrac{\partial}{\partial z}(\mathrm{rot}\,\boldsymbol{A})_z = \dfrac{\partial}{\partial x}\left(\dfrac{\partial A_z}{\partial y} - \dfrac{\partial A_y}{\partial z}\right) + \dfrac{\partial}{\partial y}\left(\dfrac{\partial A_x}{\partial z} - \dfrac{\partial A_z}{\partial x}\right) + \dfrac{\partial}{\partial z}\left(\dfrac{\partial A_y}{\partial x} - \dfrac{\partial A_x}{\partial y}\right) = \dfrac{\partial^2 A_z}{\partial x\,\partial y} - \dfrac{\partial^2 A_y}{\partial x\,\partial z} + \dfrac{\partial^2 A_x}{\partial y\,\partial z} - \dfrac{\partial^2 A_z}{\partial y\,\partial x} + \dfrac{\partial^2 A_y}{\partial z\,\partial x} - \dfrac{\partial^2 A_x}{\partial z\,\partial y} = 0$

[**問題 8**]　$\boldsymbol{B} = (0, 0, B)$ とおいて $\boldsymbol{A} = \dfrac{1}{2}\boldsymbol{B}\times\boldsymbol{r} = \left(-\dfrac{1}{2}By, \dfrac{1}{2}Bx, 0\right)$.

$$\therefore\quad \mathrm{rot}\,\boldsymbol{A} = \left(0, 0, \frac{1}{2}B - \left(-\frac{1}{2}B\right)\right) = (0, 0, B) = \boldsymbol{B}.$$

[**問題 9**]　$\mathrm{grad}\,\varphi = \left(\dfrac{\partial\varphi}{\partial x}, \dfrac{\partial\varphi}{\partial y}, \dfrac{\partial\varphi}{\partial z}\right) = (ik_x e^{i\boldsymbol{k}\cdot\boldsymbol{r}}, ik_y e^{i\boldsymbol{k}\cdot\boldsymbol{r}}, ik_z e^{i\boldsymbol{k}\cdot\boldsymbol{r}})$

$$= i(k_x, k_y, k_z)e^{i\boldsymbol{k}\cdot\boldsymbol{r}} = i\boldsymbol{k}\exp(i\boldsymbol{k}\cdot\boldsymbol{r})$$

[**問題 10**]　$\displaystyle\int_{\mathrm{C}}\boldsymbol{A}\cdot d\boldsymbol{r} = \int_0^{\pi/2} d\theta = \frac{\pi}{2}$

[**問題 11**]　$\phi = gz + c$.　$W = -\displaystyle\int_{\mathrm{P}}^{\mathrm{Q}}\boldsymbol{f}\cdot d\boldsymbol{r} = m\int_{\mathrm{P}}^{\mathrm{Q}}\mathrm{grad}\,\varphi\cdot d\boldsymbol{r} = m\{\phi(\mathrm{Q}) - \phi(\mathrm{P})\}$

$$= m\{g(z + h) + c - gz - c\} = mgh.$$

[**問題 12**]　ガウスの定理より $\displaystyle\iint_{\mathrm{S}}\boldsymbol{A}\cdot\boldsymbol{n}\,d\sigma = \iiint_{\mathrm{V}} d\tau\,\mathrm{div}\,\boldsymbol{A} = \iiint_{\mathrm{V}} d\tau\,\mathrm{div}(\mathrm{rot}\,\boldsymbol{B})$. ところが，恒等的に $\mathrm{div}(\mathrm{rot}\,\boldsymbol{B}) = 0$　((6.12)).

[**問題 13**]　ストークスの定理より $\displaystyle\oint_{\mathrm{C}}\boldsymbol{A}\cdot d\boldsymbol{r} = \iint_{\mathrm{S}} d\boldsymbol{\sigma}\cdot\mathrm{rot}\,\boldsymbol{A} = \iint_{\mathrm{S}} d\boldsymbol{\sigma}\cdot\mathrm{rot}(\mathrm{grad}\,\varphi)$. ところが，恒等的に $\mathrm{rot}(\mathrm{grad}\,\varphi) = \boldsymbol{0}$　((6.11)).

[**1**]　(1)　$\mathrm{grad}\left(\dfrac{1}{r}\right) = -\dfrac{1}{r^2}\dfrac{\partial r}{\partial x}\boldsymbol{i} - \dfrac{1}{r^2}\dfrac{\partial r}{\partial y}\boldsymbol{j} - \dfrac{1}{r^2}\dfrac{\partial r}{\partial z}\boldsymbol{k} = -\dfrac{x}{r^3}\boldsymbol{i} - \dfrac{y}{r^3}\boldsymbol{j} -$

$\frac{z}{r^3}\boldsymbol{k}$.　∴　$\nabla^2\left(\frac{1}{r}\right) \equiv \operatorname{div}\left(\operatorname{grad}\left(\frac{1}{r}\right)\right) = -\frac{\partial}{\partial x}\left(\frac{x}{r^3}\right) - \frac{\partial}{\partial y}\left(\frac{y}{r^3}\right) - \frac{\partial}{\partial z}\left(\frac{z}{r^3}\right) = \left(-\frac{1}{r^3} + \frac{3x}{r^4}\frac{x}{r}\right) + \left(-\frac{1}{r^3} + \frac{3y}{r^4}\frac{y}{r}\right) + \left(-\frac{1}{r^3} + \frac{3z}{r^4}\frac{z}{r}\right) = -\frac{3}{r^3} + \frac{3r^2}{r^5} = 0.$

(2)　$\nabla\cdot\boldsymbol{r} \equiv \operatorname{div}\boldsymbol{r} = \frac{\partial}{\partial x}x + \frac{\partial}{\partial y}y + \frac{\partial}{\partial z}z = 3$

(3)　$\nabla\times\boldsymbol{r} \equiv \operatorname{rot}\boldsymbol{r} = \left(\frac{\partial z}{\partial y} - \frac{\partial y}{\partial z}\right)\boldsymbol{i} + \left(\frac{\partial x}{\partial z} - \frac{\partial z}{\partial x}\right)\boldsymbol{j} + \left(\frac{\partial y}{\partial x} - \frac{\partial x}{\partial y}\right)\boldsymbol{k}$

$$= (0-0)\,\boldsymbol{i} + (0-0)\,\boldsymbol{j} + (0-0)\,\boldsymbol{k} = \boldsymbol{0}$$

［**2**］　(1)　$\nabla\varphi = \frac{1}{2}a\frac{\partial r^2}{\partial x}\boldsymbol{i} + \frac{1}{2}a\frac{\partial r^2}{\partial y}\boldsymbol{j} + \frac{1}{2}a\frac{\partial r^2}{\partial z}\boldsymbol{k} = ax\boldsymbol{i} + ay\boldsymbol{j} + az\boldsymbol{k} = a\boldsymbol{r}$

(2)　$\nabla\cdot\boldsymbol{B} = \frac{\partial}{\partial x}(\boldsymbol{b}\times\boldsymbol{r})_x + \frac{\partial}{\partial y}(\boldsymbol{b}\times\boldsymbol{r})_y + \frac{\partial}{\partial z}(\boldsymbol{b}\times\boldsymbol{r})_z = \frac{\partial}{\partial x}(b_y z - b_z y)$

$$+ \frac{\partial}{\partial y}(b_z x - b_x z) + \frac{\partial}{\partial z}(b_x y - b_y x) = 0$$

(3)　$(\nabla\times\boldsymbol{C})_x = \frac{\partial}{\partial y}\left(\frac{1}{2}cr^2 z\right) - \frac{\partial}{\partial z}\left(\frac{1}{2}cr^2 y\right) = \frac{1}{2}c\frac{\partial r^2}{\partial y}z - \frac{1}{2}c\frac{\partial r^2}{\partial z}y = cyz - czy = 0.$ 同様に $(\nabla\times\boldsymbol{C})_y = (\nabla\times\boldsymbol{C})_z = 0.$　∴　$\nabla\times\boldsymbol{C} = \boldsymbol{0}.$

［**3**］　(1)　$\nabla(\varphi\psi) = \frac{\partial}{\partial x}(\varphi\psi)\,\boldsymbol{i} + \frac{\partial}{\partial y}(\varphi\psi)\,\boldsymbol{j} + \frac{\partial}{\partial z}(\varphi\psi)\,\boldsymbol{k}$

$$= \left(\psi\frac{\partial\varphi}{\partial x} + \varphi\frac{\partial\psi}{\partial x}\right)\boldsymbol{i} + \left(\psi\frac{\partial\varphi}{\partial y} + \varphi\frac{\partial\psi}{\partial y}\right)\boldsymbol{j} + \left(\psi\frac{\partial\varphi}{\partial z} + \varphi\frac{\partial\psi}{\partial z}\right)\boldsymbol{k}$$

$$= \psi\left(\frac{\partial\varphi}{\partial x}\boldsymbol{i} + \frac{\partial\varphi}{\partial y}\boldsymbol{j} + \frac{\partial\varphi}{\partial z}\boldsymbol{k}\right) + \varphi\left(\frac{\partial\psi}{\partial x}\boldsymbol{i} + \frac{\partial\psi}{\partial y}\boldsymbol{j} + \frac{\partial\psi}{\partial z}\boldsymbol{k}\right) = \psi\nabla\varphi + \varphi\nabla\psi$$

(2)　$\nabla\cdot(\varphi\boldsymbol{A}) = \frac{\partial}{\partial x}(\varphi A_x) + \frac{\partial}{\partial y}(\varphi A_y) + \frac{\partial}{\partial z}(\varphi A_z) = \left(\frac{\partial\varphi}{\partial x}A_x + \varphi\frac{\partial A_x}{\partial x}\right) + \left(\frac{\partial\varphi}{\partial y}A_y + \varphi\frac{\partial A_y}{\partial y}\right) + \left(\frac{\partial\varphi}{\partial z}A_z + \varphi\frac{\partial A_z}{\partial z}\right) = \left(\frac{\partial\varphi}{\partial x}A_x + \frac{\partial\varphi}{\partial y}A_y + \frac{\partial\varphi}{\partial z}A_z\right) + \varphi\left(\frac{\partial A_x}{\partial x} + \frac{\partial A_y}{\partial y} + \frac{\partial A_z}{\partial z}\right) = (\nabla\varphi)\cdot\boldsymbol{A} + \varphi\nabla\cdot\boldsymbol{A}$

(3)　$\nabla\cdot(\boldsymbol{A}\times\boldsymbol{B}) = \frac{\partial}{\partial x}(\boldsymbol{A}\times\boldsymbol{B})_x + \frac{\partial}{\partial y}(\boldsymbol{A}\times\boldsymbol{B})_y + \frac{\partial}{\partial z}(\boldsymbol{A}\times\boldsymbol{B})_z = \frac{\partial}{\partial x}(A_yB_z - A_zB_y) + \frac{\partial}{\partial y}(A_zB_x - A_xB_z) + \frac{\partial}{\partial z}(A_xB_y - A_yB_x) = \left(\frac{\partial A_y}{\partial x}B_z + A_y\frac{\partial B_z}{\partial x} - \frac{\partial A_z}{\partial x}B_y - A_z\frac{\partial B_y}{\partial x}\right) + \left(\frac{\partial A_z}{\partial y}B_x + A_z\frac{\partial B_x}{\partial y} - \frac{\partial A_x}{\partial y}B_z - A_x\frac{\partial B_z}{\partial y}\right) + \left(\frac{\partial A_x}{\partial z}B_y + A_x\frac{\partial B_y}{\partial z} - \frac{\partial A_y}{\partial z}B_x - A_y\frac{\partial B_x}{\partial z}\right) = \left(\frac{\partial A_z}{\partial y} - \frac{\partial A_y}{\partial z}\right)B_x + \left(\frac{\partial A_x}{\partial z} - \frac{\partial A_z}{\partial x}\right)B_y + \left(\frac{\partial A_y}{\partial x} - \frac{\partial A_x}{\partial y}\right)B_z - A_x\left(\frac{\partial B_z}{\partial y} - \frac{\partial B_y}{\partial z}\right) - A_y\left(\frac{\partial B_x}{\partial z} - \frac{\partial B_z}{\partial x}\right) -$

$$A_z\left(\frac{\partial B_y}{\partial x}-\frac{\partial B_x}{\partial y}\right)=(\nabla\times\boldsymbol{A})\cdot\boldsymbol{B}-\boldsymbol{A}\cdot(\nabla\times\boldsymbol{B})$$

(4)　$[\nabla\times(\varphi\boldsymbol{A})]_x=\frac{\partial}{\partial y}(\varphi A_z)-\frac{\partial}{\partial z}(\varphi A_y)=\frac{\partial\varphi}{\partial y}A_z+\varphi\frac{\partial A_z}{\partial y}-\frac{\partial\varphi}{\partial z}A_y-\varphi\frac{\partial A_y}{\partial z}=\varphi\left(\frac{\partial A_z}{\partial y}-\frac{\partial A_y}{\partial z}\right)+\left(\frac{\partial\varphi}{\partial y}A_z-\frac{\partial\varphi}{\partial z}A_y\right)=\varphi(\nabla\times\boldsymbol{A})_x+[(\nabla\varphi)\times\boldsymbol{A}]_x$. y,z 成分についても同様なので $\nabla\times(\varphi\boldsymbol{A})=\varphi\nabla\times\boldsymbol{A}+(\nabla\varphi)\times\boldsymbol{A}$.

[**4**]　$[\nabla\times(\nabla\times\boldsymbol{A})]_x=\frac{\partial}{\partial y}(\nabla\times\boldsymbol{A})_z-\frac{\partial}{\partial z}(\nabla\times\boldsymbol{A})_y=\frac{\partial}{\partial y}\left(\frac{\partial A_y}{\partial x}-\frac{\partial A_x}{\partial y}\right)-\frac{\partial}{\partial z}\left(\frac{\partial A_x}{\partial z}-\frac{\partial A_z}{\partial x}\right)=\frac{\partial^2 A_y}{\partial x\,\partial y}-\frac{\partial^2 A_x}{\partial y^2}-\frac{\partial^2 A_x}{\partial z^2}+\frac{\partial^2 A_z}{\partial x\,\partial z}+\left(\frac{\partial^2 A_x}{\partial x^2}-\frac{\partial^2 A_x}{\partial x^2}\right)$
$=\frac{\partial}{\partial x}\left(\frac{\partial A_x}{\partial x}+\frac{\partial A_y}{\partial y}+\frac{\partial A_z}{\partial z}\right)-\left(\frac{\partial^2}{\partial x^2}+\frac{\partial^2}{\partial y^2}+\frac{\partial^2}{\partial z^2}\right)A_x=\frac{\partial}{\partial x}(\nabla\cdot\boldsymbol{A})-\nabla^2A_x$
$=[\nabla(\nabla\cdot\boldsymbol{A})-\nabla^2\boldsymbol{A}]_x$. y,z 成分についても同様.

[**5**]　$\boldsymbol{A}=\boldsymbol{k}\times\boldsymbol{\rho}=(-y,x,0)$, $|\boldsymbol{A}|=\sqrt{x^2+y^2}=\rho$. また $\boldsymbol{A}\cdot\boldsymbol{\rho}=-xy+xy=0$ より $\boldsymbol{A}$ と $\boldsymbol{\rho}$ は直交 ($\boldsymbol{A}\perp\boldsymbol{\rho}$). $\boldsymbol{A}$ は図のように原点 O の周りを回転しており，その大きさは原点からの距離に等しい. $\nabla\times\boldsymbol{A}=(0,0,2)=2\boldsymbol{k}$ で，その大きさは原点以外のいたるところで 2 である.

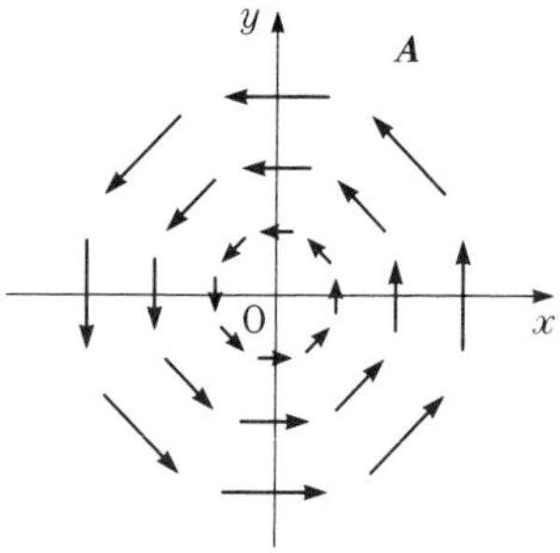

この場合には原点に近づくに従ってベクトル場の曲がりは強くなるが，ベクトルの大きさが減少する．これらの両効果がバランスして原点以外のどこでも回転が一定になっているのである.

[**6**]　(1)　$\nabla\cdot\left(\frac{\boldsymbol{r}}{r^3}\right)=\frac{\partial}{\partial y}\left(\frac{x}{r^3}\right)+\frac{\partial}{\partial y}\left(\frac{y}{r^3}\right)+\frac{\partial}{\partial z}\left(\frac{z}{r^3}\right)=\left(\frac{1}{r^3}-\frac{3x}{r^4}\frac{\partial r}{\partial x}\right)+\left(\frac{1}{r^3}-\frac{3y}{r^4}\frac{\partial r}{\partial y}\right)+\left(\frac{1}{r^3}-\frac{3z}{r^4}\frac{\partial r}{\partial z}\right)=\frac{3}{r^3}-\frac{3x}{r^4}\frac{x}{r}-\frac{3y}{r^4}\frac{y}{r}-\frac{3z}{r^4}\frac{z}{r}=0$

(2)　ガウスの定理 (6.29) と (1) の結果より

$$\mathrm{I}=\iint_{\mathrm{S}}\frac{\boldsymbol{r}}{r^3}\cdot n\,d\sigma=\iint_{\mathrm{V}}\nabla\cdot\left(\frac{\boldsymbol{r}}{r^3}\right)d\tau=0$$

(3)　図から明らかに $\boldsymbol{n}_\varepsilon=-\boldsymbol{n}$ である．よって $\iint_{\mathrm{S}}\frac{\boldsymbol{r}}{r^3}\cdot\boldsymbol{n}\,d\sigma=-\iint_{\mathrm{S}_\varepsilon}\frac{\boldsymbol{r}}{r^3}\cdot\boldsymbol{n}\,d\sigma=\iint_{\mathrm{S}_\varepsilon}\frac{\boldsymbol{r}}{r^3}\cdot\boldsymbol{n}_\varepsilon\,d\sigma$. 小球の半径は一定で $r=\varepsilon$ であり，$\boldsymbol{n}_\varepsilon=\frac{\boldsymbol{r}}{r}$ なので $\iint_{\mathrm{S}_\varepsilon}\frac{\boldsymbol{r}}{r^3}\cdot\boldsymbol{n}_\varepsilon\,d\sigma=\frac{1}{\varepsilon^2}\iint_{\mathrm{S}_\varepsilon}d\sigma=\frac{1}{\varepsilon^2}\cdot4\pi\varepsilon^2=4\pi$.

［**7**］ (1) 演習問題［3］の(4)より，$\boldsymbol{A}$ が定ベクトルなので $\nabla\times\boldsymbol{A}=0$ より $\nabla\times(\varphi\boldsymbol{A})=(\nabla\varphi)\times\boldsymbol{A}$.

(2) $\boldsymbol{A}\cdot\iint_S d\sigma\,\boldsymbol{n}\times\nabla\varphi=\iint_S d\sigma\,\boldsymbol{A}\cdot[\boldsymbol{n}\times\nabla\varphi]=\iint_S d\sigma\,\boldsymbol{n}\cdot[\nabla\varphi\times\boldsymbol{A}]=$ $\iint_S d\sigma\,\boldsymbol{n}\cdot\nabla\times(\varphi\boldsymbol{A})=\oint_C d\boldsymbol{r}\cdot(\varphi\boldsymbol{A})=\boldsymbol{A}\cdot\oint_C d\boldsymbol{r}\,\varphi.\quad\therefore\ \iint_S d\sigma\,\boldsymbol{n}\times\nabla\varphi=\oint_C d\boldsymbol{r}\,\varphi.$

第 7 章

［**問題 1**］ (1) $\mathrm{Re}\,z=-5,\quad \mathrm{Im}\,z=12$

(2) $\mathrm{Re}\,z=1/2,\quad \mathrm{Im}\,z=-1/2$　(3) $\mathrm{Re}\,z=0,\quad \mathrm{Im}\,z=1$

［**問題 2**］

$$|z_1z_2|=\sqrt{(x_1x_2-y_1y_2)^2+(x_1y_2+x_2y_1)^2}=\sqrt{(x_1{}^2+y_1{}^2)(x_2{}^2+y_2{}^2)}=|z_1||z_2|$$

$$|z_1/z_2|=\sqrt{\{(x_1x_2+y_1y_2)^2+(-x_1y_2+x_2y_1)^2\}/(x_2{}^2+y_2{}^2)^2}=\sqrt{x_1{}^2+y_1{}^2}/\sqrt{x_2{}^2+y_2{}^2}=|z_1|/|z_2|$$

［**問題 3**］ (7.5)より $|z|^2=x^2+y^2=(x+iy)(x-iy)=z\bar{z}$. (7.2)より

$$\overline{z_1z_2}=\overline{(x_1x_2-y_1y_2)+i(x_1y_2+x_2y_1)}=x_1x_2-y_1y_2-i(x_1y_2+x_2y_1)=(x_1-iy_1)(x_2-iy_2)=\overline{z_1}\,\overline{z_2}$$

(7.2)より

$$\overline{\left(\frac{z_1}{z_2}\right)}=\frac{(x_1x_2+y_1y_2)-i(-x_1y_2+x_2y_1)}{x_2{}^2+y_2{}^2}=\frac{(x_1-iy_1)(x_2+iy_2)}{(x_2+iy_2)(x_2-iy_2)}=\frac{x_1-iy_1}{x_2-iy_2}=\frac{\overline{z_1}}{\overline{z_2}}$$

［**問題 4**］ (7.11)より $e^{-i\theta}=\cos\theta-i\sin\theta$. これと(7.11)を連立させて $\cos\theta$ と $\sin\theta$ について解くと，(7.15)が得られる.

［**問題 5**］ $\cos 2\theta=\cos^2\theta-\sin^2\theta=2\cos^2\theta-1$, $\sin 2\theta=2\cos\theta\sin\theta$, $\cos 3\theta=\cos^3\theta-3\cos\theta\sin^2\theta=4\cos^3\theta-3\cos\theta$, $\sin 3\theta=3\cos^2\theta\sin\theta-\sin^3\theta=3\sin\theta-4\sin^3\theta$

［**問題 6**］ $z_1=z_0+z_0'=2+e^{i\pi/4}$, $z_2=z_0-z_0'=2-e^{i\pi/4}$, $z_3=z_0z_0'=2e^{i\pi/4}$, $z_4=z_0/z_0'=2e^{-i\pi/4}$ (次頁の上段の図を参照)

［**問題 7**］ α が $f(z)$ の解であるから $f(\alpha)=0$. したがって，$\bar{f}(\alpha)=0$. ところが，例題の結果から $\bar{f}(\alpha)=f(\bar{\alpha})$. よって $f(\bar{\alpha})=0$ となり，$\bar{\alpha}$ も解.

［**問題 8**］ (1) $u=(x+1)/\{(x+1)^2+y^2\}$, $v=-y/\{(x+1)^2+y^2\}$

(2) $u=x+x/(x^2+y^2)$, $v=y-y/(x^2+y^2)$

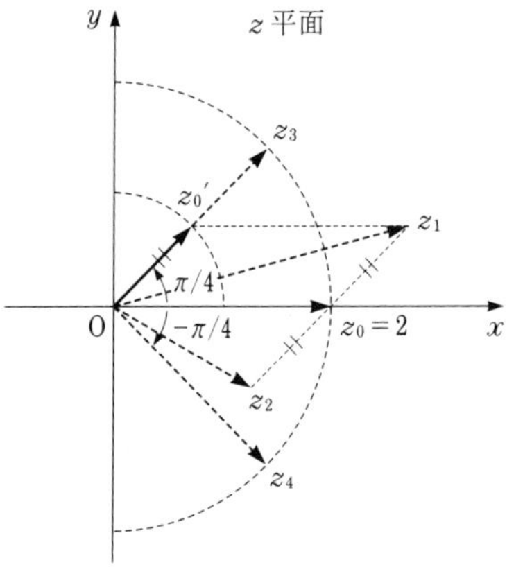

［問題 6］の解

［問題 9］　$e^{z_1}e^{z_2} = e^{x_1+iy_1}e^{x_2+iy_2} = e^{x_1}e^{iy_1}e^{x_2}e^{iy_2} = e^{x_1+iy_1+x_2+iy_2} = e^{(x_1+x_2)+i(y_1+y_2)} = e^{z_1+z_2}$. 他も同様.

［問題 10］　w が純虚数となるのは，その実部 $u = \mathrm{Re}\, w = e^x \cos y = 0$ のとき. したがって，$\cos y = 0$ より $y = \left(n + \dfrac{1}{2}\right)\pi \quad (n = 0, \pm 1, \pm 2, \cdots)$.

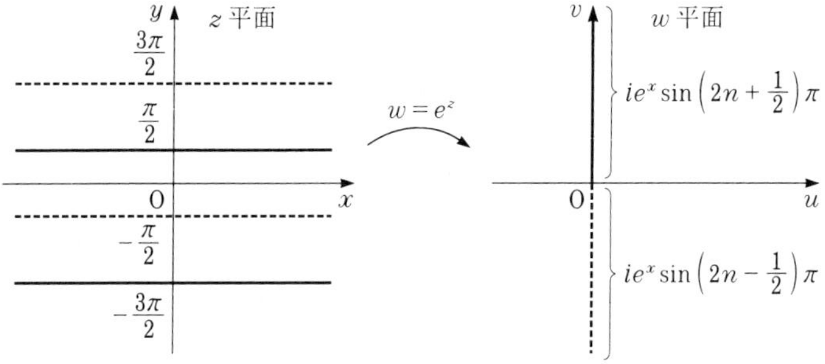

［問題 11］　$\sin^2 z + \cos^2 z = -\dfrac{1}{4}(e^{iz} - e^{-iz})^2 + \dfrac{1}{4}(e^{iz} + e^{-iz})^2 = \dfrac{1}{4}\{(e^{2iz} + 2 + e^{-2iz}) - (e^{2iz} - 2 + e^{-2iz})\} = 1$.

$2\sin z \cos z = 2\cdot\dfrac{1}{2i}(e^{iz} - e^{-iz})\cdot\dfrac{1}{2}(e^{iz} + e^{-iz}) = \dfrac{1}{2i}(e^{2iz} - e^{-2iz}) = \sin 2z$.

$\sin\left(z + \dfrac{\pi}{2}\right) = \dfrac{1}{2i}(e^{iz+i\pi/2} - e^{-iz-i\pi/2}) = \dfrac{1}{2i}(ie^{iz} + ie^{-iz}) = \cos z$.

［問題 12］　$\cos z = \cos(x + iy) = \cos z \cos iy - \sin x \sin iy = \cos x \cosh y - i \sin x \sinh y$. 他も同様.

［問題 13］　$\mathrm{Im}(\sin z) = \cos x \sinh y = 0$

が成り立つのは(a)　$\cos x = 0$,

$\therefore\quad x = \left(n + \dfrac{1}{2}\right)\pi$ または

(b)　$\sinh y = 0$,　$\therefore\quad y = 0$.

$\sin z = 0$ ではその上でその実部もゼロ：$\sin x \cosh y = 0$ であるが，$\cosh y \neq 0$ なので $\sin x = 0$ より $x = n\pi$. すなわち，実軸上の $x = n\pi$ (× 印) で $\sin z = 0$ となる.

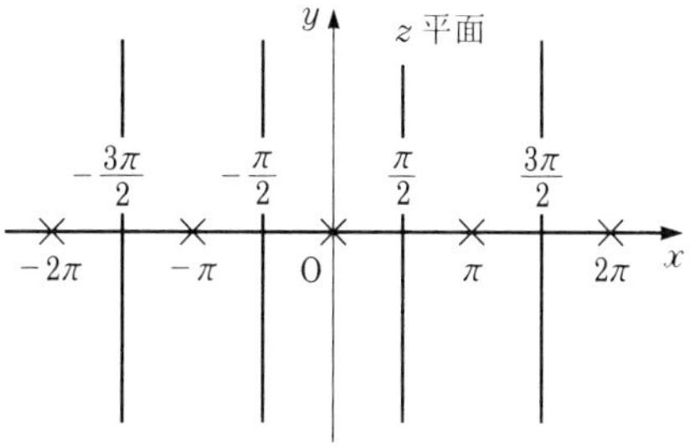

［問題 14］　$z = \left(\dfrac{\pi}{2} + 2n\pi\right) - i\ln(3 \pm 2\sqrt{2})$　　(n：整数)

［問題 15］　半直線 $\arg z = \pi/3$ は $z = re^{i\pi/3}$ と表される．したがって $w = u + iv = \log z = \ln r + i(\pi/3)$ ($n = 0$ とした) より $u = \ln r$, $v = \pi/3$ となる．$r > 0$ より u の値は $(-\infty, \infty)$ である.

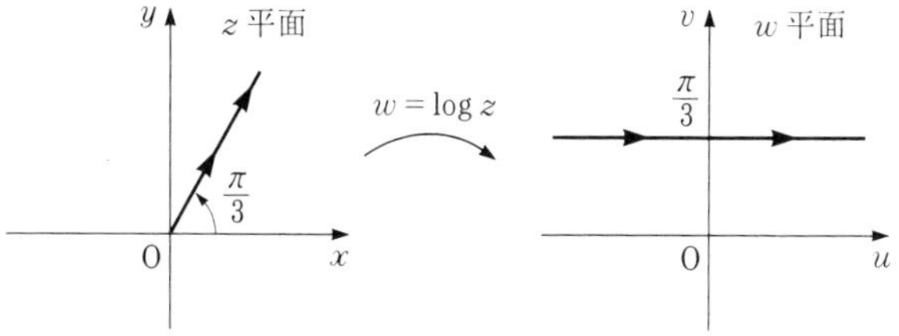

［問題 16］　$i^{1/2} = \exp\left[\dfrac{i}{2}\left(\dfrac{\pi}{2} + 2n\pi\right)\right] = e^{i\pi/4}e^{in\pi}$

$= \pm e^{i\pi/4}$　　(＋：n が偶数，－：n が奇数)

［問題 17］　$1^{1/4} = e^{i2m\pi}$ $(= 1)$,　$e^{i(4m+1)\pi/2}$ $(= i)$,　$e^{i(4m+2)\pi/2}$ $(= -1)$,　$e^{i(4m+3)\pi/2}$ $(= -i)$

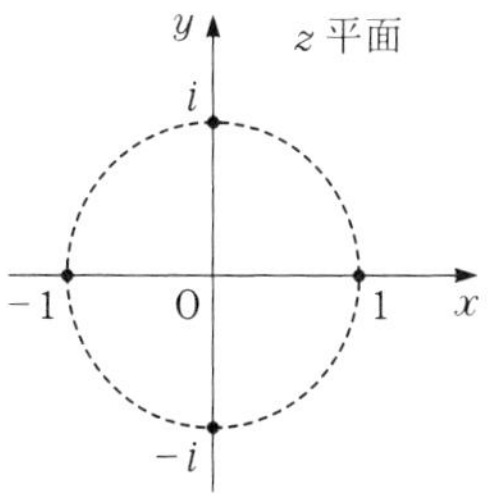

［**1**］　(1)　$-2 + 2i$　　(2)　i　　(3)　$\dfrac{8}{13} + i\dfrac{1}{13}$　　(4)　-1

［**2**］　(1)　$1+i=\sqrt{2}\left(\dfrac{1}{\sqrt{2}}+i\dfrac{1}{\sqrt{2}}\right)=\sqrt{2}\left(\cos\dfrac{\pi}{4}+i\sin\dfrac{\pi}{4}\right)$

$=\sqrt{2}e^{i\pi/4}$

(2)　$\sqrt{3}+i=2\left(\dfrac{\sqrt{3}}{2}+i\dfrac{1}{2}\right)=2\left(\cos\dfrac{\pi}{6}+i\sin\dfrac{\pi}{6}\right)=2e^{i\pi/6}$

(3)　$2-2i=2\sqrt{2}\left(\dfrac{1}{\sqrt{2}}-i\dfrac{1}{\sqrt{2}}\right)=2\sqrt{2}\left(\cos\dfrac{\pi}{4}-i\sin\dfrac{\pi}{4}\right)=2\sqrt{2}e^{-i\pi/4}$

(4)　$3i=3e^{i\pi/2}$

(5)　$-4i=4(-i)=4e^{-i\pi/2}$

［**3**］　$\cos\theta+i\sin\theta=e^{i\theta}$ より $(\cos\theta+i\sin\theta)^n=e^{in\theta}=\cos n\theta+i\sin n\theta$. $n=2,3$ とおいて，両辺の実部，虚部を比較せよ．

［**4**］　$z=x+iy$ とおいて

(1)　$x=2$ (直線)，　　(2)　$|z-2|=\sqrt{(x-2)^2+y^2}\leqq 2$

これは，中心 $z=2+i0$，半径 2 の円内を表す．(3)　$\mathrm{Im}(z+i)=y+1$．よって $(y+1)^2=x^2+y^2$ より $y=\dfrac{1}{2}(x^2-1)$ (放物線)．

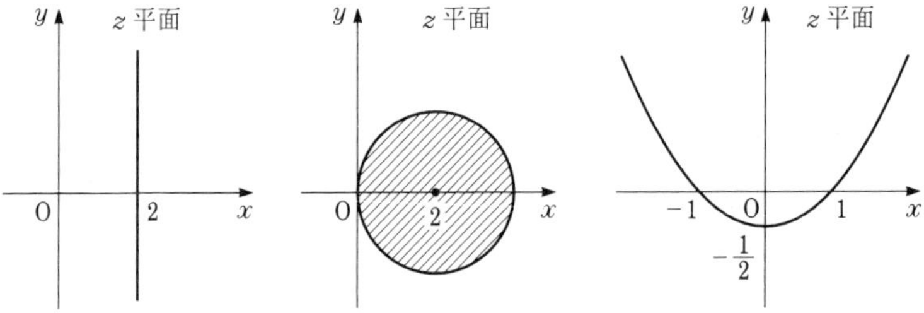

(1)　　　　(2)　　　　(3)

［**5**］　(1)　$z=\log(1+i)$ で $1+i$ を極形式で表すと $1+i=\sqrt{2}\left(\dfrac{1}{\sqrt{2}}+i\dfrac{1}{\sqrt{2}}\right)$ $=\sqrt{2}e^{i\pi/4}$．よって，$z=\log(\sqrt{2}e^{i\pi/4})=\ln\sqrt{2}+i\left(\dfrac{\pi}{4}+2n\pi\right)=\dfrac{1}{2}\ln 2+i\left(\dfrac{\pi}{4}+2n\pi\right)$．

(2)　$w=\cos z=\cos x\cosh y-i\sin x\sinh y$ より，これが純虚数となるのは $\cos x\cosh y=0$ のとき．$\cosh y\neq 0$ より $\cos x=0$，　∴　$x=\left(n+\dfrac{1}{2}\right)\pi$ (n：整数)．

［**6**］　$w=u+iv=\ln|z|+i\theta$ より

(i)　円 $|z|=2$ の像は $u=\ln 2$ (直線)．(ii)　半直線 $\arg z=\theta=\pi/4$ の像

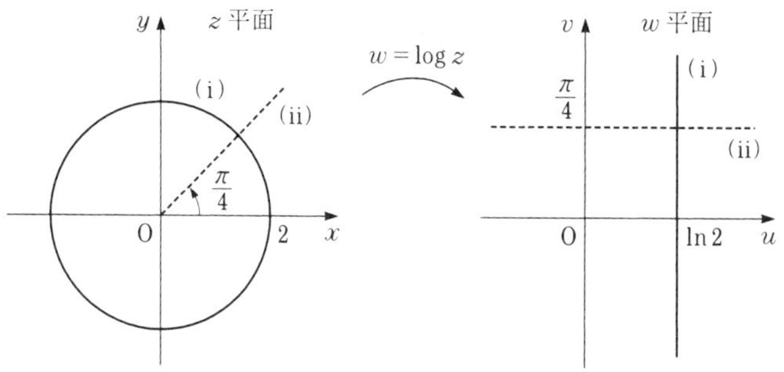

は $v = \pi/4$ (直線).

[7]　(1)　$-1 = 1e^{i(\pi+2n\pi)}$ より $(-1)^{1/4} = e^{i(\pi+2n\pi)/4} = e^{i\pi/4}$, $e^{i3\pi/4}$, $e^{i5\pi/4}$ $(= e^{-i3\pi/4})$, $e^{i7\pi/4}(= e^{-i\pi/4})$.

(2)　$i = 1e^{i\left(\frac{\pi}{2}+2n\pi\right)}$ より $i^{1/3} = e^{i\left(\frac{\pi}{2}+2n\pi\right)/3} = e^{i\pi/6}$, $e^{i5\pi/6}$, $e^{i3\pi/2}$ $(= -i)$.

[8]　$i^i = \exp(i \log i)$ で, $\log i = \log 1e^{i\pi/2} = \ln 1 + i\left(\dfrac{\pi}{2} + 2n\pi\right) = i\left(\dfrac{\pi}{2} + 2n\pi\right)$ (n : 整数) より, $i^i = \exp\left[-\left(\dfrac{1}{2} + 2n\right)\pi\right]$.

第 8 章

[問題 1]　$z + 1 = (x+1) + iy = 1/w = 1/(u+iv) = u/(u^2+v^2) - iv/(u^2+v^2)$ より $x = u/(u^2+v^2) - 1$, $y = -v/(u^2+v^2)$. これを $y = x - 1/2$ に代入して整理すると $u^2 + v^2 - (2/3)(u+v) = 0$. $\therefore$ $(u - 1/3)^2 + (v - 1/3)^2 = (\sqrt{2}/3)^2$. これは $w = 1/3 + i/3$ を中心とする半径 $\sqrt{2}/3$ の円. 原点 $w = 0$ を通ることに注意.

[問題 2]　(1)　$w' = 4z^3 + 2z$,　　(2)　$w' = 4z^3$

[問題 3]　(1)　$w = u + iv = z^2 = (x+iy)^2 = x^2 - y^2 + 2ixy$. $\therefore$ $u = x^2 - y^2$, $v = 2xy$. $\therefore$ $u_x = 2x$, $u_y = -2y$, $v_x = 2y$, $v_y = 2x$. 以上よりコーシー - リーマン方程式 $u_x = v_y$, $u_y = -v_x$ が z の全域で成立. $f'(z) = u_x + iv_x = 2x + i2y = 2z$.

(2)　(7.29) より $w = u + iv = \cos z = \cos x \cosh y - i \sin x \sinh y$.
$\therefore$　$u = \cos x \cosh y$, $v = -\sin x \sinh y$.　$\therefore$　$u_x = -\sin x \cosh y$,
$u_y = \cos x \sinh y$, $v_x = -\cos x \sinh y$, $v_y = -\sin x \cosh y$.

以上よりコーシー - リーマン方程式 $u_x = v_y$, $u_y = -v_x$ が成立し, $f'(z) =$

$u_x + iv_x = -\sin x \cosh y - i \cos x \sinh y = -\sin z.$

(3)　(2)と同様.

［問題 4］　$\dfrac{d}{dz}\sin z = \dfrac{d}{dz}\dfrac{1}{2i}(e^{iz} - e^{-iz}) = \dfrac{1}{2}(e^{iz} - e^{-iz}) = \cos z$

［問題 5］　特異点は分母 $e^z + 1 = 0$ より，$e^z = -1$.　$\therefore$　$z = (2n+1)\pi i$ (n：整数)．それ以外の点で $f'(z) = -e^z/(e^z+1)^2$.

［問題 6］　$a = 3$

［問題 7］　$w = z^2 + 2z = (x+iy)^2 + 2(x+iy) = x^2 + 2x - y^2 + 2i(xy+y)$.
$u = x^2 + 2x - y^2$，$u_x = 2x + 2$，$u_y = -2y$，$u_{xx} = 2$，$u_{yy} = -2$.
$\therefore$　$\nabla^2 u = u_{xx} + u_{yy} = 0$.　$v = 2xy + 2y$,　$v_x = 2y$,　$v_y = 2x + 2$,　$v_{xx} = 0$,　$v_{yy} = 0$.　$\therefore$　$\nabla^2 v = v_{xx} + v_{yy} = 0$.

［問題 8］　$w = u + iv = x^2 - y^2 + i2xy + c = z^2 + c$

［問題 9］　$w = u + iv = x^3 - 3xy^2 + i(3x^2y - y^3 + c) = z^3 + ic$

［問題 10］　$w = u + iv = 2x^3 - 6xy^2 + 3x^2 - 3y^2 + i(6x^2y + 6xy - 2y^3 + c) = 2(x^3 - 3xy^2) + 2i(3x^2y - y^3) + 3(x^2 - y^2) + 6ixy + ic = 2z^3 + 3z^2 + ic$

［問題 11］

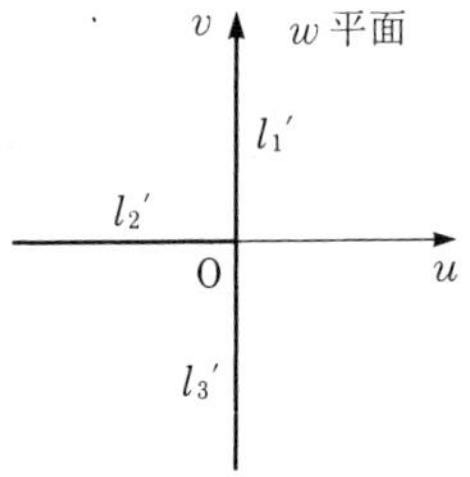

［問題 12］　$w = z^4$

［問題 13］　$w = f(z) = z^{1/2}$ が求める正則関数．w 平面での等ポテンシャル曲線は $w = u + iv_0$　(u：任意の値，v_0：一定)だから，$u + iv_0 = z^{1/2}$，$u^2 - v_0{}^2 + 2iuv_0 = x + iy$，$x = u^2 - v_0{}^2$，$y = 2uv_0$．この両式から u を消去すると z 平面では $x = y^2/4v_0{}^2 - v_0{}^2$．これは図 8.13 の左の破線で示された放物線．同様に，電気力線は $w = u_0 + iv$ より z 平面では $x = u_0{}^2 - y^2/4u_0{}^2$ となり，図 8.13 の左の実線で示された放物線．

［問題 14］　ガウスの法則 $\mathrm{div}\,\boldsymbol{E} = \rho/\varepsilon_0$ の両辺を半径 r の円内 S で積分すると

左辺　→　$\displaystyle\int_S \mathrm{div}\,\boldsymbol{E}\,dS = \oint_C \boldsymbol{E}\cdot d\boldsymbol{s} = 2\pi r E$ (2 次元でのガウスの定理を使った)

右辺　→　$\displaystyle\int_S \frac{\rho}{\varepsilon_0}\,dS = \frac{Q}{\varepsilon_0}$

よって $E = \dfrac{Q}{2\pi\varepsilon_0}\dfrac{1}{r}$．電場 $\boldsymbol{E} = \dfrac{Q}{2\pi\varepsilon_0}\dfrac{\boldsymbol{r}}{r^2} = -\nabla\phi$ で，$\phi = -\dfrac{Q}{2\pi\varepsilon_0}\ln r$.

［1］ (1)　$w = u + iv = \dfrac{1}{z-1}$ より $z - 1 = \dfrac{1}{u+iv} = \dfrac{u - iv}{u^2 + v^2}$.

$\therefore\ \ x - 1 = \dfrac{u}{u^2 + v^2}$, $y = -\dfrac{v}{u^2 + v^2}$. $x = y$ より $u^2 + v^2 + u + v = 0$.

$\therefore\ \ \left(u + \dfrac{1}{2}\right)^2 + \left(v + \dfrac{1}{2}\right)^2 = \dfrac{1}{2}$. w 平面上，点 $w = -\dfrac{1}{2} - \dfrac{1}{2}i$ を中心とする半径 $\sqrt{2}/2$ の円.

(2)　$w = u + iv = z^2 = (x + iy)^2$ より $u = x^2 - y^2$, $v = 2xy$. $y = x + 1$ を u に代入して，$u = -2x - 1$. $\therefore$ $x = -(1/2)(u + 1)$. $y = x + 1$ を v に代入して，$v = 2x(x + 1)$. これより x を消去して $v = (1/2)u^2 - 1/2$ （放物線).

［2］ $w = |z|^2 = x^2 + y^2$ より $u = x^2 + y^2$, $v = 0$. v が常にゼロなので u, v はコーシー - リーマン方程式 ($u_x = v_y$, $u_y = -v_x$) を満たし得ない. すなわち，$w = |z|^2$ は正則ではない.

［3］ (1)　$w = u + iv = (x - iy)^2$ より $u = x^2 - y^2$, $v = -2xy$. $\therefore$ $u_x = 2x$, $u_y = -2y$, $v_x = -2y$, $v_y = -2x$ となり，u, v はコーシー - リーマン方程式を満たさない.

(2)　$w = u + iv = |z|^2 z = (x^2 + y^2)(x + iy)$ より $u = x(x^2 + y^2)$, $v = y(x^2 + y^2)$. $\therefore$ $u_x = 3x^2 + y^2$, $u_y = 2xy$, $v_x = 2xy$, $v_y = x^2 + 3y^2$ となり，u, v はコーシー - リーマン方程式を満たさない.

［4］ (1)　$f = u + iv$ より $\partial f/\partial\bar{z} = \partial u/\partial\bar{z} + i\,\partial v/\partial\bar{z} = (1/2)(u_x + iu_y) + i(1/2)(v_x + iv_y) = (1/2)(u_x - v_y) + (1/2)\,i(u_y + v_x)$.

(2)　コーシー - リーマン方程式 $u_x = v_y$, $u_y = -v_x$ より $\partial f/\partial\bar{z} = 0$.

［5］ (1)　$\cot z = \cos z/\sin z$. 特異点は，$\sin z = 0$ より $z = n\pi$ ($n = 0, \pm 1, \pm 2, \cdots$).

$$(\cot z)' = \frac{-\sin^2 z - \cos^2 z}{\sin^2 z} = -\frac{1}{\sin^2 z} = -\mathrm{cosec}^2\, z$$

(2)　特異点は分母 $e^z - 2 = 0$ より，$z = \log 2 = \ln 2 + 2n\pi i$ ($n = 0, \pm 1, \pm 2, \cdots$).

$$\left(\frac{1}{e^z - 2}\right)' = \frac{-e^z}{(e^z - 2)^2}$$

［6］ $z = a$ の近傍で $f(z)$, $g(z)$ が正則なので，

$$f(z) \cong f(a) + f'(a)(z - a) = f'(a)(z - a)$$
$$g(z) \cong g(a) + g'(a)(z - a) = g'(a)(z - a)$$

と表されるので

$$\lim_{z \to a} \frac{g(z)}{f(z)} = \lim_{z \to a} \frac{g'(a)(z - a)}{f'(a)(z - a)} = \frac{g'(a)}{f'(a)}$$

(1)　$\lim_{z\to 1}\dfrac{\pi\cos\pi z}{2z}=-\dfrac{\pi}{2}$,　　(2)　$\lim_{z\to\pi i}\dfrac{e^z}{1}=e^{\pi i}=-1$

[**7**]　(1)　$u_x=3x^2-3y^2$,　$u_{xx}=6x$　;　$u_y=-6xy+2$,　$u_{yy}=-6x$. $\therefore$　$\nabla^2 u=u_{xx}+u_{yy}=0$. よって u は調和関数. コーシー - リーマン方程式より $v_x=-u_y=6xy-2$.　$\therefore$　$v=3x^2y-2x+Y(y)$. これをもう1つのコーシー - リーマン方程式 $v_y=u_x$ に代入して $3x^2+dY/dy=3x^2-3y^2$. $\therefore$　$dY/dy=-3y^2$.　$\therefore$　$Y=-y^3+c$ (c：定数). これより $v=3x^2y-2x-y^3+c$. 以上より $w=u+iv=x^3-3xy^2+2y+i(3x^2y-y^3-2x)+c'=z^3-2iz+c'\,(c'=ic)$.

(2)　$v_x=e^x\cos y$, $v_{xx}=e^x\cos y$, $v_y=-e^x\sin y$, $v_{yy}=-e^x\cos y$. $\therefore$　$\nabla^2 v=v_{xx}+v_{yy}=0$. よって v は調和関数. コーシー - リーマン方程式より $u_x=v_y=-e^x\sin y$.　$\therefore$　$u=-e^x\sin y+Y(y)$. これをもう1つのコーシー - リーマン方程式 $u_y=-v_x$ に代入して $-e^x\cos y+dY/dy=-e^x\cos y$. $\therefore$　$Y=c$ (定数).　$\therefore$　$u=-e^x\sin y+c$.　$\therefore$　$w=u+iv=-e^x\sin y+c+ie^x\cos y=ie^x(\cos y+i\sin y)+c=ie^z+c$.

[**8**]　$u_x=6x^2-ay^2$, $u_{xx}=12x$, $u_y=-2axy$, $u_{yy}=-2ax$. これより u が調和関数であるためには $\nabla^2 u=u_{xx}+u_{yy}=12x-2ax=0$.　$\therefore$　$a=6$. このとき $u=2x^3-6xy^2$. コーシー - リーマン方程式より $v_x=-u_y=12xy$. これを積分して $v=6x^2y+Y(y)$. これをもう1つのコーシー - リーマン方程式 $v_y=u_x$ に代入して $6x^2+dY/dy=6x^2-6y^2$.　$\therefore$　$dY/dy=-6y^2$.　$\therefore$　$Y=-2y^3+c$ (c：定数).　$\therefore$　$v=6x^2y-2y^3+c$.　$\therefore$　$w=u+iv=2z^3+c'$ $(c'=ic)$.

[**9**]　(1)　A が実定数なのでその偏角は $\arg A=0$.　$\therefore$　$\arg w=\arg A+\lambda\arg z=\lambda\arg z$. また z 平面上の l_1, l_2 の偏角は $\arg(l_1)=0$, $\arg(l_2)=\beta$. w 平面上の対応する l_1', l_2' の偏角はそれぞれ, $\arg(l_1')=\lambda\arg(l_1)=0$, $\arg(l_2')=\lambda\arg(l_2)=(\pi/\beta)\cdot\beta=\pi$ となって, 確かに z 平面上のクサビはこの $w=Az^\lambda$ で w 平面上の実軸より下の部分に写像される.

(2)　w 平面上での等ポテンシャル線は $w=u+iv_0$. ところで, z を極形式 $z=re^{i\theta}$ と表すと, これは z 平面上の点 P にほかならない. $w=Az^\lambda=Ar^\lambda e^{i\lambda\theta}=u+iv_0$ より

$$v_0=\operatorname{Im} w=Ar^\lambda\sin\lambda\theta=\text{一定}$$

これは r と θ の間の関係式であり, これを満たす z 平面上の曲線が w 平面上の実軸に平行な直線 $u+iv_0$ になる. これより z 平面上での等ポテンシャル線は $Ar^\lambda\sin\lambda\theta=v_0$ となり, 点 P での静電ポテンシャルは $\phi=Ar^\lambda\sin\lambda\theta$ で与えられる. これはまた, 確かに直線 l_1, l_2 上で $\phi=0$ となり, 境界条件を満たす.

第 9 章

［問題 1］　$I_4 = i, \qquad I_5 = i$

［問題 2］　積分路 C を $z = a$ を中心，半径 r の円周 C_0 に変形．C_0 上で $z = a + re^{i\theta}$，$dz = re^{i\theta} i \, d\theta$．最後に $r \to 0$ とする．

(1)　$\oint_C \frac{dz}{z-a} = 2\pi i$　(2)　$\oint_C \frac{z^2 \, dz}{z-a} = 2\pi a^2 i$　(3)　$\oint_C \frac{\sin z}{z-a} dz = 2\pi i \sin a$

［問題 3］　$\oint_C \frac{z}{z^2+1} dz = 2\pi i$

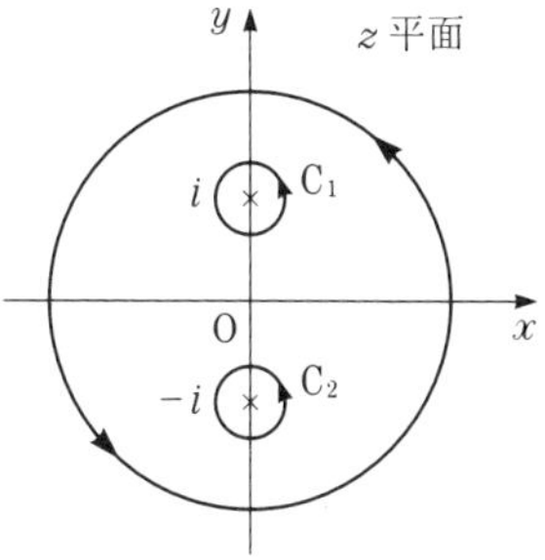

［問題 4］　(1)　$\int_{z_0}^{z} \cos z' \, dz' = \sin z - \sin z_0$　　(2)　$\frac{1}{a}(e^{az} - e^{az_0})$

［問題 5］　(i)　$n = 1$ で (9.19) が成立．(ii)　$n = k$ で (9.20) が成り立つとすると $\frac{d^k f(z)}{dz^k} = \frac{k!}{2\pi i} \oint_C \frac{f(z') dz'}{(z'-z)^{k+1}}$．これをさらに z で微分すると $\frac{d^{k+1} f(z)}{dz^{k+1}} = \frac{(k+1)!}{2\pi i} \oint_C \frac{f(z') \, dz'}{(z'-z)^{k+2}}$ となって $n = k+1$ でも成立．

［問題 6］　［例題 9.7］で $R \to \infty$（$f(z)$ が z の全域で正則だから）とすると，$f^{(n)}(a) = 0$ $(n = 1, 2, \cdots)$ となる．a は任意だから，$n = 1$ に対して $f'(z) = 0$．$\therefore$　$f(z)$ は定数．

［問題 7］　(1)　積分 I は $I = \frac{2\pi i}{4}(e^2 - e^{-2}) = \pi i \sinh 2$

(2)　$I = 2\pi i \times \left(-\frac{1}{9}\right) = -\frac{2\pi i}{9}$　　(3)　$I = 2\pi i \cdot \frac{2}{\pi} = 4i$

［問題 8］　$I = \frac{\pi}{2a}$（注意：これは［例題 9.9］で $a \to 0$，b を a に代えて半分にした結果と一致する．）

[**問題 9**]　$I = \dfrac{1}{2}\displaystyle\int_{-\infty}^{\infty} \frac{dx}{(x^2+1)(x^2+4)}$ より $I' = \displaystyle\oint_{\mathrm{C}} \frac{dz}{(z^2+1)(z^2+4)}$ を計算.

$I = \dfrac{\pi}{12}$.

[**問題 10**]　$I = \dfrac{\sqrt{2}}{2}\pi$

[**問題 11**]　(1)　$\dfrac{1}{1+z} = 1 - z + z^2 - \cdots$. 収束半径は 1.

(2)　$\log(1-z) = -\displaystyle\sum_{k=1}^{\infty} \frac{1}{k} z^k = -z - \frac{1}{2}z^2 - \frac{1}{3}z^3 - \cdots$. 収束半径は 1.

[**問題 12**]

$$\frac{1}{1+z} = \frac{1}{2}\frac{1}{1-\dfrac{1-z}{2}}$$
$$= \frac{1}{2}\left\{1 + \left(\frac{1-z}{2}\right) + \left(\frac{1-z}{2}\right)^2 + \cdots\right\}$$

収束半径は展開の中心 $z=1$ と特異点 $z=-1$ の間の距離で 2.

[**問題 13**]　図の点線で示した積分路 C に対して $f(z)$ の積分表示は

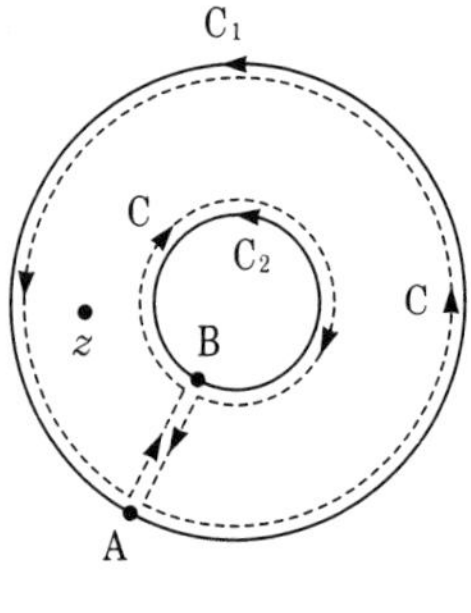

$$f(z) = \frac{1}{2\pi i}\oint_{\mathrm{C}} \frac{f(z')}{z'-z}\,dz'$$
$$= \frac{1}{2\pi i}\left[\oint_{\mathrm{C}_1} + \int_{\mathrm{A}\to\mathrm{B}} + \oint_{\overline{\mathrm{C}_2}} + \int_{\mathrm{B}\to\mathrm{A}}\right]\frac{f(z')}{z'-z}\,dz$$
$$= \frac{1}{2\pi i}\left[\oint_{\mathrm{C}_1}\frac{f(z')}{z'-z}\,dz + \oint_{\overline{\mathrm{C}_2}}\frac{f(z')}{z'-z}\,dz\right]$$
$$= \frac{1}{2\pi i}\left[\oint_{\mathrm{C}_1}\frac{f(z')}{z'-z}\,dz' - \oint_{\mathrm{C}_2}\frac{f(z'')}{z''-z}\,dz''\right]$$

[**問題 14**]　(1)　$z-1=w$ とおいて

$$\frac{z}{(z-1)(z-2)} = -\frac{1}{z-1} - 2 - 2(z-1) - 2(z-1)^2 - \cdots$$

(2)　$z\sin\dfrac{1}{z} = 1 - \dfrac{1}{6z^2} + \dfrac{1}{120z^4} - \cdots$

(3)　$z+1=w$ とおいて

$$\frac{e^z}{(z+1)(z+2)} = \frac{e^{-1}}{z+1} + \frac{e^{-1}}{2}(z+1) - \frac{e^{-1}}{3}(z+1)^2 + \cdots$$

[**1**]　(1)　C_1 上で $z=iy$, $dz=i\,dy$.

$\therefore\ \ I_1 = \displaystyle\int_0^1 (-y^2)i\,dy = -i\int_0^1 y^2\,dy = -\frac{1}{3}i$

(2)　C_2：実軸上で $z=x$, $dz=dx$. $1\to 1+i$ で $z=1+iy$, $dz=i\,dy$.

$1+i \to i$ で $z = x+i,\ \ dz = dx.\quad \therefore\ \ I_2 = \int_0^1 x^2\,dx + \int_0^1 (1+iy)^2\, i\,dy + \int_1^0 (x+i)^2\,dx = \frac{1}{3} + i\int_0^1 (1+2iy-y^2)\,dy - \int_0^1 (x^2+2ix-1)\,dx = \frac{1}{3} + i\left(1+i-\frac{1}{3}\right) - \left(\frac{1}{3}+i-1\right) = -\frac{1}{3}i.$

(3)　C_3：実軸上では (2) と同じ．円弧上で $z = 1e^{i\theta},\ dz = e^{i\theta} i\,d\theta.$

$\therefore\ \ I_3 = \int_0^1 x^2\,dx + \int_0^{\pi/2} e^{2i\theta} e^{i\theta} i\,d\theta = \frac{1}{3} + i\int_0^{\pi/2} e^{3i\theta} d\theta = \frac{1}{3} + \frac{1}{3}[e^{3i\theta}]_0^{\pi/2} = \frac{1}{3} + \frac{1}{3}\{e^{(3\pi/2)i} - 1\} = -\frac{1}{3}i.$

［**2**］　(1)　C_1 上で $z = iy,\ |z|^2 = y^2,\ dz = i\,dy.\quad \therefore\ \ J_1 = i\int_0^1 y^2\,dy = \frac{1}{3}i.$

(2)　C_2：実軸上で $z = x,\ \ |z|^2 = x^2,\ \ dz = dx.$ $1 \to 1+i$ で $z = 1+iy,\ |z|^2 = 1+y^2,\ \ dz = i\,dy.$ $1+i \to i$ で $z = x+i,\ \ |z|^2 = x^2+1,\ \ dz = dx.$

$\therefore\ \ J_2 = \int_0^1 x^2\,dx + i\int_0^1 (1+y^2)dy + \int_1^0 (x^2+1)dx = \frac{1}{3} + i\left(1+\frac{1}{3}\right) - \left(\frac{1}{3}+1\right) = -1 + \frac{4}{3}i.$

(3)　C_3：実軸では (2) と同じ．円弧上で $z = e^{i\theta},\ |z|^2 = 1,\ dz = e^{i\theta} i\,d\theta.$

$\therefore\ \ J_3 = \int_0^1 x^2\,dx + \int_0^{\pi/2} 1\cdot e^{i\theta} i\,d\theta = \frac{1}{3} + i\int_0^{\pi/2} e^{i\theta}\,d\theta = \frac{1}{3} + [e^{i\theta}]_0^{\pi/2} = -\frac{2}{3} + i.$

［**3**］　積分路 C を点 $z = a$ を中心，半径 r の円 C_0 に変形しても積分値は不変．C_0 上で $z = a + re^{i\theta},\ dz = re^{i\theta} i\,d\theta.$ 最後に $r \to 0$ としても積分値は不変．これより

(1)　$2\pi i a$　　(2)　$2\pi i a \cos a$　　(3)　$2\pi i a^2 e^a$

［**4**］　被積分関数の特異点は $z = \pm 2i$ で，それぞれの積分路は次頁の図の通り．

(1)　C を特異点 $z = 2i$ を中心とする半径 r $(r \to 0)$ の小円 C_1 に変形．C_1 上で $z = 2i + re^{i\theta},\ dz = re^{i\theta} i\,d\theta.\quad \therefore\ \ \oint_C \frac{dz}{z^2+4} = \oint_{C_1} \frac{dz}{(z-2i)(z+2i)}$

$$= \int_0^{2\pi} \frac{re^{i\theta} i\,d\theta}{re^{i\theta}(4i + re^{i\theta})} = \frac{2\pi i}{4i} = \frac{\pi}{2}.$$

(2)　C を特異点 $z = -2i$ を中心とする半径 r $(r \to 0)$ の小円 C_2 に変形．C_2 上で $z = -2i + re^{i\theta},\ dz = re^{i\theta} i\,d\theta.$

$$\therefore\ \ \oint_C \frac{dz}{z^2+4} = \oint_{C_2} \frac{dz}{(z-2i)(z+2i)} = \int_0^{2\pi} \frac{re^{i\theta} i\,d\theta}{(-4i + re^{i\theta})re^{i\theta}} = -\frac{\pi}{2}.$$

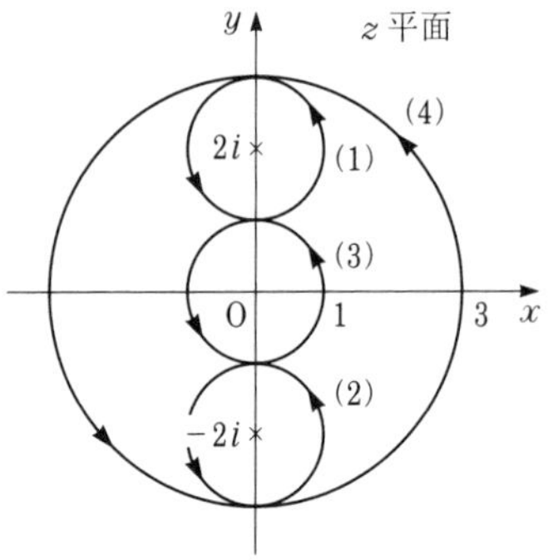

(3)　C 内に特異点はない．　∴　$\oint_C \frac{dz}{z^2+4}=0.$

(4)　C 内に特異点は $z=\pm 2i$ の 2 個あるので，(9.11) より C を C_1 と C_2 に変形．

$$\therefore\quad \oint_C \frac{dz}{z^2+4}=\oint_{C_1}\frac{dz}{z^2+4}+\oint_{C_2}\frac{dz}{z^2+4}=\frac{\pi}{2}-\frac{\pi}{2}=0$$

[**5**]　C を $z=a$ を中心とする半径 r の円 C_0 に変形．C_0 上で $z=a+re^{i\theta}$, $dz=re^{i\theta}i\,d\theta$.

$$\therefore\quad \oint_C \frac{dz}{(z-a)^n}=\oint_{C_0}\frac{dz}{(z-a)^n}=\int_0^{2\pi}\frac{re^{i\theta}i\,d\theta}{r^n e^{in\theta}}=ir^{1-n}\int_0^{2\pi}e^{i(1-n)\theta}\,d\theta$$

n は整数なので，θ についての積分は $n=1$ のときを除いて常に 0 で，$n=1$ のときは 2π．よって $\oint_C \frac{dz}{(z-a)^n}=2\pi i\,\delta_{n,1}$．$n\geqq 2$ では C 内に特異点があるが，積分はゼロであることに注意．

[**6**]　(1)　1 位の極．留数は $\mathrm{Res}(f,-1)=\lim_{z\to -1}\left\{(z+1)\frac{1}{z^2(z+1)}\right\}=1.$

(2)　$\cot z=\cos z/\sin z$ で，$\sin z$ は $z=0$ の近くで $\sin z\cong z$ のように振舞うので，1 位の極．留数は $\mathrm{Res}(f,0)=\lim_{z\to 0}z\cot z=\lim_{z\to 0}z(\cos z/\sin z)=1.$

(3)　2 位の極．留数は $\mathrm{Res}(f,3)=\lim_{z\to 3}\left\{\frac{d}{dz}(z-3)^2\frac{e^z}{(z+1)(z-3)^2}\right\}=\frac{3e^3}{16}.$

[**7**]　(1)　$I'=\oint_C\frac{dz}{z^2-2z+2}$ とおき積分路 C を図のようにとると，C 内に極 $z=1+i$ (1 位) がある．したがって，$I'=2\pi i\,\mathrm{Res}(f,1+i)=\pi$．C を実軸と

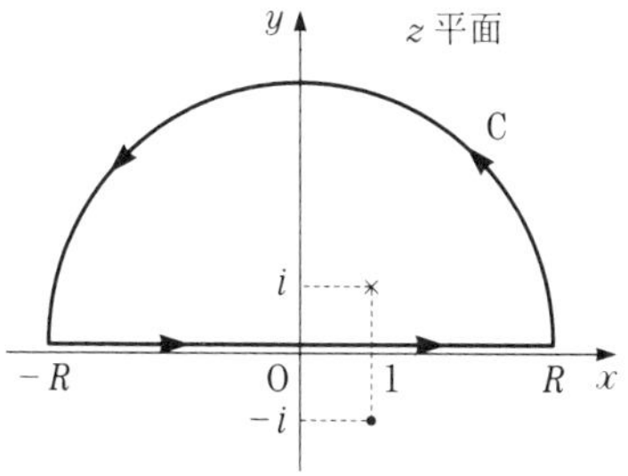

半円弧 C_R とに分けると $I' = \int_{-R}^{R} \frac{dx}{x^2 - 2x + 2} + \int_{C_R} \frac{dz}{z^2 - 2z + 2}$ となるが，$R \to \infty$ の極限で第 1 項は求めたい積分 I になる．第 2 項は C_R 上で $z = Re^{i\theta}$，$dz = Re^{i\theta} i\, d\theta$ より三角不等式を使って

$$\left| \int_{C_R} \frac{dz}{z^2 - 2z + 2} \right| = \left| \int_0^{\pi} \frac{Re^{i\theta} i\, d\theta}{R^2 e^{2i\theta} - 2Re^{i\theta} + 2} \right| \leqq \frac{\pi R}{|R^2 - 2R - 2|} \xrightarrow[R \to \infty]{} 0$$

となる．以上より $I = I' = \pi$.

(2)　$I' = \oint_C \frac{dz}{(z^2 + 1)(z^2 + 2)}$ とおき，C を (1) と同じ積分路にとると，C 内に 1 位の極が 2 つ ($z = i$, $2i$) ある．したがって，$I' = 2\pi i \{\mathrm{Res}(f, i) + \mathrm{Res}(f, 2i)\} = \pi/6$. C を実軸と半円弧 C_R に分けると

$$\begin{aligned} I' &= \int_{-R}^{R} \frac{dx}{(x^2 + 1)(x^2 + 4)} + \int_{C_R} \frac{dz}{(z^2 + 1)(z^2 + 4)} \\ &= 2\int_0^{R} \frac{dx}{(x^2 + 1)(x^2 + 4)} + \int_{C_R} \frac{dz}{(z^2 + 1)(z^2 + 4)} \end{aligned}$$

となるが，$R \to \infty$ の極限で第 1 項は求めたい積分 I の 2 倍になる．第 2 項は (1) と同じようにして

$$\begin{aligned} \left| \int_{C_R} \frac{dz}{(z^2 + 1)(z^2 + 4)} \right| &= \left| \int_0^{\pi} \frac{Re^{i\theta} i\, d\theta}{(R^2 e^{2i\theta} + 1)(R^2 e^{2i\theta} + 4)} \right| \\ &\leqq \frac{\pi R}{|(R^2 - 1)(R^2 - 4)|} \xrightarrow[R \to \infty]{} 0 \end{aligned}$$

以上により $I' = \frac{\pi}{6} = 2I$.　$\therefore$　$I = \frac{\pi}{12}$.

[8]　$\cos\theta = (1/2)(e^{i\theta} + e^{-i\theta})$ で $e^{i\theta} = z$ とおくと，z は $\theta : 0 \to 2\pi$ で単位円 C : $|z| = 1$ を一周．$dz = e^{i\theta} i\, d\theta = iz\, d\theta$ より $d\theta = (1/iz)\, dz$.

(1)　$$\int_0^{2\pi} \frac{d\theta}{5 - 3\cos\theta} = \oint_C \frac{dz}{iz\left\{5 - \frac{3}{2}\left(z + \frac{1}{z}\right)\right\}} = 2i \oint_C \frac{dz}{3z^2 - 10z + 3}$$

被積分関数の極 $z = (5 \pm 4)/3$ のうち，C 内にあるのは $z = 1/3$ (1 位)．したが

って，留数の計算より

$$\int_0^{2\pi}\frac{d\theta}{5-3\cos\theta}=2i\times 2\pi i\,\mathrm{Res}\left(f,\,\frac{1}{3}\right)$$

$$=-4\pi\lim_{z\to 1/3}\left(z-\frac{1}{3}\right)\frac{1}{(3z-1)(z-3)}=\frac{\pi}{2}$$

(2) $$\int_0^{2\pi}\frac{d\theta}{5+4\cos\theta}=\oint_{\mathrm{C}}\frac{dz}{iz\left\{5+2\left(z+\frac{1}{z}\right)\right\}}=-i\oint_{\mathrm{C}}\frac{dz}{2z^2+5z+2}$$

被積分関数の極 $z=-1/2$，-2 のうち，C 内にあるのは $z=-1/2$ (1 位)．したがって，

$$\int_0^{2\pi}\frac{d\theta}{5+4\cos\theta}=-i\times 2\pi i\,\mathrm{Res}\left(f,\,-\frac{1}{2}\right)$$

$$=2\pi\lim_{z\to -1/2}\left(z+\frac{1}{2}\right)\frac{1}{(2z+1)(z+2)}=\frac{2\pi}{3}$$

[**9**] C 内に特異点がないので $I'=0$．C を実軸上の積分と大きな半円 C_R，小さな半円 C_r に分けると，$I'=\int_{-R}^{-r}\frac{e^{ix}}{x}dx+\int_r^R\frac{e^{ix}}{x}dx+\int_{\mathrm{C}_r}\frac{e^{iz}}{z}dz+\int_{\mathrm{C}_R}\frac{e^{iz}}{z}dz.$

第 1 項の x を $-x$ におきかえると $\int_{-R}^{-r}\frac{e^{ix}}{x}dx=-\int_r^R\frac{e^{-ix}}{x}dx$ となるので，

$I'=2i\int_r^R\frac{\sin x}{x}dx+\int_{\mathrm{C}_r}\frac{e^{iz}}{z}dz+\int_{\mathrm{C}_R}\frac{e^{iz}}{z}dz.$ C_R 上で $z=Re^{i\theta}$，$dz=Re^{i\theta}i\,d\theta$

より $\left|\int_{\mathrm{C}_R}\frac{e^{iz}}{z}dz\right|=\left|\int_0^\pi\frac{e^{iRe^{i\theta}}}{Re^{i\theta}}Re^{i\theta}i\,d\theta\right|=\left|\int_0^\pi e^{iR\cos\theta}e^{-R\sin\theta}\,i\,d\theta\right|\leqq\int_0^\pi e^{-R\sin\theta}d\theta$

$\xrightarrow[R\to\infty]{}$ 0 (θ：$0\to\pi$ で $\sin\theta\geqq 0$ に注意)．また，小円 C_r 上では $z=re^{i\theta}$，dz

$=re^{i\theta}i\,d\theta$ より $\int_{\mathrm{C}_r}\frac{e^{iz}}{z}dz=\int_\pi^0\frac{e^{ire^{i\theta}}}{re^{i\theta}}re^{i\theta}i\,d\theta=-i\int_0^\pi e^{ir^{i\theta}}d\theta\xrightarrow[r\to\infty]{}-\pi i.$

以上により $r\to 0$，$R\to\infty$ の極限で $I'=0=2iI-\pi i.$　∴　$I=\frac{\pi}{2}.$

[**10**] (1) $\cosh z=\frac{1}{2}(e^z+e^{-z})=\frac{1}{2}\left(1+\frac{1}{1!}z+\frac{1}{2!}z^2+\frac{1}{3!}z^3+\frac{1}{4!}z^4+\cdots\right.$

$\left.+1-\frac{1}{1!}z+\frac{1}{2!}z^2-\frac{1}{3!}z^3+\frac{1}{4!}z^4-\cdots\right)=1+\frac{1}{2!}z^2+\frac{1}{4!}z^4+\cdots$

(2) $\sinh z=\frac{1}{2}(e^z-e^{-z})=\frac{1}{1!}z+\frac{1}{3!}z^3+\frac{1}{5!}z^5+\cdots$

(3) $$\tan z=\frac{\sin z}{\cos z}=\frac{\frac{1}{1!}z-\frac{1}{3!}z^3+\frac{1}{5!}z^5-\cdots}{1-\frac{1}{2!}z^2+\frac{1}{4!}z^4-\cdots}$$

$$=z+\frac{1}{3}z^3+\frac{2}{15}z^5+\cdots$$

［11］ (1) $z-1=w$ とおいて $\dfrac{z_2}{z-1}=\dfrac{(1+w)^2}{w}=\dfrac{1}{w}(1+2w+w^2)=\dfrac{1}{w}$ $+2+w=\dfrac{1}{z-1}+2+(z-1)$.

(2) $$z\cos\frac{1}{z}=z\left\{1-\frac{1}{2!}\left(\frac{1}{z}\right)^2+\frac{1}{4!}\left(\frac{1}{z}\right)^4-\cdots\right\}$$
$$=z-\frac{1}{2!}\frac{1}{z}+\frac{1}{4!}\left(\frac{1}{z}\right)^3-\cdots$$

(3) $z+1=w$ とおいて
$$\frac{e^z}{(z+1)^2}=\frac{e^{-1+w}}{w^2}=\frac{e^{-1}}{w^2}\left(1+\frac{1}{1!}w+\frac{1}{2!}w^2+\frac{1}{3!}w^3+\cdots\right)=\frac{e^{-1}}{w^2}+\frac{e^{-1}}{1!}\times\frac{1}{w}+\frac{e^{-1}}{2!}+\frac{e^{-1}}{3!}w+\cdots=\frac{e^{-1}}{(z+1)^2}+\frac{e^{-1}}{z+1}+\frac{e^{-1}}{2}+\frac{e^{-1}}{6}(z+1)+\cdots.$$

第 10 章

［問題 1］ 加法定理 $\sin nx\sin mx=(1/2)\{\cos(n-m)x-\cos(n+m)x\}$, $\sin nx\cos mx=(1/2)\{\sin(n+m)x+\sin(n-m)x\}$ より容易に示される.

［問題 2］ $f(x)=2\sin x-\sin 2x+\dfrac{2}{3}\sin 3x-\dfrac{1}{2}\sin 4x+\cdots$

［問題 3］ $$f(x)=\frac{\pi}{2}-\frac{4}{\pi}\left(\cos x+\frac{1}{9}\cos 3x+\frac{1}{25}\cos 5x+\cdots\right)$$
$$=\frac{\pi}{2}-\frac{4}{\pi}\sum_{n=1}^{\infty}\frac{\cos(2n-1)x}{(2n-1)^2}$$

［問題 4］ 図 10.3 の場合のフーリエ係数には $1/(2n-1)^2$ がある. それに対して図 10.4 の場合には $1/(2n-1)$ であって, 級数の収束が遅い.

［問題 5］ $f(x)=2\left(\sin x+\dfrac{1}{2}\sin 2x+\dfrac{1}{3}\sin 3x+\cdots\right)$

［問題 6］ $$f(x)=\frac{4}{\pi}\left(\sin\frac{\pi}{2}x-\frac{1}{2}\sin\pi x+\frac{1}{3}\sin\frac{3\pi}{2}x-\cdots\right)$$
$$=\frac{4}{\pi}\sum_{n=1}^{\infty}\frac{(-1)^{n-1}}{n}\sin\frac{n\pi}{2}x$$

［問題 7］ (10.13) で $f(x)\cos\dfrac{n\pi}{L}x$ が奇関数なので, $a_n=0$. (10.14) で $f(x)\sin\dfrac{n\pi}{L}x$ は偶関数なので, b_n は (10.18) となる. したがって, この場合のフーリエ級数は (10.17) と (10.18) で与えられる.

［**問題 8**］ (10.13), (10.14) より $c_0 = \dfrac{a_0}{2} = \dfrac{1}{2L}\displaystyle\int_{-L}^{L} f(x)\,dx$. $c_n = \dfrac{a_n - ib_n}{2}$ $= \dfrac{1}{2L}\displaystyle\int_{-L}^{L} f(x)\left(\cos\frac{n\pi}{L}x - i\sin\frac{n\pi}{L}x\right)dx = \frac{1}{2L}\int_{-L}^{L} f(x)e^{-i(n\pi/L)x}\,dx$, $c_{-n} = \dfrac{a_n + ib_n}{2} = \dfrac{1}{2L}\displaystyle\int_{-L}^{L} f(x)\left(\cos\frac{n\pi}{L}x + i\sin\frac{n\pi}{L}x\right)dx = \frac{1}{2L}\int_{-L}^{L} f(x)$ $e^{i(n\pi/L)x}\,dx$. ここで $\cos\theta = \dfrac{1}{2}(e^{i\theta} + e^{-i\theta})$, $\sin\theta = \dfrac{1}{2i}(e^{i\theta} - e^{-i\theta})$ の関係を使った．これらは一まとめにして (10.20) と表される．

［**問題 9**］ $n = m$ のときは自明．$n \neq m$ のとき $\displaystyle\int_{-L}^{L} e^{i(n-m)\frac{\pi}{L}x}\,dx = \frac{L}{i(n-m)\pi} \times$ $(e^{i(n-m)\pi} - e^{-i(n-m)\pi}) = \dfrac{2L}{(n-m)\pi}\sin(n-m)\pi = 0$. これをまとめたのが (10.21)．

［**問題 10**］ 定義式 (10.22) に従って積分を実行すればよい．

$$\begin{aligned}\hat{f}(k) &= \int_{-\infty}^{\infty} dx\, e^{-ikx} f(x) = b\int_{-a}^{a} dx\, e^{-ikx} = \frac{b}{-ik}\left[e^{-ikx}\right]_{-a}^{a}\\ &= \frac{b}{-ik}(e^{-ika} - e^{ika})\\ &= 2b\,\frac{\sin ka}{k}\end{aligned}$$

［**問題 11**］ 与えられた関数のフーリエ変換で，まず x を $-x$ とおきかえて変形すると

$$\begin{aligned}\hat{f}(k) &= \int_{-\infty}^{\infty} dx\, e^{-ikx}\frac{\sin ax}{x}\\ &= \int_{-\infty}^{\infty} dx\, e^{ikx}\frac{\sin ax}{x}\\ &= \frac{\pi}{b}\frac{1}{2\pi}\int_{-\infty}^{\infty} dx\, e^{ikx}\, 2b\,\frac{\sin ax}{x}\end{aligned}$$

ここで k と x を取りかえてみるとわかるように，これは $2b\dfrac{\sin ak}{k}$ のフーリエ逆変換の π/b 倍の形をしている．したがって，問題 10 の解答で x と k を取りかえ，π/b 倍して

$$\hat{f}(k) = \begin{cases}\pi & (|k| < a)\\ 0 & (|k| > a)\end{cases}$$

が得られる．

［**問題 12**］ $\hat{f}(k) = \displaystyle\int_{-\infty}^{\infty}\frac{e^{-ikx}}{x^2 + a^2}\,dx = \int_{-\infty}^{\infty}\frac{\cos|k|x}{x^2 + a^2}\,dx = \left(\frac{\pi}{a}\right)e^{-a|k|}$. ローレンツ型関数のフーリエ変換は指数関数である．

[**問題 13**]　(ii)　$x \neq 0$ で $x\,\delta(x) = 0$．しかも (10.33) で $f(x) = x$，$a = 0$ とおくと積分もゼロ．よって $x\,\delta(x) = 0$．

(iii)　$\delta(x)$ は偶関数なので $\delta(ax) = \delta(|a|x)$．これを x で積分すると $\int_{-\infty}^{\infty}\delta(|a|x)\,dx = \dfrac{1}{|a|}\int_{-\infty}^{\infty}\delta(|a|x)\,d(|a|x)$．ここで右辺の積分の中の $|a|x$ を x' とおくと，右辺は $\dfrac{1}{|a|}\int_{-\infty}^{\infty}\delta(x')\,dx' = \int_{-\infty}^{\infty}\dfrac{1}{|a|}\delta(x)\,dx$．(積分変数 x' を x とおいた.) よって $\int_{-\infty}^{\infty}\delta(ax)\,dx = \int_{-\infty}^{\infty}\dfrac{1}{|a|}\delta(x)\,dx$．被積分関数は $x = 0$ 以外で全くゼロであり，かつ積分が等しいので $\delta(ax) = \dfrac{1}{|a|}\delta(x)$．

[**問題 14**]　(10.26) の右辺に $\delta(x)$ を代入すると $\hat{\delta}(k) = 1$．

[**問題 15**]　問題 10 の解より，面積 $2ab = 1$ の矩形波のフーリエ変換は $2b\dfrac{\sin ka}{k} = 2ab\dfrac{\sin ka}{ka} = \dfrac{\sin ka}{ka}$．デルタ関数 $\delta(x)$ はさらに幅 $2a \to 0$ の矩形波とみなされるので，$ka \to 0$ の極限で $\dfrac{\sin ka}{ka} \to 1$．したがって，$\delta(x)$ のフーリエ変換は $\hat{\delta}(k) = 1$．

[**問題 16**]　$\mathcal{F}[f(x+a)] = \int_{-\infty}^{\infty} e^{-ikx}f(x+a)\,dx = \int_{-\infty}^{\infty} e^{-ik(x'-a)}f(x')\,dx'$

$$= e^{ika}\int_{-\infty}^{\infty} e^{-ikx'}f(x')\,dx' = e^{ika}\,\mathcal{F}[f(x)]$$

$$\mathcal{F}[e^{iax}f(x)] = \int_{-\infty}^{\infty} e^{-ikx}e^{iax}f(x)\,dx = \int_{-\infty}^{\infty} e^{-i(k-a)x}f(x)\,dx = \hat{f}(k-a)$$

[**問題 17**]　上の例題より，$n = 1, 2$ で正しい．$n(\geqq 3)$ で正しいとすると，部分積分を使って $\mathcal{L}[x^{n+1}] = \int_0^{\infty} x^{n+1}e^{-sx}\,dx = \left[-\dfrac{x^{n+1}}{s}e^{-sx}\right]_0^{\infty} + \dfrac{n+1}{s} \times \int_0^{\infty} x^n e^{-sx}\,dx = \dfrac{n+1}{s}\mathcal{L}[x^n] = \dfrac{(n+1)!}{s^{n+2}}$ となり，$n+1$ でも正しい．(証明終り)

[**問題 18**]　(1)　$\mathcal{L}[xe^{ax}] = \dfrac{1}{(s-a)^2}$

(2)　$\mathcal{L}[\sin ax] = \dfrac{a}{s^2 + a^2}$

[**問題 19**]　上の例題により $n = 1, 2$ で正しい．$n(\geqq 3)$ で正しいとすると，部分積分して $\mathcal{L}\left[\dfrac{d^{n+1}f}{dx^{n+1}}\right] = \int_0^{\infty} e^{-sx}\dfrac{d^{n+1}f}{dx^{n+1}}\,dx = \left[e^{-sx}\dfrac{d^n f}{dx^n}\right]_0^{\infty} + s\int_0^{\infty} e^{-sx}\dfrac{d^n f}{dx^n}\,dx$

$= -\dfrac{d^n f(0)}{dx^n} + s\,\mathcal{L}\left[\dfrac{d^n f}{dx^n}\right] = s^{n+1}\mathcal{L}[f] - \left\{s^n f(0) + s^{n-1}\dfrac{df(0)}{dx} + \cdots +\right.$

$\left.\dfrac{d^n f(0)}{dx^n}\right\}$ となり，$n+1$ でも正しい．（証明終り）

［問題 20］　(10.59)：$\mathscr{L}[e^{ax}f(x)] = \displaystyle\int_0^\infty e^{-sx}e^{ax}f(x)\,dx$

$$= \int_0^\infty e^{-(s-a)x}f(x)\,dx = \tilde{f}(s-a)$$

(10.60)：　$\mathscr{L}[f(ax)] = \displaystyle\int_0^\infty e^{-sx}f(ax)\,dx$ で $ax = x'$ とおくと $x = \dfrac{x'}{a}$，$dx = \dfrac{1}{a}dx'$ より $\mathscr{L}[f(ax)] = \dfrac{1}{a}\displaystyle\int_0^\infty e^{-(s/a)x'}f(x')\,dx' = \dfrac{1}{a}\tilde{f}\left(\dfrac{s}{a}\right)$.

［問題 21］　(1)　$y = \dfrac{1}{2} - e^x + \dfrac{1}{2}e^{2x}$　　(2)　与えられた微分方程式の両辺をラプラス変換し，部分分数展開すると

$$\mathscr{L}[y] = \frac{10}{(s-1)(s-3)(s^2+1)} = -\frac{5}{2}\frac{1}{s-1} + \frac{1}{2}\frac{1}{s-3} + 2\frac{s}{s^2+1} + \frac{1}{s^2+1}.$$

$$\therefore\quad y = -\frac{5}{2}e^x + \frac{1}{2}e^{3x} + 2\cos x + \sin x.$$

［**1**］　$a_0 = \dfrac{1}{\pi}\displaystyle\int_{-\pi}^{\pi} f(x)\,dx = \dfrac{1}{\pi}\int_0^\pi dx = 1$，$a_n = \dfrac{1}{\pi}\displaystyle\int_{-\pi}^{\pi} f(x)\cos nx\,dx = \dfrac{1}{\pi}\int_0^\pi \cos nx\,dx = 0$，　$b_n = \dfrac{1}{\pi}\displaystyle\int_{-\pi}^{\pi} f(x)\sin nx\,dx = \dfrac{1}{\pi}\int_0^\pi \sin nx\,dx = \dfrac{1-(-1)^n}{n\pi}$．以上より $f(x) = \dfrac{1}{2} + \displaystyle\sum_{n=1}^\infty \dfrac{1-(-1)^n}{n\pi}\sin nx = \dfrac{1}{2} + \dfrac{2}{\pi}\times\left(\sin x + \dfrac{1}{3}\sin 3x + \dfrac{1}{5}\sin 5x + \cdots\right) = \dfrac{1}{2} + \dfrac{2}{\pi}\displaystyle\sum_{n=1}^\infty \dfrac{\sin(2n-1)x}{2n-1}$.

［**2**］　$a_0 = \dfrac{1}{\pi}\displaystyle\int_{-\pi}^{\pi} f(x)\,dx = \dfrac{1}{\pi}\int_0^\pi x\,dx = \dfrac{\pi}{2}$，　$a_n = \dfrac{1}{\pi}\displaystyle\int_0^\pi x\cos nx\,dx = \left[\dfrac{x}{n\pi}\sin nx\right]_0^\pi - \dfrac{1}{n\pi}\int_0^\pi \sin nx\,dx = \dfrac{(-1)^n - 1}{n^2\pi}$，$b_n = \dfrac{1}{\pi}\displaystyle\int_0^\pi x\sin nx\,dx = \left[-\dfrac{x}{n\pi}\cos nx\right]_0^\pi + \dfrac{1}{n\pi}\int_0^\pi \cos nx\,dx = -\dfrac{(-1)^n}{n}$.

$\therefore\quad f(x) = \dfrac{\pi}{4} + \dfrac{1}{\pi}\displaystyle\sum_{n=1}^\infty \dfrac{(-1)^n - 1}{n^2\pi}\cos nx - \sum_{n=1}^\infty \dfrac{(-1)^n}{n}\sin nx = \dfrac{\pi}{4} - \dfrac{2}{\pi}\left(\cos x + \dfrac{1}{9}\cos 3x + \dfrac{1}{25}\cos 5x + \cdots\right) + \left(\sin x - \dfrac{1}{2}\sin 2x + \dfrac{1}{3}\sin 3x - \cdots\right)$

$$= \frac{\pi}{4} - \frac{2}{\pi}\sum_{n=1}^\infty \frac{\cos(2n-1)x}{(2n-1)^2} + \sum_{n=1}^\infty \frac{(-1)^{n-1}}{n}\sin nx.$$

［**3**］　$f(x)$ は奇関数なので $a_n = 0\ (n = 0, 1, 2, \cdots)$ であり，$L = 2$ のフーリエ正弦級数を求めればよい．

$$b_n = \frac{1}{L}\int_{-L}^{L} f(x)\sin\frac{n\pi}{L}x\,dx = \frac{2}{L}\int_0^L f(x)\sin\frac{n\pi}{L}x\,dx$$
$$= \int_0^2 (2-x)\sin\frac{n\pi}{2}x\,dx$$
$$= \left[-\frac{2(2-x)}{n\pi}\cos\frac{n\pi}{2}x\right]_0^2 - \frac{2}{n\pi}\int_0^2 \cos\frac{n\pi}{2}x\,dx$$
$$= \frac{4}{n\pi}$$
$$\therefore\quad f(x) = \frac{4}{\pi}\sum_{n=1}^{\infty}\frac{1}{n}\sin\frac{n\pi}{2}x$$

［**4**］ (1)　x^2 は偶関数なので $L=1$ のフーリエ余弦級数を求めればよい．$a_n = \frac{1}{L}\int_{-L}^{L} f(x)\cos\frac{n\pi}{L}x\,dx = \frac{2}{L}\int_0^L f(x)\cos\frac{n\pi}{L}x\,dx$ で $f(x)=x^2$，$L=1$ とおいて $a_0 = 2\int_0^1 x^2\,dx = \frac{2}{3}$．$a_n = 2\int_0^1 x^2\cos n\pi x\,dx = \left[\frac{2x^2}{n\pi}\sin n\pi x\right]_0^1 - \frac{4}{n\pi}\int_0^1 x\sin n\pi x\,dx = \left[\frac{4x}{n^2\pi^2}\cos n\pi x\right]_0^1 - \frac{4}{n^2\pi^2}\int_0^1 \cos n\pi x\,dx = \frac{4(-1)^n}{n^2\pi^2}$．

$$\therefore\quad f(x) = x^2 = \frac{1}{3} + \frac{4}{\pi^2}\sum_{n=1}^{\infty}\frac{(-1)^n}{n^2}\cos n\pi x.$$

(2)　$f(0) = 0 = \frac{1}{3} + \frac{4}{\pi^2}\sum_{n=1}^{\infty}\frac{(-1)^n}{n^2} = \frac{1}{3} - \frac{4}{\pi^2}\sum_{n=1}^{\infty}\frac{(-1)^{n-1}}{n^2}$．

$\therefore\quad \sum_{n=1}^{\infty}\frac{(-1)^{n-1}}{n^2} = \frac{\pi^2}{12}$．　$f(1) = 1 = \frac{1}{3} + \frac{4}{\pi^2}\sum_{n=1}^{\infty}\frac{(-1)^n}{n^2}\cos n\pi = \frac{1}{3} + \frac{4}{\pi^2}\sum_{n=1}^{\infty}\frac{(-1)^{2n}}{n^2} = \frac{1}{3} + \frac{4}{\pi^2}\sum_{n=1}^{\infty}\frac{1}{n^2}$．　$\therefore\quad \sum_{n=1}^{\infty}\frac{1}{n^2} = \frac{\pi^2}{6}$．

［**5**］ $$\mathcal{F}[f] = \int_{-\infty}^{\infty} f(x)e^{-ikx}\,dx = \int_0^{\infty} e^{-ax}e^{-ikx}\,dx = \int_0^{\infty} e^{-(a+ik)x}\,dx$$
$$= \left[-\frac{e^{-(a+ik)x}}{a+ik}\right]_0^{\infty} = \frac{1}{a+ik}$$

［**6**］ $$\mathcal{F}[f] = \int_{-\infty}^{\infty} dx\,e^{-a|x|}e^{-ikx} = \int_0^{\infty} dx\,e^{-(a+ik)x} + \int_{-\infty}^{0} dx\,e^{(a-ik)x}$$
$$= \frac{1}{a+ik} + \frac{1}{a-ik} = \frac{2a}{a^2+k^2}$$

これはローレンツ型関数である．ローレンツ型関数のフーリエ変換（問題12）の解と比較してみよ．

［**7**］ $F(x)$ を書きかえると $F(x) = \int_{-\infty}^{\infty} dx'\,f(x-x')\left\{\int_{-\infty}^{\infty} dx''\,g(x'-x'')h(x'')\right\}$ と表される．{　} の部分は x' だけの関数なのでそれを $G(x')$ とおくと $F(x) = \int_{-\infty}^{\infty} dx'\,f(x-x')\,G(x')$ と表され，これはたたみ込み積分．

$\therefore\ \ \mathcal{F}[F]=\mathcal{F}[f]\,\mathcal{F}[G]$．ところが G も g と h のたたみ込み積分なので $\mathcal{F}[G]=\mathcal{F}[g]\,\mathcal{F}[h]$．　$\therefore\ \ \mathcal{F}[F]=\mathcal{F}[f]\,\mathcal{F}[g]\,\mathcal{F}[h]$．

[**8**]　$\mathcal{L}[\cosh ax]=\mathcal{F}\left[\dfrac{e^{ax}+e^{-ax}}{2}\right]=\dfrac{1}{2}\mathcal{L}[e^{ax}]+\dfrac{1}{2}\mathcal{L}[e^{-ax}]$

$$=\frac{1}{2}\left(\frac{1}{s-a}+\frac{1}{s+a}\right)=\frac{s}{s^2-a^2}$$

$$\mathcal{L}[\sinh ax]=\frac{1}{2}\mathcal{L}[e^{ax}]-\frac{1}{2}\mathcal{L}[e^{-ax}]=\frac{1}{2}\left(\frac{1}{s-a}-\frac{1}{s+a}\right)=\frac{a}{s^2-a^2}$$

[**9**]　$\mathcal{L}[xe^{\pm iax}]=\displaystyle\int_0^\infty xe^{\pm iax}e^{-sx}\,dx=\int_0^x xe^{-(s\mp ia)x}\,dx=\left[-\frac{xe^{-(s\mp ia)x}}{s\mp ia}\right]_0^\infty+$ $\dfrac{1}{s\mp ia}\displaystyle\int_0^\infty e^{-(s\mp ia)x}\,dx=\left[-\frac{e^{-(s\mp ia)x}}{(s\mp ia)^2}\right]_0^\infty=\frac{1}{(s\mp ia)^2}$

$$\mathcal{L}[x\cos ax]=\mathcal{L}\left[\frac{xe^{iax}+xe^{-iax}}{2}\right]=\frac{1}{2}\left\{\frac{1}{(s-ia)^2}+\frac{1}{(s+ia)^2}\right\}$$

$$=\frac{s^2-a^2}{(s^2+a^2)^2}$$

$$\mathcal{L}[x\sin ax]=\mathcal{L}\left[\frac{xe^{iax}-xe^{-iax}}{2i}\right]=\frac{1}{2i}\left\{\frac{1}{(s-ia)^2}-\frac{1}{(s+ia)^2}\right\}$$

$$=\frac{2as}{(s^2+a^2)^2}$$

[**10**]　$\delta(x)$ は $x=0$ で一度だけ上下に激しく変化し，それ以外ではゼロ，かつ $\displaystyle\int_{-\infty}^{\infty}\delta(x)\,dx=1$．したがって $x<0$ なら $\theta(x)=0$，$x>0$ なら $\theta(x)=\displaystyle\int_{-\infty}^{x}\delta(x')\,dx'=\int_{-\infty}^{\infty}\delta(x')dx'=1$．$\theta(x-a)=1\,(x>a)$，$0\,(x<a)$ だから $\mathcal{L}[\theta(x-a)]=\displaystyle\int_0^\infty\theta(x-a)e^{-sx}\,dx=\int_a^\infty e^{-sx}\,dx=\left[-\frac{e^{-sx}}{s}\right]_a^\infty=\frac{e^{-as}}{s}$．

[**11**]　たたみ込み積分のフーリエ変換により $\mathcal{F}[P(t)]=\mathcal{F}[\chi(t)]\,\mathcal{F}[E(t)]$．

$$\mathcal{F}[\chi(t)]=\int_{-\infty}^{\infty}\chi(t)e^{-i\omega t}\,dt=\chi_0\int_0^\infty e^{-t/\tau}e^{-i\omega t}\,dt=\chi_0\int_0^\infty e^{-\left(\frac{1}{\tau}+i\omega\right)t}\,dt$$

$$=\frac{\chi_0}{\dfrac{1}{\tau}+i\omega}$$

これは $1\Big/\left(\dfrac{1}{\tau}+i\omega\right)$ が $e^{-t/\tau}$ のフーリエ変換 $\mathcal{F}[e^{-t/\tau}]=1\Big/\left(\dfrac{1}{\tau}+i\omega\right)$ であることを示す．$\mathcal{F}[E(t)]=\displaystyle\int_{-\infty}^{\infty}E(t)e^{-i\omega t}\,dt=E_0\int_0^\infty e^{-\varepsilon t}e^{-i\omega t}\,dt=E_0\int_0^\infty e^{-(\varepsilon+i\omega)t}\,dt$ $=E_0\left[\dfrac{-e^{-(\varepsilon+i\omega)t}}{\varepsilon+i\omega}\right]_0^\infty=\dfrac{E_0}{\varepsilon+i\omega}\ \xrightarrow[\varepsilon\to 0+]{}\ \dfrac{E_0}{i\omega}$．これも $\dfrac{1}{i\omega}$ が階段関数 $\theta(t)$ の

フーリエ変換 $\dfrac{1}{i\omega} = \mathcal{F}[\theta(t)]$ であることを示す．以上により $\mathcal{F}[P(t)] =$

$$\frac{\chi_0 E_0}{i\omega\left(i\omega + \dfrac{1}{\tau}\right)} = \chi_0 E_0 \tau \left(\frac{1}{i\omega} - \frac{1}{i\omega + \dfrac{1}{\tau}}\right) = \chi_0 E_0 \tau \{\mathcal{F}[\theta(t)] - \mathcal{F}[e^{-t/\tau}]\} =$$

$\mathcal{F}[\chi_0 E_0 \tau \{\theta(t) - e^{-t/\tau}\}]$.　$\therefore$　$P(t) = \chi_0 E_0 \tau \{\theta(t) - e^{-t/\tau}\}$.

τ はもとの状態から新しい状態に移るのに要するだいたいの時間を与え，緩和時間とよばれる．

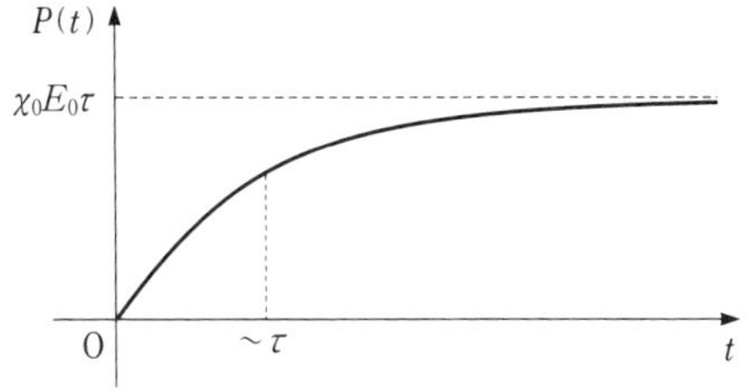

第 11 章

[問題 1]　熱エネルギー密度 $\varepsilon = cT$ と現象論的な近似式 $j_\varepsilon = -\kappa_\varepsilon \, \partial T/\partial x$ を (11.6) に代入すると

$$c\frac{\partial T}{\partial t} - \kappa_\varepsilon \frac{\partial^2 T}{\partial x^2} = 0, \qquad \therefore \quad \frac{\partial T}{\partial t} = \frac{\kappa_\varepsilon}{c}\frac{\partial^2 T}{\partial x^2}$$

となり，(11.7) が導かれる．

[問題 2]　位置 (x, y)，時刻 $t + \tau$ での粒子密度 $\rho(x, y, t + \tau)$ は，いまの場合は正方格子であることに注意しながら (11.8) と同様に考えると，

$$\rho(x, y, t+\tau) = \frac{1}{4}[\rho(x+a, y, t) + \rho(x-a, y, t) + \rho(x, y+a, t) + \rho(x, y-a, t)]$$

が成り立つことがわかる．上式で粒子密度 ρ を微小量 τ について 1 次まで，a について 2 次までの近似で展開して整理すると，

$$\frac{\partial \rho}{\partial t} = \frac{a^2}{4\tau}\left(\frac{\partial^2 \rho}{\partial x^2} + \frac{\partial^2 \rho}{\partial y^2}\right)$$

が得られ，(11.10) が導かれる．

[問題 3]　問題 2 と例題 11.2 を考慮すると，いまの場合，位置 (x, y)，時刻 $t + \tau$ での粒子密度 $\rho(x, y, t + \tau)$ は

$$\rho(x, y, t+\tau) = \frac{1}{4}[\rho(x+a, y, t) + \rho(x-a, y, t)] + \left(\frac{1}{4} - \varepsilon\right)\rho(x, y+a, t) + \left(\frac{1}{4} + \varepsilon\right)\rho(x, y-a, t)$$

を満たすことがわかる．上式で粒子密度 ρ を微小量 τ について1次まで，a について2次までの近似で展開して整理すると，

$$\frac{\partial\rho}{\partial t} = -\frac{2\varepsilon a}{\tau}\frac{\partial\rho}{\partial y} + \frac{a^2}{4\tau}\left(\frac{\partial^2\rho}{\partial x^2} + \frac{\partial^2\rho}{\partial y^2}\right)$$

が得られ，(11.13)が導かれる．

[**問題 4**] 偏微分の計算では注目する変数以外の変数は定数とみなされることに注意して，(11.26)を時間微分すると，(11.5)の左辺は

$$\frac{\partial\rho(x, t)}{\partial t} = -\frac{\pi^2 D}{L^2}e^{-(\pi^2 D/L^2)t}\sin\frac{\pi}{L}x \qquad (1)$$

(11.26)を空間微分すると，

$$\frac{\partial\rho(x, t)}{\partial x} = \frac{\pi}{L}e^{-(\pi^2 D/L^2)t}\cos\frac{\pi}{L}x$$

$$\therefore \quad \frac{\partial^2\rho(x, t)}{\partial x^2} = -\left(\frac{\pi}{L}\right)^2 e^{-(\pi^2 D/L^2)t}\sin\frac{\pi}{L}x$$

これを(11.5)の右辺に代入すると，

$$D\frac{\partial^2\rho(x, t)}{\partial x^2} = -D\left(\frac{\pi}{L}\right)^2 e^{-(\pi^2 D/L^2)t}\sin\frac{\pi}{L}x$$

となり，これは(1)と一致し，(11.26)は1次元拡散方程式(11.5)の解であることがわかる．

[**問題 5**] $u(x, t) = \rho(x, t) - \rho_0\dfrac{x}{L}$ とすればよい．

[**問題 6**] $\alpha = k^2 > 0\ (k > 0)$ のときの(11.16)の一般解は $X(x) = c_1 e^{kx} + c_2 e^{-kx}$ であり，これは $x \to \pm\infty$ で発散し，$X(x \to \pm\infty)$ が有界であることに反する．また，$\alpha = 0$ とすると，(11.16)の一般解は $X(x) = a + bx$ であり，この場合も $x \to \pm\infty$ で発散し，有界ではない．

[**問題 7**] (11.34)を時間微分すると，(11.5)の左辺は

$$\frac{\partial\rho(x, t)}{\partial t} = -\frac{D}{2\pi}\int_0^\infty k^2 e^{-Dk^2 t}\{C(k)\,e^{ikx} + C^*(k)\,e^{-ikx}\}\,dk \qquad (1)$$

(11.34)を空間微分すると，

$$\frac{\partial\rho(x, t)}{\partial x} = \frac{i}{2\pi}\int_0^\infty k e^{-Dk^2 t}\{C(k)\,e^{ikx} - C^*(k)\,e^{-ikx}\}\,dk$$

$$\therefore \quad \frac{\partial^2\rho(x, t)}{\partial x^2} = -\frac{1}{2\pi}\int_0^\infty k^2 e^{-Dk^2 t}\{C(k)\,e^{ikx} + C^*(k)\,e^{-ikx}\}\,dk \qquad (2)$$

(1)と(2)より，(11.34)は確かに(11.5)の解であることがわかる．(11.35)も

全く同様に確かめることができる．

[問題 8]　(11.38)を時間微分すると，(11.5)の左辺は

$$\frac{\partial\rho(x,t)}{\partial t} = \frac{1}{\sqrt{4\pi Dt}}\left(\frac{-1}{2t} + \frac{x^2}{4Dt^2}\right)e^{-x^2/4Dt} \qquad (1)$$

(11.38)を空間微分すると，

$$\frac{\partial\rho(x,t)}{\partial x} = \frac{1}{\sqrt{4\pi Dt}}\frac{-x}{2Dt}e^{-x^2/4Dt}$$

$$\therefore \quad \frac{\partial^2\rho(x,t)}{\partial x^2} = \frac{1}{\sqrt{4\pi Dt}}\left(\frac{-1}{2Dt} + \frac{x^2}{4D^2t^2}\right)e^{-x^2/4Dt} \qquad (2)$$

となり，(2)の両辺に D を掛けるとその右辺は(1)の右辺と一致し，(11.38)が(11.5)を満たすことがわかる．

[問題 9]　(11.38)を x の全域にわたって積分すると

$$\int_{-\infty}^{\infty}\rho(x,t)\,dx = \frac{1}{\sqrt{4\pi Dt}}\int_{-\infty}^{\infty}e^{-x^2/4Dt}\,dx = \frac{1}{\sqrt{\pi Dt}}\int_{0}^{\infty}e^{-x^2/4Dt}\,dx \qquad (1)$$

と表される．最後の結果は，被積分関数が偶関数であることを使った．ここでガウス関数の定積分の公式

$$\int_0^{\infty}e^{-ax^2}\,dx = \frac{1}{2}\sqrt{\frac{\pi}{a}} \qquad (a>0) \qquad (2)$$

を使うと（上式の導き方は，例えば拙著『力学・電磁気学・熱力学のための 基礎数学』（裳華房，式(2.37)）を参照），(1)の積分は(2)で $a = 1/4Dt$ とおくことで $\sqrt{\pi Dt}$ が得られる．この結果を(1)の積分に代入すると

$$\int_{-\infty}^{\infty}\rho(x,t)\,dx = 1$$

となって，$\rho(x,t)$ が規格化条件を満たすことがわかる．

[問題 10]　この場合，$a_n = 0$．(11.55)より b_n の積分は例題 11.6 の積分と同じになり，

$$b_n = \frac{2}{L\omega_n}\int_0^L \sin\frac{\pi}{L}x\sin\frac{n\pi}{L}x\,dx = \frac{1}{\omega_n}\delta_{n1}$$

この係数 a_n, b_n を(11.51)に代入すると，この場合の 1 次元波動方程式(11.41)の解は

$$\xi(x,t) = \sum_{n=1}^{\infty}\frac{1}{\omega_n}\delta_{n1}\sin\omega_n t\sin k_n x = \frac{1}{\omega_1}\sin\omega_1 t\sin k_1 x = \frac{L}{c\pi}\sin\frac{c\pi}{L}t\sin\frac{\pi}{L}x$$

が得られる．これも基音を表す．

[問題 11]　(11.58)を x と t で偏微分する．

$$\frac{\partial\xi(x,t)}{\partial x} = f'\frac{\partial(x-ct)}{\partial x} + g'\frac{\partial(x+ct)}{\partial x} = f' + g'$$

ここで，f', g' は 1 変数関数 f, g のそれぞれの引数による微分を表す．したがって，

$$\frac{\partial^2 \xi(x,t)}{\partial x^2} = f'' + g'' \tag{1}$$

同様の計算で

$$\frac{\partial^2 \xi(x,t)}{\partial t^2} = c^2(f'' + g'') \tag{2}$$

が得られる．(1)と(2)より，(11.58)が(11.41)を満たすことがわかる．

[問題 12]　この場合，定ベクトル $\boldsymbol{p}$ を x 方向にとって $\boldsymbol{p} = (p, 0, 0)$ としても一般性を失わない．このとき，(11.62)は

$$\phi(\boldsymbol{r}) = \beta \frac{px}{r^3} = \beta p x r^{-3}$$

となるので，

$$\frac{\partial \phi(\boldsymbol{r})}{\partial x} = \beta p \left\{ r^{-3} + x \frac{x}{r}(-3) r^{-4} \right\} = \beta p (r^{-3} - 3x^2 r^{-5})$$

$$\frac{\partial^2 \phi(\boldsymbol{r})}{\partial x^2} = \beta p \left\{ \frac{x}{r}(-3) r^{-4} - 6x r^{-5} - 3x^2 \frac{x}{r}(-5) r^{-6} \right\}$$
$$= \beta p (-9x r^{-5} + 15x^3 r^{-7})$$

同様にして，

$$\frac{\partial^2 \phi(\boldsymbol{r})}{\partial y^2} = \beta p (-3x r^{-5} + 15xy^2 r^{-7}), \qquad \frac{\partial^2 \phi(\boldsymbol{r})}{\partial z^2} = \beta p (-3x r^{-5} + 15xz^2 r^{-7})$$

これらの結果を使うと，

$$\nabla^2 \phi(\boldsymbol{r}) = \frac{\partial^2 \phi(\boldsymbol{r})}{\partial x^2} + \frac{\partial^2 \phi(\boldsymbol{r})}{\partial y^2} + \frac{\partial^2 \phi(\boldsymbol{r})}{\partial z^2} = \beta p (-15x r^{-5} + 15x r^{-5}) = 0$$

となり，(11.62)は確かに原点以外でラプラス方程式(11.60)を満たす．

[1]　位置 (x, y, z)，時刻 $t + \tau$ での粒子密度 $\rho(x, y, z, t + \tau)$ は，いまの場合は立方格子であることに注意しながら(11.8)と同様に考えると，

$$\rho(x, y, z, t + \tau) = \frac{1}{6} [\rho(x + a, y, z, t) + \rho(x - a, y, z, t) + \rho(x, y + a, z, t)$$
$$+ \rho(x, y - a, z, t) + \rho(x, y, z + a, t)$$
$$+ \rho(x, y, z - a, t)]$$

が成り立つことがわかる．上式で粒子密度 ρ を微小量 τ について 1 次まで，a について 2 次までの近似で展開して整理すると，3 次元拡散方程式

$$\frac{\partial \rho}{\partial t} = \frac{a^2}{6\tau} \left(\frac{\partial^2 \rho}{\partial x^2} + \frac{\partial^2 \rho}{\partial y^2} + \frac{\partial^2 \rho}{\partial z^2} \right)$$

が得られる．

[2]　[問題 2]，例題 11.2 および前問 [1] を考慮すると，いまの場合，位置 (x, y, z)，時刻 $t + \tau$ での粒子密度 $\rho(x, y, z, t + \tau)$ は，

$$\rho(x, y, z, t+\tau) = \frac{1}{6}[\rho(x+a, y, z, t) + \rho(x-a, y, z, t) + \rho(x, y+a, z, t) + \rho(x, y-a, z, t)] + \left(\frac{1}{6}+\varepsilon\right)\rho(x, y, z+a, t) + \left(\frac{1}{6}-\varepsilon\right)\rho(x, y, z-a, t)$$

を満たすことがわかる．上式で粒子密度 ρ を微小量 τ について 1 次まで，a について 2 次までの近似で展開して整理すると，

$$\frac{\partial\rho}{\partial t} = \frac{2\varepsilon a}{\tau}\frac{\partial\rho}{\partial z} + \frac{a^2}{6\tau}\left(\frac{\partial^2\rho}{\partial x^2} + \frac{\partial^2\rho}{\partial y^2} + \frac{\partial^2\rho}{\partial z^2}\right)$$

が導かれる．

[3]　係数 a_n の計算は，例題 11.3 の係数 A_n と同じように行うと，

$$a_n = \frac{2}{L}\int_0^L f(x)\sin\frac{n\pi}{L}x\,dx = \frac{2}{L}\int_0^L \sin\frac{2\pi}{L}x\sin\frac{n\pi}{L}x\,dx = \delta_{n2} \qquad (n = 1, 2, 3, \cdots)$$

となる．また，(11.58) より $b_n = 0$．この a_n, b_n を (11.54) に代入すると，この場合の 1 次元波動方程式(11.41)の解として

$$\xi(x, t) = \sum_{n=1}^{\infty}\delta_{n2}\cos\omega_n t\sin k_n x = \cos\omega_2 t\sin k_2 x = \cos\frac{2\pi c}{L}t\sin\frac{2\pi}{L}x$$

が得られる．これは図 11.10 の第 2 倍音である．

[4]　(11.57) より $a_n = 0$．(11.58) より

$$b_n = \frac{2}{L\omega_n}\int_0^L g(x)\sin\frac{n\pi}{L}x\,dx = \frac{2}{L\omega_n}\int_0^L \sin\frac{2\pi}{L}x\sin\frac{n\pi}{L}x\,dx = \frac{1}{\omega_n}\delta_{n2} \qquad (n = 1, 2, 3, \cdots)$$

これらを (11.54) に代入すると，

$$\xi(x, t) = \sum_{n=1}^{\infty}\frac{1}{\omega_n}\delta_{n2}\sin\omega_n t\sin k_n x = \frac{L}{2\pi c}\sin\frac{2\pi c}{L}t\sin\frac{2\pi}{L}x$$

が得られる．これも図 11.10 の第 2 倍音である．

[5]　関数 ξ の変数 t, x による微分を，合成関数の微分規則によって，変数 η, ζ による微分に変換すると

$$\frac{\partial\xi}{\partial t} = \frac{\partial\xi}{\partial\eta}\frac{\partial\eta}{\partial t} + \frac{\partial\xi}{\partial\zeta}\frac{\partial\zeta}{\partial t} = -c\frac{\partial\xi}{\partial\eta} + c\frac{\partial\xi}{\partial\zeta}$$

$$\therefore\quad \frac{\partial^2\xi}{\partial t^2} = -c\left(\frac{\partial^2\xi}{\partial\eta^2}\frac{\partial\eta}{\partial t} + \frac{\partial^2\xi}{\partial\eta\,\partial\zeta}\frac{\partial\zeta}{\partial t}\right) + c\left(\frac{\partial^2\xi}{\partial\zeta\,\partial\eta}\frac{\partial\eta}{\partial t} + \frac{\partial^2\xi}{\partial\zeta^2}\frac{\partial\zeta}{\partial t}\right) = c^2\left(\frac{\partial^2\xi}{\partial\eta^2} - 2\frac{\partial^2\xi}{\partial\eta\,\partial\zeta} + \frac{\partial^2\xi}{\partial\zeta^2}\right)$$

が得られる．全く同様の計算により，

$$\frac{\partial^2 \xi}{\partial x^2} = \left(\frac{\partial^2 \xi}{\partial \eta^2} + 2\frac{\partial^2 \xi}{\partial \eta\, \partial \zeta} + \frac{\partial^2 \xi}{\partial \zeta^2}\right)$$

となるので，これらを(11.41)に代入すると，

$$\frac{\partial^2 \xi(\eta, \zeta)}{\partial \eta\, \partial \zeta} = 0$$

という偏微分方程式が得られる．これは

$$\frac{\partial^2 \xi(\eta, \zeta)}{\partial \eta\, \partial \zeta} = \frac{\partial}{\partial \eta}\left(\frac{\partial \xi}{\partial \zeta}\right) = 0$$

なので，$\partial\xi/\partial\zeta$ は η を含まず，ζ だけの関数である．そこで $\partial\xi/\partial\zeta$ を ζ で積分すると，ξ は ζ だけを含む不定積分と η だけを含む積分定数の和として与えられる．こうして，ξ として

$$\xi(\eta, \zeta) = f(\eta) + g(\zeta)$$

が得られる．あるいは，もとの変数に戻って，

$$\xi(x, t) = f(x - ct) + g(x + ct)$$

と表される．これはダランベールの解(11.58)に他ならない．

［**6**］ (1)　式(3)の両辺の回転（$\nabla\times$）をとると，

$$\nabla \times (\nabla \times \boldsymbol{E}) = -\frac{\partial}{\partial t}\nabla \times \boldsymbol{B}$$

上式の左辺を第 6 章の演習問題［4］の結果を使って変形し，式(1)を考慮すれば $-\nabla^2\boldsymbol{E}$ となる．また，上式の右辺に式(4)を代入して整理すれば，3 次元波動方程式(6)が導かれる．

(2)　式(6)を式(5)に代入して整理すると

$$(\omega^2 - c^2k^2)\boldsymbol{E}(\boldsymbol{r}, t) = \boldsymbol{0}$$

これは $\omega = \pm ck$ という条件で式(6)が式(5)の解であることを表す．

(3)　式(6)を式(1)に代入すると，

$$i\boldsymbol{k}\cdot\boldsymbol{E}_0 e^{i(\boldsymbol{k}\cdot\boldsymbol{r} - \omega t)} = 0$$

であり，$\boldsymbol{k}\cdot\boldsymbol{E}_0 = 0$ となって，$\boldsymbol{k}$ と $\boldsymbol{E}_0$ は直交することがわかる．$\boldsymbol{k}$ は波動の進行方向を表すベクトル，$\boldsymbol{E}_0$ は電磁波の電場成分の振幅ベクトルで波動の偏り方向を表し，両者が直交するということは電磁波が横波であることを示す．

［**7**］ (1)　例題 11.8 と同じような偏微分計算を行うことによって，

$$\frac{\partial \phi(r)}{\partial x} = \frac{\partial r}{\partial x}\frac{d\phi(r)}{dr} = \frac{q}{4\pi\varepsilon_0}\frac{x}{r}\frac{d}{dr}(r^{-1}e^{-\kappa r}) = -\frac{q}{4\pi\varepsilon_0}x(r^{-3} + \kappa r^{-2})e^{-\kappa r}$$

$$\begin{aligned}\frac{\partial^2 \phi(r)}{\partial x^2} &= -\frac{q}{4\pi\varepsilon_0}\frac{\partial}{\partial x}\{x(r^{-3} + \kappa r^{-2})e^{-\kappa r}\} \\ &= -\frac{q}{4\pi\varepsilon_0}\Big\{(r^{-3} + \kappa r^{-2}) \\ &\qquad + x\frac{x}{r}(-3r^{-4} - 2\kappa r^{-3}) + x(r^{-3} + \kappa r^{-2})\frac{x}{r}(-\kappa)\Big\}e^{-\kappa r}\end{aligned}$$

$$= -\frac{q}{4\pi\varepsilon_0}\{(r^{-3}+\kappa r^{-2}) - x^2(3r^{-5}+3\kappa r^{-4}+\kappa^2 r^{-3})\}e^{-\kappa r} \qquad (1)$$

同様に計算して,

$$\frac{\partial^2\phi(r)}{\partial y^2} = -\frac{q}{4\pi\varepsilon_0}\{(r^{-3}+\kappa r^{-2}) - y^2(3r^{-5}+3\kappa r^{-4}+\kappa^2 r^{-3})\}e^{-\kappa r} \qquad (2)$$

$$\frac{\partial^2\phi(r)}{\partial z^2} = -\frac{q}{4\pi\varepsilon_0}\{(r^{-3}+\kappa r^{-2}) - z^2(3r^{-5}+3\kappa r^{-4}+\kappa^2 r^{-3})\}e^{-\kappa r} \qquad (3)$$

以上の(1), (2), (3)を加えて,

$$\nabla^2\phi(\boldsymbol{r}) = -\frac{q}{4\pi\varepsilon_0}\{3(r^{-3}+\kappa r^{-2}) - r^2(3r^{-5}+3\kappa r^{-4}+\kappa^2 r^{-3})\}e^{-\kappa r}$$

$$= \frac{q\kappa^2}{4\pi\varepsilon_0}\frac{e^{-\kappa r}}{r}$$

これがポアソン方程式(11.64)の右辺に等しいことから，空間の電荷密度 $\rho(\boldsymbol{r})$ は

$$\rho(\boldsymbol{r}) = -\frac{q\kappa^2}{4\pi}\frac{e^{-\kappa r}}{r}$$

となることがわかる.

(2)　空間の全電荷 Q は

$$Q = \int \rho(\boldsymbol{r})\,dV = -\frac{q\kappa^2}{4\pi}\int_0^\infty \frac{e^{-\kappa r}}{r}4\pi r^2\,dr = -q\kappa^2\int_0^\infty re^{-\kappa r}\,dr$$

$$= -q\int_0^\infty xe^{-x}\,dx$$

最後の等式で積分変数を r から $x=\kappa r(dx=\kappa\,dr)$ に換えた. 積分 $\int_0^\infty xe^{-x}\,dx$ は部分積分を使って 1 になることが示されるので, $Q=-q$.

索　　引

著者略歴

1943 年 富山県出身．東京大学工学部物理工学科卒，同大学院理学系物理学博士課程修了．日本電子（株）開発部，東北大学電気通信研究所助手，中央大学理工学部助教授，教授を経て，現在，同大学名誉教授．理学博士．

主な著訳書：「裳華房フィジックスライブラリー　フラクタルの物理（Ⅰ）・（Ⅱ）」，「物理学講義　力学」，「物理学講義　電磁気学」，「物理学講義　熱力学」，「物理学講義　量子力学入門」，「物理学講義　統計力学入門」，「力学・電磁気学・熱力学のための　基礎数学」（以上，裳華房），「医学・生物学におけるフラクタル」（編著，朝倉書店），「カオス力学入門」（ベイカー・ゴラブ著，啓学出版），「フラクタルな世界」（ブリッグズ著，監訳，丸善），「生物にみられるパターンとその起源」（編著，東京大学出版会），「英語で楽しむ寺田寅彦」（共著，岩波科学ライブラリー 203），「キリンの斑論争と寺田寅彦」（編著，岩波科学ライブラリー 202），他．

裳華房テキストシリーズ－物理学　**物理数学**（増補修訂版）

1999 年 10 月 30 日　第 1 版 発 行
2020 年 5 月 30 日　第 12 版 1 刷 発 行
2023 年 3 月 20 日　増補修訂第 1 版 1 刷発行

検印省略

定価はカバーに表示してあります．

著　者　松下（まつした）　貢（みつぐ）
発行者　吉野和浩
発行所　〒102-0081 東京都千代田区四番町8-1　電話 03-3262-9166　株式会社 裳華房
印刷所　中央印刷株式会社
製本所　株式会社 松岳社

一般社団法人
自然科学書協会会員

ISBN 978-4-7853-2278-6